비판적 생태학과
환경정의

이 도서의 국립중앙도서관 출판시도서목록(CIP)은 e-CIP홈페이지(http://www.nl.go.kr/ecip)에서 이용하실 수 있습니다. (CIP제어번호 : CIP2010000161)

Critical Ecology & Environmental Justice

비판적 생태학과 환경정의

| 최병두 지음 |

한울
아카데미

책을 펴내면서

생태학은 흔히 인간을 포함한 동식물과 그 서식지 환경 간의 관계를 다루는 학문이라고 정의된다. 생태학에 관한 이러한 개념 정의는 명료한 것처럼 보이지만, 실제 이 용어의 의미와 사용범위는 매우 포괄적이고 모호하다. 1870년대 이 용어가 출현했을 때, 생태학은 단지 생물학의 한 분야로 규정되었다. 그러나 그 이후 생태학적 개념은 자연과학 내에서도 다양한 분야들, 즉, 생물학과 더불어 지리학, 지질학, 해양학, 기상학 등 지구환경을 다루는 대부분의 학문들에도 직·간접적으로 적용되었다. 그 뿐만 아니라 이 개념은 자연환경과의 관계 속에서 이루어지는 인간 활동 전반을 분석하고 나아가 특정한 도덕적 가치나 정치적 이념을 다루는 사회과학 및 철학과 여타 인문학들에도 광범위하게 반영되었다. 즉, 오늘날 생태학은 특정한 학문적 경계를 넘어서 인간사회와 자연환경 간의 관계를 다루는 모든 학문에 명시적 또는 암묵적으로 함의된 어떤 공통적 요소이며, 또한 이 요소를 다루는 다양한 가치 지향과 관련되었다.

이러한 점에서 이 책은 다양한 철학적·사회사상적 전통 속에서 발달한 이론들에 생태학적 개념이 어떻게 함의되어 있는가, 또는 이러한 이론들이 생태학적 요소들을 어떻게 이해하고 있는가를 살펴보고, 문제점들을 비판적으로 고찰하는 한편, 환경정의의 개념에 기초하여 새로운 생태학을 구축하기 위한 토대를 마련하고자 한다. 이를 위해 이 책은 최근 철학 및 사회사상에서 생태학적으로 많이 논의되고 있는 주요 이론들을 크게 자유주의적 생태학, 마르크스주의적 생태학, 그리고 포스트모던 생태학으로 구분하고, 그 속에서 다시 주요한 세부 이론(가)들이나 주제들을 다루었다. 이 책에서 다룬 세부 이론들이나 주제들은 철학 및 사회사상 일반에서 큰 영향력을 가지고 있지만, 대부분 (심층생태학만을 제외하고) 인간사회와 자연환경 간 관계에 명시적으로 초점을 두지는 않았다. 그러나 이것들은 분명 생태학적 개념을 풍부하게 함의하고 있거나 많은 생태학적 요소들을 다루고 있다. 따라서 새롭게 구축될 대안적 생태학은 분명 이것들로부터 주요 주제들을 새롭게 받아들일 뿐만 아니라, 이것들을 깊이 있게 다룰 수 있는 통찰력을 얻을 수 있어야 할 것이다.

이러한 세부 이론들과 주제들을 다루면서, 이 책은 인간사회와 자연환경 간 관계에 관한 기본적 이해와 더불어 상호 관련된 두 가지 측면, 즉, 이것들 간에 이미 형성된 물질적 및 의미적 관계에 대한 '비판'과 그 대안으로서 이것들 간의 '정의로운' 관계 설정, 즉, '비판적 생태학'과 '환경정의'의 측면에 특히 초점을 두고자 했다. 우선 비판적 생태학이라는 첫 번째 측면에서, 그동안 생태학은 인간 및 동식물과 그 서식지 환경 간의 관계를 서술 또는 분석하면서 이 관계에서 발생하는 단순한 개별 현상들에 관한 연구에 빠져 있었고, 이로 인해 이 관계에 대한 비판을 제대로 할 수 없었을 뿐만 아니라 오히려 때로 정당화시키기도 했다는 점을 지적할 수 있다. 이러한 점은 기존의 생태학이 연구 주제를 인간과 동식물 그리고 그 서식지 환경을 이분법적으로 구분하고 이들의 관련적 관계보다는 각 실체들의 개별적 존립에 우선 관심을 가져왔으며, 또한 자연과학적 관점에서 가치중립적 입장을 의식적 또는 무의식적으로 견지해왔기 때문이라고 할 수 있다.

이 문제를 해소하기 위해, 인간사회와 자연환경은 각기 존재론적으로 분리된 실체들이 아니라 서로 간의 관계를 통해 각 실체들이 의미를 부여 받게 되는 관련적 존재로 이해되어야 한다는 점이 강조된다. 즉, 환경이 없는 인간의 삶은 생각할 수 없고, 또한 역으로 사회의 개입이 없는 자연은 존재하지 않는다. 이와 같이 인간사회와 자연환경은 어느 다른 하나가 존재하지 않는다면 스스로 존재할 수 없는 실체라고 할 수 있다. 따라서 생태학은 이들 간의 관계에 우선적인 관심을 가지고 고찰해야 한다. 기존의 생태학을 포함하여 자연과학 일반도 실제 어떤 방법으로든 가치판단을 전제로 문제들을 지적하고 있으며 이 문제들을 해결하기 위한 대안을 제시해야 한다는 점에서 분명 '비판적'일 수 있다. 요컨대 비판적 생태학은 인간사회와 자연환경을 이분화하는 기존의 방법론에서 벗어나서, 이들을 관련적 실체로 이해하고 이 관계에 내재한 문제들을 분석하며, 나아가 이 문제들의 해소를 위한 대안을 모색한다는 점에서 의미를 가진다.

비판적 생태학을 위하여 이 책은 두 가지 사항을 우선적으로 강조하고자 한다. 첫째, 비판적 생태학은 단순히 옳고 그름의 판단에 근거한 속류적 비판을 벗어나야 한다는 점이다. 이러한 대립적 독단에서 벗어나기 위하여 보편적 기준이 필요하며, 따라서 이 책에서는 '환경정의'를 그 기준으로 제시하고자 한다. 그러나 환경정의를 포함한 모든 보편적 기준에 대한 주장 역시 대립적 갈등을 유발하거나, 또는 '보편적 기준'이란 사실 존재하지 않는다는 주장에 봉착할 수 있다. 따라서 비판적 생태학을 위한 진정한 비판은 관련적 실체들 간에 내재된 모순을 지적하고, 그 모순의 발생과 전개과정을 설명하고, 이를 해소할 수 있는 대안을 제시하는 것이다. 둘째, 비판적 생태학에서 비판은 현실 세계에 대한 비판과 더불어 이러한 현실을 정당화시키는 기존 이론들에 대한 비판도 포함한다. 특히 기존 이론들에 대한 비판은 단순한 비교 분석이나 대립적 가치 선호에 의한 옹호/부정이 아니라 이러한 비판을 통한 새로운 대안적 이론의 모색이라는 이론적 실천을 전제로 한다.

이 책에서 초점을 두고 있는 두 번째 측면은 '환경정의'이다. 환경정의를 고찰하면서, 환경정의란 매우 규범적이고 윤리적인 개념이지만, 또한

(그러하기 때문에) 매우 이데올로기적 개념이라는 점을 지적할 수 있다. 환경정의는 예비적으로 환경자원의 배분이나 환경문제로 인한 피해의 불평등을 해소하고 평등한 배분 또는 공정한 보상 등을 추구하며, 나아가 인간들 간 그리고 인간과 자연 간의 정의로운 관계를 구축하고자 하는 개념으로 이해된다. 이러한 환경정의는 분명 도덕적 가치나 정치적 이상을 함의하며, 사람들에게 당위적인 것으로 인식되도록 한다. 그러나 철학이나 사회사상의 전통에서 인간사회와 자연환경 간 관계에 관심을 가지는 모든 이론은 생태학적 개념뿐만 아니라 이러한 (환경)정의의 개념을 내포하면서 자신의 주장을 윤리적으로 의미 있는 것으로 인식시키고, 나아가 자신의 주장을 반영한 현실 정책이나 제도들을 이데올로기적으로 정당화시키고자 한다.

이러한 문제를 해결하기 위해 환경정의에 관한 연구는 경험적으로 '환경적 부정의'를 직·간접적으로 초래하는 이론들을 비판하고 정의로운 대안을 제시하는 한편, 윤리적으로 어떤 특정한 '환경적 정의'를 주장하고 실천하고자 하는 기존 이론들을 비판적으로 고찰하여 인간사회와 자연환경 간에 더욱 정의로운 관계를 개념화할 수 있어야 한다. 이 책에서 다루고 있는 바와 같이 자유주의, 포스트모더니즘 등 기존의 철학 및 사회사상에서 발달한 다양한 이론은 거의 모두 명시적 또는 암묵적으로 (환경)정의의 개념을 내포하고 있다. 이 이론 들은 정의의 개념을 집중적으로 고찰하여 이론화하고자 한 롤스의 정의론에서부터 정의의 개념을 외형적으로 완전히 부정하는 마르크스주의에 이르기까지 다양하지만, 실질적으로 환경정의의 개념을 어떤 방식으로든 전제하고 있다는 점에서 공통점을 가진다. 이 책의 연구 초점은 이러한 이론들에서 상이하게 개념화 또는 주장되고 있는 환경정의에 관한 논의를 비판적으로 고찰하고, 이에 관한 대안적 이론을 구축하는 것이라고 할 수 있다.

환경정의의 이론화를 위하여 이 책은 두 가지 사항을 우선적으로 고려하고자 한다. 첫째는 인간들 간 사회적 관계를 전제로 한 기존의 사회정의 이론들을 인간사회와 자연환경 간 관계로 확장하거나 유추하고자 할 때 세심한 주의가 요구된다는 점이다. 즉, 인간들 간 관계는 물질적인 관계와 (좁은 의미, 즉, 칸트적 의미에서 이성과 관련된) 윤리적 관계를 모두 전제로 하지만, 인간과 자연 간 관계에는 물질적 관계(에너지 관계를 포함하여)는 존재할지라도 윤리적 관계가 성립하는가에 대한 의문은 여전히 논란이 되고 있다. 이 문제를 해소하기 위해, 관련적 관계가 다시 중요해진다. 즉, 환경정의이론은 개별 실체로서 동식물이나 심지어 무생물들이 그 자체로서 윤리적 존재인가의 문제에서 벗어나서 인간과 자연환경 간 관계가 정의로운가의 문제를 다루는 것이다. 둘째, 환경정의의 주요 영역들을 범주화하여, 기존의 이론들에 함의된 환경정의의 개념들과 관련시켜서 고찰할 필요가 있다. 즉, 이 책에서는 환경정의의 영역을 생산(production) 정의, 분배(distribution) 정의, 인정(recognition) 정의라는 세 영역으로 구분하고, 기존의 이론들로부터 도출된 기본 원칙들을 적용하여 환경정의이론을 종합하고자 했다.

이 책은 기본적으로 이러한 사고들을 바탕으로 기존 철학 및 사회사상의 전통 속에서 인간사회와 자연환경 간 관계를 다룬 이론들을 고찰하여, 비판적 생태학과 환경정의를 이론화하고자 했던 연구의 성과들을 편집한 것이다. 이 연구는 1990년대 중반부터 시작되었으며, 1996년 가을에서 1997년 여름까지 당시 데이비드 하비(David Harvey) 교수가 재직하고 있었던 존스홉킨스(Johns Hopkins) 대학교에 방문교수로 1년간 연구하는 과정에서 기본 구상을 구체화하고 자료를 폭넓게 수집하면서 본격화되었다. 연구년 기간을 끝내고 한국에 돌아온 후 이 연구의 기본 구상을 서술한 「생태학의 재구성과 환경정의」를 논문으로 발표하였고(이 논문은 1999년 출간된 『환경갈등과 불평등』의 마지막 장으로 게재되었다), 이어서 4~5년 사이에 이 책에 편집된 대부분의 논문을 발표했다. 그럼에도 불구하고 현재까지 이 논문들을 함께 묶은 책을 출간하지 못한 이유는 앞에서 강조한 바와 같은 대안적 이론을 완성하지 못했기 때문이다.

사실 이 책은 비판적 생태학의 전체 구도를 온전하게 제시하지 못했을 뿐만 아니라 대안적 환경정의이론도 제대로 체계화하지 못했다. 즉, 비판적 생태학이란 자본주의 사회에서 인간사회와 자연환경 간 관계, 그리고 그에 내재된 근대성의 전개과정과 이에 내재된 모순을 비판적으로 고찰하기 위한 것이지만, 이 책이 이러한 비판적 생태학의 기본 취지를 완전하게 실현하지는 못한 것 같다. 또한 환경정의의 이론화는 어느 정도 윤곽을 보여주고 있지만, 실제 각 영역에 적합한 이론체계는 완결되지 못했고, 이들을 전체적으로 종합할 수 있는 체계의 구축도 미흡하다. 환경정의를 흔히 분배적 정의로 개념화하는 작업에서 벗어나서 생산적 정의와 인정적 정의를 추가하고자 했다는 점은 나름대로 이 책의 성과라고 할 수 있다. 특히 생산적 정의의 개념은 마르크스의 이론에서 추론되어 인간과 자연 간을 매개하는 노동과 소외 등의 개념을 포괄하는 것으로 제시될 수 있었다. 그러나 인정 정의의 개념은 사실 아직도 어떻게 정확히 개념규정되어야 할 것인가, 인간들 간 및 인간과 자연 간 관계에서 어떻게 체계적으로 설정되어야 하는가 등에 관한 의문을 남기고 있다. 그러나 이러한 문제를 해결하기 위해서는 더 많은 시간과 노력이 필요하며, 심지어 한 개인의 능력을 능가한다는 점에서, 완성된 이론체계를 제시하지 못했다고 할지라도 우선 개별 논문들을 편집하여 이렇게 책으로 출간하게 된 것이다.

끝으로 이 책이 가지는 개인적 의미를 되새기고자 한다. 1970년대 암울했던 시대에 '정의'라는 단어만 들어도 맥박이 빨라지고 가슴이 벅차올랐던 대학 시절을 보내면서, 만약 교수가 된다면 정의이론을 연구하겠다고 다짐한 적이 있었다. 이런 다짐의 실현이라는 점에서, 이 책이 환경정의에 관한 완결된 이론체계를 제시하지는 못했지만, 나름대로 연구 성과를 정리하였다는 점에서 의의를 찾고자 한다. 이 책의 출간과 관련하여 우선 각 논문들을 게재해준 학술지 편집자들, 그리고 이 책을 출간하기 위해 꼼꼼히 교정을 봐준 도서출판한울 편집부에 감사드린다. 또한 이 책의 구상과 자료 수집이 이루어졌던 존스홉킨스 대학교에 방문교수로 초빙해준 하비 교수에게 감사하며, 당시 해외 연구교수 파견을 지원해준 한국학술진흥재단에도 늦게나마 감사해야 할 것 같다. 무엇보다도 그 연구년 동안 그리고 그 이후에도 연구를 핑계로 따뜻한 관심을 기우릴 마음과 시간을 가지지 못했음에도 항상 내 곁을 지켜준 아내와 대견스럽게 자라준 아들, 딸에게 가슴 속 깊이 고마움을 표한다. 우리 세대의 모든 아들 딸, 그리고 그들의 아들과 딸들이 이 땅에서 행복하게 살아갈 수 있도록, 이 책이 비판적 생태학의 이론화와 환경정의의 실천에 조금이라도 기여할 수 있기를 바란다.

2009년 11월, 저자 최병두 씀

차 례

5장_ 마르크스의 생태학과 생산적 환경정의

6장_ 자연의 지배, 탈소외, 인정

제3부 포스트모던 생태학과 환경정의

7장_ 스피노자의 자연철학과 환경윤리

8장_ 니체의 생태학과 자연주의적 환경정의

9장_ 포스트모던 생태학과 환경정의

서장

지구공동체 윤리로서 환경정의와 환경교육[1)]

1. 환경정의는 어머니 지구의 신성함과 생태학적 통일성, 모든 종의 상호 결속 그리고 생태파괴로부터 자유로울 수 있는 권리를 인정한다.
2. 환경정의는 공공정책이 모든 인간에게 호혜적 존중과 정의에 근거하기를 바라며, 어떤 형태의 차별과 편견으로부터도 자유로울 수 있기를 요구한다.
3. 환경정의는 인간과 다른 생명체가 지속적으로 이 행성에서 살 수 있도록 땅을 윤리적이고 균형 있게, 그리고 책임 있게 사용할 권리를 명한다.

— 전국유색인종환경지도자 제1차 회의 선언문(1991)

1. 서론

이미 10여 년 전의 일이지만, 1997년 6월 5일 '세계환경의 날' 제25주년을 기념하기 위한 세계환경지도자 서울원탁회의가 있었다. 그 자리에 참석했던 세계 각국의 대표들은 「환경윤리에 관한 서울선언문」을 채택하고, 유엔환경계획(UNEP)의 사무총장이 이를 선언했다. 이 선언문은

1) 이 글은 ≪공간과 사회≫, 27(2007년), 111~149쪽에 실린 글을 수정한 것이다.

서론이라고 할 수 있는 '전문'과 네 가지 원칙들, 즉, 물질만능주의 극복과 정신문화의 창달, 환경정의의 추구, 과학기술의 환경친화성 증진, 책임분담과 협력극대화 등의 원칙을 천명하고 있다(환경부, 1997).

전문의 내용과 이를 뒷받침하기 위해 제시된 네 가지 원칙 가운데 특히 새롭게 강조된 것은 '환경정의의 추구'라고 할 수 있다. 이 원칙을 서술하고 있는 내용을 인용하면 다음과 같다.

> 지구는 인간을 비롯한 모든 생명체의 삶의 터전이다. 따라서 지구환경을 이용함으로써 얻어지는 혜택과 그에 따르는 책임은 지구공동체의 모든 구성원에게 공평하게 나누어져야 한다. 특히 국제사회는 개발로 얻는 사회적·경제적 이익을 국가와 민족, 그리고 세대 간에 최대한 공평하게 분배하고, 그에 따르는 부담이 편중되지 않도록 더욱 노력해야 한다.
>
> 환경윤리의 모색에서, 우리는 어느 누구에게나 온전한 환경을 누릴 권리와 번영을 추구할 권리가 있음을 인정하고 이를 존중해야 한다. 아울러 환경오염의 영향은 누적적이고 장기적임에 비추어, 철저한 사전 예방조치로 미래세대의 환경권을 보호해야 할 의무를 지고 있다.

이러한 환경정의의 추구 원칙은 지구화/지방화 시대에 세계적 공동체의 모든 구성원이 인정하고 지켜나가야 할 윤리 또는 이념이라고 할 수 있다. 그러나 이 문장을 달리 해석하면, 현재 인간을 비롯한 모든 생명체의 삶의 터전으로서 지구가 위기에 처해 있으며, 특히 지구환경의 이용을 통해 얻어지는 혜택과 그에 따르는 책임이 지구공동체의 구성원들 모두에게 공평하게 분배되지 않고 있음을 알 수 있다. 즉, 국제사회는 개발로 얻어지는 경제적·사회적 이익을 국가와 민족, 지역이나 집단 또는 세대 간에 공평하게 분배하지 않고, 이에 따르는 부담도 공정하게 부과하지 않고 있음을 알 수 있다.

사실 현대사회는 이와 같은 환경부정의와 더불어 심각한 환경위기에 처해 있으며, 이에 대한 거듭된 경고에도 불구하고 현대인들은 자신이 처해 있는 위기상황을 제대로 실감하지 못하고 있다. 지구온난화, 열대우림의 파괴, 사막화의 촉진, 생물종 다양성의 감소 등이 세계적 규모로 진행되고 있으며, 이러한 경향이 지속될 경우 지구환경이 어떠한 위기에 처하게 될 것인지에 대해서도 잘 알려져 있다. 그러나 이러한 문제들을 유발하는 석탄과 석유 등의 화석연료 사용은 여전히 증대하고 있으며, 삼림 파괴와 사막화를 촉진하는 대규모 남벌과 무분별한 개발이 멈추지 않고 있다. 이러한 문제들이 지속되는 것은 이를 유발하는 원인이 해결되지 않고 있기 때문이라고 할 수 있다. 즉, 현대사회의 발달 특히 자본주의적 산업 발전과 도시화의 진전이 화석연료의 사용 증대와 대규모 남벌 및 무분별한 개발을 촉진하고 있기 때문에, 지구적 규모의 환경위기는 점점 더 심화되고 있다.

이와 같이 위기상황으로 치닫고 있는 환경문제는 자연환경의 파괴와 오염으로 인한 피해의 부담뿐만 아니라 인간사회에서 유용한 자원의 이용 또는 이용 후 버려지는 각종 폐기물들의 처리를 위해 필요한 비용의 배분에서도 국가 간, 지역 간, 계층 간의 극히 편향된 불평등을 내포하고 있다. 예로, 선진국의 1인당 각종 자원의 이용량은 제3세계 국민들의 이용량의 몇 배에 달하며, 한 국가 내에서도 지역이나 계층에 따라 자원의 이용량은 큰 차이를 보인다. 환경문제로 인해 유발되는 사회적 피해도, 선진국은 상대적으로 풍부한 자본과 발달한 환경기술을 통해 이에 보다 효율적으로 대처할 수 있는데 반해, 제3세계 국가들은 자본 부족과 낮은 환경기술로 인해 이에 대처할 수 있는 능력이 미흡하다. 한 국가 내에서도 부유한 집단은 환경문제와 이로 인한 피해에 대처할 수 있는 경제적·정치적 능력이 높은 반면, 빈곤한 집단은 이러한 피해에 대처하기 위해 필요한 비용의 지불이나 방어 능력이 부족하기 때문에 그 피해에 더 많이 노출될 수 있다(최병두, 1999). 이와 같이 자원이용 및 환경피해를 둘러싸고 발생하는 국가 간, 지역 간, 계층 간 불평등은 이른바 지구화/지방화 과정 속에서 점차 심화되는 경향을 보이고 있다.

이러한 환경불평등에 대처하고 대안을 모색하기 위해 환경정의운동이 전개되어왔으며, 환경문제 특히 환경불평등이 야기되는 개별 지역들에서부터 시작하여, 지구화/지방화 과정에서 발생하는 환경위기에 대처하기 위하여 세계적 차원으로 확산되고 있다. 환경정의(environmental justice)란 "모든 사람이 건강한 환경으로부터 얻은 혜택을 동등하게 공유할 수 있는 권리"로 정의된다. 여기서 환경이란 자연 그 자체라기보다는 "우리가 살아가고, 일하고, 놀고, 공경하는 장소들"을 의미한다(Adamson et al., 2002: 4). 환경정의는 환경재난으로부터 모든 인종과 사회경제적 집단들의 평등한 보호, 자연자원에 대한 모든 지역과 사람들의 평등한 접근과 보존을 의미한다.

이를 실현하고자 하는 환경정의운동은 특히 빈민이나 유색인의 지역사회에 편향되게 환경오염이 전가되고 심화되고 있음을 지적하고, 이들이 환경퇴락과 오염으로부터 초래되는 위험들로부터 피해를 받지 않고 살아갈 수 있도록 보호하며, 생활과 문화를 유지하기 위해 필요한 자연자원들에의 균등한 접근을 요구한다. 주변화된 지역사회의 구성원들은 그들의 가족, 공동체, 그리고 일터와 놀이터 등에 영향을 미치는 환경적 퇴락에 관심을 가지게 되었을 뿐만 아니라 이러한 환경문제가 사회적 불평등에 기인함을 인식하고, 생태적 정의와 사회적 정의의 통합에 기초한 정의로운 공동체를 구축하기 위한 운동을 전개하게 되었다.

이러한 점에서 환경정의는 "지속가능한 공동체를 유지하는 문화적 규범과 가치·규칙·규정·행동·정책 및 의사결정과 관련되며, 이런 것이 실현되는 공동체 안에서 사람들은 환경이 안전하고 풍요롭고 생산적이라는 확신을 가지고 상호 교류할 수 있게 된다"(Bryant, 1995: 6). 그러나 사전적인 의미에서의 환경정의는 환경불평등에 대한 보다 직접적인 비판을 내포하며, 이러한 환경문제가 사회정의와 직결되어 있음을 함의한다. 즉, 환경정의론자들은 "환경문제가 사회정의 이슈와 무관"하다는 견해를 비판하면서, "환경 이슈를 인식하고 탐구함에 있어 계급과 인종 및 성의 사회·경제적 관계가 핵심"이라고 주장한다(Talbot, 1998: 93). 왜냐하면 인종과 계급 그리고 성에 근거하여 차별을 낳는 권력 불평등과 기회 불평등이 존재한다는 사실은 또한 동시에 이에 따라 분류된 어떤 인간 집단이 환경파괴에 따른 해로운 영향을 부당하게 부담하여 고통을 받을 수 있음을 의미하기 때문이다. 이러한 점에서 환경정의론자들은 어떤 사회집단이 지속적으로 특권을 유지하게 되는 사회의 생산체제가 환경 및 인간 복지에도 긴밀하게 영향을 미침에 따라 사회적 및 환경적 착취와 불평등이 초래되었다고 주장한다. 요컨대 환경정의론자들은 노동과 더불어 자연을 착취하고 이에 따라 생산된 자원과 사회적 부를 불평등하게 분배하는 현 사회체제에 대해 비판적인 입장을 가지고, 궁극적으로는 이를 전환시키고자 한다.

2. 환경정의운동의 등장과 발달

환경정의운동은 지역사회 및 종교계에서 시작된 여러 갈래의 환경 관련운동에서 출발했다(Gottlieb, 1993; Dowie, 1995 등 참조). 예로, 1960년대 후반 미국 사회에서는 '인종적 정의를 위한 통합 기독교 위원회(United Church of Christ Commission for Racial Justice)'를 중심으로 인종격차에 초점을 둔 새로운 사회운동이 등장했다. 이 위원회는 인종차별에 반대하는 다양한 활동을 전개했으며, 이 과정에서 1987년 환경과 관련된 인종적 차별에 관한 보고서를 출판했다. 이 보고서에 의해, 인종이 상업적 유해 폐기물 처리장의 입지에서 결정적으로 주요한 요인이며, 빈민과 유색인 지역사회는 건강에 대한 편중된 위험으로 고통을 받고 있다는 점이 밝혀졌다. 특히 이 보고서는 '환경적 인종주의(environmental racism)'라는 용어를 만들어내고, 이 용어가 "환경적 정책결정과 규제 및 법률의 적용, 유색인 지역사회로 유해폐기물시설의 편중된 입지, 지역사회에 유독물과 공해물질의 폐기에 대한 공적 처벌, 그리고 환경운동의 지도력에서 유색인의 배제 등에서 나타나는 인종적 차별"을 의미한다는 점을 강조했다(Bullard, 1993). 이러한 사실은 빈민과 유색인 지역사회에서 환경정의를 요구하는 운동의 중요한 계기가 되었다.

환경정의운동의 또 다른 중요한 계기들로, 캘리포니아, 텍사스, 플로리다 지역의 농장노동자 캠페인, 뉴멕시코에 조직된 치카노(Chicano), 그 외 미국뿐만 아니라 세계 여러 지역에서 발생했던 주민 저항운동(부족 수자원의 오염, 신성한 토지로부터의 자원 채취, 우라늄 오염, 유독성 및 핵폐기물 처리장에 대한 일방적 결정, 이웃이나 가족이 유독성 물질에 노출되는 것에 대한 여성들의 반대운동)이 포함된다(Bullard, 1993, 1994; Westra and Wenz, 1995). 이와 같이 환경정의에 관한 주장은 1980년대 후반 이후 특히 미국에서 국지적 환경 및 생활공동체 운동을 전개해 온 실천적 운동가들에 의해 먼저 제기되었다. 1970년대 이후 활발하게 전개되었던 생태운동이 점차 전국적 및 전 지구적 규모로 확대되었지만, 이러한 주류 환경운동과 이들의 환경론은 도시 내 열악한 주거환경 문제보다는 야생동물이나 자연보호에 더 많은 관심을 가지면서 중산층 백인 중심으로 이루어졌다. 지역 주민들의 삶과 공동체에 더 많은 관심을 가졌던 실천적 운동가들은 이 점을 비판하고 그 대안으로서 환경정의운동을 제기하게 된 것이다(Szasz, 1994; Chiro, 1996 등 참조).

환경정의운동의 역사에서 또 하나의 중요한 계기는 1991년 세계 여러 국가들로부터 워싱턴 D.C.에 모인 3백여 명의 지역사회 지도자들의 회의,

'전국 유색인종 환경지도자 제1차 회의(The First National People of Color Environmental Leadership Summit)'이다. 이 회의의 목적은 세계 전역에 걸쳐 유색인 지도자들이 함께 모여 아래로부터 고취된 정치적 이데올로기에 기초하여 환경변화를 이루어내기 위한 다인종적 운동을 추진하는 것이었다. 이 회의에 모인 대표자들은 환경정의를 추구하기 위한 정치적 의제로서 제시된 17가지 '환경정의의 원칙'들에 합의했다. 이에 따라 발표된 선언문의 전문에 의하면, 이 회의에 모인 유색인 환경지도자들은 "우리의 대지와 공동체를 파괴하고 빼앗으려는 시도에 맞서서 모든 유색인종이 동참하는 전국 및 전 세계 운동을 펼칠 것을 선언하고, 우리 어머니 지구의 신성함에 우리가 영적으로 상호의존하고 있음을 재천명"하면서, "각각의 문화와 언어, 자연세계에 대한 믿음, 우리를 지키기 위한 우리의 역할을 존중하고 찬양하며, 환경정의를 준수하고, 환경적으로 안전한 생활의 발전에 기여할 수 있는 경제적 대안을 촉진"할 것을 결의했다. 이러한 전문에 이어 서술된 환경정의의 17가지 원칙들 가운데는 다음과 같은 사항들이 포함된다.

1. 환경정의는 어머니 지구의 신성함과 생태학적 통일성, 모든 종의 상호 결속 그리고 생태파괴로부터 자유로울 수 있는 권리를 인정한다.
2. 환경정의는 공공정책이 모든 인간에게 호혜적 존중과 정의에 근거하기를 바라며, 어떤 형태의 차별과 편견으로부터도 자유로울 수 있기를 요구한다.
3. 환경정의는 인간과 다른 생명체가 지속적으로 이 행성에서 살 수 있도록 땅을 윤리적이고 균형 있게, 그리고 책임 있게 사용할 권리를 명한다.
4. 환경정의는 하늘과 땅, 물, 식량을 맑게 할 근본적 권리를 위협하는 핵 실험과 폐기물, 유해 폐기물 및 유독 물질 처리로부터 보편적으로

보호받을 것을 요구한다.

5. 환경정의는 모든 인간이 정치적, 사회적, 문화적, 환경적 문제를 스스로 결정할 수 있는 근본적 권리를 승인한다.

이와 같이 환경정의운동은 환경정의원칙의 주창과 더불어 이를 실천하기 위하여 다인종적·다민족적, 국가적·국제적 공동체의 구성을 추구하였다. 1991년 회의에 참여했던 환경정의운동의 구성원들은 1992년 브라질의 리우에서 개최되었던 환경과 발전에 관한 유엔회의(의제 21을 제정·채택했던 지구정상회의)에서도 지도적 역할을 할 것을 결의했으며, 미국 전역과 세계 여러 곳에 산재해 있는 다양한 환경운동단체들도 환경정의의 원칙들을 실현하기 위한 노력에 더욱 박차를 가하게 되었다. 2002년 전국 유색인종 환경지도자 제2차 회의에서는 국지적 환경정의 공동체 집단과 보다 큰 주류 조직들 간 연대의 구축과 협의를 위한 '협력의 원칙들'을 제정했다.

이러한 환경정의운동에서 새로운 점은 운동에 참여하는 사람들의 고양된 환경의식이나 실천의 강도라기보다, 환경을 둘러싼 담론과 실천의 재정의 또는 재구축을 통해 근본적으로 사회적·환경적 변화를 추구하는 방법에 있다고 하겠다. 즉, 이들은 환경불평등 및 환경퇴락에 대한 반대와 더불어 고유한 문화의 존중, 환경정의 자체의 보장, 경제적 대안의 촉진, 정치·경제·문화적 해방의 확보 등을 환경정의운동의 목적으로 설정하고 이를 실현시키고자 한다. 특히 이 운동의 참여자들은 환경정의와 환경인종주의의 개념의 접합, 풀뿌리 정치조직의 새로운 형태 조성 등을 강조했고, 국지적 생활공동체 운동에 기초하여 점차 상호 네트워크를 형성하여 국가적·국제적 차원으로 운동을 확산시켜 나갔다. 이러한 점들과 관련하여 환경정의운동은 기존의 환경운동과는 다른 여러 가지 특성을 가진다.

우선 환경정의운동은 우리의 일상생활을 규정하면서 사회의 경제·정치적 구조 속에서 발생하는 모든 형태의 불평등에 대해 반대한다. 즉, 환경정의운동은 자연환경에서 발생하는 환경퇴락보다는 인간의 일상생활 속에서 자연자원에 대한 접근뿐만 아니라 환경오염에 의한 피해에서 계층적·인종적 차별성에 초점을 두고 이를 반대하며, 나아가 이러한 환경불평등을 유도하는 권력과 부의 편중된 분배에 대해서도 시정을 요구한다. 미국 사회에서 이러한 불평등은 가장 기본적으로 인종적 차별성에 기초한다는 점에서 '환경적 인종주의'라는 용어가 제시되기도 했으며, 반면 이러한 불평등이 빈곤, 저소득, 사회경제적 능력의 부재 등과 관련된다는 점에서 궁극적으로 자본주의 사회에서의 계급 문제로 이해되어야 한다는 주장이 제기되기도 했다(Heiman, 1996). 따라서 환경정의운동의 구체적 실천은 좁은 의미의 자연환경이 아니라 공동체적 인간생활 및 삶의 질과 관련된 모든 환경적 조건들을 대상으로 했다. 특히 환경정의운동은 인종적·계급적·성적 차별성에 의한 생태환경적 불평등에 초점을 두고, 문제 해결을 위한 상호 존중과 힘의 강화를 추구했다.

이러한 환경정의운동에 의하면, 환경은 인간 생활과 무관한 단순한 자연 그 자체가 아니라 일상적 삶이 이루어지는 터전으로 이해된다. 이에 따라 환경정의운동은 사회와 자연 간 구분을 거부하고, 대부분의 사람들이 살아가고 있는 도시환경의 중요성을 강조한다. 즉, "환경정의운동 활동가들은 그들 자신을 '새로운 환경주의자'로 규정하기를 싫어한다. 그들은 자신들의 운동이 단순히 '바다의 고래나 열대 우림의 보호'를 슬로건으로 내세운 '낡은' 환경운동을 탈피하기 위한 것보다도 훨씬 더 중요한 의미를 가진다고 주장한다. 따라서 환경정의운동가들을 '새로운' 시민권 또는 '새로운' 사회정의를 추구하는 활동가들로 이해하는 것이 보다 정확할 것이다"(Chiro, 1996: 303). 이를 위해 환경정의운동은 좁은 의미의 환경(자연)운동을 능가하며, 다양한 운동들 간 구분을 초월하여 전통적 의미의 환경운동보다는 지역사회운동에 더 친화적인 특성을 가졌다. 그뿐만 아니라 환경정의운동은 경제적·기술적 선진국들에 의한 개도국 자연자원의 과잉 착취에 대한 원주민들의 저항, 그리고 토착적 자연환경 및 생물다양성을 보호하고자 하는 이들의 노력 등도 포함하게 되었다. 오늘날 환경정의운동은 자연자원의 분배나 자연재해로부터의 보호 등에서 사회적으로 (계급·인종·성의 차이에 따라), 공간적으로 (세계적·국제적·국가적·지역적 수준에서) 심각한 격차가 발생하고 있음을 지적하고, 이에 대한 공정한 분배와 정당한 보호를 요구하고 있다. 또한 이러한 환경정의에 관한 논의는 한 세대 내 사회적 차원을 능가하여, 세대 간 및 종간의 정의로운 배분문제로 확대되기도 한다(Cooper and Palmer, 1995).

이러한 점에서 환경정의운동은 주류 또는 전통적 환경운동 및 이들이 견지했던 환경론의 지배적 의미들에 도전하여, 환경이론과 실천에 새로운 패러다임을 만들어내고자 한다. 환경정의운동은 자원의 고갈이나 자연의 황폐화 그 자체보다는 이로 인해 유발되는 자원 이용 및 환경 피해가 성이나 인종과 같은 신체적 조건 그리고 소득 및 권력 등과 같은 경제·정치적 조건에 따라 불평등하다는 점을 강조한다(Hofrichter, 1993: 3). 나아가 환경정의운동은 이러한 불평등에 대항하여 기본적으로 인간의 생명을 지속시켜나갈 권리로서의 생존권, 쾌적하게 생활할 권리로서의 환경권, 그리고 부당하게 차별받지 않고 인간다운 삶을 영위할 권리로서의 시민권 등을 요구한다. 특히 환경정의운동은 원주민 또는 유색인종이기 때문에 환경정책으로부터 배제되거나 그 피해를 집중적으로 전가 받지 않아야 한다는 점에서 소수자 권리(minority right)로서의 유의성을 가진다(Almond, 1995; Hartley, 1995 등 참조). 이러한 점에서 하비(Harvey, 1996: 391)는, “한편으로 힘의 강화와 인격적 자기존중의 추구, 다른 한편으로 환경주의적 목적 간의 결합은 환경정의를 위한 운동이 매우 독특한 방법으로 생태적 정의의 목적과 사회적 정의의 목적을 엮어냄을 의미한다”고 해석했다.

미국을 중심으로 환경정의운동이 등장·발전해나가는 상황에서 환경정의의 개념은 정부의 환경정책이나 관련된 제도에 주요한 이슈가 되었으며, 또한 학계에서도 사회과학, 철학 등 다양한 학문 분야의 새로운 연구 주제로 많은 관심을 끌었다. 즉, 주민들의 새로운 지역환경운동에서 제기되었던 환경정의에 관한 실천적 주장은 미국 정부의 정책에 크게 반영되었을 뿐만 아니라, 학문 세계에도 주요한 반향을 불러일으켰다. 우선 정책적 측면에서, 환경정의운동의 영향으로 1992년 미국에서는 「환경정의 법」이 제정되었으며, 클린턴 행정부의 집권을 위한 인수과정에 환경정의 팀이 구성되어 환경문제의 인종적·계급적 불평등에 관한 자료수집과 정책대안 제시가 이루어지기도 했다. 클린턴 행정부가 출범한 이후에도 미국 환경보호청은 환경정의의 개념에 기초하여 환경적 형평성(environmental equity)에 관한 주요한 환경정책들을 입안·시행하고자 했다(Dowie, 1995; Hartley, 1995). 또한 환경정의운동은 학문적으로 환경불평등이나 환경인종주의 등과 관련된 경험적 연구를 촉진했을 뿐만 아니라, 환경정의를 보다 전통적인 사회정의의 철학이나 사회이론의 배경 속에서 개념화하고자 하는 이론적 연구들도 활발히 이루어지도록 했다.

환경정의운동은 단순히 자연자원의 고갈이나 환경파괴 그 자체를 문제시하기보다는 이러한 문제로 인해 발생하는 자원 접근에의 불평등과 환경 피해에 대한 방어 능력의 차별성을 강조하면서, 환경적 부정의를 유발하는 정치적·경제적 과정에 반대하는 한편 삶의 터전으로서 환경을 공유하는 지역사회 공동체를 건설하고자 한다. 이러한 환경정의운동은 지난 20여 년간 전 세계적 운동으로 확산되었으며, 우리나라에서도 환경정의에 초점을 두고 환경운동을 전개하고 있는 환경정의시민연대를 비롯하여 대부분의 시민환경운동 단체들은 환경정의를 주요한 이념으로 설정하게 되었다(권해수, 2002). 나아가 환경정의운동은 개별 지역이나 국가 단위에서 환경적 이슈를 중심으로 이루어졌던 시민권 운동, 반전-반핵운동, 여성운동 등에 함의되었고, 나아가 세계적 차원에서 이루어지고 있는 지구화반대운동 또는 대안적 지구화운동에도 포괄되었다. 지구화 과정에 반대하는 환경정의운동은 초국적기업, 세계은행(IBRD), 국제통화기금(IMF)과 같은 세계적 금융기구, 그리고 세계무역기구(WTO) 등을 포함한 많은 지구화 기구 및 장치가 제3세계 국가들에서 사회적·생태적 파괴를 초래하는 무분별한 개발을 촉진하고 있음을 비판하고, 세계의 각 지역들이 고유한 자연환경과 사회문화에 기초하여 자율적인 발전과정을 추구할 수 있어야 함을 강조한다.

이러한 세계적 차원의 환경정의운동은 물론 지역적 환경정의운동의 연장선상에서 출발한 것이라고 할 수 있다(Jamieson, 1994). 미국의 경우 환경정의운동은 유럽 이주민들과 싸운 미국 원주민(인디언)들의 이야기에서 출발하여, 서구 자본주의의 팽창과 이 과정에 특히 주요하게 내재된 식민주의와 제국주의가 제3세계 자연자원을 어떻게 착취했는가에 대해 관심을 가진다(Katz, 1997). 선진자본주의 국가들은 제3세계 국가들의 자연자원을 수탈하고 환경을 파괴하는 과정에서 원주민들의 환경권과 환경의식을 짓밟았으며, 결국 원주민들의 문화와 생활양식을 소멸시켰다. 이러한 점에서 최근 지구적 남-북 문제는 단순한 경제적 격차나 불균등의 문제가 아니라 환경적 불평등 또는 부정의의 문제로 이해되어야 한다(한면희, 2002). 세계적 환경정의에 관한 논의에서 보다 중요한 점은 현재 진행되고 있는 지구화 과정이 세계적·지역적 차원에서 어떻게 환경부정의를 유발하고 심화시키고 있는가를 밝히고, 이를 해결하기 위해 피해를 입고 있는 모든 지역주민들이 연대하여 어떻게 세계적 환경정의를 재구성하고 실현시킬 수 있는가에 대하여 관심을 집중시키는 것이다.

예로 멕시코의 사파티스타 민족해방군(Zapatista National Liberation Army)은 1994년 1월 1일 치아파스(Chiapas) 주의 네 개 도시를 장악하면서 세계적 관심을 집중시켰다. 이날은 북미자유무역협정(NAFTA)이 발효하는 날이었다. 사파티스타는 NAFTA와 같은 세계적 제도들이 자급자족적 소농체제를 희생시키는 대규모 다국적 기업농들에게 이윤을 보장해준다는 점에 의문을 제기하고, 환경정의운동을 국제적 연대의 중심 이슈로 가져오는 것이 긴요하다고 주장했다. 이들은 여성, 농부, 토착민, 도시의 서민 등이 연대하면, 정부, 대기업, 그리고 NAFTA와 WTO와 같은 세계적 기구들에 맞설 수 있음을 보여주었다(Adamson et al., 2002: 4). 환경정의운동의 일환으로 이해될 수 있는 사파티스타의 활동 사례에서 나아가, 1999년 미국 워싱턴의 시애틀에서 이루어졌던 WTO 반대운동과 그 이후 지속된 신자유주의적 지구화에 대한 반대운동은 지구적 환경정의를 위한 운동으로 인식될 수 있다.

3. 환경정의에 관한 연구동향과 이론 유형

학문 영역에서 환경문제를 사회정의와 관련시켜 분석 또는 이해하고자 하는 시도는 1970년대부터 있었지만, 환경정의에 관한 학술적 연구는 실천적 환경정의운동이 어느 정도 자리를 잡고 난 이후, 즉, 1990년대 들어와서 본격적으로 추진되었다. 이 점은 1990년대에 환경정의와 관련된 많은 단행본들이 발간되었을 뿐만 아니라,[1] 사회학, 정치학, 지리학, 환경학(좁은 의미) 분야 등의 많은 학술지가 환경정의를 특집 주제로

1) 이에 관한 연구 결과물들과 실천의 성과에 관한 기록들을 종합한 단행본으로, Adamson et al.(2002) 참조. 물론 2000년대 이후에도 환경정의에 관한 경험적, 정책적(법제도 포함), 이론적 연구 성과들이 많이 발표되었다. 환경(부)정의에 관한 경험적 연구의 사례로서 Shrader-Frechette(2002) 등 참조. 그리고 기존의 환경(정의)운동에 대한 평가나 성찰 등에 관한 문헌으로 Pellow and Brulle(2005) 및 Sandler and Pezzullo(2007) 등 참조.

다루었다는 사실에서도 확인된다. 환경정의와 관련된 연구들은 현실 사회에서 환경불평등이 어떻게 나타나고 있으며 이를 유발하는 배경은 무엇인가에 대한 경험적 분석, 이러한 경험적 연구에 기초하여 환경불평등을 해소 또는 완화하고자 하는 정책적 고찰, 그리고 환경정의의 개념을 보다 세련시켜 정형화하고자 하는 이론적 연구(그 외에도 환경정의를 고양하기 위한 교육 등도 포함) 등으로 구분될 수 있다.

환경정의에 관한 경험적 연구는 환경정의운동에서 제시되었던 여러 가지 주장을 정리하고 체계화하는 작업에서 시작되었으며, 현실 세계에서 환경적 부정의가 어떻게 나타나고 있는가를 조사하고자 했다. 이에 관한 연구는 현실 세계에서 나타나는 환경문제의 사회공간적 불평등을 경험적으로 분석하고(Bowen et al., 1995; 최병두, 1999), 이를 해소하고자 하는 환경정의운동에 보다 세련된 환경정의의 이념을 제시하거나, 국내 및 국제 환경정책들에 주요한 원칙이나 지침 또는 전략들을 제시하고 있다. 환경정의의 관점에서 환경문제의 분석은 자원이용이나 비용 부담, 피해의 방어 능력, 특히 부의 외부효과를 발생시키는 여러 가지 환경기초시설(매립장, 소각로, 핵발전소 등)의 입지 등이 사회공간적으로 불평등하게 이루어지고 있음에 관심을 가지고, 그 불평등이 발생하게 되는 이유를 설명하고자 했다. 환경적 불평등에 관한 이러한 연구들은 대부분 다양한 사회-인종적, 정치경제적 배경하에서 환경적 불평등이 유발·심화되고 있음을 지적하고 이를 해소하기 위한 환경정의 정책이나 실천이 이루어져야 함을 강조했다.

환경정의운동가들이나 이에 관한 연구자들은 현대사회에서 발생하는 환경문제를 성, 인종, 계급의 문제들과 접합시켰으며, 또한 환경정의와 관련된 주장들은 활동가들의 실천에 바탕을 두고 제시되었다는 점에서 주류 환경운동 및 환경론과는 상이했다. 특히 미국 사회에서 환경적 불평등은 '환경적 인종주의'에 바탕을 두고 인종적 차별성에 우선적인 관심을 두고 있었다(Bullard, 1993; Westra and Wenz, 1995). 그러나 다른 한편 자본주의 사회에서 인종 변수는 빈곤, 저소득, 사회경제적 능력의 부재 등으로 환원될 수 있으며, 따라서 궁극적으로 계급적 문제로 간주되어야 한다고 주장되기도 했다(Heiman, 1996). 환경적 불평등을 야기하는 주요 요인이 인종이든 계급(또는 성)이든 간에 이에 관한 연구들은 환경정의운동을 고무시켰을 뿐만 아니라, 이러한 문제를 해결하고자 하는 정책들의 개발을 촉진시켰다.

환경정의의 실현을 위한 정책의 개발은 우선 이 개념에 기초한 정책 기조 또는 원칙을 제도화시켰으며, 보다 구체적으로 환경문제의 사회공간적 불평등을 시정하고 새로운 정책들이 더 이상 이러한 불평등을 야기하지 않도록 입안·시행되어야 한다는 점을 강조했다. 그뿐만 아니라 환경정의와 관련된 정책적 논의는 정책의 입안 및 시행과정의 민주성을 강조했다. 즉, 환경정의의 원칙은 환경 관련 정책들에서 경쟁하는 대안들 간에 선택을 위한 기준을 제시할 뿐만 아니라, 환경정의 개념의 응용은 정책의 합리적 의사결정 및 그 효과의 형평성 확인을 위해 시민들의 참여를 필수적으로 요구한다는 점에서 '생태적 민주주의'의 개념을 만들어내기도 했다(Mathews, 1996). 이러한 환경정의 개념을 응용한 경험적 연구나 정책적 대안 제시는 일국적 상황에서 나아가 국제적 규모로 확대되고 있다. 예로, 선진국의 자본에 의해 직간접적으로 촉진되고 있는 후진국의 열대림 개발과 원주민들의 생활 및 문화 터전의 파괴, 또는 선진국의 공해산업과 폐기물질의 후진국 수출 등은 국제적 환경정의의 측면에서 강력히 비판되고 있다. 또한 지구온난화 등 지구적 환경문제의 해결을 위한 부담에서도 국제적 환경정의의 개념이 응용된다(Cooper and Palmer, 1995; Michael, 1997; 윤순진, 2002).

환경정의의 개념을 세련시키기 위한 이론적 연구는 환경정의운동에서 제시되었던 여러 가지 주장을 정리하여 체계화하는 작업에서 시작되었지만, 점차 학문적 영역으로 깊게 들어감에 따라 사회정의와 관련된 기존의 다양한 사회이론적 또는 철학적 전통이나 사상들 가운데 특정한 입장과 관련시켜 새로운 환경정의의 개념을 구축하고자 했다(Wenz, 1988). 이러한 전통이나 사상은 아래에서 논의하는 바와 같이 다양한 유형으로 구분될 수 있다. 또한 환경정의론이 어떤 측면에 초점을 두는가에 따라 형식적 정의론과 실질적 정의론으로 구분되거나 자원의 수혜와 부담의 배분에서 분배적 정의론이 강조되기도 했다. 그리고 다양한 이론의 개진으로 인해 환경정의의 개념이 혼돈을 일으키거나 때로 대립적 갈등을 유발하게 됨에 따라, 이 개념을 둘러싸고 크고 작은 논쟁이 빈번하게 제기되었다(Almond, 1995; Hampson and Reppy, 1996). 그뿐만 아니라 일부 학자들은 개별 환경정의론들이 가지는 한계를 극복하기 위해 이들 각각의 장·단점을 고찰한 후 종합하거나, 각 환경정의론이 제시되는 학문적·현실적 배경을 고찰하고 이에 내재된 문제점들을 분석하기도 했다(Harvey, 1996; Low and Gleeson, 1998).

이러한 학문적 열기 속에서 환경정의에 관한 학술적 관심이 전 세계적으로 확산됨에 따라, 1997년 오스트레일리아에서 환경정의에 관한 대규모 국제학술대회가 개최되기도 했다(문순홍, 1997; Low, 2000). 우리나라에서도 환경정의에 대한 관심이 1990년대 중반부터 시작되어 그동안 많은 연구 결과물이 발표되었고, 시민사회에서의 환경정의운동에도 상호 영향을 미쳤다(이상헌, 1995; 토다 키요시, 1996; 최병두, 1999 등 참조). 또한 환경정의에 관한 이론화 작업 및 현상에 관한 연구가 많은 관심을 끌고 그 결과물들이 누적됨에 따라, 이를 교육에 적용하고자 하는 노력도 이루어졌다. 환경정의교육은 예로 분배의 제약과 재난적 피해를 바로잡기 위한 활동 프로젝트, 공동체 구축, 연대적 저항, 지식 네트워크 등을 주요한 주제로 설정하고 있다. 환경정의교육은 흔히 지속가능한 발전에 관한 교육의 연장선상에서 이루어지고 있지만, 뒤에서 자세히 논의하는 바와 같이 기존의 환경교육과는 여러 측면에서 구분된다. 궁극적으로 환경정의교육은 지구적·지방적 차원에서 전개되고 있는 환경불평등이 현대 자본주의 사회의 정치경제적 구조에 의해 발생한다는 점을 인식하고, 저소득 및 유색인 지역사회에 전가되는 부담의 불평등에 저항할 수 있는 능력을 함양하여 새로운 공동체를 건설하는 것을 목적으로 하고 있다(Bowers, 2002 등 참조).

환경정의에 관한 연구가 점차 학문적 영역으로 깊게 들어감에 따라, 많은 사회이론가들과 철학자들은 사회정의와 관련된 기존의 다양한 사회이론적 또는 철학적 전통이나 사상 가운데 특정한 입장과 관련시켜 새로운 환경정의의 개념을 정형화하고자 했다(Wenz, 1988; Harvey, 1996 등 참조). 이러한 전통이나 사상에는 다양한 정의론들, 즉, 자유론적 정의론, 공리주의적 정의론, 계약론적 정의론, 마르크스주의적 정의론, 포스트모던 정의론 등이 포함된다(<표 1> 참조). 그 외에도 칸트적 정의론, 아리스토텔레스의 덕목적 정의론, 동물권 개념, 생물종 개념 등 많은 관점이나 입장이 도입되어 환경정의에 관한 논의를 다양하게 했다.

자유론적 정의론, 공리주의적 정의론, 계약론적 정의론은 모두 넓은 의미의 자유주의적 정의론에 속한다고 할 수 있다. 이 정의론들은 세부적으로 여러 측면에서 차이가 있으며 때로 상호 비판적이지만, 정의를 개인간 의무관계 및 사회적 균형과 조화라는 관점에서 이해하며, 분배적 측면에서 정의를 강조한다는 점 등에서 공통점을 가진다. 이러한 자유주의적 환경정의론은 환경평등, 갈등해소, 정당한 몫 분배, 협상을 통한 타결 등 여러 가지 자유주의적 개혁을 뒷받침하지만, 이러한 문제들을 발생시키는 근본적 문제들에 관해서는 간과하고 있다는 점에서 비판되기도 한다. 이러한 자유주의적 환경정의론의 문제점들을 해소하고 환경정의에 대한 대안적 개념을 모색하기 위해 마르크스주의 환경정의론 또는 포스트모던 환경정의론이 논의될 수 있다.

<표 1> 환경정의론의 여러 유형들

구분		원리	주요 내용	고전 사상가
자유주의적 환경정의론	자유론	자유와 보상	타인의 생명과 재산에 영향을 미치는 행위를 제외한 모든 행위는 허용되지만, 만약 이(환경오염) 행위로 피해를 미쳤다면 적절하게 보상해야 한다.	로크
	공리주의	최대 복지 (공동의 선)	환경개발의 이익이 환경보전에 의한 복지를 더 크게 훼손하거나 개인의 재산권 행사가 사회생태적 문제를 유발한다면, 공동의 선의 관점에서 제한될 수 있다.	벤담 J.S.밀
	계약론	최소최대화와 공정성	자원이용, 이를 위한 소득, 오염으로부터 자유로울 수 있는 자존감 등은 이들의 불평등한 분배가 최소수혜자에게 이득을 주지 않는 한 평등하게 분배되어야 한다.	루소 롤스
마르크스주의 환경정의론		필요와 노동	인간과 자연을 매개하는 노동과정에 공동체적으로 참여하며, 이를 통해 생산된 자원을 필요에 따라 분배한다.	마르크스
포스트모던 환경정의론		공생과 차이	다양성과 공생은 발전의 잠재력이며, 타자성이 존중되고, 생태적·문화적 차이들이 인정되어야 한다.	스피노자 니체

주: 이 책에서는 심층생태학이 포스트모던 환경(정의)론과 많은 유사점들을 가지지만, (자본주의) 사회체재에 대한 직접적인 비평 없이 생태주의를 지향하면서 개인적 자아실현을 추구한다는 점에서 자유주의적 환경(정의)론에 포함시켰다.

자료: 최병두(1999: 496).

마르크스주의 환경정의론은 인간과 자연을 매개하는 노동에의 공동체적 참여와 그 생산물인 자원의 필요에 따른 분배에 기초한다. 마르크스주의 환경정의론을 분배적 정의의 관점에서 보면, 호혜적 정의를 강조하는 일부 자유주의적 정의론(예로, 롤스의 정의론)과 유사한 내용을 가진다. 그러나 후자는 대체로 절차적·형식적 정의로서 호혜성을 강조한다면,

전자는 보다 실질적인(그 결과로서) 정의로서 호혜성을 강조한다. 그뿐만 아니라, 마르크스(K. Marx)의 정의론에서 가장 핵심적인 부분은 분배적 정의가 아니라 생산적 정의이다. 그러나 마르크스주의 환경정의론은 인간과 자연의 관계 및 인간들의 관계에서 물질적 측면을 강조하고, 자연의 무(無)제한성을 전제로 생산성의 지속적 발전이 가능한 것처럼 인식하도록 했다는 점에서 비판되고 있다.

포스트모던 환경정의론은 일반적으로 자연주의적 입장에서 자연과의 관계를 통한 자아실현 또는 공생을 강조하고 생태적·문화적 차이가 인정되어야 한다고 주장한다. 이러한 입장은 스피노자(B. Spinoza)나 니체(F. Nietzshe)의 철학으로 소급되며, 오늘날 포스트모던 철학자군에 속하는 학자들의 주장들에서 찾아볼 수 있다[2]. 포스트모던 환경정의론은 현대사회의 탁월한 지배논리로서 근대성은 타자를 대상화하여 억압함으로써 인간 노동과 자연을 착취한다고 비판하고, 대안적으로 '생물지역주의(bio-regionalism)'에 기초하여 타자성을 존중하고 어떠한 타협에의 강제 없이 생태적·문화적 차이들이 존재할 수 있도록 해야 한다고 주장한다. 포스트모던 환경정의론은 특히 생태적·문화적 차이들 속에서의 공생을 강조하며, 이러한 차이에 근거한 타자와의 상호 인정을 전제로 한다는 점에서 주요한 개념적 시사점을 제시하고 있다. 그러나 포스트모던 환경정의론은 환경불평등이 발생하는 배경에 관한 경제적·정치적 분석이 미흡하고 대안으로서 공동체적 삶의 복원보다는 유목적(개인적) 삶의 방식을 부각시킨다는 점에서 논란이 되고 있다.

---

2) 이러한 입장은 심층생태학 및 이와 관련된 에코페미니즘이나 급진적 환경론이라 불리는 일단의 환경론에서도 찾아볼 수 있다. 그러나 이 책에서는 심층생태학이 환경문제를 유발하는 자본주의 경제·정치체제를 직접 문제시하기보다는 개인적 자아실현을 위한 생태주의를 지향한다는 점에서 자유주의 환경(정의)론의 한 변형으로 이해하고자 한다.

이와 같이 경험적·정책적으로뿐만 아니라 학문적으로 환경정의에 대한 관심이 급속히 확산되면서 이의 개념화를 위한 다양한 사회이론적 및 철학적 전통이 동원되었고, 환경정의론은 매우 보수적이고 우파적인 경향에서부터 상당히 급진적이고 좌파적인 경향에 이르기까지 다양한 유형을 포괄하게 되었다. 이러한 상황에서 하나의 환경정의론이 다른 어떤 환경정의론들에 비해 우월하다고 주장하기는 어려우며, 또한 벤츠(Wenz, 1988)가 주장하는 바와 같이 설령 어떤 환경정의론이 한 상황에서는 적합하다고 할지라도 다른 상황에서도 그렇게 적용될 것이라는 보장은 없다. 그렇다고 해서 특정한 환경정의론이 특정한 집단이나 상황에 적합하며 다른 환경정의론은 다른 집단이나 상황에 적합하다고 인정하면, 상대주의적 딜레마에 빠진다. 이러한 점에서 우리는 다양한 환경정의론을 어떻게 재해석할 것이며, 이를 어떻게 체계적으로 종합 또는 재구성할 것인가라는 의문을 가지게 된다.

이러한 의문을 해소하기 위해 환경정의에 관심을 가지는 여러 학자들은 이들을 비교하거나 종합하고자 했지만, 아직 통합된 환경정의이론이 구축되었다고 보기는 어렵다. 그러나 통합된 환경정의이론을 정립하기 위한 예비 작업으로 환경정의이론이 적용될 영역들과 각 영역에 적용될 기준들을 설정해볼 수는 있다. 즉, 환경정의론은 인간-자연 간의 관계와 더불어 인간들 간의 관계를 포괄하며, 이 관계들에서 물질적 연계뿐만 아니라 상징적 연계를 적절하게 포착할 수 있어야 한다는 점에서 현실세계의 구성 범주들을 분석적으로 설정하는 것이 중요하다. 또한 환경정의가 적용되는 각 관계들에 어떤 보편적 원칙들이 내재하며, 이러한 원칙(들)에 따라 실제 그 관계가 정의로운가 또는 그렇지 아니한가가 평가될 수 있어야 할 것이다. 따라서 이러한 원칙들은 그 관계를 매개하는 요소들에 기초해야 할 것이다. 끝으로, 이러한 환경정의론이 기존의 사회질서 또는 지배관계를 유지하기 위한 이데올로기로서 사용될 수 있는 가능성

<표 2> 환경정의의 세 가지 범주와 원칙

정의의 범주	분배적 정의	생산적 정의	인정적 정의
정의의 영역	자연자원을 매개로 한 인간들 간 물질적 관계	노동을 매개로 한 인간과 자연 간 물질적 관계	상호 인정에 의한 인간들 간 및 인간과 자연 간 상징적 관계
정의의 원칙	필요의 원칙	노동의 원칙	담론의 원칙
사회(정의) 영역의 확장	사회 영역의 확장	경제 영역의 확장	문화 영역의 확장
철학적 전통	자유주의적 특히 롤스의 정의론	마르크스의 정의론	니체 또는 포스트모던 정의론

자료: 최병두(1999: 512).

을 방지할 수 있어야 한다.

이러한 점들에 유의하여 범주화된 영역과 원칙에 따른 환경정의론은 <표 2>와 같이 요약된다. 즉, 환경정의가 적용될 현실 세계의 영역은 자연자원을 매개로 한 인간들 간의 물질적 관계, 노동을 매개로 한 인간과 자연 간의 물질적 관계, 상호 인정을 매개로 한 인간들 간 및 인간과 자연 간 상징적 관계로 구분하고, 이와 관련하여 환경정의론이 포괄할 기본 범주를 분배적 정의, 생산적 정의, 인정적 정의로 설정할 수 있다. 이러한 각 범주에서의 정의는 상호 관련되어 있지만 그 관계들에 내재되어 있는 원칙에 근거하여 평가된다.

환경정의의 세 가지 범주는 기본적으로 관계들에 초점을 둔 것이지만, 기존의 사회정의이론들이 근거를 두고자 했던 사회의 각 영역들, 즉, 사회(좁은 의미)적 정의, 경제적 정의, 문화적 정의가 자연을 포함할 수 있도록 확장된 것이라고 할 수 있다. 또한 각 범주의 정의의 원칙과 그 내용은 완전히 새롭다기보다는 이들에 가장 적절한 기존의 철학적 전통들의 재구성을 통해 제시될 수 있을 것이다. 이와 같이 각 영역별 범주화와 원칙에 근거한 환경정의이론은 개별 사안에 따라 어떤 유형의 정의가 우선적으로 적용될 것인가를 이해할 수 있도록 하는 한편, 보편적으로 적용될 수 있는 범주와 기준을 설정하고 있다는 점에서 사회공간적으로 국지적 규모에서부터 세계적 규모에 이르기까지 모든 규모에 적용될 수 있는 새로운 보편적 윤리를 제공한다고 할 수 있다.

이러한 환경정의이론에 관한 기본틀은 물론 보다 정교하고 종합적인 이론체계로 발전해 나가야 할 것이며, 사실 이 책은 이를 목적으로 한다. 또한 환경정의이론은 현재 지구적·지방적 차원에서 전개되고 있는 신자유주의화 과정의 시장논리를 벗어날 수 있는 대안적 윤리로서 환경정의를 강조하는 한편, 더욱 장기적으로는 환경정의의 개념이 널리 인식되고 실천될 수 있도록 환경정의를 중심으로 한 새로운 환경교육이 이루어질 수 있도록 노력해야 할 것이다.

4. 시장의 논리를 넘어 환경정의의 윤리로

포괄적 의미에서 지구화란 세계 각 부분들(지역들)의 상호 관계가 보다 치밀해지는 과정이며, 이로 인해 각 부분들의 변화와 더불어 세계 전체가 사회공간적으로 급속하게 재편되는 과정이라고 할 수 있다. 이러한 지구화 과정은 기본적으로 현재 우리 사회를 규정하고 있는 경제정치체제인 자본주의의 최근 경향, 이른바 신자유주의적 발전과정과 관련을 가진다. 1970년대 심각한 경제침체 상황에 봉착한 서구 선진자본주의 국가들은 경제를 활성화하기 위하여 국가의 긴축재정과 탈규제 정책들을 시행하였다. 이로 인해 복지정책과 더불어 환경규제 등을 위한 국가개입이 축소되면서, 자유시장의 논리가 우리 사회를 점차 지배하게 되었다. 특히 1980년대 중반 이후 냉전체제의 해체로 자본주의 경제가 전 세계로 확산됨에 따라, 자유시장과 자유무역을 지향하는 선진국들의 신자유주의적 정책이 여타 국가들에도 직간접적으로 요청되었다. 이에 따라 개별 국가의 경계를 초월한 자본(특히 금융자본)과 노동 및 정보의 초공간적 이동이 이루어졌으며 다(또는 초)국적기업들이 세계경제를 장악하였다. 그 뿐만 아니라 이 과정에서 전후 세계경제질서를 규정하던 가트(GATT)체제가 보다 완전한 자유무역을 전제로 한 WTO 체제로 전환되었고, 그 외 여러 국제기구들, 예로 국제통화기금(IMF), 세계은행(World Bank) 등이 세계경제질서를 좌우하게 되었다.

세계의 각 국가들 그리고 도시 및 지역들은 이러한 지구화과정의 영향에 따라 근본적인 변화 — 흔히 지구화과정에 대칭되는 '지방화'과정 — 를 겪었다. 세계의 각 국가들은 기존에 담당했던 역할을 시장 메커니즘에 돌리면서, 서민계층이나 소수집단 또는 소외지역에 대한 복지정책을 축소시키고, 지역경제의 활성화를 위하여 각종 규제제도를 완화했다. 또한 각 국가들이 능동적이든 피동적이든 간에 자유무역을 위한 관세의 완화 또는 철폐를 추구함에 따라, 다국적자본들은 보다 높은 이윤을 얻기 위하여 개별 지역들에까지 직접 침투하였다. 대부분의 국가와 지방정부는 경제침체를 명분으로 지역주민들의 생활과 직결된 복지지출을 축소하는 한편, 역외자본을 유치하기 위한 다양한 개발정책을 시행하였다. 그러나 이러한 정부(중앙 및 지방)의 신자유주의적 정책들이 국가 또는 지역경제를 회복시키고 있다는 징후는 별로 보이지 않을 뿐만 아니라(Harvey, 2005), 오히려 계층이나 지역 간 격차, 즉, 사회공간적 양극화를 점차 심화시키고 있다. 또한 이러한 신자유주의적 개발정책들이 그동안 시민사회의 노력으로 쌓아온 환경 관련 규제들을 완화 또는 폐지시킴에 따라 환경문제가 다시 악화되고 있다.

오늘날 촉진되고 있는 이러한 지구-지방화과정은 기본적으로 시장의 논리에 근거를 두고 있다. 시장은 국가와 사회의 복지가 아니라 기업의 이윤 극대화를 위하여 작동한다. 이에 따라 시장을 규제하는 국가 및 사회의 힘이 아니라 국가와 사회를 규율하는 시장의 힘이 세계를 지배하고 있다. 이러한 시장의 논리를 옹호하는 신자유주의적 입장에 의하면, 시장은 환경적 외부성을 해결하기 위한 가장 적절한 메커니즘이며, 시장 논리에 따를 경우 세계경제는 더 이상 물질적 희소성에 의해 위협받지 않게 된다. 왜냐하면 시장 메커니즘은 자원을 가장 효율적이며 형평적으로 배분할 수 있기 때문이다. 또한 선진국들의 경제적 산출에서 물질적·에너지 의존도가 기술혁신에 따라 크게 감소한 것처럼, 경제 및 기술의 추가적 발전이 이로 인해 발생한 환경위기의 치유를 위해 가장 적절한 방법이라고 주장된다. 국제무역에서 자원의 수출 증대는 자연의 착취를 증대시키기보다는, 유휴자원을 이용하여 경제를 성장시키고, 나아가 사회적 부의 증대와 더불어 희소자원을 보호하는 데도 궁극적으로 이바지할 수 있다고 강변한다(Bommer and Schulze, 1999). 보다 포괄적으로 자본의 자유로운 이동은 개발도상국들의 경제성장을 촉진하여, 선진국과의 소득 격차를 줄여줄 것이라는 입장을 견지한다. 따라서 신자유주의적 지구화는 선진국보다는 개발도상국들에게 더 큰 혜택을 줄 것이며, 이에 따라 빈국 내에서 자본의 투입으로 고용이 증대할 경우 국내 소득 불평등도 감소함으로써 사회가 지속적으로 발전할 것이라고 주장한다.

지구화와 신자유주의적 정책이 각 국가의 지속가능한 발전과 병존할 것이라는 이러한 주장은 선진국이나 개도국의 많은 정치가에 의해 공유되고 있으며, 특히 주류 경제학자들과 세계은행, WTO, IMF 등과 같은 국제기구들에 의해 강조되는 것으로 밝혀졌다(Muradian and Martinez-Alier, 2001). 그러나 신자유주의적 환경정책에 관한 이러한 낙관적 인식을 심각하게 부정하는 여러 가지 현상이 드러나고 있다. 세계적으로 빈국과 부국 간 1인당 소득의 격차는 1970년대 이후 계속 증대하고 있다.

또한 대부분의 개도국은 여전히 심각한 경제적 침체, 나아가 경제적 위기를 경험하고 있다. 소득 불평등은 국가들 간에서뿐만 아니라 국가 내에서도 심화되고 있으며, 심지어 영국이나 미국과 같은 선진국에서도 증대되고 있다. 또한 후진국에 대한 국제 원조가 감소하고 기아와 질병은 계속되고 있다. 전형적인 예로 에이즈 치료제의 국제적 독점으로 인해, 아프리카와 일부 동남아시아 국가에서는 에이즈가 광범위하게 확산되고 있다. 해외 직접투자는 선진국들 간에 훨씬 더 많이 이루어지며, 후진국에 대한 직접투자는 대체로 소수의 자원 보유국들(특히 산유국)에 한정된다. 개발도상국에 대한 해외직접투자에서 공해집약산업(화학, 펄프 및 종이, 연료산업 등)의 비중이 국내 투자보다도 훨씬 높다. 선진국의 GDP에서 물질의존도가 줄어들고 이에 따라 경제의 '탈물질화'가 기대되고 있지만, 실제 선진국들은 양적으로 계속 더 많은 물질들을 소모하고 있는 반면, 대부분의 개도국들은 자연자원의 수출국으로 남아 있다.

신자유주의적 자유시장의 논리는 개도국들이 자연자원의 생산과 교역에서 비교우위를 가지며 이에 따라 이 분야의 개발을 촉진하도록 한다. 실제 조사된 바와 같이 남미 국가들의 경우, 무역자유화와 세계경제에의 편입으로 자연자원 및 원료가공 산업은 성장한 반면, 다른 공업부문들에서는 쇠퇴한 것으로 나타나고 있다. 게다가 무역자유화 이후 경제 침체 또는 경제위기가 어느 정도 심각하게 발생하였는가의 문제는 일단 제쳐놓고라도, 총수출에서 특정 품목(대부분 1차 산품)이 차지하는 비중은 오히려 증가했다(Muradian and Martinez-Alier, 2001). 선진국들이 후진국들의 자연자원은 보존해야 할 세계적 유산이라고 강조하면서도 실제 후진국들의 자원 채굴을 강제하는 것은 선진국에 근거를 두고 있는 (초국적) 자본 또는 이들과 일정한 관계를 가진 후진국 매판자본의 이윤을 보장하기 위한 것이라고 하겠다.

이러한 점에서, 자연환경의 보전을 명분으로 한 국제적 규제전략은 환경정의가 아니라 실제 자본축적 전략과 밀접하게 관련되어 있다(Michael, 1997). 이의 대표적 사례로 이른바 '녹색축적체제(green regime of accumulation)'를 선도하고 있는 유전자조작기술과 같은 생물기술(bio-technology)을 들 수 있다(Martinez-Alier, 1997). 1990년대 들어와서 미국뿐만 아니라 EU 국가들과 일본 등은 생물기술을 새로운 전략적 산업 영역으로 설정하고 엄청난 투자를 했다. 세계은행은 생물기술을 통한 새로운 녹색혁명이 후진국의 식량부족 문제를 해결할 것이라고 확신하고, 이에 대해 대대적인 지원을 했다. 그러나 이들은 현재 생산되고 있는 식량을 어떻게 배분할 것인가에 대해서는 아무런 논의도 하지 않은 채, 생물기술의 발달만이 유일한 해결책인 것처럼 제시하고 있다. 심지어 생물기술 개발을 위해 많은 비용이 들고 실패할 가능성이 높기 때문에, 개발된 제품이나 기술에 대해 높은 이윤이 보장되어야 한다고 주장하기도 한다.

지구화를 추동하는 자본주의 경제는 이러한 시장의 논리에 따라 작동하면서 어떠한 비화폐적 대가(특히 노동과 자연의 가치)를 치르고서라도 자본을 축적시키고자 한다. 예로 기업들은 더 많은 이윤을 얻기 위하여 아직 사용가치가 있는 생활용품들을 폐기하고 새로운 제품들을 구매하도록 마케팅전략을 세운다. 이로 인해 제품의 수명은 단축되고 자원 소모량은 급속히 증가하면서 자원 고갈이 촉진되며, 오염물질의 배출량도 크게 늘어난다. 지구화 과정에서 이러한 문제는 심각한 국제 환경문제를 초래한다. 부유국에 기반한 자본은 투자수익을 최대한 신속하게 회수하기 위하여 1~2년 만에 최초의 투자액만큼을 요구하는 일도 종종 발생한다. 그뿐만 아니라 이러한 자본회전의 가속화는 미래세대가 사용해야 할 자원의 남용을 가져온다. 즉, 환경의 실제적 보호는 다가올 세대들의 필요에 부응하기 위해 자원사용시간의 확장을 요구하지만, 자본은 가능한 한 빠른 시간 내에 더 많은 이윤을 얻기 위하여 자원사용시간의 단축을 강제한다. 따라서 지속가능한 발전을 촉진하기 위한 장기적인 환경정책은 가능한 한 회전기간을 단축시키고자 하는 자본의 요구와는 대립된다 (Foster, 2001).

이러한 시장의 논리가 작동하기 위해서는 모든 재화와 서비스가 상품화되어야 한다. 자연자원은 노동이나 자본에 의해 생산된 것이 아님에도, 시장경제를 위한 생산요소로서 다른 생산요소들과 마찬가지로 상품화된다. 예로, 기후변화는 대기에 온실가스가 다량으로 배출·누적되어 이제껏 안정적으로 유지되어온 기후체계의 변이를 일으켜 자본의 지속적인 축적에 제한을 가하는 위협요소로 인식된다. 이러한 문제를 해결하기 위해 '기후온난화방지협약'이 체결되었지만, 중국을 비롯한 개발도상국뿐만 아니라 미국과 같은 부유국 또한 자국의 경제성장이나 초국적자본의 압박하에서 이의 가입을 유보하고 있다. 그뿐만 아니라 기후온난화 문제에 대처하기 위한 탄소세 도입이라는 자본주의적 해법은 시장을 통한 탄소배출권리의 상품화가 탄소의 순환과 같은 자연과정을 효율적으로 통제할 수 있다고 가정한다. 이러한 가정하에서 대기에 대한 사유권의 배분이 이루어지고, 이를 통해 대기는 교환 가능한 상품이 된다. 나아가 이 과정에서 지속적인 이윤획득을 위해 대기의 현명한 보존과 관리의 필요성이 강조되는 한편 대기는 자본의 자산 일부로 포섭된다.

세계적 환경위기를 자본의 입장에서 보면, 지속적인 성장을 위해서는 더 이상 자연을 자본의 영역 바깥에 두고 무제한 착취할 수 있는 대상으로 방치할 수 없게 되었다. 환경비용은 이제 생산비용에 내재화되어야 한다. 이에 따라 국가 간 또는 세대 간 형평성이나 지속가능성 원칙은 무시한 채, 대기를 상품화하고 기후시장을 형성·활용하는 '자연의 자본화' 전략이 도입되고 있는 것이다. "자연의 자본화란 자연을 자본의 지속적 성장기반으로서 자본의 내재적 범주로 파악하여 자본의 끊임없는 성장을 위하여 자연의 보존 및 재생산을 도모하는 전략을 말한다"(윤순진, 2002).

이른바 교토메커니즘은 시장의 활동이 온실가스를 가장 효율적으로 감축할 수 있다는 논리에 의존하여, '자연의 자본화'를 추진함으로써 세대 간 및 세대 내 형평성을 악화시키는 방향으로 작용하고 있다.

이러한 시장 논리에 의해 추동되는 지구화에 관한 논제는 환경문제와 밀접한 관련을 가진다. 즉, "생태적 문제는 세계적 체계의 새롭고 가속적인 상호의존성을 드러내며, 모든 사람들로 하여금 개인적 활동과 지구적 문제 간 연관성을 이해할 수 있도록 한다"(Giddens, 1991: 221). 세계적 환경문제들 가운데 온실가스와 기후온난화, 오존층의 파괴 등은 비교적 새로운 논제이지만, 과잉인구와 자원부족과 같은 문제들은 사실 매우 오래된 논쟁점이다. 근대사회의 발달 이후 지구화는 세 차례에 걸쳐 이루어져왔다. 첫 번째 단계는 (콜럼버스가 아메리카 대륙을 탐험한 이후) 지난 500년에 걸쳐 진행되었으며, 미국·아프리카·아시아·오스트레일리아 등이 유럽에 의해 식민화되었다. 두 번째 단계는 (2차 대전이 끝난 이후) 지난 50년간 탈식민화 시기 동안 전개되었으며, 서구의 발전 논리가 비서구적 사회로 확산되어 신식민화를 초래했다. 지구화의 세 번째 단계는 (1993년 우루과이라운드를 통해 GATT체제가 완결된 이후) 지난 10여 년간 자유무역의 시기에 이루어진 것으로, '재식민화'가 촉진되는 시기라고 할 수 있다. 지구화의 각 단계들은 서구적 이해관계에 봉사했으며, 다른 국가들의 문화와 환경에 지대한 충격을 주었다(Shiva, 1999).

현재 추진되고 있는 세 번째 단계의 지구화 과정에서 핵심은 완전한 자유무역이다. 2차 세계대전 이후 촉진되어온 자유무역, 특히 WTO체제로의 전환 이후 1994년 미국, 캐나다, 멕시코 간에 체결된 북미자유무역협정(NAFTA) 등과 같은 국가 간 자유무역협정과 그 효과는 최근 우리나라가 추진하고 있는 자유무역협정이 어떠한 결과를 초래할 것인가를 유추할 수 있도록 한다. 자유무역협정이 체결될 경우 첫째, 외국투자자의 권리는 내국민대우 또는 최혜국대우 등을 통하여 한국의 환경권보다 더 우월한 지위를 가질 수 있으며, 둘째, 이행의무부과 금지 등을 통해 우리나라 정부의 환경 관련 규제들을 약화시킬 우려가 있고, 셋째, 환경규제를 둘러싼 분쟁이 발생할 경우 '국가에 대한 제소권'을 통해 그 분쟁해결절차에서 외국기업에 유리한 조건을 보장하게 된다. 이러한 자유무역협정이 체결되면, 제3세계 국가들에서 그동안 주로 공기업으로 운영되어 오던 자원관련 산업은 국제적 압력과 자본의 부족으로 인해 민영화—특히 다국적기업들에게 매각—될 가능성이 높다. 이로 인해 독과점적 관행이 자원의 국제적 가격을 통제하게 되며, 이를 통해 얻는 이윤은 다국적기업들의 수중으로 들어가게 된다.

자유무역 비판가들은 공해산업들이 개도국의 이른바 '공해 천국'들로 재입지하기 때문에 환경기준이 저급화한 '바닥을 향한 경주(racing to the bottom)'에 대한 우려를 제기하고 있다. 그러나 세계은행은 이러한 우려에 대해 경험적으로 반박하기 위한 연구들을 제시하면서, "지구화 시대 동안 4개국(미국과 중국, 브라질, 멕시코)의 주요 도시들에서 매우 위험스러운 형태의 대기오염이 실제 감소했다"고 주장한다(Wheeler, 2000). 이러한 현상이 나타나는 이유들 가운데 하나는 직접투자를 통해 유치된 대규모 다국적기업들이 OECD의 환경기준을 개도국의 공장에 일반적으로 적용하기 때문이라고 설명한다. 그러나 실제 미국국제경영협회(USCIB)가 "우리는 정부나 기업에 부과하는 환경, 노동에 관한 일체의 구속력 있는 의무를 반대한다"는 말에서 밝히고 있듯이, 초국적자본은 개도국에 투자를 하면서 노동 및 환경에 대해 당사국의 규제가 없거나 최소화되기를 바란다. 이에 따라 외국자본을 경쟁적으로 도입하기 위하여, 개도국의 기업이나 지방정부는 투자협정을 맺으면서 가능한 한 이러한 규제에 대해서는 언급을 하지 않으려 한다. 기본적으로 아무런 규제장치가 없는 시장 메커니즘이 환경기준을 강화하는 쪽으로 작동하기에는 어렵다는 점과, 자국에서의 환경부담을 줄이기 위해 환경 관련 규제가 느슨한 제3세계 국가로 진출하는 초국적기업들이 적지 않을 것이라는 점 등을 감안해볼 때, 초국적자본이 개도국의 환경개선에 기여했다는 주장은 허구적이라고 볼 수밖에 없다.

이러한 점들에서 시장의 논리가 인류의 당면한 환경위기를 해결해 줄 것으로 기대하기는 불가능하다. 시장의 논리는 이제 새로운 세계적 윤리로서의 환경정의원칙으로 전환되어야 할 것이다. 자본의 지구화과정과 이의 일환으로 추진되고 있는 자유무역협정 등의 이면에서 작동하고 있는 시장의 논리가 국가(지역) 간, 계층(세대) 간에 형평성을 가져다주기보다는 불평등을 심화시키고 있음이 경험적으로나 학문적으로 분명하다. 이러한 환경불평등은 인간의 삶과 그 터전을 황폐화시킬 뿐만 아니라 자본주의 경제 자체를 지속불가능하게 만들게 된다. 왜냐하면 그동안 선진국의 자본주의 경제가 발달할 수 있었던 것은 제3세계의 저렴한 자원 공급과 이로 인한 자연환경의 파괴를 대가로 한 것이지만, 제3세계 국가들에서 더 이상의 저렴한 자원공급이 불가능할 정도로 자연환경이 파괴되고 있는 상황에서 선진국의 자본주의 경제는 더 이상 발달할 수 없는 단계에 도달하였기 때문이다.

이러한 상황에서 선진자본주의 국가들이 제3세계 국가들을 더욱 압박할 경우 결국 자원전쟁이 발발한다. 1990년의 걸프전쟁과 2000년대에 들어와서 세계적 위기를 고조시켰던 아프가니스탄과 이라크에 대한 미국의 침공은 사실 자원 확보를 위한 전쟁이라고 할 수 있다. 21세기에는 석유뿐만 아니라 물이나 그 외 점차 고갈·희소화되고 있는 자원의 확보를 둘러싸고 심각한 전쟁이 발생할 가능성이 고조되고 있다. 그뿐만 아니라 환경오염 물질의 월경현상으로 인하여 이에 의한 피해보상 및 관리를 둘러싸고 국제적 긴장이 심화될 수 있다. 이와 같이 자원 및 환경문제를 둘러싸고 발생할 수 있는 생태전쟁(eco-war)은 자원의 불평등한 접근과 이용을 더욱 심화시키면서 지구환경을 황폐화시킬 것이다. 이러한 생태전쟁으로부터 지구환경을 구하고 인류 사회의 지속가능한 발전을 구현하기 위해서는, 시장의 논리에서 환경정의의 원칙으로의 전환이 불가피하다고 하겠다.

5. 지구공동체 윤리로서 환경정의를 위한 교육

환경정의를 구현하기 위한 실천운동과 이를 이론화하기 위한 연구가 진행됨에 따라, 이를 환경교육에 적용해야 한다는 목소리가 높아졌고, 이를 실현시키려는 노력이 뒤따르고 있다. 많은 환경교육 프로그램은 명시적 또는 암묵적으로 환경정의를 주요한 주제로 포함시키고, 환경정의를 실현하기 위한 개인적·공동체적 능력 배양을 위한 환경교육을 강조하게 되었다.[3] 또한 이미 공식화된 지속가능성에 대한 교육을 보다 진보적 입장에서 환경정의와 관련시킴으로써 환경교육에서 환경정의의 개념이 강조되고 있다. 예로, 전통적 환경교육은 생태학과 환경적 이슈 그리고 시민들의 환경의식과 행동 등을 다루었지만, 최근 저소득층과 인종적 소수집단의 사회-환경적 문제에 대한 관심이 증대하면서 이를 환경교육에 반영하고자 하는 주장들이 제기되고 있다. 따라서 환경교육이 실효성을 가질 수 있도록 교과과정에 환경정의에 관한 이슈들을 포함시켜야 한다는 점이 제안되고 있다(Bowers, 2001a).[4]

---

3) 지리(교육)학에서 환경정의에 관한 연구사례로, 강영복·이수옥(2006)의 연구처럼 학생, 노인, 주부 등 다양한 집단들의 의식에 관한 조사연구를 들 수 있다.

4) 환경정의교육은 단지 제도 내 초·중등학교 환경교육뿐만 아니라 대학교의 전공 및 교양과목으로 시행되고 있는 환경교육, 나아가 사회에 이미 진출한 성인들을 위한 교육도 포함한다. 특히 성인을 위한 환경정의교육은 분배의 제약과 재난적 피해를 바로잡기 위한 활동 프로젝트, 공동체 구축, 연대적 저항, 지식 네트워크

환경정의교육의 내용은 사회-인종적, 정치경제적 배경하에서 이루어지는 환경적 불평등의 문제를 이해하고 이를 해소할 수 있는 방안을 모색하는 것으로 구성된다. 즉, 환경정의교육은 세계적·국제적·국가적·지역적·국지적 수준의 자연자원 분배, 자연재해로부터의 보호 등에서 계급·인종·성의 차이에 따라 어떠한 격차가 발생하고 있는가를 살펴보고, 이에 대한 공정한 분배와 정당한 보호를 요구하기 위한 다양한 방안을 모색할 수 있는 능력을 함양시키고자 한다. 예로, 지역적·국가적 차원의 환경정의는 저소득 및 유색인 지역사회에 전가되는 부담의 불평등에 저항할 수 있는 능력을 함양하기 위한 교육을 포함한다. 또한 국제적 차원에서의 환경정의교육은 경제적·기술적 선진국들이 자행하고 있는 개도국 자연자원의 과잉착취에 대한 원주민들의 저항과, 토착적 자연환경 및 생물다양성을 보호하고자 하는 이들의 노력이 왜 필요하며 어떻게 전개되고 있는가를 이해하도록 한다.

모든 교육은 환경에 관한 지식과 태도에 관한 교육을 암묵적으로 포함하고 있지만, 실제 미국에서 환경교육이 공식적 영역으로 독립된 것은 1970년대 이후이다. 1970년 4월 22일 첫 번째 지구의 날을 위한 공적 행사와 학술적 논쟁들에 따라 지구환경을 개선 및 보호해야 한다는 생각하에 미국에서는 「국가환경정책법」이 통과되었고, 1971년에 북미환경교육협회(North American Association for Environmental Education: NAAEE)가 창립되었으며, 유엔은 1972년 스웨덴 스톡홀름에서 유엔인간환경회의를 개최했다. 북미환경교육협회에 의하면 환경교육은 환경과 이에 대한 인간의 영향을 다루는 다학문적 교육과정으로 이해된다(Kahn, 2003). 보다 구체적으로는 다음과 같다.

등을 주요한 주제로 설정한다(Hill, 2003).

환경교육은 환경에 관한 효율적인 교육, 문제해결, 정책결정 그리고 관리를 위한 기초로서 환경적 이슈와 의문들의 분석과 이해를 증진시키는 과정이다. 환경교육의 목적은 환경문제를 이해할 수 있는 능력과 이를 해결할 수 있는 전문성을 가진 숙련된 개인들의 교육을 고취하는 것이다. 광의적 맥락에서, 환경교육의 목적은 현재 발생하고 있는 환경문제들의 범위와 복잡성에 관한 시민적 의식 발달을 보조하고 생태적으로 건전한 정책들을 지지하는 것이다(Grass and Agyeman, 2002에서 재인용).

이와 같이 초기 환경교육은 환경문제의 효율적 해결과 이를 위한 정책결정 능력의 향상에 목적을 두었다. 이러한 교육 목적은 그 자체로 상당히 도구적·기술적이었으며, 이러한 교육정책은 선도적인 수사 이상의 것을 거의 포함하지 못했다. 그 후 20년 동안 환경교육은 독립 교과로 발달하였고 중등학교 및 대학교에서 환경에 대한 관심과 교육시간은 다소 늘어났지만, 실제 단편적인 환경문제의 서술과 전통적인 생태계 사고를 벗어나지 못한 채 학생들의 학습효과는 어느 정도인가라는 의문이 제기되었다.[5)]

환경교육이 인간과 지구환경의 관계에 초점을 두지만 기술적·도구적 접근이 아니라 생태적·윤리적 측면에서 이루어져야 한다는 점이 강조된 것은 1992년 브라질 리우에서 개최된 유엔환경개발회의 이후이다. 다음은 당시 지구정상회의에서 채택된 '의제21'의 일부이다.

5) 그러나 미국의 「환경교육법」에서는 "환경교육은 인간과 지구의 관계와 인간이 지구에 미치는 영향, 그리고 인간과 자연적·인공적 환경의 관계를 다루는 교육의 과정으로서, 에너지·인구·오염·자원의 분배와 고갈·보전·수송·기술·경제적 충격·도시와 농촌의 개발 계획이 인간의 총체적 환경과 맺는 관계를 다룬다"고 정의한다. 일반적으로 환경교육의 요소를 '환경에 관한 교육', '환경 내의 교육', '환경을 위한 교육'으로 나누고 있는데, 최근에는 여기에 '환경을 통한 교육', '환경과 더불어 하는 교육'을 추가하기도 한다(Grass and Agyeman, 2002 참조).

교육은 지속가능한 발전을 촉진하고 환경과 발전에 관한 이슈들을 언급할 수 있는 사람들의 능력을 개선하기 위해 필수적이다. …… 이는 지속가능한 발전과 상응하는 환경적·윤리적 지각, 가치 및 태도, 기능과 행태들을 달성하기 위하여 그리고 의사결정에 효과적인 대중적 참여를 위하여 중요하다"(의제21 헌장 36).

의제21에서 제안한 환경교육의 목적은 기본적으로 환경에 대한 윤리적 지각과 태도를 강조하는 한편 의사결정에서 대중적 참여를 부각시키고 있다는 점에서 의의를 가진다. 여기서 강조하는 환경윤리는 지속가능한 발전의 개념 속에 함의된 빈곤의 타파와 세대 간 형평성을 전제로 한다. 그러나 여기서도 빈곤 또는 환경불평등의 발생 원인과 이 원인을 해소할 수 있는 환경정의에 대해 명시적으로 언급하지 않았다는 점을 문제로 지적할 수 있다.

환경정의교육은 지속가능성의 개념을 포괄하지만, 이를 능가하고자 한다. 사실 환경정의교육의 중요성은 앞서 논의한 '환경정의의 원칙'들 가운데 하나로 포함되어 있다. 즉, "환경정의는 현재세대 및 미래세대에게 다양한 문화적 관점에서 우리의 경험과 인식에 기초하여 사회적·환경적 이슈들을 강조하는 교육을 요청한다"(환경정의의 원칙, 제16조). 이 원칙은 환경이용에서 세대 간(그리고 사회 집단이나 계층 간, 국가 간 또는 지역 간 등) 형평성을 전제로, 다문화에 대한 인정이 환경정의교육의 핵심이 되어야 함을 의미한다. 즉, 환경교육은 다양한 문화 속에서 형성된 인간사회와 자연환경의 관계에 초점을 두고, 사회문화적 조건의 차이, 그리고 사회적 다양성과 환경정의의 연계를 강조한다. 환경정의교육에서 다문화에 대한 강조는 주류 다문화주의 교육과는 다르다. 풀뿌리 주민운동에 기초한 환경정의교육은 궁극적으로 사회-환경적 정의를 위한 노력에 초점을 두는 반면, 주로 포스트모던 이론에 근거를 둔 다문화주의

<표 3> 전통적 환경교육과 환경정의교육의 차이

	전통적 환경교육	환경정의교육
교육 목표	효율적 문제 해결과 정책결정	환경정의에 기초한 공동체 구축
주요 관심	자연의 생태계와 환경오염	계층·인종·지역 간 환경적 불평등
주요 주제	환경 파괴 및 오염의 가시적 현상	환경문제를 유발하는 구조적 배경
주제 제시	개별 주제 중심, 나열식	주제들 간 관련성과 체계
주제 접근	도구적·기술적 접근	윤리적·실천적 접근

교육은 대체로 차이와 다양성 자체를 함양하는 것에 머무는 경향이 있다(Zehle, 2002: 337). 따라서 환경정의교육은 다문화주의 교육을 능가하여, 산업화·도시화 과정에서 발생한 환경문제의 차별적 영향을 해소하고 사회·환경적 정의를 실현시키고자 한다.

환경정의교육은 또한 기존의 전통적 환경교육과 구분된다(<표 3> 참조). 전통적 환경교육은 환경문제의 효율적 해결과 이를 위한 정책결정의 합리성을 함양하고자 하지만, 환경정의교육은 환경정의를 실현하기 위한 공동체 구축을 목적으로 한다. 이러한 목적 달성과 관련하여, 전통적 환경교육은 자연환경에 초점을 두고 여기서 발생하는 환경문제를 계층이나 인종 또는 성과와는 무관하게 전체 인류가 직면한 문제로 다루고자 한다. 물론 오늘날 환경문제는 전 인류가 직면한 보편적 환경위기임이 분명하지만, 이에 대한 인식이나 이로 인해 발생하는 피해 및 이를 방어할 수 있는 능력은 계층이나 인종에 따라 차별적이다. 따라서 환경정의교육은 특히 도시 사회에서 계층 간, 인종 간, 지역 간에 차별적으로 발생하는 자원이용 및 환경피해의 불평등에 초점을 둔다. 전통적 환경교육도 때로는 생태계뿐만 아니라 산업화와 도시화 및 이로 인한 환경의 파괴와 오염 문제를 주요 주제로 설정하지만, 이들은 대체로 가시적인 현상으로서 개별적·나열적으로 제시된다. 그러나 환경정의교육은 환경문제의 발생 배경을 구조적으로 파악하고, 환경문제를 생태적 또는 사회·환경적 정의와 관련시켜 고찰하고자 한다. 끝으로 전통적 환경교육은 환경문제를 해결하기 위하여 도구적·기술적(객관적 또는 과학적)으로 접근하지만, 환경정의교육은 이러한 문제를 시민의 생존권적 차원에서 윤리적으로 이해하고, 실천적으로 해결방안을 모색하면서 인간 그리고 인간과 자연이 공생적으로 발전하는 공동체를 건설하고자 한다.

이러한 환경정의교육은 기존의 진보적·급진적 경향을 가진 교육이론들과 결합하면서 보다 큰 관심을 촉발하였다. 기존의 진보적 교육이론은 지난 반세기 동안 비판적 관점에서 사회적 문제의 배경과 대안적 해결방안을 교육해왔지만, 생태적 위기와 이의 사회문화적 근원에 대해서는 간과해왔다. 이러한 점에서 보워스(Bowers, 2001b)는 듀이(J. Dewey), 프레6이리(Freire), 맥라렌(McLaren), 지로(Giroux), 그 외 여러 진보적 교육학자들의 주장을 수용하면서 생태정의에 기초한 접근을 새롭게 수립하고자 한다. 그에 의하면, "환경적 이슈는 교육개혁에 관한 사고에서 최우선이어야 한다". 기존의 관례적 환경교육은 일정 지역의 동식물과 이로 이루어진 생태계의 특성, 그리고/또는 대기나 수질의 오염문제와 폐기물 처리와 순환문제 등을 주요 주제로 한다. 이로 인해 환경교과서에서 이러한 주제들은 대부분 생태계에 관한 과학적 설명이나 환경문제들에 대한 나열식 서술로 제시될 뿐이고, 실제 환경문제를 해결하기 위한 환경의식과 윤리는 무시되어왔다.

따라서 보워스는 환경교육을 위한 개혁이 불가피하며, 이를 위해 지속가능성과 생태정의를 환경교육의 주요 주제로 포함시켜야 한다고 주장한다(Bowers, 2001a). 즉, "모든 교육개혁은 가장 근본적 요소로 지속가능성의 틀 안에서 이루어져야 한다". 달리 말해 "생태정의에 기여하고자 하는 개혁 노력은 현 세대의 탐욕과 물질주의에 의해 퇴행하지 않은 환경 속에서 미래세대가 살아갈 수 있는 권리를 천명해야 한다"고 보워스는 주장한다. 보다 구체적으로, 분배의 제약과 재난적 피해를 바로잡기 위한 활동 프로젝트, 공동체 구축, 연대적 저항, 지식 네트워크 등을 환경정의 교육의 주요한 주제로 설정하고 있다. 궁극적으로 환경정의교육은 저소득 및 유색인 지역사회에 전가되는 부담의 불평등에 저항할 수 있는 능력을 함양하여 새로운 환경공동체의 건설을 추구한다(Bowers, 2002).

이와 같이 진보적 환경정의교육을 위하여 제시되고 있는 몇 가지 과제들을 열거하면 다음과 같다. 첫째, 환경정의교육의 핵심적 과제는 인간과 환경 간, 그리고 인간들 간 관계를 관계의 망(네트워크)으로 이해해야 한다는 점이다. 즉, 교육의 주요 주제들이 개별 생태적 요소나 현상들에서 생태적·사회적 과정을 포함하는 구체적인 관계의 망으로 전환되어야 한다. 환경정의교육은 이러한 생태적·사회적 관계망 속에서 환경정의를 실현시킬 수 있는 다계층적·다지역적·다인종적 공동체의 구성을 목표로 한다. 그뿐만 아니라 환경정의교육의 주요 과제들 가운데 하나는 이러한 네트워크로 구성된 다원적 생태공동체 속에서, 구성원들로 하여금 그 자신의 역사적 및 생태적 지평을 창출할 수 있도록 하는 것이다 (Zehle, 2002: 337).

둘째, 환경정의교육을 위한 프로그램은 국지적 환경문제뿐만 아니라 초국적 환경문제도 다루어야 한다. 환경정의교육의 주요 프로그램 내용은 환경정의 개념 그 자체뿐만 아니라 지구화와 자유무역, 자본주의적 상품화, 생태적 제국주의 등의 문제를 포함해야 한다. 지구화는 오늘날 사회생활의 모든 부문에서 발생하고 있는 다중적 변화와 관련되며, 특히 국지적으로 보전되어온 생태계와 그 속에서 형성된 지역 문화의 파괴를 초래하는 거시적 배경이다. 환경정의교육은 초국적기업, 세계은행, IMF와 같은 세계적 금융기구, 그리고 WTO 등을 포함한 많은 지구화 기구 및 장치들이 제3세계 국가들에서 사회적 및 생태적으로 파괴적 개발을 촉진하고 있음을 보여줄 수 있어야 한다. 나아가 환경정의교육은 지표면상에서 상호 무관한 것처럼 보이는 초국경적 생태적·사회적 현상들 간에 내재된 관계를 이해하도록 하고, 이에 대처하기 위해 국제적 연대를 강화할 필요가 있음을 느끼고 실천하도록 한다(Zehle, 2002: 343).

셋째, 환경정의교육은 이론과 실천이 결합되어 있음을 이해할 수 있도록 하는 민주적 교육과정을 필요로 한다. 즉, 환경정의교육은 단순한 비판적·구성적 교육에서 구체적 실천과 활동적 훈련으로 전환되어야 한다(Chase, 2002). 환경정의교육은 사회운동의 뿌리와 실천으로부터 괴리되지 않아야 하지만, 교육 방법론에서도 민주적· 실천적이어야 한다. 환경정의교육을 시행하고자 하는 교사들은 교육과정에서 상호평등과 호혜성의 입장을 취한다. 교실 역시 사회운동의 맥락 내에 위치 지어져야 하고, 교육과정 또한 민주화되어야 한다. 교실은 학생들이 주어진 세계와 환경에 대한 자신의 견해를 토론하고 재구성하면서, 건전하고 비판적이며 실천적인 시민으로 성숙될 수 있도록 하는 장소가 되어야 한다(Figueroa, 2002: 311).

넷째, 환경정의교육은 자율성과 집단적 자기조직을 강조하는 다양한 방법을 개발해야 한다. 환경정의교육은 협동학습, 역할교육, 전략적 게임 등을 통하여 학생들로 하여금 국지적 환경갈등과 이에 내재된 환경부정의를 이해할 수 있도록 해야 한다(Zehle, 2002: 342). 또한 환경정의교육은 자연자원의 이용, 산업입지 정책, 폐기물 처리과정 등에 관한 의사결정 등에 있어 생태적 민주주의, 민중 참여, 공동체적 합의를 강조한다. 환경이나 자연에 관한 상이한 개념들은 실제 환경의 개발과 배분을 둘러싼 정치에 관한 상이한 경쟁적인 사고들 간 갈등과 모순을 반영한다. 전통적인 정치적 과정에의 참여를 위한 동원을 넘어서, 환경정의를 실천하기 위한 노력은 자연을 지배하고자 하는 의식, 그리고 빈민과 소수자를 주변화하거나 배재하려는 태도에 도전하기 위한 문화 정치를 강조한다.

6. 결론

이 지구상에서 인간은 처음에는 살아남기 위해, 그리고 그 이후에는 정복하기 위해 수천 년에 걸친 자연과의 전쟁을 해왔다. 이제 그 전쟁은 끝나고, 우리는 풍요로운 삶을 누릴 수 있게 된 것처럼 보인다. 그러나 그 결과 자연은 되돌이킬 수 없을 정도로 황폐화되고, 또한 그 과정에서 환경불평등과 생태부정의가 만연하게 되었다. 특히 이러한 상황은 현재 진행되고 있는 신자유주의적 지구화/지방화 과정에 내재되어 있다. 앞으로 이러한 불평등과 부정의로 인해 인간들 간 그리고 인간과 자연 간 긴장이 고조되고 갈등이 심화된다면, 인류는 결국 생태전쟁으로 인한 대파국을 맞을 것이다. 이러한 대파국을 막기 위하여 자본주의적 지구화를 추동하는 시장의 논리에 저항하는 비판적 생태학, 그리고 새로운 지구공동체를 건설하기 위한 환경정의의 윤리가 대안으로 제시되어야 한다.

환경정의 윤리는 1960년대 말 미국에서 시발되어 전 세계적으로 확산되고 있는 환경정의운동에 근거를 둔다. 환경불평등으로 고통을 받고 있던 다양한 계층과 인종의 사람들이 모여서 새로운 시민운동으로서 환경정의운동을 제창한 것이다. 환경정의운동은 단순히 자연생태계에 관심을 두거나 또는 사회와의 관계 속에서 산업화와 도시화에 따른 자원고갈이나 환경파괴 그 자체를 문제시하기보다는 이러한 문제로 인해 발생하는 자원 접근과 이에 따른 혜택의 불평등, 그리고 환경문제로 인해 발생하는 피해에 대한 방어 능력의 차별성을 강조한다. 또한 이러한 환경적 부정의를 유발하는 정치적·경제적 과정에 대해 반대하는 한편, 인간들 간 그리고 인간과 자연의 구성원들 간 환경을 공유하고 공생적으로 발전하는 지역사회의 생태공동체를 건설하고자 한다.

환경정의에 관한 관심이 실천적 주민공동체운동을 통해 부상·확산됨에 따라 환경정의의 개념을 반영한 환경정책들이 활발하게 제시되는 한편, 다양한 유형으로 드러나는 환경부정의에 관한 경험적 연구가 증대되었고, 환경정의를 보다 정교하게 개념화하는 철학적·사회이론적 연구가 심화되고 있다. 그러나 환경정의의 개념화를 위한 연구는 다양한 학문적 전통들 — 대표적으로 자유주의적, 마르크스적, 포스트모던 이론들 — 속에서 매우 상이하게 추진되고 있다는 점에서, 환경정의의 개념화 자체가 환경불평등을 은폐·조장하는 권력을 정당화하기 위한 또 다른 이데올로기의 생산이 아닌가에 대한 우려를 가지도록 한다. 하지만 환경정의의 원칙들에 대한 보다 폭넓은 연구와 이에 기초한 대안적 정책과 교육은 생태공동체를 건설할 수 있는 바탕을 이룬다고 할 수 있다.

우선 맹목적 경제성장, 즉, 자본축적을 위한 환경개발정책은 중단되어야 한다. 특히 최근 진행되고 있는 신자유주의적 지구화·지방화 과정은 자원생산의 효율성을 위해 자연의 상품화를 촉진하고 시장을 통한 환경재의 배분과 소비의 합리성을 강조하지만, 그 결과로 자연은 더욱 황폐화되고 자원배분의 양극화가 심화되고 있다. 이러한 자연의 파괴와 자원이용의 불평등을 해결하기 위해 시장메커니즘에 의존하는 신자유주의적 환경정책에서 환경정의에 기초한 생태민주적 정책들이 강조되어야 할 것이다. 생태민주적 정책은 생태공동체의 건설, 즉, 인간과 환경의 공생적 발전을 전제로 시민들의 자발적 참여와 민주적 합의에 기초하여 입안되고 시행된다.

환경정의교육은 도시사회에 심화되고 있는 계층·인종·지역 간 환경불평등의 문제들을 부각시키고 이들에 윤리적·실천적으로 접근하여 환경정의에 기초한 생태공동체를 구축하고자 한다는 점에서, 자연의 생태계와 환경오염 문제 등에 관심을 두고 도구적·기술적으로 접근하여 환경문제의 효율적 해결을 추구하는 전통적 환경교육과는 목적을 달리한다. 또한 환경정의교육은 자원이용의 차별성과 환경피해의 불평등에 관한 경험적 현상의 규명에서 나아가 인간과 환경 간 관계를 체계화하고 그 구조적 배경을 고찰하고자 한다는 점에서, 환경 파괴 및 오염의 가시적 현상을 개별적으로 나열하여 분석하고자 하는 전통적 환경교육과는 구분된다. 앞으로 환경정의교육은 기존의 진보적 교육이론들과 결합하여 체계화되면서, 환경부정의에 관한 경험적 문제들을 해결할 수 있는 능력을 고양시키고, 환경정의를 지구 공동체의 새로운 윤리로 설정하여 추구해 나가야 할 것이다.

참고문헌

강영복·이수옥. 2006.「청주지역 주부들의 환경정의에 관한 의식」. ≪한국지리환경교육학회지≫, 14(4), pp.299~314.

권해수. 2002.「우리나라의 환경정의운동 연구」. ≪한국사회와 행정연구≫, 13(2), pp.151~166.

문순홍. 1997.「환경정의와 지구 윤리 참관기」. ≪환경과 생명≫, 14, pp.82~105.

윤순진. 2002.「전 지구적 환경위기와 기후변화협약 그리고 환경정의」.『신자유주의 세계화와 사회의 실종: 공공성의 위기』, 대안사회포럼 2002 자료집(2002.3.30).

이상헌. 1995.「새로운 환경정의론의 모색」. 한국공간환경학회 엮음.『새로운 공간환경론의 모색』. 한울.

최병두. 1995.『환경사회이론과 국제환경문제』. 한울.

_____. 1999.『환경갈등과 불평등』. 한울.

토다 키요시(戸田清).『環境的公正を求ぬて』, 新曜社. 1994.『환경정의를 위하여: 환경파괴의 구조와 엘리트주의』. 김원식 옮김. 창작과 비평.

한면희. 2002. 「세계화 시대의 환경정의」. ≪인문과학≫, 32, pp.239~257.
환경부('97세계환경의날추진기획단). 1997. 환경윤리에 관한 서울 선언문.

Adamson, J. Evans, M. M. and R. Stein(eds.). 2002. *The Environmental Justice Reader: Politics, Poetics, and Pedagogy.* The Univ. of Arizona Press.
Almond, B. 1995. "Rights and justice in the environment debate." in D. E. Cooper and J. A. Palmer(eds.). *Just Environments: Intergenerational, international and interspecies issues.* Routledge, pp. 3~21.
Bommer, A. and Schulze, G. 1999. "Environmental improvement with trade liberalization." *European Journal of Political Economy*, 15, pp. 639~661.
Bowen, W. M., Salling, M. J., Haynes, K. E. and E. J. Cyran. 1995. "Toward environmental justice: spatial equity in Ohio and Cleveland." *Annals of the Association of American Geographers*, 85(4), pp. 641~663.
Bowers, C. A. 2001a. "Challenges in educating for ecologically sustainable communities." *Education Philosophy and Theory*, 33(2), pp. 257~265.
_____. 2001b. *Educating for Eco-Justice and Community.* The Univ. of Georgia Press.
_____. 2002. "Toward an eco-justice pedagogy." *Environmental Education Research*, 8(1), pp. 21~34.
Bryant, B.(ed.). 1995. *Environmental Justice: Issues, Policies and Solutions.* Island.
Bullard, R.(ed.). 1993. *Confronting Environmental Racism: Voices from the Grassroots.* South End Press.
_____. 1994. *Unequal Protection: Environmental Justice and Communities of Color.* Sierra Club Books.
Chase, S. 2002. "Changing the nature of environmental studies." in J. Adamson, M. M. Evans and R. Stein(eds.). *The Environmental Justice Reader: Politics, Poetics, and Pedagogy.* The Univ. of Arizona Press.
Chiro, G. D. 1996. "Nature as community: the convergence of environment and social justice." in W. Cronon(ed.). *Uncommon Ground: Toward Reinventing Nature.* W.W.Notron Co.
Cooper, D. E. and J .A. Palmer. 1995. *Just Environments: Intergenerational, International and Interspecies Issues.* Routledge.
Dowie, M. 1995. *Losing Ground: American Environmentalism at the close of the Twentieth century.* The MIT Press.
Figueroa, R. 2002. "Teaching for transformation: lessons from environmental

justice." in J. Adamson, M. M. Evans and R. Stein(eds.). *The Environmental Justice Reader: Politics, Poetics, and Pedagogy.* The Univ. of Arizona Press. pp. 311~330.

Foster, J. B. 2001. "Ecology against capitalism." *Monthly Review*, 53(5).

Giddens, A. 1991. *The Consequences of Modernity.* Polity.

Gottlieb, R. 1993. *Forcing The Spring: The Transformation of the American Environmental Movement.* Island Press.

Grass, R. and J. Agyeman. 2002. "Reorienting environmental education for environmental justice." Resource paper presented at the Second National People of Color Environmental Leadership Summit.

Hampson, F. O. and J. Reppy(eds.). *Earthly Goods: Environmental Change and Social Justice.* Cornell University Press.

Hartley, T. W. 1995. "Environmental justice: an environmental civil rights value acceptable to all world views." *Environmental Ethics*, 17(3).

Harvey, D. 1996. *Justice, Nature and the Geography of Difference.* Blackwell.

Heiman, M. K. 1996. "Race, waste and class: new perspectives on environmental justice." *Antipode*, 28(2).

Hill, R. J. 2003. "Environmental justice: environmental adult education at the confluence of oppressions." *New Directions for Adult and Continuing Education*, 99.

Hofrichter, R.(ed.) 1993. *Toxic Struggles: The Theory and Practice of Environmental Justice.* New Society Publishers.

Jamieson, D. 1994. "Global environmental justice." in R. Atfied and H. Belsey(eds.). *Philosophy and the Natural Environment.* Cambridge Univ. Press.

Kahn, R. 2003. "Towards ecopedagogy: weaving a broad-based pedagogy of liberation for animals, nature, and the oppressed people of the Earth." *Animal Liberation Philosophy and Policy Journal*, 1(1).

Katz, E. 1997. "Imperialism and environmentalism." in R.S. Gottlieb(ed.). *The Ecological Community.* Routledge.

Low, N.P. and B. J. Gleeson. 1998. *Justice, Society and Nature: An Exploration of Political Ecology.* Routledge.

Low, N. P. 2000. *Global Ethics and the Environment.* Routledge.

Martinez-Alier. 1997. "The Merchandising of Biodiversity." in T. Hayward and J. O'Neil(eds). *Justice, Property and the Environment*, Ashgate, Aldershot; 허남혁

번역 축약. 1999. 겨울호.「생물다양성의 상품화」. ≪농민과 사회≫.

Mathews, F.(ed.). 1996. *Ecology and Democracy.* Frank Cass.

Michael, M.A. 1997. "International Justice and wilderness preservation." in R.S. Gottlieb(ed.). *The Ecological Community.* Routledge.

Muradian, R. and J. Martinez-Alier. 2001. "Globalization and Poverty: An Ecological Perspective." World Summit Papers of the Heinrich Boll Foundation No.7(http://www.worldsummit2002.org/publications/wsp7.pdf).

Pellow, D. N. and R. J. Brulle. 2005. *Power, Justice, and the Environment: A Critical Appraisal of the Environmental Justice Movement.* The MIT Press.

Sandler, R. and P. C. Pezzullo(eds.). 2007. *Environmental Justice and Environmentalism: The Social Justice Challenge to the Environmental Movement.* Routledge.

Shiva, V. 1999. "Ecological balance in an era of globalization." in N. Low(ed.). *Global Ethics and Environment.* Routledge.

Shrader-Frechette, K. 2002. *Environmental Justice: Creating Equality, Recaliming Democracy.* Oxford Univ. Press.

Szasz, A. 1994. *Ecopopulism: Toxic Waste and the Movement for Environmental Justice, Minneapolis.* University of Minnesota Press.

Talbot, C. 1998. "Environmental justice." *Encyclopedia of Applied Ethics*, 2, Academic Press.

Wenz, P., 1988, *Environmental Justice*, State University of New York, Albany; 최병두 외 옮김, 2008,『환경정의』, 한울.

Westra, L. and P. S. Wenz(eds.). 1995. *Faces of Environmental Racism.* Rowman & Littlefield Publishers.

Wheeler, D. 2000. "Racing to the bottom? foreign Investment and air pollution in developing countries." Development Research Group, World Bank.(http://econ.worldbank.org/files/1340wps2524.pdf).

Zehle, S. 2002. "Notes on cross-border environmental justice education." in J. Adamson, M. M. Evans and R. Stein(eds.). *The Environmental Justice Reader: Politics, Poetics, and Pedagogy.* The Univ. of Arizona Press.

제1부 자유주의적 생태학과 환경정의

1장

자유주의적 환경론과 환경정의[1)]

> 만약 환경담론들이 문화에 바탕을 둔다면, 이들은 계급적 · 인종적 노선에 따라 그 내용을 달리할 것이다. 사회의 힘이 불평등하게 분배되어 있는 상황에서, 모든 환경적 담론은 동일하게 받아들여지지 않을 것이다. 따라서 환경정의의 문제는 사회의 다양한 집단에 미치는 특정한 토지이용이나 환경정책의 효과들뿐만 아니라, 대안적 환경담론들이 받아들여지고 가치를 가질 수 있는 가능성을 천명해야 한다.
>
> — 린치(1993)

1. 서론

잘 알려진 바와 같이, 현재 우리 사회의 정치 및 경제 질서를 기본적으로 뒷받침하는 이념은 자유주의(liberalism)이다. 자유주의에 관한 논의는 복잡한 철학적 전통과 다양한 주장들을 포함하고 있으며, 이들 간에도 상당한 차이나 불일치가 존재하기에 때론 심각한 논쟁이 제기되기도 한다, 사실 넓은 의미로 자유주의는 17~18세기 절대군주의 억압에서 해방된 시민들이 자신의 행복과 안전을 추구하기 위하여 자유롭게 판단하고

1) 이 글은 ≪대한지리학회지≫, 40(6)(2005년), 671~693쪽에 실린 글을 수정한 것이다.

행동할 수 있어야 한다는 주장에서 출발한다. 당시에는 상당히 진보적 이념이었던 자유주의는 그 이후 사회의 정치적·경제적 구조 변화에 조응하기 위한 수정 과정을 거치면서 개인적 자유와 권리, 소유의 효율과 평등을 포괄하는 사상으로 발전해왔다.

그러나 이와 같이 발전한 자유주의에 기초한 현대사회에서도 시민의 자유는 여전히 보장되지 못한 채, 시민적 권리는 억압되고 불평등은 만연해 있다. 특히 이 글의 기본 관심인 환경문제와 관련하여, 한 국가적 또는 세계적 차원에서 저소득층 또는 소수인종 집단이나 지역들은 환경적 혜택이나 피해로부터 차등적인 수혜나 부담을 받는 것이 일반적 현상으로 드러나고 있다. 이에 따라 환경적 불평등이나 부정의가 자유주의 사회의 필수적 양상인가, 또는 자유주의적 정의의 원칙을 준수할 경우 해결될 수 있는 문제인가에 대해 관심이 제기될 수 있다. 특히 최근 환경에 대한 관심이 확대되고 '환경정의'의 개념이 사회환경적 문제의 새로운 해결방안 또는 이념적 준거로 제시됨에 따라, 오늘날 우리가 살고 있는 자유주의 사회가 환경문제의 발생 및 해결, 나아가 환경정의에 어느 정도 민감한가에 대한 논의가 중요하게 되었다.

이 장에서는 오늘날 심화되고 있는 환경문제에 대한 자유주의적 접근의 의의와 한계를 환경정의의 관점에서 고찰하고자 한다. 자유주의는 현실세계의 정치경제적 이념이나 정책의 기본적 입장이다. 또한 철학이나 사회사상에서 자유주의는 다양한 전통에 따라 세부 유형으로 구분되며, 이에 따라 환경과 직간접적으로 관련된 자유주의적 개념이나 주장도 다소 상이한 의미를 가진다. 물론 자유주의 자체의 개념이나 유형 구분에 관한 기존 논의의 재검토는 이 장의 내용을 벗어난다. 여기서는 일단 오늘날 발생하고 있는 환경문제에 대한 해결방안으로 제시되고 있는 많은 사고나 방안이 직간접적으로 자유주의적 사상에 근거를 두고 있다는 점에서, 자유주의와 환경(정의)론의 관계를 논의하고자 한다. 이러한 논의의 맥락에서 자유주의는 사회활동의 각 영역에서 정치적, 경제적, 사회적 자유주의로 구분될 수 있다.

다른 한편 이러한 포괄적 의미에서 현대 자유주의적 견해를 보다 심층적으로 살펴보기 위하여 존 로크(J. Locke) 등의 근대 사상가로부터 시작되는 고전적 자유주의와, 여기서 분화되거나 분리된 자유지상주의(libertarianism)와 공리주의적 자유주의를 구분하고, 이들을 환경론적 관점에서 고찰하고자 한다.[2)] 끝으로 자유주의에 근거한 다원주의 및 이에 대한 비판으로 제기되고 있는 다양한 대안적 다원주의들, 특히 공동체주의, 포스트모던 다원주의, 문화적 다원주의 등에 근거를 두고 이들이 환경문제에의 접근이나 환경정의의 개념화에 어떻게 응용될 수 있는가를 살펴보고자 한다. 결론적으로 자유주의는 오늘날 환경문제에의 접근 및 해결방안과 관련된 사고와 정책 등에 심대한 영향을 미치고 있지만, 자유주의에 입각한 환경(정의)론은 — 유형별로 다소 차이는 있으나 — 심각한 한계를 내포하고 있으며, 환경정의에 관한 바람직한 개념화와 환경문제에 대한 올바른 접근을 위하여 최소한 자유주의적 다원주의에서 비판적 다원주의로 전환해야 함을 주장하고자 한다.

2. 환경문제에 관한 자유주의적 관점

오늘날 자유주의라는 용어만큼 오래되고 포괄적이며 많이 사용되는 용어는 거의 없을 것이다. 일반적으로 자유주의는 '인간을 무언가 자신의 것을 소유한 존재로서의 사적 개인으로 파악하고, 이러한 사적소유자로

2) 이러한 자유주의의 연장선상에 있지만 이와는 구분되는 롤스의 자유주의적 정의이론과 환경론적 함의에 대한 고찰은 2장 참조.

서 개인의 자유와 권리 보장을 최우선'으로 강조하는 근대적 이념의 한 사조라고 할 수 있다. 이러한 자유주의에 따르면, 사적 개인의 자유와 권리를 위하여 국가의 개입은 최소화되어야 하며, 만약 개인이나 국가가 다른 사람들의 사적 재산에 피해를 입혔다면 불간섭의 원칙에 따라 배상함으로써 문제를 해결할 수 있다고 본다. 이러한 자유주의의 기본 정의를 현재의 시점에서 고찰해 본다면, 현대사회에서 환경문제의 해결을 위해 제시되고 있는 정책이나 방안들이 주로 포괄적 의미에서 자유주의에 근거하고 있음을 이해할 수 있다. 그러나 자유주의는 이러한 간단한 정의와는 달리 철학 및 사회사상에서 다양한 전통으로 구분될 수 있으며, 실행적 차원에서 사회 각 부문별로 다소 상이하게 해석·적용되고 있다.

철학 및 사회이론의 차원에서 자유주의를 구분하는 방식 또한 매우 다양하다. 예로, 사고프(Sagoff, 1988)는 자연-환경문제와 관련하여 탈존재론적 또는 칸트적 자유주의와 공리주의적 자유주의를 구분한다. 탈존재론적 자유주의자들은 정의를 결과와는 무관하게 존재하는 것으로 간주하며, 이는 자연적 권리, 롤스(J. Rawls)의 정의론, 리건(T. Regan)의 동물권리 이론 등에서 볼 수 있는 자유주의이다. 공리주의적 자유주의자들은 정치의 선(goodness)은 전적으로 그 결과에 좌우된다고 주장하며, 이는 경제이론, 특히 벤담(J. Bentham)과 밀(J. S. Mill) 그리고 동물해방을 주장하는 싱어(P. Singer) 등의 사상을 포함한다. 벤츠(Wenz, 1988)는 다양한 철학 및 사회이론의 전통 속에서 환경정의의 개념을 추적하여, 자유주의를 소유와 덕목을 강조하는 자유주의 일반, 자유지상주의, 효율성이론, 인간권리 및 동물권리론, 공리주의, 비용-편익분석, 롤스의 정의론 등으로 다양하게 구분하고 이들을 종합하여 자신의 동심원이론을 구축하고자 한다. 그 외 데이비(Davy, 1997)는 자유주의와 관련된 정의관을 자유지상주의적(엘리트주의적) 정의, 공리주의적(계약론적) 정의, 사회적(롤스적) 정의 등으로 구분한다. 다른 한편, 자유주의는 흔히 정치적 측면과 경제적 측면으로 구분되며, 롤스의 정의론과 관련하여 사회적 측면에서도 논의되고 있다.

이 장에서는 자유주의를 기본적으로 고전적 자유주의(대표적으로 로크), 자유지상주의, 공리주의, 그리고 롤스의 사회정의론에서 제시된 자유주의 등으로 구분하고, 롤스의 자유주의를 제외한 다른 세 유형의 자유주의 각각에서 환경문제 또는 환경과 관련된 주제들이 어떻게 논의되고 있는가를 검토해 보고자 한다. 그러나 이들에 관한 논의에 앞서 우선 자유주의가 정치적 및 경제적 측면들에서 어떻게 해석·적용되고 있는가를 간략히 살펴보고, 이러한 자유주의 이론 및 정책에서 환경문제에 관한 이슈들이 어떻게 논의되고 있는가를 고찰하고자 한다.

정치적 의미에서 자유주의는 로크의 정치사상에까지 소급되지만, 이 사상이 일반화된 것은 19세기 초반이다. 자유주의 정치는 개인의 생명과 재산을 보호하기 위하여 다양한 권리와 자유를 보장하는 체제를 지향하지만, 중립성의 가치, 최소국가개입, 규제에 대한 반대, 그리고 자율적 결정 등 소극적 정치의 개념에 기초한다. 이러한 의미에서 자유주의적 정의는 개인의 자유와 권리를 최대한 보장하는 것이며, 국가는 정의로운 생활을 구성하는 것에 관한 어떠한 개입도 하지 않는 것, 즉, 중립성을 준수하는 것이 바람직하다고 주장한다. 예로, 분배적 정의를 논의하면서 고티에(Gauthier, 1986: 341)는 다음과 같이 적고 있다. "근본적으로 정의로운 사회는 …… 개인들이 정의롭도록 하기 위해 그들을 훈련시킬 필요가 없다. …… 근본적으로 정의로운 사회는 그 구성원들의 목적이라는 점에서 중립적이라고 말함으로써, 우리는 정의가 개인이든지 사회든지 간에 무엇이 선인가에 관한 본질적 개념화와 연계되는 것을 부정한다." 이러한 중립성의 사고는 국가가 선 또는 정의의 속성에 관한 논쟁에서 물러나 있어야 함을 의미한다. 그러나 중립성의 개념과 더불어 다른 여타 자유주의적 개념들은 환경문제의 해결과는 대립적이다. 왜냐하면 공기,

물, 토양 등의 환경재는 개인의 배타적 소유 대상이라기보다는 공공재적 성격을 가지고, 환경문제는 개인의 권리나 자유의 차원을 능가하는 외부 효과들을 발생하기 때문이다. 따라서 환경오염과 보전의 문제는 소극적 또는 중립적 가치에 근거한 자유주의적 정치로는 적절하게 해결되기 어렵다고 할 수 있다.

경제적 측면에서 자유주의는 기본적으로 개인의 사적소유권을 전제로 시장 메커니즘에 의한 효율성을 추구하며, 따라서 국가의 시장 개입은 최소화되어야 함을 의미한다. 이러한 자유주의적 경제론자들은 시장의 효율성을 강조하는 자유방임론자와 개인의 자유나 사적소유 권리를 더 중요한 것으로 이해하는 자유지상주의자들로 구분될 수 있다. 자유방임론자는 자유 시장 내에서의 사적소유를 지지하지만, 시장의 효율을 저해하는 경우에는 반대한다. 예로, 자유지상주의자들은 사적소유권에 대한 절대적 신봉을 전제로 독점금지법에 대해 반대하지만, 자유방임적 경제학자들은 독점이 시장의 효율성을 저해한다는 점에서 독점금지법에 대해 찬성한다. 즉, 효율성은 완전 경쟁을 통한 자유시장 거래에서 최대화되며, 독점과 과점의 상황에서는 효율이 낮더라도 높은 수익을 얻을 수 있기 때문에 효율이 최대화될 수 없다는 것이다. 이러한 점에서 "자유방임 경제의 핵심은 효율인 반면, 자유지상주의자의 핵심은 개인의 사적소유권"이라고 말 할 수 있다(Wenz, 1988: 81). 그러나 현대사회에서 문제는 효율이 최대화될 수 있는 자유방임적 시장이 일반적인 것이 아니라 국가개입을 필요로 하는 독점과 과점이 만연해 있다는 점이다.

자유주의적 경제론자들은 공공재인 환경자원의 사유화를 전제로 한다. 즉, 공공재가 남용으로 파괴되거나 희소성이 증대할 경우, 자원을 사유화할 필요가 있다는 것이다. 이러한 주장과 관련하여, 소유권의 변화를 위한 국가개입에 반대하는 자유지상주의자들은 공공재의 사유화에 대해 어떤 근거를 제시하지 못하지만, 자유방임론자들은 효율성의 보전을 위하여 공공재의 사유화가 필요하다는 점을 강조함으로써 그 정당성을 제공할 수 있다. 그러나 자유주의의 논리를 따른다고 할지라도, 이러한 사유화가 문제를 완전히 해결해주는 것은 아니다. 한 사람의 사적소유권의 자유로운 행사가 다른 사람의 환경권리를 침해하거나 피해를 유발할 경우, 자유의 최대화를 근본 원칙으로 삼는 자유지상주의자들은 양쪽 모두의 자유와 권리를 인정하기 때문에 해결방법을 제공하기 어렵지만, 자유방임론자들은 효율성의 극대화라는 점에서 이에 대한 해결책, 특히 법에 따른 해결책을 제시하고자 한다. 그러나 환경자원의 사유화에 관한 이러한 자유주의적 정당성이나 해결책은 환경문제로 인한 외부비용의 발생에 대해 적절한 답이 되지 못하며 자기 모순적이다. 즉, 한 지역의 자연이나 환경의 질은 그 누구의 사적 재산도 아니며 환경의 퇴락은 특정인에 의해 발생하는 경우도 있지만 대부분 다수의 (특히 익명의) 오염자에 의한 외부비용으로 발생하기 때문에, 사유재산권에의 호소나 피해에 대한 사적 소송에 의해서는 환경퇴락을 막거나 피해의 완전한 보상을 기대하기 어렵다.

이러한 논의는 자유주의적 입장들에 대한 매우 피상적이지만 또한 극히 부분적인 언급에 불과하다. 자유주의는 이보다 훨씬 더 포괄적일뿐만 아니라 환경문제에 대한 포섭의 방식도 다양하다. 자유주의를 옹호하는 학자들에 의하면, 자유주의는 환경론과 관련하여 여러 가지 난점을 가지지만 환경사상의 발전을 위하여 훌륭한 바탕을 제공할 수 있다고 주장한다. 이러한 주장들 가운데 하나는 현대사회에서 발생하는 환경갈등이 자유주의적 원칙의 준수를 통해 해결될 수 있다는 주장이다. 자유주의의 옹호론자들도 환경부정의를 만연시키고 있는 현대 자유주의 사회의 모순과 이를 해결하기 위한 환경정의의 개념화와 실현에 대해 관심을 가질 수 있다. 즉, 이들은 현대사회에서 환경부정의가 만연한 것은 '자유민주주의 사회가 자유주의적 정의의 원칙을 살리는 데 실패했기 때문'이라고 인식하고 있다. 자유주의적 입장의 학자들(Almond, 1995 참조)은 이들이 기본적으로 강조하는 균형이나 조화와 같은 개념들이 환경론에서도 핵심이 된다는 점을 지적하고 — 이해관계의 갈등으로 인해 사회적 맥락에서 조화가 필수적으로 전제된다는 점에서 — 이러한 갈등 속에서 개인들 간 권리와 의무 관계의 자유주의적 준수는 우리가 가지는 모든 환경적 책임들을 만들어내기에 충분하다고 주장한다.

또 다른 주장은 자유주의가 내재한 이념적 특성상 환경문제를 포섭할 수 있다는 것이다. 예로 드셸리트(de-Shalit, 1997)는 "자유주의적 사회는 생태적 태도와 환경철학의 촉진을 위한 비옥한 기반이 된다"고 주장하면서, 이러한 주장을 뒷받침하는 몇 가지 이유를 제시한다. 이 중 첫 번째 이유에 의하면,[3] 자유주의는 타자를 무시하는 극단주의(chauvinism)에 반대하는 대신 "모든 사람들은 동일한 틀에 따라 만들어진 인간이기 때문에 평등하다는 사고를 제시한다. …… 자유주의자들은 모든 인간은 평등한 권리를 가지며, 우리는 '타자에 대한 존중'의 정책을 따라야 한다고 주장한다". 즉, 사회철학으로서 자유주의는 국가 극단주의에서 남성 극단주의에 이르기까지 모든 극단주의를 거부한다. 나아가 인간이 자원을 고갈시키고 환경에 손상을 주는 상황은 비인간적 동물이나 자연 구성물을 잘못 대우하는 인간 극단주의라고 비판될 수 있다. 이러한 점에서 자유주의 이론가나 정치가들은 녹색 사고와 생태적 태도를 채택할 수 있다는 것이다. 또한 "자유주의의 본질은 …… '타자에 대한 존중'의 철학

3) 두 번째 이유에 의하면, "자유주의자들은 항상 그들의 위상·가치·사고·이론 들을 비판적 관점"에 둔다는 점에서 환경론을 포용할 수 있고, 또한 세 번째 이유에 의하면, "자유주의가 생태적 태도를 위한 기반이 되는 이유는 그 국내적 정치의 영역에서 …… 교회, 국가, 대규모 산업과 기업들에 반대하여 개인을 옹호하는 전통을 가진다". 또한 생태적 태도가 자유적 사회에 뿌리를 두는 네 번째 이유는 "국제적 관계의 영역에서 --- 조화와 상호관계를 강조하는 국제주의를 지향한다"는 점이다.

이다. 환경적 태도는 비인간적 동물들, '모든 감각적 창조물들' 또는 심지어 '모든 살아 있는 객체들' 또는 '생태계'를 포함시키기 위해, '타자'에 관한 사고의 확대를 의미한다"고 주장되기도 한다(de-Shalit, 1997: 84). 그러나 이러한 주장은 합리적인 인간을 보편화하고자 하는 자유주의의 범위를 이미 벗어난 것이라고 할 수 있다.

나아가 자유주의는 단순한 의미의 확대 적용이 아니라 그 자체의 논리로도 환경론이나 생태주의를 포섭할 수 있다고 주장한다. 자유주의는 기본적으로 사람들의 관계를 전제로 하기 때문에, 흔히 환경문제와 무관하거나 또는 생태적 논의에서는 배제되는 것으로 인식되고 있다. 특히 자유주의의 가장 근본적인 특성, 즉, '계약'은 이에 결합할 수 없는 것들(예로 나무, 바위, 하천, 동물 등)을 배제하기 때문에, 자유주의와 환경 철학은 서로 관련될 수 없다는 것이다. 그러나 예로, 헤일우드(Hailwood, 1999)는 정치적 자유주의에서 롤스적 '중립성(neutrality)'과 외적 자연의 '타자성(otherness)' 간의 유추에 기초하여 이러한 인식이 사실이 아님을 주장한다. 자유주의자의 입장에서 이러한 유추는 외적 자연(타자로서)에 대한 직접적인 관심을 포괄하기 위해 자유주의적 (특히 롤스적) 접근을 수정할 수 있도록 한다는 점에서, 보다 적합한 생태중심적 정치이론을 구축하기 위하여 자유주의적 접근을 완전히 포기할 필요는 없다는 주장이 제기될 수 있다.

자유주의자들은 이와 같이 자유주의가 환경론 또는 생태주의와 병존하거나 심지어 포섭할 수 있다고 주장한다. 그러나 이러한 주장들이 실제 유의한가의 여부는 또 다른 문제로 보다 세밀한 분석을 요구한다. 분명한 사실은 오늘날의 심각한 환경문제는 현재 우리 사회를 기본적으로 규정하는 자유주의적 정치·경제질서하에 발생하고 있다는 점이다. 따라서 자유주의자들은 환경문제에 대한 자유주의적 해결방안(또는 정책)이 왜 그 실효성을 가지지 못하고 있는가를 살펴보아야 하며, 또한 자유주의적 입장에 대한 비판적인 견해에도 귀를 기울여야 할 것이다. 즉, 자유주의자들은 권리와 책임에 의한 환경갈등의 해소, 정당한 몫의 분배에 따른 환경평등, 그리고 여러 가지 자유주의적 개혁 노력들이 왜 현 상태(status quo)를 지지하는 경향이 있는가에 대해 스스로 고민해볼 필요가 있다. 즉, 자유주의는 만약 우리가 "타협, 중재, 그리고 공평한 분배 등에 의존하여 자유주의적 절차적 및 분배적 평등에 안주한다면, 우리는 그 자체 구조상 차별적이며 지속불가능한 현재의 생산체제를 지속시키는 데 불과"할 것이라고 비판될 수 있다(Heiman, 1996). 그러나 이 장에서는 이러한 현실적 문제보다는 자유주의와 관련된 사상적 전통에 초점을 두고 자유주의의 환경론적 함의를 비판적으로 고찰하고자 한다.

3. 로크의 자유주의에 함의된 환경론

자유주의와 이에 기초한 정의론은 개인의 자유와 재산에 대한 사적소유 권리의 문제에서 출발한다. 이러한 자유주의의 기원을 이루는 대표적 사상가로는 로크(J. Locke, 1632~1704)를 들 수 있다. 그의 사상은 영국의 명예혁명을 옹호하고 프랑스 대혁명과 미국의 독립운동을 촉진하는 등 현실 세계뿐만 아니라 공리주의를 주장한 벤담이나 경제적 자유주의를 주장한 밀 등의 학문 세계에도 지대한 영향을 미쳤으며, 현대 자유주의에도 영향을 미쳐 그 밑바탕을 이루고 있다. 그의 사상은 주로 정치학적·철학적 측면에서 논의되고 있지만, 그의 자유주의적 정치철학, 특히 '시민정부론'에서 제시된 주장들은 환경론적 관점에서 재조명해 볼 수 있다(김남두, 1990; 한면희, 2000; 전재경, 2000 등 참조).

로크의 주장에서 환경론과 관련하여 주목할 수 있는 한 부분은 『통치론』(1690) 또는 『시민정부론』(1690)에서 '신이 인간에게 물려준 자연을 원초적 상황에서 인간이 사적으로 소유하는 것이 어떻게 가능한가'를 논하고 있는 부분이다. 그에 의하면, 인간은 자연 상태에서 누구나 자기 보전을 위한 자유와 동등한 권리를 누리는 평등한 존재이다. 그리고 대지와 그 위에 있는 일체의 것은 사람이 생명의 보존과 안락을 위해 사용할 수 있도록 신이 인간에게 부여한 인류의 공유물이다. 그러나 신이 부여한 공유물로서의 대지와 그 위의 일체의 것은 모두가 공통적으로 가지는 생존에 대한 권리만으로는 생존의 욕구를 충족시켜주지 않는다. 이 욕구는 공유물로서의 세계에서 생존에 필요한 것이 자신의 것으로 될 때 비로소 충족될 수 있다고 주장한다. 여기서 문제는 공유물을 어떻게 자신의 것으로 전유 또는 사유화하느냐는 점이다. 로크에 의하면 이 사유화의 수단이 바로 노동이다. 즉, 사유재산에 대한 권리는 사회구성원들 간의 협약이나 동의에 의해서가 아니라, 개인이 가지는 유일한 재산인 신체에 의한 노동임을 강조한다.

> 모든 사람은 그 자신의 신체(person)에 재산을 가지고 있다. 이것에 대해서는 그 자신 이외의 어느 누구도 어떤 권리도 가지고 있지 않다. 그의 신체의 노동, 그리고 손의 작업은 전적으로 그의 것이라고 말할 수 있다. 그래서 자연이 제공해주고 남겨둔 상태로부터 변경시킨 것은 무엇이든지 그의 노동을 섞은 것이 되고, 무엇인가 그 자신의 것을 부가한 것이 되며, 그럼으로써 그것을 그의 재산으로 만든다. 그에 의해 그것이, 자연이 놓아두었던 공동의 상태에서 벗어나서 노동에 의해 무엇인가가 덧붙혀지면, 다른 사람의 공동의 권리는 배제된다(Locke, 1996, §27).

이러한 주장에서 우리는 로크의 정치사상이 가지는 환경론적 함의, 즉, 그의 사상에서 인간과 환경의 관계, 그리고 그 관계를 매개하는 노동이 어떤 의미를 가지는가를 이해할 수 있다. 로크에 의하면, 인간은 자연 상태에서 누구나 자유롭고 평등하며, 자기 보전을 위하여 공유물로서 자연에 자신의 노동을 투입하여 그 일부를 자신의 사유재산으로 만들 권리를 가진다. 즉, 인간은 자연 상태에서 아무에게도 속하지 않는 자연에 자신의 소유인 노동력을 결합시킴으로써 비로소 자연의 일부에 대한 소유권을 가질 수 있게 된다. 물론 '로크의 단서'라고 흔히 일컬어지는 바와 같이, 이러한 소유권 취득은 개인의 자유로운 노동이 타인에게 피해를 주지 않은 범위 내에서 이루어져야 한다. 여기서 한 사람의 노동 행위가 타인에게 피해를 주지 않으려면 자연 상태에서의 자연환경은 누구에게도 속하지 않은 채 풍부하게 널려 있어야 한다(전재경, 2000: 23).

인간과 자연을 매개하는 노동은 자연의 공유물을 나의 것으로 만들어 주는 수단이며, 나의 노동에 의해서 얻어진 것에 대해 나의 배타적 권리가 인정된다. 노동이 노동의 주체에게 소유의 권리를 부여하는 것은 두 가지 이유로 설명된다(김남두, 1990: 162). 하나는 노동에 수반되는 고통(pain)의 개념이고, 다른 하나는 이 노동의 결과로 산출되는 가치(value) 또는 산물(product)의 개념이다. 이러한 로크의 노동관은 노동을 인간과 자연 상태의 관계를 매개하는 것으로 강조했다는 점에서 의의를 가진다. 그러나 로크의 입장은 노동 그 자체로서의 의미가 아니라 소유 또는 가치 창출의 수단으로서 노동을 이해했다는 점에서, 노동이 인간의 자기 외화로서 인간 본질의 실현이며 따라서 그 자체로서 가치가 있다고 보는 헤겔(G. W. F. Hegel)이나 마르크스의 입장과는 대조된다. 가치 창출의 수단이며 이에 따라 사적소유 권리의 근거로서 노동의 개념은 이후 공리주의자들의 입장과 연결되고, 특히 시장자본주의에 적합한 재산권 이론으로 평가받게 되는 부분이다.

인간과 자연환경의 관계 및 이를 매개하는 노동에 관한 로크의 개념은 여러 가지 문제성을 내포하고 있다. 첫째, 로크는 비인간 환경에 대한 도구적 태도와 가치평가를 합리적으로 정당화한 최초의 이론가라고 할 수 있다. 그는 자연 상태에 충분한 공유지가 존재한다는 조건하에서 사유화가 권리로서 성립하는 과정을 논리적으로 재구성하고자 했다. 로크뿐만 아니라 홉스(T. Hobbes), 루소(J. J. Rouseau), 칸트(I. Kant)를 거쳐 오늘날의 롤스나 노직(R. Nozick)에 이르기까지 많은 학자들은 특정한 우연적, 역사적 성격이 제거된 상태의 '자연 상태'를 전제로 그들의 이론을 전개한다. 이 개념은 모든 사람을 일단 평등한 상태에 놓고 출발한다는 점에서 강점을 가지지만, 결국 이 자연 상태는 완전한 백지 상태가 아니라 자신의 이론적 관점에서 특정한 성격이 부여된 상태이다. 로크는 충분한 공유재산이 존재해야 한다는 점, 그리고 특정인의 재산 형성이 타인의 손해 위에서 일어나서는 안 된다는 점을 거듭 강조한다. 여기서 충분한 공유재산의 존재라는 조건이 유지될 수 없다면, 이 조건 아래서 타당한 권리의 근거도 정당성을 상실한다. 뿐만 아니라 자연 상태에 관한 그의 견해는 노동에 의해서만 가치(재산 가치)를 부여받을 수 있다는 점을 강조함으로써, 인간의 노동이 투입되지 않은 자연 그 자체는 마치 '무가치'한 것처럼 이해되도록 한다.

둘째, 로크에게 노동이란 그 자체로서 가치 있는 것으로 간주되는 것이 아니라 가치를 창출하여 소유할 수 있는 수단으로서 의미를 가진다. 그뿐만 아니라 비록 특정한 재산 형성이 타인에게 손해를 미치지 않는다고 할지라도, 동일한 생존 기회가 동일한 재산을 형성할 동일한 기회의 존재를 보장하는 것은 아니라는 점이다. 예로 그의 관점에 따르면, 노동 능력이 없는 사람은 사유재산에 대한 권리를 주장할 방법이 없으며, 이로 인해 생존의 권리 자체를 확보 받을 수 없게 된다(Macpherson, 1978: 205; 김남두, 1990: 164에서 재인용). 로크의 노동관은 이 점에서 생존에 대한 평등한 권리의 확보라는 측면보다는 사적소유에 대한 권리와 이에 기초한 정치경제적 질서를 강조한 그의 입장을 보여주고 있다. 즉, 생존권의 충족을 위해 노동을 통해 공유재산을 사유화한다는 개념에서 출발한 그의 이론은 노동을 수단으로 한 가치 또는 산물의 생산과 이의 전유로 무게 중심을 옮겨가고 있다.

셋째, 로크는 자연이 제공하는 자원이 거의 무한한 것으로 간주하고 명목상 한 개인이 소유할 수 있는 재산의 한계를 설정하지만 실제로는 거의 무한정한 재산 소유를 허용하고 있다. 물론 로크는 "자연이 세운 재산의 한도는 사람들의 노동의 한도, 삶의 편익의 한도 만큼이다"(§36) 라고 재강조하고 있고, 그 외에도 재산의 한계에 대한 몇 가지 기준을 제시하고 있다. 즉, "신은 모든 사물들을 우리에게 충분히 주셨다. …… 그러나 그는 그것을 얼마만큼 우리에게 주셨는가? 향유할 수 있는 만큼, 그것이 썩기 전에 삶의 어떠한 편익을 위해서든 그것을 이용할 수 있는 만큼, 많은 사람들은 그것을 그의 노동을 통해 재산으로 확고하게 만들 수 있다. 무엇이든 이것을 넘는 것은 그의 몫 이상이며 타인에게 속한다. 신에 의해 만들어진 어떤 것도 인간이 썩히고 파괴하라는 것은 없다"(§31). 이와 같이 로크의 견해에 의하면 재산의 한계는, ① 사람이 즐기고 사용할 수 있는 만큼, ② 그가 노동할 수 있는 만큼, ③ 자연물을 썩히지 않는 한도 내에서, ④ 다른 사람에게 충분히 남아 있는 만큼 등이 그 기준이다. 그러나 이러한 기준의 설정과 이에 전제된 노동을 통한 사유화에 관한 로크의 언명은 루소의 경우처럼 '생존을 위한 필요'에 기초하여 개인 재산의 한계를 엄격히 제한하기 위함보다는, 노동을 통해 개인에게 상당한 양의 재산이 축적될 수 있다는 것을 이론적으로 정당화하기 위한 것이라고 할 수 있다(김남두, 1990: 166).

넷째, 로크는 왜 사유재산제도만이 인간 생존을 보장하는가에 대한 이유를 설명하지 않으며, 특히 토지의 공유적 특성을 무시한 채 철저한 사유화를 강조하고 토지도 다른 경우와 마찬가지로 노동에 의해 소유 자격이 주어지고 소유권이 주장될 수 있다고 한다. 즉, 그는 "재산권에서 중심문제가 되는 것이 땅의 과실이나 그곳에서 부양되는 짐승이 아니라 땅 자체이다"라고 주장한다. 그의 이러한 주장은 토지가 개간되고 개량되며 경작되는 경우 버려져 있을 때보다 더 많은 가치를 낳는다는 사실에 근거한다. 즉, "노동에 의해 땅을 자신의 것으로 만드는 사람은 사람들의 공동재산을 줄이는 것이 아니라 증대시키는 것이다. 왜냐하면 일 에이커에 울타리가 쳐지고 경작된 땅에서 사람들의 삶을 유지하는 데 기여하도록 생산된 식량은, 똑같이 비옥하나 버려진 채 공유지로 있는 땅에서보다 열 배는 많기 때문이다"(§37). 로크의 견해에 의하면, 모든 공유재산이 사유화된다고 해도 사유화에 의해 많은 효용이 산출되고 이를 통해 사람들의 생존 기회가 확보되거나 또는 개선됨에 의해 원래의 조건이 충족된다는 것이다.

요컨대 로크의 주장에 의하면 토지는 기본적으로 사적소유를 통해서만 그 가치를 발현하며, 이를 통해 인간을 자유롭게 하는 것으로 간주된다. 이러한 로크의 자유주의적 토지관은 기본적으로 환경론자나 생태주의자들의 견해, 대표적으로 레오폴드(Leopold, 1968: 223~224)의 다음과 같은 서술과는 대조된다.

> 토지에 대한 사랑, 존경, 숭배, 그리고 그 가치에 대한 높은 존중 없이 토지와의 윤리적 관계가 존재할 수 있다는 점은 나로서는 생각할 수 없다. 물론 나에게 가치라는 용어는 단순한 경제적 가치보다도 훨씬 넓은 어떤 것을 의미한다. 나에게 가치는 철학적 관점의 가치를 의미하며, 이에 따라 '생물적 공동체의 통합성·안정성·아름다움을 유지하는 경향이 있을 때 어떤 일이 옳다고 하며, 그렇지 않은 경향이 있을 때 이 일은 잘못되었다'고 할 수 있다.

물론 자유주의적 입장에서는 이러한 서술과 관련하여 여러 가지 의문을 제기할 수 있을 것이다. 예로, 여기서 토지 그 자체의 가치 또는 나아가 생물적 공동체의 '통합성·안정성·아름다움'이 자연에 내재하는 성질들임을 어떻게 알 수 있는가? 그리고 이렇게 토지의 가치나 자연의 내재적 가치를 주장하고, 이에 따라 인간 행위의 옳고 그름을 판정하는 것이 무엇을 의미하는가? 그러나 자유주의가 환경문제의 해결과 자연생태계로의 연장에 응용되기 위해서는 그 옹호자들이 토지에 대한 다양한 주장들을 인정하고, 이들에 대해 이해할 수 있도록 노력해야 할 것이다.

4. 자유지상주의의 환경론적 함의

자유지상주의(libertarianism)는 개인의 완전한 자유와 권리를 사회의 가장 우선적 덕목으로 신뢰한다. 이에 의하면, 부당하게 타인에게 해를 끼치지 않는 한, 개인에게는 원하는 바대로 모든 행동을 할 수 있는 자유가 있다. 특히 모든 인간은 생명과 자유에 대한 권리를 가지는 동시에 재산에 대한 권리를 가진다. 이러한 권리는 인간이 만든 법이나 관습 또는 계약의 결과로 파생되는 것이 아니라 인간이 가진 본연적인 것으로 간주된다. 이러한 자유지상주의에는 많은 원류가 있다. 가장 큰 영향을 미친 고전적 사상가는 존 로크이지만, 미국의 3대 대통령 제퍼슨(T. Jefferson)과 같은 독립혁명가들의 최소정부 공화주의, 그리고 애덤 스미스와 존 스튜어트 밀 등 18~19세기의 고전적 자유주의자들도 큰 영향을 미쳤다. 현대 정치철학에서 이러한 자유지상주의를 대표하는 학자는 노직으로, 그의 자유지상주의는 자유주의 정치철학 내에서 롤스의 자유적 평등주의와 대조를 이루고 있다. 우선 자유지상주의의 일반적 입장을 간략히 살펴본 후, 노직의 견해를 보다 자세히 고찰하고자 한다.

자유지상주의는 무엇보다도 자유에 최대 관심을 가지며, 개인의 행동은 가능한 한 가장 자유롭게 결정된 (즉, 강제나 사기가 없는 상태에서) 개인의 선택에 의해 유도되어야 한다고 주장한다. 둘째, 자유지상주의는 사적 재산의 보장이 개인의 자유를 유지하는 데 매우 중요하다고 생각한다. 왜냐하면 사적소유권은 재산이 허용하는 범위 내에서 모든 행동의 자유를 보장하기 때문이다. 즉, "재산권이 없다면 다른 어떤 권리도 불가능하다. 만일 자신이 생산한 것을 사용할 자유가 없다면, 그는 자유권을 가지지 못한 것이 된다"(Wenz, 1988: 60에서 재인용). 셋째, 자유지상주의는 이익과 부담의 분배를 결정하는 개인적이고 자유로운 선택과 자발적인 교환을 강조한다는 점에서, 자유시장(그리고 법정)을 통해 자유와 관련된 모든 문제를 설정하기 위한 논리적 근거를 제공한다. 넷째, 자유지상주의는 법적으로 보장된 범위 내에서 재산권의 행사를 인정하지만, 그 범위를 넘어서서 행사함으로써 다른 사람들의 재산권을 불법적으로 침해한다면, 사적소유권의 방어 측면에서 그 침해에 대한 적절한 보상을 해주도록 함으로써 사회경제적 정의가 실현된다고 생각한다.

자유지상주의의 입장에 따르면 국가의 행위는 특징적으로 강압 또는 위협에 의해 유지되기 때문에, 일반적으로 국가가 사람들의 생활에 적게 개입할수록 자유가 증가하는 것으로 간주된다. 그러므로 자유지상주의자들은 최소로 개입하는 정부가 가장 좋은 정부라는 점에서 최소국가론을 주장한다. 그러나 이들의 주장은 국가의 존재를 부정하지는 않는다. 왜냐하면 국가는 강압과 사기로부터 사람들을 보호하기 위하여 필요하다고 믿기 때문이다. 이러한 점에서 우리는 실질적 자유와 형식적 자유를 구분할 수 있다. 즉, 국가에 의한 공식적 제약이 없다면 모든 사람은 완벽한 형식적 자유를 얻을 것이다. 그러나 국가가 없다면 비정부적인 강압과 사기에 의해 실질적 자유는 심각하게 제한될 수 있다. 요컨대 자유지상주의에 의하면 최소국가의 목적은 사람의 생명과 자유를 지키는 것이며, 사적소유제가 이러한 목적에 필수적이라면 최소국가는 사적소유권을 보장해주기 위해 존재한다.

이와 같은 자유지상주의에 관한 주장들은 노직의 저서 『아나키, 국가 그리고 유토피아(Anarchy, State, and Utopia)』(1974)에서 가장 잘 표현되어 있다. 이 저서에서 제시된 그의 주장은 기본적으로 상호 밀접하게 관련된 두 가지 이론, 즉, 최소국가론과 소유권리론에 근거를 두고 있다. 그의 입장에 따르면, 최소국가론은 개인의 권리를 침해하지 않는 국가에 관한 기획이며, 소유권리론은 정당한 재산의 획득과 교환이 가장 핵심적 권리임을 밝히기 위한 것이다. 롤스의 이론은 '공정성으로서의 정의'로 대변되는 자유적 평등을 그 중심 내용으로 하는 반면, 노직의 이론은 이러한 최소국가론과 소유권리론에 기초한 자유지상주의를 대표한다.[4)]

노직은 우선 로크의 소유권 이론에 근거를 두고 개인이 가진 권리의 불가침성을 도덕성의 중심으로 삼는다. 그는 최종적 분배 결과로 정의를 평가하는 (재)분배적 정의론에 대해 매우 비판적인 태도를 보인다. 그의 주장에 의하면 일정한 결과를 전제로 분배적 정의를 추구하는 것은 모두 개인이 가지는 자유와 권리를 유린하기 때문이다. 특히 분배가 불공정하게 이루어진다고 하여 국가가 강제로 개입할 경우 개인의 자유가 침해될 수밖에 없기 때문에, 국가의 개입은 최소화되어야 한다. 반면, 이러한 재분배보다는 자발적 교환원리(즉, 시장의 원리)가 선호된다. 고전적 자유주의 전통에서 교환원리의 선호에 대한 주장은 두 가지 입장에서 비롯된다. 하나는 공리주의적 입장으로, 국가가 정책 등을 통해 개인 상호간의 자발적 거래에 개입하지 않아야 최대한의 사회적 부를 효율적으로 생산할 수 있다는 주장이다. 다른 하나는 권리론적 입장으로, 국가의 개입 없는 교환원리에 입각한 개인과 개인 사이의 정당한 상호교환이 자유로운 개인의 기본권 행사를 보장한다는 주장이다. 노직은 공리주의적 입장에서의 효율적 부의 증대보다는 개인의 권리 보장이라는 측면에

4) 그러나 노직은 그 이후의 저서(Nozick, 1989: 17)에서, 자유지상주의는 젊은 날 관심을 가졌던 여러 주제 가운데 하나였으며, 더 이상 이와 같은 입장을 견지하고 있지 않음을 밝히고 있다.

서 자신의 논의를 전개한다(장동진·김만권, 2000: 196).

이러한 개인의 권리, 특히 소유권리를 이론화하기 위하여 노직은 재산권 취득의 역사적 과정을 중시하는 소유권리론 또는 권원이론(entitlement theory)을 제창한다. 자유주의적 전통에서 개인은 자신의 신체와 건강을 지키기 위하여 일정한 재산이 필수적이라는 점이 인정된다. 이러한 입장에서 재산에 대한 소유권은 개인의 기본적 권리로 간주된다. 문제는 어떻게 이루어지는 소유가 정당한가라는 점이다. 노직은 이러한 문제를 소유권리론을 통해 제기하고 해결하고자 한다. 특히 그는 로크적 단서(the Lockean proviso)를 끌어들여 자연 상태로부터 최초 획득의 문제를 해결함과 동시에, 정당하게 취득된 것이라면 자유롭게 이전될 수 있음을 밝히고자 한다. 즉, "우리가 고려해야 할 일은 소유물의 '원초적 취득(acquisition)에서의 정의'와 '이전(transfer)에서의 정의' 문제이기 때문에, 만일 소유물이 정당하게 취득되었고 쌍방 간의 계약에 의해 소유물의 이전이 이루어졌다면 그 결과의 정의에 대해서는 고려할 필요가 없다"고 주장된다는 것이다(Nozick, 1974: 149~150). 또한 이와 같이 형성된 소유물에 대한 상호 보호를 위한 결사체로서 최소국가가 필요하다는 점이 인정된다.

노직의 소유권리론은 세 가지 원칙으로 이루어져 있다. 첫째는 최초 취득에서의 정의의 원칙(the principle of justice in acquisition)으로, 누구든지 취득 당시의 정의의 원리에 따라 어떠한 재화를 취득했다면 그 소유권을 가진다. 둘째는 이전에서의 정의의 원칙(the principle of justice in transfer)으로, 누구든지 이전 당시의 정의의 원리에 따라 다른 사람으로부터 재화를 이전 받는다면 그 소유권을 가진다. 셋째는 첫째와 둘째 원칙에 대한 교정의 원칙(the principle of rectification of violation of the first two principles)으로, 누구든지 이 두 가지 원리의 반복적 적용을 통하여 어떠한 재화를 취득하지 아니하는 한 그 재화에 대한 소유권을 가지지 못한다(Nozick, 1974: 151).

이러한 노직의 소유권리론이 가지는 특징(장동진, 1984; 장동진·김만권, 2000)으로 우선 지적될 수 있는 점은 그의 이론이 사회적 정의를 위한 정형화된 이론은 아니라는 점이다. 그는 분배에서의 도덕적 장점이나 사회에 대한 유용성과 같은 분배의 기준이 될 수 있는 정형적 원리를 제시하지는 않았다. 의도적으로 설정된 정형적 분배 원칙들이 강요된다면 개인의 권리가 침해될 수 있기 때문이다. 대신 노직의 소유권리론은 정당한 소유의 역사적 성립과정 자체가 정당한 분배의 내용을 이룬다고 주장한다. 노직에 의하면, 정당한 소유가 성립하려면 소유를 발생시킨 최초 취득이 정당해야 하며 또한 이전도 정당해야 한다. 노직은 사적소유를 정당화하는 근거로 로크가 사적 재산권의 정당화를 위해 제시한 두 가지 조건을 빌려온다. 앞서 논의한 바와 같이, 이 두 가지 조건 가운데 하나는 공유물에 일정한 노동을 투입해야 소유가 발생한다는 점이며, 다른 하나는 '타인들 역시 사유할 수 있는 충분한 여유와 같은 수준의 질 좋은 것이 남겨져 있어야 한다'는 점이다. 이렇게 하여 최초의 정당한 취득이 성립된 이후, 소유물의 자유로운 교환이 정당하게 이루어질 때 그 소유권리의 정당성이 인정된다. 그리고 이러한 취득의 정의원칙과 이전의 정의원칙을 뒷받침하는 원칙이 소유물에서의 부정의 교정이다. 이 원칙은 현재의 소유물 가운데 취득 및 이전 과정에서 부정함이 있었다면 앞서 제시한 원칙에 따라 발생했을 정당한 소유의 상황으로 교정해야 한다는 원칙이다.

노직의 소유권리론은 정의로운 취득과 이전을 전제로 개인의 배타적 소유권을 인정한다. 그뿐만 아니라 정의로운 취득과 이전이 이루어지지 않을 때는 이를 교정해야 한다고 주장한다. 오늘날 자원의 배분에서 정당한 취득과 이전조차 제대로 이루어지지 않는 상황에서, 노직의 소유권리에 관한 정의의 세 가지 원칙들은 나름대로 중요한 의미를 가질 수 있다. 즉, 노직은 정의로운 상황에서 정의로운 단계를 거쳐 발생한 것은 그 자체로서 정의롭다고 주장한다. 이러한 노직의 주장은 롤스의 '공정성으로서의 정의', 즉, 공정한 상황에서 공정한 절차를 거쳐 합의된 내용은 그 자체로서 정의롭다는 주장과 절차적 정의관이라는 점에서 공통적이다. 그러나 이들 주장의 실제 내용은 상당히 다르다. 즉, 노직은 정당한 권리에 근거한 배타적 소유를 주장하고 사회경제적 불평등은 고려의 대상이 아닌 반면, 롤스는 최소수혜자의 이익 개선을 고려하는 분배를 주장하면서 사회경제적 불평등은 최소수혜자의 이익이 개선된다는 조건하에서 허용하는 것이 정의롭다고 본다(2장 참조).

이러한 점과 관련하여, 노직의 소유권리론은 그 자체로서 또는 환경론적 측면에서 몇 가지 문제점을 가진다. 첫째, 노직의 주장은 어떠한 재산이 원래 공유상태로 있을 수 있다는 가능성을 처음부터 배제하고 있어, 자연자원과 같은 공유재산에 대해서도 사적소유권을 부여하는 방식을 적용하고 있다는 점에서 환경정의론으로 적절하지 않다고 할 수 있다(Cohen, 1986). 노직은 사유화가 정당하게 되는 조건으로 자연 상태에서 사적소유가 발생하는 과정을 이해할 수 있도록 로크의 입장을 도입한다. 그러나 로크는 자연 상태의 모든 것을 신이 준 공유물임을 명시한 반면, 노직은 자연 상태의 모든 것은 공유물이 아니라 단순히 주인 없이 존재하는 것들로 간주한다. 만약 자연 상태의 자연자원이나 대상물들이 공유물이라는 생각이 없다면, 어떤 사람이 이 대상물들에 노동을 가하여 무조건 소유하고자 하더라도 그것을 비난하거나 저지할 근거가 없다.

둘째, 노직의 주장은 우리 모두가 자연자원을 전유함에서는 가능한 한 자유로울 수 있지만, 자연자원의 총재고를 독과점적으로 전유하는 자유는 어느 누구에게도 주어져 있지 않다는 점을 간과하고 있다(Luper-Foy, 1992). 노직은 자신의 소유권리론을 정당화하기 위하여 로크적 단서, 즉, '타인들에게 동질의 수준의 것이 충분히 남겨져 있을 것'을 전제로 한다. 그러나 오늘날 자연 상태는 모든 사람의 소유를 충족시킬 수 있을 정도로 충분하지 않을 뿐만 아니라 동질적이지도 않다. 예로, "만약 재난에 허덕이는 빈민 [지역]의 사람들이 '로크적 단서'에 따라 사막이나 황무지 같은 쓸모없는 땅 대신 다른 사회가 소유하고 있는 기름진 평야를 나누어줄 것을 요구해 온다면, 이들에게 그러한 토지를 나누어주거나 아니면 이들과 공유해야만 할 것이다"(장동진·김만권, 2000: 214). 만약 어떤 사람은 노동을 가하여 가치를 창조할 수 있는 대상물을 점유할 수 있는 반면 다른 사람은 그럴 수 없는 상황을 인정해 버린다면, 개인이 자기 스스로를 보호하고 이를 위해 소유할 수 있는 자유와 권리를 박탈하는 것이 된다.

셋째, 노직의 주장뿐만 아니라 보다 일반적으로 자유지상주의자의 자유교환(시장) 원리 지지와 재분배(국가) 반대는 여전히 심각한 의문을 제기한다. 과연 시장은 자유롭고 평등한 개인에게 정의로운 분배를 가져다줄 수 있는가? 실제 시장은 결코 자발적인 교환만으로 건전하게 유지될 수 없으며, 사회의 모든 요소에 올바르게 골고루 자원을 분배할 수 있는 완전한 능력을 갖추지도 못한 것처럼 보인다. 특히 절대적으로 한정된 자연자원의 상황에서 한 개인이나 집단이 이들 모두 또는 대부분을 얻는 데 자유롭다면, 그 외 사람들은 이를 얻을 수 없을 것이다. 물론 국가의 지나친 간섭은 절제되어야 하겠지만, 위와 같은 사태가 발생하지 않도록 '정당한 간섭'은 필요하다고 할 수 있다. 그뿐만 아니라 자유지상주의는 우리가 상호협력을 통해 삶의 질을 개선하고, 최소한 물질적으로 보다 자유로울 수 있다는 사실을 간과하고 있다. 따라서 자유지상주의자들은 정당한 간섭에 관한 설명과 더불어, 관련된 혜택과 부담의 적절한 배분을 포함하여 '정당한 협력'에 관한 설명을 할 필요가 있다(한면희, 1999; 전재경, 2000).

넷째, 노직의 주장은 기본적으로 사적소유권을 정당화하기 위한 논리이지만, 사적소유권 자체와 관련된 사회적 문제를 유발할 뿐만 아니라 생태적 정의로의 확장이 전혀 불가능한 논리이다(Wenz, 1988: 65~68). 사적소유권에 대한 인정은 이 권리가 개인의 생명과 자유에 대한 인간의 욕망을 최대한으로 실현시킬 수 있는 것으로 간주되기 때문이다. 그러나 사적소유권이 이러한 개인적 수준을 능가할 경우에도 보장되어야 하는가에 대한 의문이 제기될 수 있다. 예로, 한 사람의 자유로운 토지이용의 권리(골프장에서 농약의 과다 사용)가 다른 인접 주민들의 사적소유(신체나 토지의 오염 피해)에 대한 권리와 서로 갈등을 일으킬 때는 양쪽 권리가 다 인정되기 때문에 그 자체적으로 적절한 해결책을 제시하지 못한다. 또한 자연 상태에서 먼저 노동을 투입하여 생산을 하거나 토지를 선점한 사람에게 우선적으로 소유 권리가 주어진다는 주장(즉, '선착자 우선' 원리)은 자원을 전유함에 있어 모든 사람의 자유를 최대화시키는 것과 아무 관계가 없으며, 특히 미래세대가 자연자원을 전유할 수 있는 기회를 완전히 부정하는 것이다.

5. 공리주의의 환경론적 함의

잘 알려진 바와 같이, 고전적 공리주의(utilitarianism)는 최대다수의 최대행복을 덕목으로 한다. 이에 따르면, 어떤 행위가 사람들의 행복을 증진시킨다면 옳은 행위이고, 그렇지 않다면 그른 행위로 판단된다. 따라서 공리주의에 따르면 개인의 행위는 개인적 이해관계에 따른다는 이기주의와는 대립되며, 또한 행위 그 자체의 의미에 따라 도덕적으로 평가될 수 있다는 견해와도 반대된다. 공리주의는 사회의 총량적 이익을 우선하지만, 사적소유를 인정하고 개인주의적 효용에 근거하여 주장을 전개한다는 점에서 넓은 의미의 자유주의에 속한다. 또한 역사적 발전과정에서도 공리주의의 대표적 학자로서 벤담이나 밀 등은 기본적으로 자유주의적 입장을 견지하면서 공리주의적 주장을 제시하고 있다. 이들에 의하면 인간 행위에 동기를 부여하는 것은 쾌락과 고통이며, 행복의 증진은 모든 인간 행위를 평가하는 기준이라고 주장된다. 예로, 벤담은 그의 저서 『도덕과 입법의 원리』(1789) 1장 「유용성(utility)의 원리에 관하여」라는 부분에서, 인간은 쾌락을 극대화하는 한편 고통을 최소화하려는 성향을 가진 존재임을 강조하고, '사회적 이익'이란 '사회를 구성하고 있는 구성원 각각의 이익의 총계'라고 주장한다. 따라서 어떤 행위로 인해 한 사회집단이 얻게 되는 이익이 잠재적인 보상기준을 통하여 다른 집단이 받게 될 손실과 비교하여 클 경우, 그 행위는 사회에 유익한 것으로 인정된다(Bendam, 1789; 문종길, 2003에서 재인용).

공리주의가 환경문제 및 자연생태계와의 관계에 응용되고 있는 방식은 몇 가지 유형으로 구분해볼 수 있다. 우선 환경문제의 해결을 위하여 공리주의의 일반적 견해를 적용하는 것이다. 공리주의에 따르면, 환경에 대한 가치 평가는 인간과의 관계 속에서 인간의 행복을 만족시켜주는 정도 또는 사회적 후생에 기여하는 정도에 따라서 결정될 수 있다. 이러한 관점에서, 환경은 보다 많은 사람에게 보다 많은 만족을 가져다준다면 얼마든지 개발될 수 있으며, 유용성에 대한 만족보다도 적은 환경적 비용은 언제든지 감수될 수 있는 것으로 간주된다. 이러한 점에서, 공리주의 원리는 지구적인 차원이나 일반적인 국가의 차원에서는 근대 이전과 비교하여 훨씬 많고 유용한 자원을 개발하여 사회적으로 양적 물질적 성취를 이루어낸 (그리고 이루어내고 있는) 것을 정당화시키는 것처럼 보인다. "그런데 이와 같은 양적인 성취는 지구와 환경자원에 대한 무한성의 전제 위에서 쌓아올려진 것 …… 이며, 또 인간과 환경의 적대적 또는 일방적 의사소통의 가정 위에서 성립된 것이다"(문종길, 2003: 93).

이러한 행복과 고통, 또는 비용과 편익의 문제를 다루기 위한 방안으로서 '비용-편익분석'이 본격적으로 거론될 수 있다(Wenz, 1988: 10장 참조). 비용-편익분석은 기본적으로 환경재에 대한 가치 측정을 전제로 하며, 특히 인간 중심적 관점 또는 경제적 관점에서 파악될 수 있다. 이렇게 해서 설정된 지표에 따라 사회에서 한 집단(계층, 지역, 세대)의 이익이 다른 집단의 손실과 비교하여, 만약 이익이 손실보다 많다면 어떤 개발 또는 환경 정책(또는 행동)은 사회에 수혜적인 것으로 간주된다. 이익을 얻은 집단이 잃은 집단에 보상할 수 있으며, 사회는 전반적으로 발전할 수 있다고 주장된다. "그러나 실제 보상은 거의 이루어지지 않는다. 공리주의의 가정은 사람들이 자신의 선호를 알고 있고, 이들은 일단의 선호를 다른 것으로 대체할 수 있음을 전제로 한다. 예로 저소득 또는 소수인종 지역사회의 인근에 공해산업이 입지할 경우, 주민들이 이를 통해 얻게 되는 취업 및 소득 기회의 확대라는 경제적 이익에 대한 선호는, 그렇지 않을 경우 얻을 수 있는 보다 쾌적하고 안전한 환경에 대한 환경적 선호를 대체할 수 있는 것으로 간주한다. 그러나 이러한 보상지표는 경제적 이익이라는 측면에서 환경적 질의 불평등한 분배를 정당화할 수 있도록 한다"(Hartley, 1995: 282).

공리주의 및 그 환경관은 미래세대의 문제에도 적용될 수 있을 것이다. 즉, 공리주의에서는 모든 사람의 행복이 동일한 비중으로 취급되기 때문에, 이를 세대 간의 관계에 적용할 경우 미래세대의 행복도 현재 세대의 행복과 같은 비중을 가진다. 따라서 공리주의에 의하면, 현재세대의 행복과 미래세대의 행복을 합친 '총행복'을 증가시키는 행위나 정책은 옳은 것이고 그렇지 않다면 그릇된 것으로 판정된다. 또는 이러한 행위나 정책의 결과로 현재세대와 미래세대의 총행복(총편익)이 총고통(총비용)에 비해 크다면, 이는 정당성을 가지는 것으로 인정된다. 이러한 최대다수의 최대행복의 원칙이 미래에도 적용되기 위해서는 미래세대의 이익과 손실을 확실하고 정확히 알아야 한다. 그러나 문제는 미래세대에 대해서는 거의 모든 것이 불확실하기 때문에 현재세대의 확실한 이익이나 손실과 비교하기 어렵다는 점이다. 즉, "미래세대는 현재에 존재하지 않기 때문에 현재의 행위나 정책이 미래세대에 어떤 이익 또는 손해를 얼마만큼 미칠지를 알 길이 없"으며, 이러한 상황에서 "합리적 결정을 내릴 수가 없다"고 할 수 있다(이정전, 1999).

이러한 공리주의를 인간과 동물과의 관계, 즉, 종들 간의 관계에도 적용시키고자 하는 대표적인 시도로 싱어(Singer, 1993)를 들 수 있다. 그는 동물도 인간과 마찬가지로 기쁨과 고통에 대한 감성을 가지고 있기 때문에 인간과 동일하게 취급되어야 한다고 주장한다. 이러한 동물의 도덕적 평등론 또는 동물권리를 강조하는 싱어의 주장은 공리주의에 근거를 두고 있다. 벤담은 이성적 존재자(즉, 인간)뿐만 아니라 쾌락과 고통을 감지할 수 있는 능력을 가진 존재자 전부(즉, 동물)에게 도덕적 주체의 지위를 부여한다. 또한 공리주의에 따르면, 동일한 사안에 대해서는 기본적으로 동일하게 취급해야 한다. 싱어는 이에 따라 공리주의를 인간들의 관계뿐만 아니라 인간과 동물들 간의 관계에서 발생하는 여러 논제들, 예로 종의 보전, 채식주의, 동물실험 등에 관해 논의하고 있다. 물론 공리주의는 국가 간, 세대 간, 종들 간의 동등성을 강조하고 싱어의 동물권 이론에 근거를 제공하지만, 공리주의 자체가 동물에 대한 고려를 함의한다고 볼 수는 없다. "공리주의 이론은 이해관계에 대한 동등한 고려라는 사고를 중심으로 하며, 따라서 상이한 가치의 개념을 쉽게 적응시킬 수 없다"는 점이 지적될 수 있다(Almond, 1995: 6).

이러한 공리주의와 이에 근거한 환경론은 다음에서 논의하는 바와 같이 많은 문제점을 가지지만, 오늘날 국가의 주요 정책이 환경문제와 충돌하게 될 때 이를 해결하거나 '합리적'으로 절충하기 위해서 가장 포괄적으로 채택되고 있는 이론 또는 방법이다. 달리 말해, "다른 윤리이론에 비해 유독 공리주의에 이처럼 비판이 쏟아지고 있는 이유는 …… 공리주의가 실제로 많은 이론적·실천적 약점을 지니고 있음에도, 현실적으로는 그것이 가장 타당한 윤리이론인 것처럼 통용되고 있기 때문일 것이다"라고 주장되기도 한다(정원규, 2004: 273). 그러나 공리주의는 환경문제를 해결하고 나아가 환경정의를 실현하기 위한 이론적 기반이 되기에는 너무 많은 문제점을 가진다.

공리주의가 가지는 가장 심각한 문제점은, 행복(편익)의 극대화 및 고통(비용)의 극소화를 강조하지만 이러한 편익이나 비용이 어떻게 배분되어야 하는가에 대해, 즉, 분배적 정의의 문제에 관해서는 거의 관심을 가지지 않는다는 것이다. 그 뿐만 아니라 이러한 총량적(순) 행복의 극대화를 위하여 소수의 고통은 불가피하다는 점을 인정하고 있기 때문에, 사회적 부정의의 문제를 유발하고 심지어 이를 정당화시킬 수도 있다는 점이다. 물론 다수의 행복을 위하여 희생하는 소수에 대한 보상을 전제로 하지만, 공리주의가 이러한 보상의 자발성을 필수적으로 내포하고 있는 것은 아니다. 극단적인 사례로 공리주의는 개체들의 동등성을 강조하고 있음에도 불구하고, 열 명의 생명을 구하기 위해 무고한 한 사람의 목숨을 희생해도 좋다는 결론에 달하게 된다. 이러한 점에서, "공리주의 체계하에서는 전체를 위한다는 미명하에 개인의 삶을 희생시킴으로써 결국 누구도 행복할 수 없게 되는 역설적 상황이 발생"할 수 있다(정원규, 2004: 280).

그뿐만 아니라 환경문제에 대한 공리주의의 적용과정, 특히 비용-편익 분석 등에서 필수적으로 요구되는 환경 가치의 측정 또는 효용의 계산과 관련한 문제가 계속적으로 지적되고 있다. 일단 환경의 존재 가치가 인정된다고 할지라도 이것은 궁극적으로 인간 중심적, 특히 경제적 관점에서(즉, 화폐적 척도에 의해) 파악되고 있다. 이러한 가치 계산은 효용 또는 만족도에 관한 수치적 가치 평가를 전제로 하고 있기 때문에, 수치화될 수 없는 경우는 무시되는 경향이 있다. 특히 개발에 따른 이익과 비용뿐만 아니라 환경의 현재적 상태 또한 주로 상품화된 가치로 파악하기 때문에, 환경이 기본적으로 내재하고 있는 다양한 가치들이 제대로 평가될 수 없다. 이러한 점에서 공리주의적 철학을 배경으로 발달한 비용-편익분석 기법에는 "환경의 가치에 대한 전형적인 인간중심주의 가치, 효용성 또는 만족을 측정하려는 수량화의 기획 그리고 인간의 선호와 선택에 따른 만족과 후생의 극대화라는 신념이 내재하고 있다"고 비판되기도 한다(문종길, 2003: 85).

이러한 환경의 가치 평가 또는 효용 계산의 문제를 미래(세대)에까지 확장할 경우 공리주의적 환경론의 문제는 더욱 커진다. 즉, 공리주의는 효용의 계산에서 보다 확실한 현재 또는 가까운 미래에 발생할 비용과 편익에 대해서는 확신을 가질 수 있다고 할지라도, 먼 미래에 발생할 효용에 대해서는 제대로 계산할 수 없다. 물론 환경 관련 정책은 비용과 편익이 단기간에 결정되지 않는다는 점에서, 비용-편익분석에서는 미래를 할인(현가화)하는 방법을 사용하여 서로 다른 시점에서 발생하는 비용이나 편익을 비교하기도 한다. 그러나 이 경우 미래의 가치를 미래세대의 입장에서 평가하는 것이 아니라 결국 현재세대의 입장에서 계산한 것이 된다.[5] 즉, 공리주의의 입장에 따를 경우 미래에 발생할 매우 큰 편익이나 비용이 단기 이익을 위해 간과되며, 이로 인해 매우 표피적이고 단기적 관점에서 환경 관련 정책들이 선정되고, 결국 미래세대에 대한 배려나 순편익은 단지 임의적으로 고려된다.

공리주의를 동물 및 자연생태계의 구성원으로 확장시킬 경우에도 문제가 유발된다. 싱어와 같은 공리주의자들은 쾌락적 측면에서만 동물의

5) 예로, 석유가 제대로 활용되지 않았던 150여 년 전의 시점에서 석유의 화폐적 가치는 매우 낮았겠지만, 현재세대의 입장에서 석유의 화폐적 가치는 그 당시와는 비교할 수 없을 정도로 높아졌다. 이러한 사례는 현재와 미래의 관계에도 적용해 볼 수 있다. 즉, 환경보전에 따라 미래에 얻을 수 있는 가치 또는 역으로 유전실험이나 환경재해 등과 같이 미래에 발생할 수 있는 위험의 빈도는 매우 불확실하기 때문에 낮게 평가되는 경향이 있다.

입장을 고려하여 인간과 동물을 감성적인 측면에서 동등하다고 주장하지만, 한편으로 인간과 동물 간에는 윤리적 측면에서 기본적인 차이가 있다. 즉, 이성을 가지고 의사소통을 할 수 있으며 의식적 책임성을 가질 수 있는 인간과 그렇지 아니한 동물을 무조건 동등하게 취급할 수는 없는 것이다. 다른 한편, 공리주의는 환경정의를 생태계에서 동물을 넘어 자연 구성물 일반에까지 확장시키는 문제에 대해서는 관심을 가질 수 없다. 즉, 공리주의는 감성적 동물들에게 배타적 관심을 보이는 반면 자연환경의 비감성적 구성물은 관심에서 제외하기 때문에, 생태적 정의의 이론화를 위해 응용되기는 어렵다고 하겠다. 이러한 점에서 "공리주의는 환경을 구성하는 여러 사물들 — 나무, 식물종과 동물종, 산지, 호수, 강, 토양 — 의 상태에 대해 직접적인 관심을 보이지 않기 때문에, 환경정의의 조정자로 기능하기에는 부적절하다"고 주장된다(Wenz, 1988: 199).

이러한 문제점들 외에도 공리주의는 기본적으로 사적소유권을 지지하며, 재화나 서비스의 사적 소비를 통해 행복을 느끼고 선호를 유지할 수 있다고 가정하지만, 자유주의에 대한 일반적 비판에서처럼 행복과 선호의 충족을 위해 사적소유가 필수적으로 전제되는 것은 아니다. 사실 대부분의 환경재는 공공재로 보전되고 공동으로 이용됨으로써 사회적으로 더 많은 효용을 제공할 수 있다. 예로 특정한 토지의 배타적 소유와 이용은 비록 환경의 관리에는 유용하다고 할지라도 다른 많은 사람들의 이용을 차단시킴으로써 사회적 효용을 오히려 감소시킨다는 점에서, 공리주의적 입장으로 보더라도 상충되는 논리적 모순을 안고 있다. 또한 공리주의는 특정한 활동을 하지 않음으로 인해 발생하는 '부의 책임(negative responsibility)' 문제와 관련하여 자신이 행하지 않은 부분에 대해서까지 책임을 요구하는 과도한 논리로 비약될 수 있다.[6]

6) 예로 생화학무기를 생산하는 공장에 입사할 것을 제안 받은 화학자의 경우, "만약

6. 자유주의적 환경론을 넘어서

1) 자유주의적 다원주의와 그 대안들

자유주의와 이를 응용한 환경론에서 흔히 간과되는 부분은, 자유주의적 다원주의 및 이를 극복하거나 또는 이에 대한 대안으로 제시되고 있는 다양한 유형의 다원주의와 관련된 부분이다. 쉬로스버그(Shlosberg, 1997; 272~3)에 의하면, 1980년대 미국의 많은 주요 환경단체들은 "자유주의적 다원주의에 안주하면서, 워싱턴 DC에 대표사무실을 두고, 그들 자신을 많은 이익집단 가운데 하나로 규정했다". 이러한 주류 환경단체들은 자체의 견해, 즉, 자유주의적 다원주의의 입장에서 상당히 성공적이었던 것으로 평가된다. "의사결정과정에의 접근은 증대했으며 회원과 기금이 확대됐고, 성장한 주류 환경론자들은 이 과정에서 여러 난제에 투입되어 성공적인 타협을 끌어냈다. 미국에서 자유주의적 모형은 클린턴과 고어가 1992년 선거에서 이겼을 때 절정에 달했다. 관례적 다원주의 모형에서의 한 이익집단으로서 주류 환경운동은 가장 성공적인 수준에 달했다." 이러한 주류 환경운동은 자유주의적 다원주의의 입장에서는 성공적이었을지 모르지만, 조직의 모형과 운영 면에서 점차 많은 비판에 직면하게 되었다. "이 비판은 환경론의 다양성에 대한 관심의 결여"에 초점을

이 화학자가 이러한 일에 종사하고 싶어 하지 않는 사람이지만, 그가 입사하지 않을 경우 이러한 문제에 아무런 망설임 없이 열정적으로 헌신할 자세가 되어 있는 사람이 입사하게 된다면 이 화학자는 어떻게 해야 할까? 우리의 윤리적 직관은 입사하지 않아도 비윤리적인 것은 아니라는 것이지만, 공리주의에 따르면 이 화학자는 사악한 다른 후보자의 입사를 막기 위해 자신이 기꺼이 하기 싫은 일을 감내해야 한다. 공리주의에 따르면 그것이 최대다수의 최대행복을 달성하는 길일 것이기 때문이다"(정원규, 2004: 279).

두었으며, 이러한 비판은 미국에서 새로운 환경운동, 즉, 환경정의운동의 발단이 되었다(Schlosberg, 1997: 3).[7)]

기존의 자유주의적 다원주의(대표적으로 Dahl, 1961, 1967 참조)에 의하면, 사회는 상호 경쟁하는 다양한 이익집단으로 구성된다. 예로 개발업자와 환경보존론자 간의 이해 경쟁은 당연한 것으로 간주되며, 이들은 경쟁의 장에서 상호 동등한 입장으로 자신의 이해관계의 중요성을 강조하며 이를 관철시키기 위해 노력하는 것으로 가정된다. 이들은 자신의 조직적 기반 위에서 갈등적 이해관계를 실현시키기 위하여 정치적 로비와 기타 대중 동원활동을 수행하며, 이 과정에서 이해관계가 잘 조직되고 풍부한 자원에 의해 뒷받침되는 집단은 성공할 수 있다. 만약 이들의 이해관계가 충돌할 경우 법이나 제도에 따라 조정됨으로써, 궁극적으로 사회는 이해의 균형을 유지한다고 주장된다. 그러나 이러한 주장은 집단들 간의 동원가능한 자원의 차이, 조직 능력의 차이에 따라, 실제로는 이해관계의 균형이 아니라 갈등이 일반적이라는 점을 간과하고 있다. 또한 이러한 자유주의적 모형이나 실행에는 인종적, 문화적, 이념적, 계급적으로 형성된 소수에 대한 배려는 완전히 무시된다.

이러한 자유주의적 다원주의에 반대하는 한편, 환경이론 및 실제 운동에서 '다양성'을 강조하는 새로운 움직임이 이루어지게 되었다. 이러한 다양성을 전제로 한 환경정의운동은 "관례적인 자유주의적 다원주의의 모형과는 아주 상이한 조직형태, 의사소통방식 그리고 제도적 설계들"을 전제로 한다. 즉, "새로운 다원주의의 탄생은 환경문제에 대한 서로 다른 이해의 다양성을 인정하고, 이전에는 배제되었던 입장에 대해 정치적 과정을 개방하도록 요구한다. …… 이와 같이 새로운 조직형태는 여전히

---

7) 그 외 이러한 미국 환경운동의 역사와 환경정의운동의 특성에 관하여는, Shabecoff(1993), Sale(1993), Gottlieb(1993), Dowie(1995) 등 참조.

다원주의이다. …… 사고와 실천들은 다원주의적 이론의 앞선 견해와 보다 최근의 견해 양자 모두를 반영한다. 게다가 이 다원주의 형태는 관례적 모형의 한계점들에 대한 치유를 제안할뿐만 아니라 권력, 자본, 그리고 환경문제에 대한 정치적 입장의 속성에서 변화에 보다 잘 대응할 수 있다"는 것이다(Schlosberg, 1997: 270~271). 이와 같이 일군의 환경론자들은 자유주의적 다원주의를 넘어서 새로운 다원주의, 즉, '비판적 다원주의'로의 전환을 강조하고 있다.

이러한 비판적 다원주의를 옹호하는 사람들은 우선 실천적 측면에서 다양성의 결여라는 이슈를 새로운 차원에서 부각시키고자 한다. 이들은 주류 환경운동 조직의 백인중심, 중상위 계층적 속성에서 벗어나 소수 유색인과 도시거주자들의 협의체로 전환하고자 한다. 또한 나아가 자연, 야생, 멸종위기의 종 등에 초점을 두었던 기존의 주류운동 이슈에서 저소득 유색인 지역사회의 사회적·환경적 이해관계에 관한 이슈, 예로 독성, 공공보건, 환경위험의 부정의한 배분 등을 문제시하고자 한다. 이러한 조직 운영과 운동 이슈들을 설정하기 위하여 이들은 다양성, 나아가 다양성 속에서의 통일성을 강조한다. 즉, 이들은 사람들이나 사물들 간의 차이가 소멸되거나 흡수되어 획일화되는 것이 아니라, 다양한 정체성과 수많은 이슈들에 기초한 다양성 속에서 상호 연계와 통합을 이루어나가야 한다고 주장한다.

이러한 새로운 환경정의운동은 이론적 측면에서 제대로 된 토대를 마련하지 못하고 있지만, 최소한 자유주의를 벗어난 새로운 다원주의가 요구되고 있다는 점에서는 많은 학자들이 공감하고 있다. 이러한 점에서 자유주의적 다원주의가 아니라 '새로운 다원주의'의 관점에서 환경(정의) 이론의 기반이 될 수 있는 이론으로는 크게 세 가지, 즉, 공동체주의, 포스트모더니즘 그리고 문화적 다원주의 등을 들 수 있다(Schlosberg, 1999; 임의영, 2003 등 참조). 이러한 세 가지 다원주의적 입장에서 자신의

<표 1-1> 자유주의적·다원주의적 정의론의 비교

	롤스 (Rawls)	노직 (Nozick)	왈처 (Walzer)	영 (Young)	테일러 (Taylor)
정의론	공정으로서 정의론	소유 권리론	정의 영역론	차이 정치론	인정론
정의 원리	차등원칙	자유선택	필요, 공과 등	참여, 자기개발	상호 인정
중심이념	평등주의	자유 지상주의	공동체주의	포스트 모더니즘	문화적 다원주의
정당화	원초적 입장	소유권리	복합평등	차이담론	상호 주관성
초점	분배	분배	분배	탈분배	정체성
부정의 원인	불평등	권리 침해	지배, 전제	지배와 억압	차이의 보편화

자료: 임의영, 2003: 60 참고해서 저자 수정 및 추가.

정의론을 제시한 대표적 학자들과 앞 절에서 논의한 노직, 그리고 다음 장에서 논의할 롤스의 평등적 사회정의론을 간략히 비교하면 <표 1-1>과 같다.

2) 공동체주의적 다원주의

공동체주의는 1980년대 이후 서구 사회에서 주도적 위치를 차지해온 자유주의적 사회제도 및 관행의 부적합성과 그 이론적 한계를 극복하기 위하여 제기되었다. 공동체주의가 비판의 대상으로 삼는 자유주의는 기본적으로 롤스의 정의론이지만 그 외에도 노직 등의 자유지상주의, 나아가 자유와 권리의 보편성을 강조하는 자유주의 일반이다. 이의 대표자는 왈처(M. Walzer)이며 그 외 매킨타이어(Macintyre), 샌델(Sandel) 등을 들 수 있다. 왈처는 모든 사회와 제도의 정의 여부를 객관적으로 평가하기 위한 보편적 정의원칙을 수립하려는 자유주의적 보편주의를 비판하고, 다원적이고 특수적인 상황(또는 영역)들에 적용될 수 있는 정의원칙을 도출하고자 한다(박정순, 2003 등 참조). 그에 의하면 "정의원칙들 자체는 그 형식에서 다원적이다. 상이한 사회적 선 또는 가치(social goods)는 상이한 이유에 따라서, 상이한 절차를 통해, 상이한 주체에 의해서 분배되어야 한다. 이러한 차이는 사회적 가치 자체에 대한 상이한 이해로부터 유래한다. 이러한 상이한 이해는 역사적이고 문화적인 특수주의의 필연적 산물이다"(Walzer, 1983: 6).

이러한 왈처의 공동체주의에서 요체는 가치의 공유된 사회적 의미 기준과 그러한 기준에 따른 분배적 영역들의 자율성을 추구하는 복합평등론 또는 다원평등론(complex equality)이다. 그의 정의론에 의하면, 각각의 사회적 가치는 오직 어떤 분배적 기준 또는 방식만이 적합한 '분배 영역(distributive sphere)'을 구성하며, 따라서 정의로운 분배는 사회적 가치와 그 고유한 분배 기준이 적용되는 영역의 자율성을 보장하는 것이다. 왈처는 총 11가지의 분배 영역을 제시하고, 각 분배 영역은 분배대상이 되는 가치에 대한 공유된 의미 이해에 의거한 '내재적 원칙'에 따라 분배가 결정되어야 한다고 주장한다. 예로, 의료와 같은 복지는 필요에 의해, 부는 자유교환에 의해, 정치권력은 민주주의적 설득력과 시민의 지지에 의해, 교육은 기초 교육이 제공된 후 재능에 의해 분배되어야 한다. 왈처의 이러한 복합평등론은 각 분배 영역 안에서 어느 정도의 독점과 불평등이 있을 수 있지만 영역 간의 전환 과정에서 '지배'나 '전제(tyranny)'로 변환하지 않으며, 정의의 각 영역의 자율성을 보장하는 탈집중화된 다원적 공동체주의와 분권화된 민주적 사회주의로 발전될 것이라고 주장한다(Walzer, 1983: 318).

왈처의 이러한 복합평등론을 환경문제의 해결이나 환경정의론에 응용하고자 하는 시도는 아직 없었지만, 그의 정의론 또한 환경론적 함의를 가진다고 할 수 있다. 물론 그는 정의의 영역 구분에서 '공간환경' 분야를 별도의 영역으로 설정하고 있지는 않지만, 그가 제시한 11가지 분배 영역의 하나에 준하거나 또는 새로운 영역으로 설정해서 그의 이론을 적용해 볼 수 있을 것이다. 다른 한편, 자원의 배분에서 인간의 영역과 동물 또는 다른 생태계 구성원들의 영역을 구분하고, 각 영역에 적합한 정의의 원칙을 설정할 수 있을 것이다. 예로 인간의 영역에서 자원의 배분은 기본적으로 필요뿐만 아니라 사회적 기여나 공과의 원칙에 따라 이루어질 수 있지만, 사회에 대한 기본적 인식(공적 이성)을 하지 못하는 동물의 영역에서는 사회적 기여나 공과보다는 단일한 필요의 원칙이 적용될 수 있을 것이다.

이러한 왈처의 이론은 자유주의에 대한 비판에서 출발했지만, 다시 자유주의자들로부터 상당한 비판을 받고 있다. 즉, 왈처의 정의론은 특수한 공동체의 공유된 사회적 의미에 의존하므로 상대주의적이며 보수주의적이고, 영역들 간에 드러나는 도덕적 불일치를 무시하며, 각 분배 영역 내에서의 불평등을 방치하고 있다고 비판된다. 이러한 비판에 대해, "왈처는 가치의 공유된 사회적 의미 기준은 최소한의 보편적인 도덕규범을 전제하므로 상대주의가 아니며, 현존 도덕에 대한 해석을 통한 내재적 비판이 가능하므로 보수주의적이 아니며, 도덕적 불일치는 포괄적인 해석적 평결을 통해서 상당한 정도 해소되며, 복합평등론은 분산된 인간의 재능이 다양한 분배 영역에서 발휘되도록 하므로 각 영역 내의 불평등이 전반적인 평등으로 해소될 수 있다고 대응한다"(박정순, 2003). 이러한 자유주의와 공동체주의 간 논쟁에 대해 보다 심도 깊은 고찰이 필요하겠지만, 일단 왈처의 이론은 자유주의를 크게 벗어나지는 못했다고 할 수 있다. 즉, 그의 이론은 "자유주의의 방법론적 기초인 개인주의, 도덕적 보편주의, 권리준거적 의무론, 가치중립성을 거부하지만, 자유주의의 전통적 이념인 자유와 평등이 사회적 가치들의 공유된 이해에 근거한 공동체주의 정의론을 통해서 실현될 수 있다고 주장하는 점에서 자유주의에 친화적이다"(박정순, 2003: 215).

3) 포스트모던 다원주의

자유주의적 다원주의에 대한 대안으로 제시될 수 있는 또 다른 이론으로 차이와 타자성 등을 강조하는 포스트모던 다원주의를 들 수 있다. 포스트모더니즘은 푸코(M. Foucault)와 들뢰즈(G. Deleuze) 등의 탈구조주의에서 출발하지만(9장 참조), 이들뿐만 아니라 하라웨이(D. J. Haraway)의 주장이나 다음에서 논의할 신실용주의를 주창하는 문화다원주의적 철학자들과 더불어, 보다 직접적으로 포스트모던 정의론을 구축하고자 하는 영(M. Young, 1990) 등을 포함한다. 특히 영에 의하면, 기존의 사회정의론은 주로 물질적 재화나 서비스의 공정한 분배에만 국한됨으로써, 정치적 결정과정이나 사회적 노동분업 그리고 문화 속에서 어떻게 사람들이 지배되고 억압되는가의 문제를 간과하고 있다고 비판된다. 따라서 분배 패러다임에서 벗어나 지배(domination)와 억압(oppression)이라는 측면에서 정의의 문제를 고려하는 것이 보다 근본적이게 된다.

영은사회적 정의는 물질적인 가치의 분배만으로는 해결될 수 없으며, 오히려 더 중요한 무형의 가치들을 이론 구성의 중심에 두어야 한다고 주장한다. 특히 그녀는 참된 삶(good life)을 구성하는 데 필수적인 가치로서 '자신의 능력을 개발하고 발휘하는 것'과 '자신의 행위와 행위의 조건을 결정하는 데 참여하는 것'을 제시한다(Young, 1990: 37). 전자가 제도적으로 제약을 받는 경우를 '억압'이라고 하며, 후자가 제도적으로 제약을 받는 경우를 '지배'라고 한다. 이러한 지배와 억압으로 인하여 자기결정과 자기발전이 제한된다. 그러나 여기서 자기결정과 자기발전을 위한 행위는 자유주의에서 가정하는 추상적이거나 합리적인 개인이 아니라, 이들과는 '다른' 사람들이다. 즉, 영의 사회정의론의 핵심은 '차이(difference)'에서 찾아볼 수 있다. 사회는 다양한 정체성을 가지는 이질적인 사람들로 구성되며, 이러한 '이질적 공중'이 자율성을 가지고 공적 영역에 참여할 수 있어야 한다는 것이다. 영은 이러한 정의를 실현시키기 위한 대안운동의 형태로 '차이의 정치' 또는 '집단 간 차이를 긍정하는 해방적 정치'를 추구한다(Young, 1990: 157~159). 이러한 해방의 정치는 "모든 개인들의 동등한 도덕적 가치, 그리고 권력 및 특권에 관한 모든 제도와 지위에 참여하고 포함될 수 있는 만인의 권리"에 기초하며, 적극적으로 집단의 문화적 정체성을 스스로 조직하고 주장함으로써 지배적인 제도 안에서 참여 기회를 획득하는 것을 주요 전략으로 한다.

이러한 영의 포스트모던 정의론이 환경문제에의 접근에 응용될 경우, 사회적 가치의 사적소유나 기존의 절차적 정의에 바탕을 둔 물리적 자원의 단순한 분배(정의)론에서 환경 이용에서의 문화적 차이와 특이성(또는 타자성)이 부각될 수 있으며, 이를 통해 각자의 환경 속에서 자기참여와 자기개발, 나아가 인간해방을 위한 노력이 강조될 수 있다(Low and Gleeson, 1997 참조). 또한 영의 정의론은 환경적 부정의의 역사적 생성과정에 관심을 가질 것을 요구한다. 특히 '권리'에 관한 담론에서 푸리도(Pulido, 1994)는 영의 틀을 이용하여, 환경정의의 개념화는 기존의 분배적 정의론에 기초하기 어렵고, 풀뿌리 단계의 환경적 부정의와 이를 유발한 지배와 억압에 대한 의식의 증대에서 도출되어야 한다고 주장한다.

또한 영의 정의론을 환경문제에 적용한 레이크(Lake, 1996)에 의하면, 사회-환경적 정의란 단순히 배분과정에 참여하는 것만으로 충분한 것이 아니라, 분배되어야 할 환경적 부담이 생산되는 것을 결정하는 단계에서부터 참여함으로써 자기결정과 자기발전을 실현함을 의미한다. 이와 유사하게 한센(Hanson, 1998)도 환경정의와 지속가능성을 논의하면서, 영의 입장을 받아들여 분배의 정치에 우선적 관심을 두고 있는 의사결정과정의 한계를 비판하고 차이의 재현을 위한 대안적 환경정의의 개념을 제시하고자 한다. 그뿐만 아니라 쉬로스버그(Schlosberg, 2001)는 사회적 정의론에서 환경적·생태적 정의론으로의 확장을 시도하면서, 영의 정의론이 강조하고 있는 차이 및 정치적 참여의 개념과 더불어 인정(recognition)의 의미를 강조하고 있다.

영의 포스트모던 정의론은 이와 같이 환경 분야에서 다양하게 응용되고 있을뿐만 아니라, 하비(Harvey, 1992)에 의해 도시계획의 지침을 위한 정의의 다섯 가지 원칙을 제공하는 데도 응용될 수 있었다. 그러나 하비(D. Harvey)가 지적하는 바와 같이, 영의 정의론에 함의된 주장들은 포스트모던 사회이론에 기초하지 않더라도 정치경제학적 입장에서도 유사하게 인정될 수 있을 뿐만 아니라, 후자에 근거할 경우 영이 강조하고자 하는 정치적 과정에서의 지배와 억압의 문제를 보다 구조적으로 분석할 수 있다는 이점을 가진다. 그리고 영의 정의론은 보편적 정의원칙을 거부하지만, 부정의의 개념을 틀 짓기 위해서는 어떤 원칙들이 있어야만 한다고 여전히 주장될 수 있으며 실제 보편적 원칙들이 그녀의 저작에 나타난다는 점이 지적될 수 있다. 즉, 영의 정의론에서 원칙들은 문화적 차이들의 존중, 사회적 평등과 더불어 "사회의 제도들에 모든 사람의 완전한 참여와 포함, 그리고 그들의 능력을 개발하고 발휘하며 그들의 선택을 실현시키기 위해 모든 사람에게 사회적으로 뒷받침된 실질적 기회" 등으로 표현된다(Young, 1990: 173). 또한 물질적 빈곤과 이를 해소하기 위한 재분배정책이 여전히 중요한 정치적 과제임에도, 분배적 정의가 영의 정의론에서 완전히 무시되지는 않는다고 할지라도 상대적으로 과소평가되고 있다는 점이 지적될 수 있다(Fraser, 1997). 다른 한편, 영의 정의론에서 인정의 개념이 새롭게 강조될 수 있다고 할지라도, 정치적 과정에서의 부정의를 문제시하는 그녀의 이론이 자연 세계에 대한 인정의 문제에까지 어떻게 확장될 수 있는가의 문제는 여전히 과제로 남아 있다 (Schlosberg, 2001 참조).

4) 문화적 다원주의

문화적 다원주의는 포스트모더니즘의 한 갈래로 퍼스(C. S. Peirce), 제임스(W. James), 듀이(Dewey) 등의 급진적 경험주의와 실용주의의 전통을 재구성하고자 하는 로티(Rorty)와 리오타르(J.-F. Lyotard), 테일러(C. Taylor) 등에 의해 주창되고 있다. 제임스는, "실체의 구성은 우리의 일상 생활에서 우리 자신이 경험적으로 깨닫는 것으로 구성된 것"이라고 주장한다(James, 1977: 145; Schlosberg, 1997: 276에서 재인용). 이러한 경험에 의한 실체의 재구성은 경험의 주체가 처해 있는 시공간과 사회적 위상의 차이에 따라 다중적이다. 이러한 제임스의 다원주의적 세계관은 단순히 차이의 인정만이 아니라 다른 경험들의 유의성이라는 점이 강조된다. 이러한 다중성에 기초한 다원주의적 세계관은 로티, 리오타르, 들뢰즈, 하라웨이 등 새로운 비판적 다원주의자들의 핵심적 논점이 되고 있다. 이들은 각각 다른 용어들을 사용하고 있지만, "어떻게 부분들의 희생 없이 정치적 조직의 형태로 다양한 경험들을 함께 가져갈 수 있는가에 관한 이슈"를 논하고 있다(Schlosberg, 1997: 277).

예로 '처재적 지식(Situated Knowledge)'을 강조하는 하라웨이에 의하면, 사물을 이해할 수 있는 다중적 방법은 개인의 경험이나 맥락의 관점에 의존한다. 즉, 그녀는 "객관성은 국지화된 관점에 기초하며, 그 자체로서 다중적"임을 강조하고, "보편성이 아니라 부분성이 합리적 지식을 만드는 것으로 이해되는 조건으로서 입지, 위치 지음, 처해짐의 인식론들의 정치"를 주장한다(Haraway, 1988: 589). 이러한 주장은 완전한 상대주의적 입장의 옹호가 아니라, 다양한 위치들이 경험(흔히 공동체적 경험)의 기초가 된다는 점을 인식하도록 함으로써 객관론 대 주관론이라는 이분법으로부터 벗어나기 위한 것이라고 할 수 있다. 이와 유사하게 로티는 경험의 다중성에 근거하여 절대적 진리 개념을 와해시키고, 대신 수많은 진리에 관해 논의할 것을 제안한다. 그에 따르면, 세계의 본질에 접근하는 것은 불가능하며 우리가 세계에 관해 말한다고 하더라도 그것은 여전히 언어 안에서일 뿐이다. 그는 이러한 자신의 견해가 상대주의라기보다는 자문화중심주의(ethnocentrism)이라고 주장한다(노양진, 2004 참조).

이러한 문화적 다원주의를 환경문제의 인식과 해결 또는 환경운동에 적용해볼 수 있다. 예로 공해에 대한 경험은 개인의 위상에 따라 다르다. 이러한 차이는 그 환경문제에 대한 지식의 차이에 기인하기도 하지만, 보다 중요하게는 모든 이해관계가 동일하게 인정되지 않기 때문에 발생한다. 즉, 다양한 관점들(또는 위치들)로부터 사람들은 동일한 환경문제에 대해 서로 다른 이해관계를 가지고 있을 것이지만, 이러한 이해들 모두가 의사결정자적 위상에 있는 것은 아니다. 이러한 점에서 환경정의 운동은 문화적 다원주의의 입장에서 다원성의 인식을 취할 수 있다.[8] 동일한 환경문제라고 할지라도, 동일하게 들리지(또는 받아들여지지) 않은 대안적 환경담론을 부각시키는 것이 환경정의의 기본 전략이 된다. 이는 린치(Lynch)가 주장하는 바와 같다.

> 만약 환경담론들이 문화에 바탕을 둔다면, 이 이론은 계급적·인종적 노선에 따라 그 내용을 달리할 것이다. 사회의 힘이 불평등하게 분배되어

8) 이러한 입장에서 팬(Fan, 2004)은 대만에서 핵폐기물처리와 관련하여 다원주의적 입장에서 환경정의의 중요성을 강조하고 있다.

> 있는 상황에서, 모든 환경적 담론은 동일하게 받아들여지지 않을 것이다. 따라서 환경정의의 문제는 사회의 다양한 집단에 미치는 특정한 토지이용이나 환경정책의 효과들뿐만 아니라, 대안적 환경담론들이 받아들여지고 가치를 가질 수 있는 가능성을 천명해야 한다(Lynch, 1993: 110).

환경정의운동은 단일 관점이나 획일성을 부정하고, 차이와 다중적 관점의 존재와 그 중요성에 대한 이해 그리고 그 다양성을 유의하게 할 필요를 요구하고 있다는 점이 강조될 수 있다(Schlosberg, 1997: 276). 나아가 진정한 다원주의에 기초한 환경운동은 "'들으려는' 입장, '타자성'을 변화시키기보다는 이해하고 촉진시키고자 하는 견해를 가지고 접근하는 입장을 요구한다"(Low and Gleeson, 1997: 25).

이러한 문화적 다원주의의 견해는 보편주의적 문화에 대한 강력한 비판을 통해 다원주의적 세계로의 길을 열어준다. 사실 경험의 다원성은 특정한 이론적 가상이 아니라 실제적 경험 영역에서의 기본적 구조이며, 따라서 오늘날 부인할 수 없는 철학적 상식의 일부가 되었다. 그러나 이러한 급진적인 '근본적 다원주의'는 경험의 다원성을 주어진 기본구조로 받아들인다는 점에서, 절대적 상대주의가 빠지는 허무주의의 함정을 벗어날 수 없는 것처럼 보인다(노양진, 2004). 테일러(Taylor, 1994; 2003)는 이러한 절대적 상대주의의 한계를 벗어나서 다원성을 자신의 철학적 전제로 설정하면서도 보편주의적 관점을 완전히 포기하지 않는다(정미라, 2005 참조). 그에 의하면, 다원성을 받아들이면서도 보편주의를 포기하지 않도록 하는 것은 루소의 '보편적인 상호존중' 또는 헤겔의 '상호 인정(mutual recognition)'의 개념이다. 테일러는 인간이 지닌 상호주관적 성격을 토대로 정체성의 형성과 인정의 문제 간 연관성을 분석한다. 즉, 각 개인이나 집단의 정체성은 독자적으로 이루어지는 것이 아니라 타인과의 상호주관성에 의존하며, 따라서 타인과의 상호 인정을 전제로 한다. 이와 같이 정체성의 사회적 인정을 중요한 도덕적 요청으로 내세우는 테일러는 상호 인정을 토대로 모든 문화에 내재한 고유한 가치를 인정하도록 함으로써 문화적 다원주의에 대한 근거를 마련하고자 한다. 나아가 그는 각 개인이나 집단의 고유한 가치를 추구하는 '인정의 정치(politics of recognition)'를 강조한다. 그에 의하면 인정의 정치란 각자의 정체성과 관련하여 서로의 차이가 무엇이든지 간에 "이런 차이들을 모두 다 인정하면서 각자가 [모두] 자기의 정체성을 계발할 수 있는 균등한 기회를 요구하는 것"이다(Taylor, 2003: 70).

이러한 테일러의 문화적 다원주의에 근거한 인정윤리학(또는 인정 정의론)은 영의 포스트모던 정의론과 상당한 유사성을 가진다.[9] 이러한 점에서 특히 이들의 '인정' 개념을 환경적·생태적 정의론에 응용해 볼 수 있을 것이다. 즉, "자연의 인정은 환경적 선과 악의 보다 나은 분배를 위해 필요한 이유이거나 배경이다. 이러한 의미에서 자연으로 인정을 확장하는 것은 젠더·문화·성에 관한 이슈들과 관련하여 인정을 확장하는 것과 다를 바 없다"(Schlosberg, 2001). 그러나 인정의 개념을 자연으로 확장하는 것은 결코 쉽지 않다. 왜냐하면 영의 경우는 이러한 인정의 필요성은 강조했다고 하더라도 그 정당성을 제시하지 못했으며, 테일러나 호네스(A. Honneth)는 인정의 필요를 개인의 심리적 관점으로 환원시키고 있기 때문이다. 쉬로스버그(Schlosberg, 2001)는 프레이저(Fraser)가 이들과는 달리 자연에 응용가능한 틀을 제공했다고 하지만 이 역시 그렇게 설득력을 가지지 못한다. 특히 인간 사회가 자연에 물리적으로 통합되어 있음을 강조한다고 하더라도, 상호주관성을 전

9) 인정(recognition)의 정의와 관련된 이들의 주장은 각각 호네스(Honneth, 1995)와 프레이저(Fraser, 1998)의 주장들과도 일정한 연계성을 가진다.

제로 한 상호 인정이 자연과 인간 사회 간에 어떻게 적용될 수 있는가의 문제는 여전히 의문으로 남는다.

7. 결론

서구 근대 사상의 주류를 이루는 자유주의는 그동안 많은 비판을 받아 왔지만, 정치경제체제나 이데올로기의 차이를 초월하여 현대에서도 여전히 주요한 사상으로 이해되고 있다. 이 논문은 이와 같이 현대사회의 정치경제적 이념을 지배하고 있는 자유주의가 오늘날 만연한 환경문제의 발생이나 해결에 어떤 역할을 했거나 또는 할 수 있는가, 나아가 환경정의의 실현을 위하여 이의 개념화 및 관련된 원칙들을 설정하고 적용함에 어떤 기여를 할 수 있는가라는 의문에 관해 논의하고자 했다. 물론 이러한 자유주의를 전체적으로 부정해버릴 수도 있을 것이다. 예로 니체는 자유주의의 본질이라고 할 수 있는 '자유의지'를 부정하면서, 이는 인간들을 단죄하기 위해서 만들어진 허구적 개념에 불과하다고 비판한다.

> 자유주의적 제도들은 그것이 완성되자마자 자유주의적이길 멈춘다. 이후에 자유주의적 제도들만큼 지독하고도 근본적으로 자유를 손상하는 것은 없다. 사람들은 그것이 완수한 것이 무엇인지를 알고도 남는다. 자유주의는 권력에의 의지를 저해한다. 그것은 도덕으로 승화된 산과 계곡의 평준화이다. 그것은 [사람들을] 왜소하게, 비겁하게 그리고 향락적으로 만든다. 그것과 더불어 군집동물이 늘 승리한다. 자유주의 그것은 독일어로 번역하면 군집동물화(Heerden-Verthierung)이다(Nietzsche, 1984, 139: 96; 서영조, 1997에서 재인용).

이러한 니체의 주장은 자유주의에 대한 부정으로서뿐만 아니라 그 자신의 자연주의적 정의관 및 포스트모더니즘으로 이어지는 새로운 철학적 전통을 만들어내고 있다는 점에서 의미를 가진다. 그렇다고 할지라도, 자유주의에 관한 구체적 내용들과 그 갈래들에 대한 이해와 더불어 이들이 환경(정의)의 문제에 응용될 때 어떠한 의의와 한계를 가지는가에 대한 고찰은 나름대로 의미를 가진다고 하겠다.

이 글에서는 우선 고전적 자유주의를 대표하는 로크의 사상과 이를 계승한 노직의 자유지상주의에 내재된 환경론적 주장들을 고찰하고자 했다. 개인의 자유와 권리를 최대화하고자 하는 자유주의는 인간을 가상적 자연 상태에서 합리적 이해당사자로 추상화함으로써 실제 개인이 가지는 특수성들을 무시하는 경향을 가진다. 또한 토지의 취득이나 이전이 정당하다면 그 소유권리는 인정되어야 하며, 특히 토지는 자연에 먼저 노동을 투입한 사람의 소유로 정당화된다고 주장하지만 이는 근대 자본주의의 사적소유관계를 정당화할 뿐이고, 실제 토지, 나아가 자연환경 일반은 공유물이며 공동으로 적절하게 이용될 경우 그 효율성이 증대될 수 있다는 점을 은폐하고 있다.

그뿐만 아니라 현실적인 문제에서도, 자유주의적 자유교환(시장)의 원리로 환경정의를 보장하기란 불충분하다. 왜냐하면 환경적 가치는 기본적으로 공공재이며, 또한 환경문제는 이로 인해 발생하는 외부효과라는 점에서 특정 개인의 문제라기보다는 사회의 공적 문제로 이해되고 해결되어야 하기 때문이다. 구체적인 예로, 대기오염을 유발할 공장이 주변 주민들 모두에게 동의를 구하거나 수용가능한 보상을 해주는 것은 사실상 불가능하다. 왜냐하면 모든 주민들의 보상 요구수준이 다를 수 있으며, 주민들의 요구가 (특히 화폐적) 보상으로는 충족될 수 없거나 또는 피해를 유발한 공장이 경제적으로 충분한 보상을 해줄 수 있는 능력이 없을 경우가 있기 때문이다. 이 경우 자유주의적 입장에서 법적 판결에 따라 보상할 수 없는 손상을 유발한 책임자를 구속할 수는 있지만, 책임자의 구속이 보상을 해주는 것은 아니다.

넓은 의미에서 자유주의의 한 갈래인 공리주의 역시 환경문제의 해결이나 환경정의의 이론화에 적절하게 응용되기에는 많은 문제점을 내포하고 있다. 특히 공리주의의 입장이나 이를 원용한 비용-편익분석에서 사회적 총(또는 순)행복이 극대화된다고 하더라도 그것이 어떻게 배분되어야 할 것인가에 대해서는 관심을 가지지 않는다. 오히려 공리주의는 이러한 사회적 총행복의 극대화를 위하여 소수 개인이나 집단에게 집중적으로 불이익이나 희생을 요구함으로써 부정의 문제를 유발하거나 묵인하는 경향이 있다.

이와 같은 자유주의에 대한 한 대안으로 비판적 다원주의가 제시될 수 있다. 자유주의는 자유와 평등이라는 이름으로 보편적 인간을 설정하고, 사적소유 권리와 자유시장(교환)의 원칙을 중심으로 모든 제도를 획일적으로 편성하고자 한다. 비판적 다원주의는 이러한 자유주의에 반대하여 다양한 정체성과 문화적 특수성 등을 강조하면서, 차이의 정치 또는 인정의 정치를 추구한다. 그러나 이러한 입장에서 제시된 여러 비판적 다원주의라고 할지라도 환경적 정의, 나아가 생태적 정의에 적절하게 응용되기에는 여전히 상당한 문제를 안고 있다. 이는 두 가지 측면에서 그렇다고 할 수 있다. 첫째, 다원주의는 흔히 상대주의적 입장에서 보편적 진리를 부정하지만, 제라스(Geras, 1995)가 주장하는 바와 같이 "진리가 없다면 정의도 없다"고 할 수 있다. 둘째, 다원주의가 자연생태계까지 확대될 수 있는가에 대해 의문이 제기될 수 있다는 점에서, 벤츠(Wenz, 1988)가 주장하는 바와 같이 "동물들[나아가 자연의 구성원 일반]에 대한 관심이 무시된다면, 환경정의는 완성될 수 없다"고 할 수 있다.

참고문헌

김남두. 1990. 「사유 재산권과 삶의 평등한 기회」. ≪철학연구≫, 27, pp.153~180.

노양진. 2004. 「포스트모더니즘과 다원주의: 로티와 리오타르」. ≪범학철학≫, 34, pp.59~82.

문종길. 2003. 「환경에 관한 공리주의적 경제이론의 접근과 한계」. ≪환경철학≫, 2, pp.65~98.

박정순. 2003. 「공동체주의적 사회비판의 가능성: 마이클 왈처의 논의를 중심으로」. ≪범한철학≫, 30, pp.211~247.

서영조. 1997. 「니체의 자유주의 비판: '군집동물화'로서의 자유주의」. ≪한국정치학회보≫, 31(4), pp.27~47.

임의영. 2003. 「사회적 형평성의 개념적 심화를 위한 정의론의 비교연구」. ≪한국사회와 행정연구≫, 14(2), pp.47~64.

장동진. 1994. 「노직의 정치이론: 최소국가론」. ≪사회과학논집≫, 연세대학교 사회과학연구소, 25, pp.177~199.

장동진·김만권. 2000. 「노직의 자유지상주의: 소극적 자유의 이상」. ≪정치사상연구≫, 3, pp.196~220.

전재경. 2000. 「환경정의의 법적 과제」. 한국법제연구원 연구보고서.

정미라. 2005. 「문화다원주의와 인정윤리학」. ≪범한철학≫, 36, pp.211~233.

정원규. 2004. 「공리주의에 대한 패러다임적 독해 - 공리주의의 사회계약론적 수렴을 제안하며」. ≪철학≫, 78, pp.271~290.

최병두. 1999. 『환경갈등과 불평등』. 한울.

한면희. 2000. 『환경정의와 NGO 운동』. 환경정의시민연대.

Ackerman, B. 1980. *Social Justice in the Liberal State*. New Haven. Yale Univ. Press. 1980.

Almond, B. 1995. "Rights and justice in the environment debate", in D. E. Cooper and J. A. Palmer(eds.). *Just Environments: Intergenerational, international and interspecies issues*. Routledge. London & New York.

Bentham, J. 1789. *An Introduction to the Principle of Morals and Legislation*, ed. by J. H. Burns and H. L. A. Hart. University of London; 이성근 외 옮김. 1984. 『도덕과 입법의 제원리』. 휘문출판사.

Cohen, G. A. 1986. Self-ownership. world-ownership and equality, in F.S. Lucash(ed). *Justice and Equality Here and Now*. Cornell Univ. Press. Ithaca. New York. pp.108~135.

Dahl, R. 1961. *Who Governs ? Democracy and Power in An American City*. Yale Univ. Press. New Haven.

______. 1967. *Pluralist Democracy in the United States: Conflict and Consent*. Yale Univ. Press. New Haven.

de-Shalit, Avner. 1997. "Is Liberalism Environment-friendly ?", in R. Gottlieb(ed). *The Ecological Community*. Routledge.

Dobson, A. 2000. *Green Political Thought*. London. Routledge.

Fan, M.-F. 2004. Democracy and environmental justice: the case of nuclear waste disposal in Taiwan, Paper for the Political Studies Association 54th Annual Conderence. 6~8 April 2004. Lincoln. (http://www.psa.ac.uk/cps/2004/Fan.pdf)

Fraser, N. 1997. *Justice Interruptus: Critical Reflections on the A Postsocialist Condition*. Routledge. New York.

______. 1998. A social justice in the age of identity politics: Redistribution. recognition and participation, in The Tanner Lectures on Human Values 19.

Gauthier, D. 1986. *Morals by Agreement*. Oxford. Oxford University Press.

Geras N. 1995. Language. truth and justice. *New Left Review*. 209. pp.110~135.

Gottlieb, R. 1993. *Forcing the Spring: The Transformation of the American Environmental Movement*. Washington DC; Island Press.

Hanson, M. 1998. Justice, difference and sustainability: a discussion of I.M.Young's critique in an environmental context. Conference Proceedings of Political Studies Association(http://www.psa.ac.uk/cps/1998%5Chanson.pdf).

Haraway, D. J. 1988. Situated knowledges: the science question in feminism and the privilege of partial perspective, reprinted in 1991. *Simians, Cyborgs and Wonmn: The Reinveition of Nature*. Routledge. New York.

Harvey, D. 1992. Social justice, postmodernism and the city. *International Journal of Urban and Regional Research*. 16. pp.588~601.

Heiman, M. K. 1996. Race, waste and class: new perspectives on environmental justice. *Antipode*. 28(2). pp.111~121.

James, W. 1977[1909]. *A Pluralist Universe*. Cambridge MA: Harvard UP.

Lake, R.W. 1996. Volunteers, NIMBYs and environmental justice: dilemmas of democratc practice. *Antipode*. 28(2). pp.161~74.

Leopold. 1948. *A Sand County Almanac*. Oxford Univ. Press. Oxford; 송명규 옮김. 1968. 『모래 군의 열두달』. 뜨님.

Locke, J. 1690. *Two Treatises of Government: The Second Treatise of Government - An Essay Concerning the True Original, Extent and End of Civil- Government*; 강정인·문지영 옮김. 1996.『통치론: 시민정부의 참된 기원, 범위, 그 목적에 관한 시론』. 까치.

Low, N. P. and Gleeson, B. J. 1997. Justice in and to the environment: ethical uncertainties and political practices. *Environment and Planning A*. 29. pp.21~42.

______. 1998. *Justice, Society and Nature*. Routledge. London.

Lynch, B. D. 1993. The garden and the sea: US Latino environmental discourses and mainstream environmentalism. *Social Problems*. 40(1). pp.108~124.

Macpherson, C. 1978. Liberal democracy and property, in C. Macpherson(ed). *Property: Mainstream and Critical Positions*. University of Toronto Press. Toronto.

Nietzsche, F. *Der Antichrist/ Gotzendammerung*; 송무 옮김. 1984.『우상의 황혼/ 반그리스도』. 청하.

Nozick, R. 1974. *Anarchy, State, and Utopia*. New York. Basic Books; 남경희 옮김. 2000.『아나키에서 유토피아로: 자유주의 국가의 철학적 기초』. 문학과 지성사.

______. 1989. *The Examined Life*. Simon & Schuster. New York.

Pulido L. 1994. "Restructuring and the contraction and expansion of environmental rights in the United States". *Environment and Planning A*. 26. pp.915~936.

Sagoff, M. 1988. *The Economy of the Earth: Philosophy, Law and the Environment*. Cambridge Univ. Press, Cambridge.

Sale, K. 1993. *The Green Revolution: The American Environmental Movement 1962~1992*. New York: Hill and Wang.

Schlosberg, D. 1997. "Challenging pluralism: environmental justice and the evolution of pluralist practice", in R. S. Gottlieb(ed). *The Ecological Community*. Routledge. New York and London. pp.270~291.

______. 1999. *Environmental Justice and the New Pluralism: The Challenge of Difference for Environmentalism*. Oxford. Oxford University Press.

______. 2001. Three dimensions of environmental and ecological justice. Paper prepared for the European Consortium for Political Research Annual Joint Sessions (http://www.essex.ac.uk/ecpr/events/jointsessions/paperarchive/grenoble/).

Shabecoff, P. 1993. A Fierce Green Fire: *The American Environmental Movement*. New York: Hill and Wang.

Singer, P. 1993. *Practical Ethics*. Cambridge Univ. Press.

Taylor, C. 1991. *The Malaise of Modernity*. Anansi. Ontario; 송영배 옮김. 2003. 『불안한 현대사회』. 이학사.

_____. 1994. *Multiculturalism and the Politics of Recognition*. Princeton Univ. Press. Princeton.

Walzer M. 1983. *Spheres of Justice: A Defence of Pluralism and Equality*. Basic Books. New York; 정원섭 외 옮김. 1999. 『정의와 다원적 평등: 정의 영역들』. 철학과 현실사.

Wenz, P. 1988. *Environmental Justice*. State University of New York. Albany; 최병두 외 옮김. 2008. 『환경정의』. 한울.

Young, I. M. 1990. *Justice and the Politics of Difference*. Princeton. New Jersey. Princeton Univ. Press.

2장

롤스의 정의론과 환경정의[1)]

> 많은 경우, 자연자원의 부족은 문제가 되지 않는다. 열악한 조건에 처해 있는 많은 사회들은 자원이 [실제] 부족하지는 않다. 반대로 질서 정연한 사회들은 매우 적은 자원을 가지고도 잘 해 나갈 수 있다. …… 아마도 합당하고 합리적으로 통치되며 그 인구가 그 나라의 경제와 자원의 규모에 맞추어 적절하다면, 품위와 가치를 갖춘 삶을 영위할 수 없는 사회란 지구상에 존재하지 않을 것이다.
>
> — 롤스(2000)

1. 서론

오늘날 우리 사회의 정치경제적 질서를 기본적으로 규정하고 있는 자유주의는 이러한 질서 속에서 발생하는 환경문제에 대한 접근 및 관리 정책, 나아가 자연환경을 이해하고 이용하는 방식에도 당연히 반영되어 있다고 하겠다. 그러나 자유주의 사상을 환경과 관련시켜 이해하는 데,

---

1) 이 글은 ≪한국지역지리학회지≫, 11(4)(2005년), 429~449쪽에 실린 글을 수정한 것이다.

우선 문제가 되는 점은 자유주의 사상이 자연에 관한 직접적 관심을 배제하고 있다고 흔히 가정된다는 점이다. 즉, 자유주의는 인류중심적으로 인간의 자유를 우선 강조하는 반면, 비인간 자연세계에 대해서는 단지 간접적이고 도구적 가치로서만 관심을 가지는 것으로 간주된다. 특히 사회 구성원들 간 관계에 초점을 두고 있는 사회계약론에서는 이러한 사고가 결정적으로 인정되고 있다. 또 다른 문제는 대부분의 논의가 그러한 것처럼 자유주의에 대한 평가 역시 이중적이라는 점이다. 자유주의를 옹호하는 학자들은 오늘날 환경문제가 자유주의의 기본 원칙들을 엄정하게 준수할 경우 해결되거나 또는 완화될 수 있다는 입장을 가진다. 그러나 비판적 입장에 있는 학자들은 자유주의 사상이 환경문제를 고려할 수 없거나 또는 무관심하다고 주장하고, 심지어 오늘날 만연한 환경문제나 환경불평등이 자유주의에 기초한 정치경제체제에 내재된 부정의의 또 다른 측면이라고 간주된다고 비판하기도 한다.

이러한 자유주의에 관한 논점들 및 환경문제에 관한 접근법과 관련하여, 사실 현대 정의이론의 대표자라고 할 수 있는 롤스(Rawls)도 자신의 정의론이 환경적 차원에 원용가능한가의 여부에 거의 관심을 두지 않았다. 이러한 점에서, 여러 연구자는 환경윤리를 위해 롤스를 응용하고자 하는 시도들에서 드러나는 여러 가지 난점을 확인하고, 롤스적 윤리는 장기적으로 적합한 환경윤리를 위한 적절한 기반이 되지 못한다고 결론짓는다(예로 Thero, 1995 참조). 나아가 이들은 자유주의와 환경론(특히 분배적 차원에서)은 병존가능하지만 생태주의와 자유주의는 그렇지 않다는 점에 동의하고, 진정한 생태 윤리는 자유주의가 제시할 수 있는 것 이상을 요구한다고 주장한다(Dobson, 2000: 165). 즉, 롤스의 정의론은 기본적으로 분배적 정의론으로 자원의 사회적 배분에 관한 정의론으로서는 적합하다고 할지라도, 인간과 자연 간의 관계에서 환경적 또는 생태적 정의를 개념화하기에는 한계가 있으며, 특히 동물 또는 자연의 여타 구성원들에 관한 논의로 확장할 경우에 여러 가지 문제점이 유발될 수 있다고 지적된다.

그럼에도 롤스의 정의론을 환경문제에 응용 또는 확장하고자 하는 일부 연구자들은 롤스의 정의론이 사회의 기본 구조를 논의의 주 대상으로 하는 사회정의론이라고 할지라도, '무지의 장막'과 '원초적 입장'이라는 개념을 중심으로 구성된 그의 정의론의 기본틀은 환경 문제에 적용하여 일종의 환경정의론을 구성할 수 있는 기반을 제공한다고 주장한다. 특히 롤스의 정의이론은 환경정의의 개념에 내재된 관심들에 조응할 수 있도록 확장될 수 있고, 게다가 그의 '공정성으로서의 정의' 이론이나 여러 가지 주요 개념들은 환경정의에 관한 기존 논의에 유의한 이점들을 제공한다고 강조된다. 이러한 점에서 "롤스 및 그 외 대부분의 자유주의적 정치이론가는 환경에 충분한 관심을 두지 않았지만, 롤스적 자유주의는 환경정의에 관한 문헌에서 언급된 이슈들을 적절히 천명할 수 있다"고 주장된다(Bell, 2004: 289).

이러한 상반된 주장들과 관련하여, 오늘날 자유주의 입장에서 가장 정교하고 체계화된 정의론인 롤스의 이론을 개관하여, 그의 정의론적 관점에서 환경정의가 어떻게 개념화될 수 있는가를 고찰하고, 나아가 그의 이론을 동식물 또는 자연생태의 영역으로 확장시킬 경우 어떠한 의의와 한계를 가지는가를 검토할 필요가 있다. 지리학에서 롤스의 정의론에 관한 논의는 이미 30여 년 전 하비(Harvey, 1973)와 스미스(Smith, 1977)에 의해 도입, 심도 있게 논의된 이후 도시공간의 실태 분석이나 도시공간 계획에서 규범적 논의 등으로 지리학자들의 관심을 끌어왔지만, 국내 지리학계에서는 환경문제와 관련해서는 거의 고찰되지 않고 있다.[2] 이 장에서는 자유주의적 전통에 서 있는 롤스의 정의론이 환경정

2) 국내에서 지리학의 영역 바깥에서 롤스의 정의론을 환경문제에 응용하고자 하는

의의 개념화를 위한 응용에서 어떤 의의와 한계를 가지고 있는가를 고찰하고자 한다. 이를 위해 우선 롤스의 자유주의적 정의론을 개관하고, 보다 구체적으로 롤스의 정의이론이 환경자원의 분배적 정의에 관한 개념화와 원칙 설정에 어떻게 적용될 수 있는가를 고찰한 후, 롤스적 정의론을 동물 및 자연의 여타 구성물들로 확장할 경우 발생할 수 있는 문제점들을 논의하고자 한다.

2. 롤스의 자유주의적 정의론: 개관

롤스는 현대사회를 지배하는 도덕적, 정치적 입장의 근저에 깔려 있는 정의의 원칙들을 밝히기 위하여 자유주의적 입장에서 정교한 이론의 틀을 구축하고자 한다. 특히 그는 모든 사람들이 공정성에 합의하게 될 절차에 따라 정의의 원칙들이 인정될 수 있음을 증명하고자 하며, 이러한 점에서 그의 정의론은 절차적 정의론 또는 '공정성'으로서의 정의론이라고 불린다. 이러한 원칙에 반영되어 있는 도덕적, 정치적 이념은 기본적으로 자유주의적 이데올로기이지만, 고전적 자유주의자들이 강조하는 '자유 최대화' 원칙의 추구 또는 '최소국가론'을 주장하는 자유방임적 고전적 자유주의의 재현이 아니라, 사회의 최약자가 최대의 혜택을 누릴 수 있도록 불평등을 합리화할 수 있는 입장, 즉, 평등주의적 복지의 추구와 양립가능한 자유주의라고 할 수 있다.

롤스는 로크, 루소, 칸트 등의 사회계약론자들이 '자연 상태'로 묘사했던 '사회계약이 체결되기 이전의 상황'을 '평등한 원초적 입장'으로 설정하고,

---

논의로서, 박전규(1995), 이정전(1999), 고정식(2004) 등 참조, 그 외에도 한면희(2000) 및 전재경(2000) 등 참조.

'사회의 기본구조에 대한 정의의 원칙을 세우는 것'을 '원초적 계약'으로 이해한다(Rawls, 1971: 126~130). 그에 의하면, 사회가 충족시켜야 할 가장 기본적인 도덕적 요구조건 또는 사회제도의 제1 덕목은 정의(또는 공정성)이다. 사회에는 이해관계의 일치와 상충이 존재하며, 특히 상충국면에서 사람들은 이익의 분배방식에 관심을 두기 때문에, 이익의 분배를 규제할 일정한 원칙들이 필요하다는 점이 가정된다. 이러한 원칙들이 필요한 여건, 즉, '정의의 여건'은 객관적 여건과 주관적 여건으로 구분된다. 객관적 여건이란 '적절한 부족(moderate scarcity)'의 상태, 즉, 천연자원이나 기타 자원이 협동체제가 필요 없을 정도로 풍족한 것도 아니고, 그렇다고 협동체제가 붕괴될 만큼 궁핍한 것도 아닌 상태를 의미한다. 주관적 여건이란 '상호 무관심성'을 의미하며, 여기에는 두 가지 가정이 존재한다. 하나는 당사자들이 자신의 이해관계는 냉정히 따지지만 상대방의 이해관계에는 무관심하다는 점이며, 다른 하나는 모든 사람이 지식, 사고, 판단 등 여러 가지 사항들에서 부족을 느끼고 있다는 점이다. 요약하면, 적절한 부족상태하에서 상호 무관심한 자들이 사회적 이익에 대해 상충하는 요구를 제시할 경우 정의의 모든 여건이 성립한다고 말할 수 있다.

이러한 상황에서 이해관계의 당사자들은 자신들이 속하게 될 사회를 규제하는 정의의 원칙들을 택하게 된다. 롤스는 당사자들이 여러 대안을 평가하는 데 갖추어야 할 일정한 자격조건을 규정하고, 이러한 조건을 갖춘 도덕적 관점을 '원초적 입장(original position)'이라고 부르며, 이를 규정하는 두 가지 조건을 제시한다. 하나는 당사자들의 인지상의 조건으로서 '무지의 장막(veil of ignorance)'이라는 규정이고, 다른 하나는 동기상의 조건으로 '상호 무관심적 합리성'이라고 한다. 특히 무지의 장막으로 인하여 특정한 사실에 관한 지식은 배제된다. 즉, 각자는 자신이 속할 사회에서 자신의 지위나 계층을 모르며 연령, 나이, 천부적 재능이나 체력도 모른다고 가정된다. 이러한 우연적 요소들은 도덕적 가치와는 무관한 것으로, 정의의 원칙을 선택하는 데 작용되어서는 안 되는 것으로 간주된다. 나아가 당사자들은 자신의 가치관이나 계획의 구체적 내용을 모르며, 자신이 어느 세대에 속해 있다는 사실도 알지 못한다. 단지 당사자들이 알도록 허용된 유일한 특수 사정은 그들의 사회가 정의의 여건하에 있다는 점뿐이다. 이러한 무지의 장막은 합의의 문제를 단순화시키고 정의의 실질적 내용으로부터 우연성을 배제하기 위한 개념적 장치라고 할 수 있다.

원초적 입장에 있는 이해관계의 합리적 당사자들은 어떤 선택 원칙에 따라 정의로운 사회 제도를 결정하게 된다. 원초적 입장에서의 선택은 당사자들이 자신이 선택할 특정 사회체제하에서 자신의 개인적 처지가 어떻게 될 것인가를 알지 못하기 때문에 매우 불확정적인 상황에서 이루어지는 것이라고 할 수 있다. 롤스에 의하면, 이러한 불확정한 상황에서 합리적 인간들이 자신들의 결정 규칙을 선택하는 데에는 두 가지 입장이 가능하다. 하나는 최소극대화 (maximin) 원칙을 내세우는 입장으로, 합리적 인간들은 불확정한 상황 속에서 선택할 수 있는 가능한 대안들 가운데 각각이 초래할 최악의 결과 중 가장 다행스러운 것이라고 생각되는 대안을 선택한다는 것이다. 롤스는 원초적 입장에서 합리적 개인들은 바로 이 원칙에 따라 결정을 하리라고 기대한다. 다른 하나의 결정 규칙은 기대-효용 극대화의 원칙으로, 이는 불확정한 상황 속에서 합리적 인간들은 가능한 대안들 가운데 기대되는 모든 결과에서 평균 효용이 가장 큰 것을 취한다는 입장이다. 롤스가 거부하는 이 후자의 입장은 기본적으로 공리주의에 논거한 것이다.

롤스는 자신이 규정한 대로, 원초적 입장의 당사자들이 사회적 '기본가치(primary goods)'(자유, 소득, 권력, 기회 등)의 분배원칙을 정함에서 우선 '평등의 원칙'에서 시작한다는 점을 인정한다. 즉, 원초적 입장에 있는 당사자들의 관점에서 볼 때, 그들은 무지의 장막으로 인해 자신에게 특정한 이익을 취할 수 없으며 또한 자기 이해관계적 합리성으로 인해 자신에게 특정한 손해를 묵과하지도 않는다. 따라서 사회적 가치의 분배에서 동등한 몫 이상을 기대한다는 것은 부당하며, 또한 동등한 몫보다 적은 것에 동의한다는 것도 불합리하다. 당사자들이 할 수 있는 합리적 방법은 평등한 분배를 요구하는 원칙을 정의의 제1원칙으로 인정하게 된다. 그러나 롤스는 그들이 이러한 단순한 평등의 원칙을 최종적인 것으로 받아들일 이유는 없다고 본다. 왜냐하면 만약 사회체제에 어떤 불평등이 있음으로써 그것이 단순한 평등이 주는 경우와 비교하여 모든 사람들의 처지를 보다 개선해줄 수 있다면, 합리적 당사자들은 그러한 불평등을 허용하지 않을 근거가 없기 때문이다. 즉, 롤스에게 원초적 입장의 당사자들은 보다 평등한 분배가 주는 당장의 이익을 미래에 돌아올 보다 큰 보상을 생각하여 투자할 수 있는 합리적 개인들이기 때문에, '차등의 원칙(difference principle)'에 합의하게 된다. 이러한 차등의 원칙에 따르면, 불평등이 사회의 최소수혜자 집단의 장기적인 기대치를 극대화시키거나 적어도 그에 기여할 경우에는 허용될 수 있다.

이러한 추론의 과정을 통해서 우선 합리적 당사자들이 도달하는 정의 원칙의 일반적 모형은 다음과 같다. 즉, "모든 사회적 기본가치 — 자유와 기회, 소득과 부, 자존감의 기반 등 — 는 이러한 모든 가치의 일부 또는 전부의 불평등한 분배가 최소수혜자에게 이득을 주지 않는 한 평등하게 분배되어야 한다". 이에 바탕을 두고 롤스에 의해 정식화된 정의의 원칙에서, 제1원칙은 "각인은 모든 사람에 대한 유사한 자유의 체계와 양립가능한 평등한 기본적 자유의 가장 광범위한 총체 체계에 대해 평등한 권리를 가져야 한다"는 점이며, 제2원칙은 "사회적, 경제적 불평등은 다음의 두 조건을 만족시키도록 편성되어야 한다. (a) 최소수혜자에게 최대의 이득이 되고, (b) 기회균등의 원칙하에 모든 이에게 개방된 직책과 직위에 결부되어야 한다"는 것이다(Rawls, 1971: 303).

정의에 관한 롤스의 이론은 현대사회에서 필요한 규범철학의 새로운 지평을 연 것으로 인정되고 있다. 그의 정의론은 사회계약론적 자연 상태를 공정한 가상적 조건 속에서 합리적 개인들에 의한 정의원칙의 선택상황으로 재구성함으로써 '공정성으로서의 정의관'으로 제시되고 있다. 롤스의 정의론은 기본적으로 자유주의에 근거하지만 공리주의와는 달리, 공정한 선택상황에서 정의원칙들을 도출함으로써 평등주의적 자유주의의 실현을 위한 규범적 기준을 설정하고 있다. 그러나 롤스의 정의론은 주요한 이론적 및 실천적 (그리고 정책적) 유의성에도 불구하고, 동시에 많은 문제점을 내포하고 있는 것으로 평가되고 있다[3].

우선 롤스의 이론에서 핵심적 사항은 정의의 원칙들이 무지의 장막 뒤에 있는 원초적 입장의 합리적 개인들 간에 선정된다는 점이다. 원초적 입장에 있는 이해관계의 당사자들은 단지 자신의 목적이나 이해관계에만 관심을 가진다고 가정된다. 롤스는 정의의 원칙 설정을 위한 전제로서 자연 상태에 관한 이러한 개념화가 그의 이론에서 강점이라고 생각한다. 왜냐하면 관련 당사자들이 완전히 이기적임을 가정하더라도, 정의로운 윤리의 규칙들에 도달할 수 있다는 추론을 보여주고 있다고 생각하기 때문이다. 롤스는 장막 뒤의 당사자들이 장막이 걷히더라도 정의로운 상황에서 그가 배제되지 않는다는 점을 확인할 수 있도록, 모든 사람이 평등하다는 원칙(평등의 원칙)과 더불어 '그들에게 발생할 수 있는 최악의 상황을 가능한 한 좋게 만들고자 하는 원칙'(차등의 원칙)을 동시에 설정한다는 점에서 의의를 가진다.

그러나 다른 한편 이러한 롤스의 주장 — 즉, 공정한 선택상황이라고 규정한 무지의 장막에서 원초적 입장에 있는 합리적 개인들 간에 정의의

---

3) 이에 대해서는 황경식(1984), 김비환(1996) 등 참조. 또한 최근의 롤스 정의론에 대한 비판적 고찰로서 Salvatore(2004) 등 참조.

원칙을 설정하게 된다는 그의 가정 — 은 자유주의적 입장을 전제로 한 비현실적인 것이기 때문에 그 정당화에 실패했다는 비판이 제기될 수 있다. 예로, 피스크(Fisk, 1975)는 롤스가 도덕적, 정치적 이론을 개인의 합리적 선택의 문제로 환원시키는 과정에서 암묵적으로 채택한 '합리적 개인의 선택'이라는 모델 자체가 이념상 자유주의적 편견이라고 지적한다. 마르크스주의적 관점에서 제기되는 그의 비판에 의하면, 우리의 현실은 언제나 집단의 이해관계로 얽혀 있게 마련인데 롤스는 이러한 현실적 조건들로부터 인간을 왜곡되게 추상화시키고 있다는 점이 지적된다.

롤스의 이론에서 또 다른 핵심 사항은 이러한 두 가지 원칙들에 기초한 절차적 정의론이라는 점이다. 그에 의하면, 사회 최하위 부분의 지위 향상에 기여할 수 있는 한 불평등이 용인될 수 있음을 단언하는 차등의 원칙은 평등원칙에 대한 조정으로 기여할 뿐만 아니라 그 자체로서도 사회 발전에 기여할 수 있다고 생각한다. 즉, 만약 부의 총량이 고정되어 있다면 어떤 사람의 이익은 다른 사람의 손실을 전제로 하게 된다. 그러나 롤스는 어떤 불평등이 일정량의 부를 사회의 최약자를 위해 우선적으로 사용할 수 있다는 점에서, 원초적 입장에 있는 당사자들이 부의 동일 몫보다도 더 적게 받을 수 있는 가능성에 대해 합의하는 것이 합리적이라고 생각한다. 특히 차등의 원칙은 다음과 같은 두 가지 조건이 부응할 때 효과를 발휘하게 된다. 즉, "[첫째] 사회의 부의 불평등은 생산성에 대한 자극으로서 요구되며, [둘째] 부가적 생산성에 의해 창출된 초과된 부는 모든 사람에게 이익이 된다"는 점이다(Thero, 1995: 96). 즉, 차등의 원칙은 사회적 부의 배분에서 평등성뿐만 아니라 사회적 부의 창출에서 효율성을 동시에 충족시킬 수 있는 것으로 이해된다.

롤스는 이러한 원초적 입장에서 선택된 정의의 원칙들이 준수된다면 그 결과는 필수적으로 정의롭게 된다는 점에서, 그의 이론이 순수하게 '절차적 정의'로서 의의를 가진다고 주장한다. 그러나 다른 한편 롤스가 제시한 정의의 두 원칙, 특히 최소수혜자의 이익을 최대로 증진시키고자 하는 '차등의 원칙'의 도출과정은 개인의 자유와 권리를 침해한다는 점에서 자유지상주의를 옹호하는 노직(Nozick, 1974)에 의해 비판되기도 했다. 또한 이러한 롤스의 분배적 평등주의는 최소수혜만이 아니라 모든 사람의 입장을 공평하게 고려하는 평균선호 공리주의의 입장에서 반대되기도 했다(Hare, 1974; Harsanyi, 1975). 그러나 이러한 비판들은 대체로 전통적 자유주의 내에서 이루어진 것들이며, 롤스의 정의론이 현대사회에서 적용될 수 있는 분배적 규범을 위한 절차적 정당성을 부여하고 있다는 점은 여전히 인정된다. 문제는 이러한 절차적 정당성만으로 분배적 정의가 달성된다고 할 수는 없다는 점이다. 왜냐하면 분배정의는 단순히 절차적 정당성만이 아니라 이에 따른 결과의 정당성이 보장되어야 하기 때문이다. 그러나 롤스는 현실세계에서 왜 이러한 절차적 정당성이 지켜지지 않는가에 대해서는 관심을 두지 않았을 뿐만 아니라 분배의 결과에 대해서도 아무런 논의를 하지 않고 있다.

롤스의 정의론에 관한 세 번째 비판은 공동체주의와의 논쟁에서 제기되고 있다. 즉, 롤스의 정의론이 근거하고 있는 개인주의적 자유주의는 공동체의 상실을 야기하고 공동체적 선을 무시하는 개인주의적 자아관에 근거하고 있다는 비판을 공동체주의자들로부터 받고 있다. 물론 롤스도 사회적 협력의 중요성을 인정하고 있다. 롤스에 의하면, 사회적으로 유리한 입장에 있는 사람들은 차등의 원칙과 같이 공정한 근거를 바탕으로 해서만 타인들의 자발적 협동을 요구할 수 있고 그들의 협력을 기대할 수 있다. 결국 이러한 롤스의 생각 배후에는 "상호이익 증진을 위한 호혜적 제도로서 협동체제의 효율성은 그 성원 개개인의 능력에 달려 있지만, 이러한 능력은 협동체제의 테두리 안에서만 비로소 발휘될 수 있다"는 전제가 깔려 있다(Rawls. 1971: 179). 협동체제 속에서 능력에 의해 발생되는 모든 이득은 모든 성원이 동일하게 권리를 주장할 수 있는 공동의 산물이다. 결국 롤스에 의하면 자연적 능력의 배분은 집단의 자산으로 간주되어야 하며, 그것을 근거로 과다한 몫을 취한다는 것은 도덕적으로 근거가 없는 부당한 것이다.

그러나 롤스의 정의론에서 협동체제 또는 공동체는 어디까지나 개인의 자유와 이해관계의 충족을 위해 구성되는 것으로 가정되며, 따라서 그의 이론은 공동체적 선에 대해 아무런 언급을 할 수 없다. 물론 이러한 점은 이해관계에 관한 개인적 추구에서 나아가 일관된 이해관계의 선호체계를 구축하고자 하는 공리주의적 주장을 반대하는 것과도 관련된다. 대신 롤스는 '사회적 기본가치'의 개념을 도입하여 이의 생산과 가용성을 최대화하는 것이 보다 바람직하다고 생각한다. 즉 원초적 입장에 있는 이해관계의 당사자들은 어떤 사람이 다른 사람의 이해관계에 기여하도록 요구되는 원칙을 고안하는 순수한 이타주의자라고 기대할 수 없으며, 따라서 사회적 기본가치를 가능한 한 많이 생산하는 구조로 사회가 조직되어야 한다는 생각이다. 그러나 결국 롤스의 정의론은 개인적 이해관계를 실현하기 위한 전제조건으로 사회적 기본가치를 더 많이 생산하도록 하는 사회를 추구하지만, 실제 분배의 결과에서 정의를 문제시하지 않을 뿐만 아니라 사회 전체, 즉 공동체적 입장을 우선하는 호혜적 평등의 가능성을 부정한다.[4)]

이상의 논의를 통해 일단 롤스의 정의론이 가지는 함의를 비판적 지지의 입장에서 살펴볼 수 있다. 롤스의 정의론에서 주된 주제는 사회적 기본가치들을 일정한 절차에 따라 합의된 원칙들에 따라 배분하는 방식

4) 그럼에도 불구하고, 롤스는 정치적 정의관에서 가장 핵심적인 개념은 '호혜성'이라고 주장한다. 즉, 롤스는 "합리적인 사람은 모든 사람이 서로를 수용한다는 의미에서 협조하는 자유롭고 평등한 사회를 원할 것이다. 그들은 호혜성이 그 세계를 유지하고 있어야 하며 서로가 이로 인하여 편익을 얻어야 한다"고 주장한다(Rawls, 1993: 50).

이라는 점에서, 그의 정의론은 기본적으로 분배적 사회정의론이다. 그의 사회정의론에 대해 여러 측면에서 논란과 비판이 있었지만, '무지의 장막'과 '원초적 입장'이라는 독특한 개념적 틀을 중심으로 '평등의 원칙'과 '차등의 원칙'을 동시에 정교하게 고려한 정의이론이라는 점은 부정하기 어렵다. 롤스의 정의론에서 '무지의 장막'과 '원초적 입장'이라는 두 개념은 '공정으로서의 정의'를 확보하는 데 강한 설득력을 보여준다. 특히 롤스의 정의론은 "정의의 문제를 더불어 존재하는 대상들 간의 부담과 분배 등에서 나타날 수 있는 갈등과 경쟁, 불평등의 문제로 파악하고, '원초적 입장'과 '무지의 장막'이라는 가설적 도구를 동원함으로써 공정성을 확보"하고자 한다(고정식, 2004: 70).

이러한 롤스의 정의론과 관련하여, 하이에크(Hayek, 1979: 3)는 신자유주의적 권리의 관점에서 시장에 의한 합리적 분배를 강조하면서, 그 외 방식으로 제시되는 사회적 또는 분배적 정의는 단지 "텅 빈 명제, 특정한 요구가 어떤 이유를 제시하지 않더라도 정당하다고 주장하는 데 편의적으로 사용되는 것"이라고 주장했다. 그러나 시장의 보이지 않는 힘을 강조하는 자유지상주의적 정의론은 결국 최소국가의 개입하에서 강자에 의한 사회 지배를 기본 공리로 설정하는 것이라고 할 수 있다(<표 2-1> 참조). 또한 롤스가 극복하고자 하는 공리주의적 정의론은 국가의 직접 개입으로 최대 다수의 행복을 최대화하고자 하지만, 이 과정에서 사회적 소수의 이해관계는 배제되거나 무시된다. 이러한 정의론들과 비교하여 롤스적 정의론은 복지국가에 의한 부의 재분배를 통해 사회적 약자와 빈자들의 고통을 우선적으로 해소하거나 최소화하자는 점에 초점을 두고 있다.

분배적 정의는 재화와 편익의 배분과 관련되며, 특히 초점은 이러한 배분과정에서 상이한 대우가 필요할 경우 이의 적합한 기준은 무엇인가라는 점이다. 편익의 분배가 공정한가의 여부를 판단하는 다음 두 가지

<표 2-1> 정의에 관한 세 가지 개념

구분	엘리트주의적 정의 (자유지상주의적 정의)	공리주의적 정의 (계약론적 정의)	사회적 정의 (롤스적 정의)
기본 공리	강자가 지배하도록 하자	행복을 최대화하자	고통을 최소화하자
선호되는 집단	강자	다수	빈자
정부	최소 국가	경찰국가	복지국가
전형적 제도	시장의 보이지 않는 힘	국가의 보이는 힘	부의 재분배
선도적 학자	A.스미스, 노직, 하이에크	홉스, 벤담, J.S.밀	루소, 마르크스, 롤스

자료: Davy, 1997: 267.

입장에서 이루어질 수 있다. 첫째, 사회적 재화들의 배분을 위한 절차적 '과정'이 공정한 것으로 판단되거나, 둘째, 결과적인 '산물'이 그 과정이 어떠하든지 간에 공정한 것으로 고려될 수 있는 경우이다. 첫째 경우의 문제는 분배가 어떤 원칙들을 택해야 하는가이며, 둘째 경우의 문제는 누가 그리고 얼마나 많은 사람들이 얼마나 많이 가져야 하는가이다. 이러한 두 가지 정의론, 즉, 절차적 정의와 실제적 정의는 어느 한 측면만으로 분배적 정의를 완전히 만족시키기 어렵다. 롤스의 이론은 절차적 분배정의에 관한 정교한 추론이라고 할 수 있지만, 실제적 정의에 대해서는 거의 관심을 두지 않았다. 물론 두 번째 정의의 측면에서 어떠한 분배결과가 가장 정의로운가에 대해서도 많은 논란이 있을 수 있다. 즉, 재화와 편익의 정의로운 분배 또는 공정성을 위해 제시된 기준들은 완전 평등, 필요, 공과 또는 기여(예상된 대가) 등이며, 이 가운데에서도 특히 인간의 기본적 필요의 평등을 우선적으로 고려해야 한다는 점이 주장된다. 분배의 불평등 자체가 반대되어야 할 것이 아니라, "반대되어야 할 것은 인간 생활의 일상적 조건들을 불가능하게 만드는 수준에서의 빈곤"이라고 할 수 있다(Almond, 1995: 16). 이러한 점에서 롤스의 정의론은 빈자를 최우선의 고려 대상으로 삼는다는 점에서 의의를 가진다.

3. 환경 자원의 정의로운 배분

1) 롤스의 정의론에서 자원 분배의 문제

오늘날 롤스의 정의론은 매우 정교한 논리와 복잡한 개념을 통해 현대사회에서 기본적 가치들의 분배를 위한 절차적 정의이론을 구축한 것으로 평가되고 있다. 이러한 점에서 그의 정의론은 고전적 정의이론들 가운데 하나로 인정되고 있으며, 다양한 분야에 걸쳐 응용가능성이 검토되어왔다. 환경 분야에서도 여러 연구자들이 그의 이론이 환경정의의 정형화에도 적용가능한가의 여부를 둘러싸고 논의를 전개해 왔다.[5)]

환경분야에서 롤스의 정의론에 대한 검토는 크게 두 가지 분야로 구분될 수 있다. 하나는 환경자원의 배분과 관련된 것으로, 광의적인 사회정의이론 내에서 환경적 이슈들을 사람들(개인이나 집단) 간 분배적 정의의 차원에서 논의하는 것이다. 그리고 다른 하나는 사람들 간의 사회적 정의를 자연의 생명체나 여타 구성물에까지 확장할 수 있는가에 관한 논의이다. 환경자원의 배분에 초점을 둔 환경정의론의 구축을 위하

5) 예로, Manning(1981), Pritchard and Robinson(1981), Elliot(1984), Singer(1988), Thero(1995), Bell(2004) 등 참조. 특히 Thero(1995)는 롤스 정의론을 환경윤리에 응용하고자 하는 시도들을 일곱 가지 사항으로 구분하여 검토하고 있으며, Bell(2004)은 네 가지 측면에서 롤스 정의론의 환경부문에의 응용가능성을 분석하고 있다.

여 롤스의 정의론을 응용하고자 하는 전자의 논의들은 실질적인 내용에 대해서는 다소 이견이 있다고 할지라도 그 응용가능성에 대해서는 기본적으로 동의하고 있다. 그러나 후자의 논의, 즉, 롤스의 분배적 사회정의론을 생태계의 구성물들 간 관계에까지 확장할 수 있는가의 여부에 대해서는 상당한 논란이 있으며, 직접적인 응용가능성에 대해서는 롤스 자신의 입장을 포함하여 회의적인 견해가 다소 우세하다. 즉, "만약 그가 옳다면, 그의 이론은 생태적 정의 — 종들 간의 정의 — 에 관한 이론을 제공하기 위하여 확장될 수 없다. 그러나 그의 이론을 환경적 정의 — 즉, 환경적 가치와 부담의 분배라는 측면에서 인간들 간의 정의 — 이론을 제공하기 위하여 확장하는 것은 여전히 가능할 것이라는 점은 합의되고 있다."(Bell, 2004: 297). 그러나 양 분야의 응용가능성이 완전히 부정되지 않는다는 점에서, 우선 이 절에서는 롤스의 정의론을 배경으로 환경자원의 정의로운 분배를 위한 이론이 구축가능한가의 여부를 검토하고, 다음 절에서는 자연구성물들 간 생태적 정의의 이론화를 논의해보고자 한다.

롤스의 이론에서 자원과 관련된 부분은 분배의 대상물인 사회적 기본가치가 아니라 사회정의를 위한 배경적 조건으로 제기된다. 롤스에 의하면, 가능한 모든 사회가 모두 정의의 원칙을 요구하는 것이 아니며, 어떤 사회에서 정의의 원칙에 대한 필요성이 제기되는 데는 배경적 조건이 있다. 이는 앞서 언급한 바와 같이 모든 자원의 '적절한 부족'이라는 객관적 여건, 그리고 당사자들이 자신의 이해관계는 냉정히 따지지만 상대방의 이해관계에는 비교적 무관심하다는 '상호 무관심성'에 관한 주관적 여건이라고 할 수 있다(Rawls, 1971: 126~130). 롤스의 『정의론』에서, 자원문제는 이와 같이 객관적으로 주어진 배경적 조건으로 논의된 점을 제외하고는 차등의 원칙 등과 관련하여 환경적 재화나 피해의 배분에 관해 아무런 직접적 언급이 없다.

이러한 롤스의 견해는 그의 후기 저작들에서도 크게 변화하지 않으며, 어떤 사회의 부정의는 자원의 부족에 기인하기보다는 사회적 능력에 기인한다고 주장한다.

> 많은 경우, 자연자원의 부족은 문제가 되지 않는다. 열악한 조건에 처해 있는 많은 사회들은 자원이 실제 부족하지는 않다. 반대로 질서 정연한 사회들은 매우 적은 자원을 가지고도 잘 해나갈 수 있다. …… 아마도 합당하고 합리적으로 통치되며 그 인구가 그 나라의 경제와 자원의 규모에 맞추어 적절하다면, 품위와 가치를 갖춘 삶을 영위할 수 없는 사회란 지구상에 존재하지 않을 것이다(Rawls, 2000: 100).

이와 같은 롤스의 입장은 자연으로부터 직접 획득되는 환경적 자원만이 아니라 사회적 가치를 가지는 모든 자원들에 대한 것이다. 또한 이러한 자원에 관한 규정은, 자원의 분배에서 문제가 되는 것이 자원의 (절대적 또는 상대적) 양이 아니라 사회정치적 분배 방식이라는 점을 강조한다는 점에서 의의를 가진다. 그러나 자원에 관한 이러한 롤스의 견해는 몇 가지 중요한 문제점을 함의하고 있다. 첫째, 자원을 '적절한 부족' 상태로 주어진 분배의 대상으로 간주하지만, 자원은 사회적 (협동) 체제를 통해 생산되며, 기본적으로 이러한 생산과정에서 분배가 결정된다는 사실을 간과하고 있다.[6] 둘째, 자원의 이용은 흔히 공동으로 이루어지며 따라서

---

6) 롤스의 논리에 따르면, 만약 자원에 관한 이러한 조건이 충족되지 않을 경우, 무지의 장막 이면에 있는 당사자들은 이 조건이 충족되도록 요구할 수 있다. 즉, "만약 그들의 계획을 위해 이상적으로 요구되는 자원이 부족하다면, 이를 조정하여 그들에게 제공된 자원들이 너무 적지 않도록 할 수 있음을 안다"는 점이 주장될 수 있다(Luper-Foy, 1992). 그러나 이러한 주장은 사실상 매우 비현실적인 가정이라고 할 수 있다.

한 사람의 자원 이용은 다른 사람의 이용에 직간접적으로 영향을 미치기 때문에 '상호 무관심'하다는 점을 전제로 하기 어렵다. 셋째, '인구가 그 나라의 경제와 자원의 규모에 맞추어 적절하다'는 가정은 사실상 부정의의 문제가 발생하는 배경, 즉, 인구와 자원 간의 부적절한 관계를 배제하기 위한 것이고 이로 인해 롤스는 '합당하고 합리적인 통치'에 관한 사회정의와는 달리 인구와 자원 간의 적절한 관계, 즉, 환경정의에 관한 논의는 원칙적으로 배제하고 있다.

롤스의 정의론을 응용하여 환경정의론을 개념화하기 위해서는 자원에 관한 롤스의 견해에 내재된 문제점들과 더불어 사회적 자원 일반과 환경자원의 차이를 이해해야 한다. 즉, 물·공기·토지와 같은 환경자원은 상품으로 생산되는 일반 자원과는 달리 지구의 고유한 자원으로 특정한 개인에 의해 소유되기보다는 모든 사람에 의해 공동으로 이용되고 재생산되는 것이다. 만약 소수의 사회 구성원들이 이들을 독점하고 자신들의 이해관계를 실현시키기 위하여 배타적으로 사용한다면, 다른 구성원들에게 엄청난 피해를 미치기 때문에 생존과 관련된 갈등을 유발할 가능성이 높다. 따라서 '자원의 적절한 부족' 및 자원이용에 대한 '상호 무관심'의 가정이 적용되기 어렵다. 그럼에도 불구하고 자연자원은 사람들의 계획 달성을 위하여 분명 매우 중요한 가치를 가진다는 점, 즉, 사회적 기본가치라는 점에서, 당사자들은 지구 자원을 더 많이 가지기를 원한다고 할 수 있다. 따라서 환경자원에 의존하여 생존하는 사회의 구성원들에게 환경정의는 필수적으로 요구된다(Luper-Foy, 1992; 고정식, 2004).

이러한 점에서 다시 롤스의 정의론에서 제시된 무지의 장막과 원초적 입장 그리고 두 가지 원칙, 즉 평등의 원칙과 차등의 원칙을 환경자원의 분배에 적용해볼 수 있다. 즉, 누가 환경자원에 대한 권리를 주장할 수 있는가를 알기 위하여 무지의 장막과 원초적 입장의 개념을 적용하면, 모든 사람(현재세대뿐만 아니라 미래세대를 포함하여)은 무지의 장막

이면에 위치해 있는 당사자가 될 수 있다. 이 당사자들은 선의 개념을 가지고 있으며, 그 개념의 구체적 내용에 대해서는 잘 알지 못한다고 할지라도 환경자원의 혜택의 형평적 몫에 대해 모든 사람이 주장할 수 있다는 점을 합리적으로 가정할 수 있다. 이러한 자원 평등의 원칙은 사회적 수준뿐만 아니라 세계적 수준에도 응용될 수 있다. 왜냐하면 당사자들은 어떤 국가의 시민들이 더 많은 몫을 차지해야 할 어떠한 이유도 없음을 이해하기 때문이다.

다른 한편, 원초적 입장이라는 개념의 제한적 이용은 사회 여러 문제들과 더불어 환경 피해와 관련된 문제들에 '정당한' 간섭의 필요성을 설명하기 위한 근거로 제시될 수 있다. 예로 환경오염 사건들에서 보상 주체가 불분명하거나 보상 능력을 결하고 있는 경우, 이로 인해 피해를 입은 사람들은 정당한 보상을 받기 어렵게 된다. 이러한 경우, 벤츠(Wenz, 1988: 244)가 제시한 바와 같이 원초적 입장의 개념은 국가가 보상할 수 있는 가능성을 열어준다. 왜냐하면 보상을 받을 길이 없는 막대한 손실은 무지의 장막을 쓴 사람들이 기피할 종류의 것이며, 이러한 상황이 발생할 경우 '차등의 원칙'에 따라 최소수혜자(또는 최대피해자)가 우선적으로 혜택을 받을 수 있는 불평등 배분이 정당화될 수 있기 때문이다. 이러한 점에서 롤스의 정의론은 환경정의와 관련하여 자유지상주의나 공리주의보다도 더 적합하다고 주장될 수 있다.

2) 환경정의로의 확장에 관한 롤스의 견해

롤스는 자신의 사회정의론에 관한 여러 논의들을 검토하는 과정에서 그의 이론이 확장될 수 있는 주제를 직접 거론하면서, 이에 대해 자신의 견해를 제시하기도 했다. 롤스가 그의 이론의 확장과 관련하여 특히 지적한 주제들은 다음과 같은 네 가지이다. "하나는 미래세대에 대한 우리의 의무에 관하여 정의를 확장하는 것이다. …… 다른 하나는 국제적 법과 사람들 간의 정치적 관계에 응용되는 개념들과 원칙들을 위하여 이를 확장하는 데 따른 문제이다. …… 확장의 세 번째 문제는 정상적 보건의료에 관한 원칙을 설정한 데 따른 것이고, 끝으로 우리는 정의가 동물이나 다른 자연 질서와의 관계에 확장될 수 있는가의 여부에 의문을 제기할 수 있다"(Rawls, 1993: 244~245). 이러한 네 가지 주제, 즉, 미래세대, 국제관계, 보건의료, 그리고 동물 및 자연질서와 관련된 확장의 문제에서, 롤스는 앞의 세 가지 문제를 포괄하기 위하여 그의 이론이 성공적으로 확장될 수 있다고 제안한 반면, 네 번째 문제가 가장 어려운 문제로 그의 이론이 확장될 수 있다고 생각하지 않는다는 언급을 했다. 이러한 점에서, 우선 앞선 세 가지 확장 문제와 관련하여 롤스의 이론이 환경정의의 개념화에 응용가능한가를 고찰해볼 수 있다.

첫 번째 확장의 문제, 즉, 미래세대에 대한 의무를 포괄하기 위한 확장은 세대 간 환경정의의 원칙을 포함할 것으로 합리적으로 기대해볼 수 있다. 그러나 세대 간 자원의 정의로운 분배와 관련하여 롤스의 이론을 확장하기 위해서는 몇 가지 난점이 해소되어야 한다. 롤스는 원초적 입장에 있는 당사자들이 자원을 고갈시키고 지구환경을 황폐화시키는 것을 정당화시키는 어떠한 견해도 받아들일 수 없음에 동의하기 때문에 무지의 장막 뒤에 있는 당사자들이 순전히 자기 이해관계와는 별도의 상황을 원초적 입장에 포함시킬 수 있다고 생각한다. 롤스가 제안한 예에 의하면, 우리는 다음 세대에서 양육해야 할 어린이들을 가질 수 있기 때문에 원초적 입장에 있는 각 개인은 다음 세대(최소한 연이은 한 세대 동안)에서 필요한 사람을 양육하기 위하여 저축하기를 원한다고 기대될 수 있다. 그러나 맨닝(Manning, 1981: 161)의 주장에 의하면, 롤스의 이러한 주장은 불완전하다. 왜냐하면 미래세대는 계약에 참여하지 않았으며, 또한 그들이 이와 같은 원칙들에 합의하는지 여부에 대해 아무 말도 할 수 없기 때문이다.

즉, "그들은 현재세대와 계약을 하지 않았기 때문에, 그리고 모든 사람들은 상호 이해관계가 없기 때문에 현재의 활동들이 미래세대에 미치는 환경적 영향을 고려할 아무런 이유가 없는 것처럼 보인다"고 주장된다.

여기서 우선 해결되어야 할 문제는 동일한 시점에 존재하지 않는 미래세대가 무지의 장막 이면의 원초적 입장에 현세대와 동등한 주체로서 어떻게 참여할 수 있는가의 여부이다. 이 점은 벤츠(Wenz, 1988: 249)가 제안한 것처럼, '무지의 장막'을 좀 더 두껍게 함으로써, 즉, 원초적 입장에 있는 당사자가 실제 세계에서 어느 시점에 존재하게 될지 알 수 없음을 추가로 가정할 경우 해결될 수 있을 것이다. 그러나 롤스가 주장한 바와 같이 현세대가 직접적으로 이해관계를 가지는 연이은 다음 세대가 아닌 경우에 발생하는 문제는 여전히 남는다. 예로, 수십 세대에 걸쳐 무해할 정도로 잘 저장된 핵폐기물일지라도 그 이후 대기를 오염시킬 수 있기 때문에, 단순히 미래의 한두 세대에만 관심을 가지는 자기 이해관계적 개인들로는 문제가 해결되지 않는다는 것이다.

미래세대와의 정의로운 자원 배분과 관련된 또 다른 문제는 세대 간 환경정의를 위하여 차등의 원칙을 적용할 수 있는가의 여부이다. 미래세대의 자원 고갈 및 환경악화와 관련된 문제를 보상하기 위하여, 롤스는 '정의로운 저축의 원칙(just savings principle)'을 옹호하는 것처럼 보인다. 즉, 현재 사회의 최저수준에게 고통을 주지 않으면서 다음 세대를 위해 우리가 할 수 있는 만큼 저축을 한다는 것이다. 그러나 저축의 원칙에 관한 롤스의 설명은 현세대가 자녀를 두고 있음을 전제로 하지만, 자녀가 없는 사람들의 경우는 어떻게 할 것인가의 문제가 발생한다. 따라서 저축의 원칙은 차등원칙에 대한 어떤 제약이 된다(Bell, 2004). 사실 롤스는 정의로운 저축의 원칙을 옹호하는 것처럼 미래세대를 위한 저축이 의무적이라고 생각한다. 롤스에 따르면 "각 세대는 문화와 문명의 이득을 보전해야 할 뿐만 아니라 설립된 정의로운 제도들을 온전히 유지해야

하고, 또한 실질적 자본축적의 적정량을 일정 기간 동안 유보해 두어야 한다"(Rawls, 1971: 286~298). 이렇게 유보된 자본축적량은 미래세대의 환경을 개선하는 데 사용될 수 있을 것이다.

롤스에 의하면 이렇게 저축해 두어야 할 비율이 정확히 어느 정도인가를 정하기란 불가능하지만, 이와 관련하여 말할 수 있는 점은 다음과 같다. 첫째, 이는 차등의 원칙에 의해 설정되지 않는다는 점이다. 왜냐하면 "다음 세대가 최저수혜의 첫 세대의 상황을 개선할 수 있는 방법이 없기 때문"이며, 차등의 원칙은 결국 "저축이 전혀 없는 상황을 함의하는 것처럼" 보이기 때문이다. 둘째, 각 세대는 그 앞선 세대로부터 기대되었던 것과 최소한 같은 크기만큼 축적된 자본을 이월해야 함을 전제로 하며, 셋째, 일단 정의로운 제도들이 설립되었을 경우 요구되는 축적은 영으로 떨어진다는 점이다. 루퍼-포이(Luper-Foy, 1992)에 의하면, 이 가운데 첫째는 잘못된 가정에 의존하고 있다고 주장된다. 즉, 세대 간 정의에 관심을 가지는 첫 번째 세대는 대가로 아무것도 얻지 못하기 때문에, 이 세대가 자동적으로 어떤 저축계획에서 최저 수혜 세대가 된다는 가정은 잘못된 것이다. 왜냐하면 만약 앞선 세대들이 적게 보전하거나 아무것도 보전하지 않는다면, 다음 세대는 생존하기 위해 필요한 자원을 확보하지 못할 것이기 때문이다. 이러한 사실을 고려하면 차등원리에 따라 우리는 보다 앞선 세대에 불평등한 희생을 부여함으로써 다음 세대의 전망을 향상시켜야 함을 요구할 수 있다.

두 번째 확장의 문제는 정의이론을 국제적 관계에 적용할 때 발생하는 문제이다. 롤스는 만약 개별 국가들이 '내적으로' 정의롭다면, 세계 전체를 정의롭게 만들기 위해 요구되는 것은 거의 없을 것이라고 주장했다. 이에 따라 국제적 정의의 원칙들은 단순히 국가들의 평등 원칙과 같은 관례나 국가적 자율과 자기방어의 원칙과 같은 자명한 추론에 한정된다. 이러한 관례적 원칙들로는 국가들 간 자원의 근본적인 재분배를 요구하는 어떠한 함의나 암시도 찾아볼 수 없다는 점에서, 많은 철학자와 정치가는 국제적 정의에 관한 롤스의 논의를 비판했다. 하지만 이러한 비판은 롤스의 이론을 포기하기 위한 것이 아니라, 국제적 정의를 위해서도 응용되어야 함을 강조한다. 만약 롤스가 그의 강한 원칙들이 국내에서 응용되어야 한다는 점을 보였다면, 이 원칙들은 유사한 추론을 통해 세계적 차원에도 정당하게 응용될 수 있다는 것이다. 즉, 롤스는 자신의 정의론이 국내적 상황에 우선적으로 적용된다고 생각하지만, 비판적 지지자들은 그의 정의론이 국제적 관계에도 그대로 적용되어야 한다고 주장한다(Langhelle, 2000 참조).

이러한 점에서 이 비판들은 국제적 정의의 개념화를 위해 롤스의 원칙들을 포기하기보다는 재해석하여 응용하고자 한다. 예로, 롤스가 제시한 원칙들은 국제적 자원배분을 위해 특히 강력한 함의를 가진다. 비록 롤스는 국제적 차원에서 자원 몫의 배분에 직접 초점을 두지는 않지만, 자원평등의 원칙과 차등의 원칙을 간접적으로 지지한다고 할 수 있다. 왜냐하면 자연자원을 다루는 세계의 주요 국가나 기관 모두는 최저 빈곤국에게 가용한 기본가치를 최대화하도록 편성되어야 함을 인정할 수 있기 때문이다. 이 원칙들에 의하면, 모든 국가가 세계 자연자원의 평등한 몫을 받아야 함을 의미하지는 않는다. 만약 일부 국가가 다른 국가들에 비해 더 많은 자연자원을 배분받는다고 할지라도, 세계 전체의 기본가치의 총공급은 증가할 수도 있을 것이고, 이에 따라 모든 국가는 세계 자원들의 혜택에 대해 형평적인 몫을 주장할 수 있게 된다.

세 번째 확장의 문제는 롤스의 정의론이 보건의료 영역에 응용될 수 있는가의 여부이다. 롤스는 그의 최근 저작(Rawls, 2001)에서도 보건의료 영역에서의 정의에 관해 논의하고 있다. 롤스는 그의 『정의론』에서 시민들이 결코 아프지 않을 것이라고 가정하지만, 보건의료 영역으로의 확장을 위하여 시민들은 때로 질병을 앓거나 심각한 사고로 인해 고통을 받게 된다는 점을 허용하고, 이러한 상황으로 인해 시민들은 일반적으로 사회구성원들과 협력한다고 가정한다. 그리고 롤스는 보건을 사회적 기본 가치들 가운데 하나로 고려하면서, 이러한 가치의 배분에도 평등의 원칙과 차등의 원칙이 적용가능하다고 제시한다. 이러한 롤스의 견해에서, 보건의료는 공공보건을 보호하고 진료를 제공하는 정책도 포함하며, 이러한 공적 보건정책의 일부로서 환경정책이 고찰되거나 이에 유추하여 환경정의가 개념화될 수 있을 것이다. 역으로 환경정의에 관한 논의에서 주요 관심은 환경 공해와 퇴락이 보건에 미치는 영향이라는 점에서, 보건의료를 포괄하기 위한 롤스 이론의 확장이 어떻게 환경정의의 개념화에 반영될 수 있는가를 살펴볼 수 있다(Hartley, 1995).

이와 같이 롤스 자신이 제시한 보건의료 영역에의 확장을 환경정의의 개념화로 재확장하는 데서의 문제는 보건의료는 기본적으로 사회적 기본 가치이지만, 환경문제로 인한 피해와 관련된 문제는 단순한 사회적 가치를 능가한다는 점이다. 롤스에 의하면 기본 가치란 모든 합리적 개인들이 원하는 것들이며, 사회적 재화로서 배분될 수 있는 것이어야 한다. 그러나 보건문제에 비해 환경문제로 인한 피해는 자연적 개연성과 불확실성을 내포하며, 따라서 사회적인 동시에 자연적인 기본적 가치에 속한다고 할 수 있다. 이러한 문제와 관련하여 맨닝(Manning, 1981: 160)은 이 문제를 자존심(self-respect)과 관련시켜 해결하고자 한다. 롤스의 정의론에서 자존심은 기본적 가치들 가운데 하나로 고려되고, "만약 사회가 분배적 정의의 체계 내에서 보건의료를 제공하지 않는다면, 사회로부터 존중의 결핍으로 자기존중감이 손상될 것"이며, 따라서 "보건 그리고 이로 인해 자기존중감에 영향을 미치는 환경문제들은 분배적 정의의 원칙들하에서 통제되어야 한다"고 주장될 수 있다. 예로, 환경오염원 근처에 살고 있는 사람의 감정이 해당 오염물질을 배출하는 기업의 뻔뻔스러운 무배려로 흔히 무시되고 있음을 쉽게 상상할 수 있다. 그러나 이러한 오염원과 직접 접하는 곳에 살지 않는 사람들이 오염자들의 입장에서 시민들의 자존심에 대한 배려의 결여로 자기존중감이 상실되어 고통을 받게 된다고 하기에는 다소 불확실하거나 모호하기 때문에 이러한 해석은 문제가 있다. 하지만 롤스 스스로가 확장가능하다고 주장하는 보건의료 영역과 관련하여 환경문제의 피해에 따른 정의로운 부담의 문제를 논의하는 것은 그 나름대로 의미를 가진다고 하겠다.

4. 롤스 이론의 확장과 생태적 정의

1) 롤스 이론의 생태적 정의로의 확장

롤스의 사회정의론은 기본적으로 인간들 간 관계를 전제로 한다. 따라서 그의 이론을 동식물이나 자연의 그 외 구성물들까지 확장하고자 할 경우, 여러 가지 조건의 변화나 문제가 발생한다. 롤스는 일정한 한계 내에서 그의 정의론이 매우 제한된 범위나 조건하의 자연으로 확장될 수 있다고 생각한다. 그는 '공정성으로서의 정의'가 합리적으로 인간 생명을 유지하기 위한 도구적 기반으로써, 자연 질서의 번영을 전제로 동식물 종의 보존 필요나 또는 공적 여가활동을 위한 공간환경의 보존 필요를 포괄하기 위해 확장될 수 있을 것이라고 제안한다. 롤스의 입장에 따르면, 공적 이성(public reason)은 인간 자신의 생존과 번영을 전제로 비인간 자연세계의 보전에 대한 간접적 의무를 받아들인다. 그러나 롤스는 여기서 더 나아가 '자연적 종교의 태도' – 즉, 보다 넓은 자연 속에서 인간의 위치 그리고 이에 대한 의무에 관한 생태중심적 사고– 라고 지칭한 것을 받아들이는 것은 '공적 이성'의 한계를 넘어선다고 주장한다(Rawls, 1993: 245~246). 왜냐하면 공적 이성은 인간 사회의 한계를 넘어서 자연의 내재적 가치를 인식할 수 없기 때문이다.

기본적으로 사회계약적 정의론인 롤스의 이론은 자유롭고 평등한 합리적 계약당사자의 존재를 전제로 한다. 즉, 이해관계의 당사자들이 대등한 입장에서 자유로운 의지에 기초하여 그들이 생각하는 바의 합리성이 충족된다고 판단하여 상호 합의할 때 계약은 비로소 성립한다. 그러나 생태정의의 경우, 정의의 원칙을 정하기 위해 무지의 장막 이면에 있는 당사자는 이론적 가정상 지구의 모든 생명체(의 대표)가 되겠지만, 식물은 말할 것도 없고 포유류와 같은 고등동물의 경우도 '자유롭고 평등한 합리적 당사자'라는 요건을 충족시킨다고 보기는 어렵다. 즉, 인간을 제외한 동식물의 경우, 합의된 정의의 원칙을 지키거나 실천할 선택의 여지가 처음부터 없는 존재들이다. 물론 인간 종과 다른 종 간의 경계가 모호한 주변적 사례들(유아나 치매에 걸린 노인 또는 영장류에 속하는 다른 동물들)도 있지만, 생명체 진화의 현 단계에서 인간은 여타 종들과 현저한 차이가 있으며, 그런 차이는 결국 '이성의 유무'를 기준으로 할 수밖에 없다. 이러한 점에서 결국 생태정의론의 구성에, 엄격한 의미로 롤스의 계약론적 방식을 적용하기는 어렵다고 할 수 있다.

이와 같이 롤스의 정의론을 직접적으로 생태정의의 개념화에 응용하기는 어렵다는 점에서 롤스적 방식을 다소 완화시켜 적용하는 대안들이 모색되고 있다. 예로, 사회정의의 원칙을 도출하는 롤스의 방법을 생태정의의 문제에 기계적으로 적용하기보다는, 그의 계약론적 접근방식에서 '원초적 입장'과 '무지의 장막' 등의 개념적 장치가 목표로 삼는 가치만을 수용하는 방안을 고려해볼 수 있다. 즉, 생태정의의 원칙을 수립하는 데 생태계의 모든 구성물, 특히 동식물들 간에 최대한 공정성을 보장할 수 있는 방안을 모색하는 것이다. 이러한 점에서 고정식(2004)은 생태정의를 위한 세 가지 원칙, 즉, 모든 종은 자연적 진화와 변이에 의하지 않는 한 변종되거나 멸종당하지 않아야 하고(제1원칙), 모든 종은 각 종 본래의 본능체계가 전적으로 존중되어야 하며(제2원칙), 모든 종의 먹이 사슬 체계는 자연적 진화와 변이에 의하지 않는 한 지속적으로 지켜져야 한다(제3원칙)는 점을 제시하고 있다. 이러한 원칙들은 생태정의를 위한 당위적 원칙들로, 직관적으로 도출될 수 있다고 할지라도 롤스의 정의론에 바탕을 둔 논리적 추론의 결과라고 보기는 어렵다. 따라서 롤스가 제안한 정의이론의 전개과정에 따라 다시 한 번 생태정의의 개념화가 가능한가의 여부를 검토해볼 필요가 있다.

생태정의의 개념화를 위하여 롤스의 이론을 응용하는 기본적 방법은 원초적 입장의 동물이나 식물 나아가 자연의 여타 구성물들을 포함시키는 것이다. 만약 우리가 원초적 입장에 참여자들을 열어둔다면, 주변적 상황에 있는 인간(예로 정신이상자, 정신박약자, 식물인간 등) 그리고 동물이나 식물 나아가 산, 물, 강, 호수, 흙 등과 같은 자연의 구성물들도 참여될 가능성이 있다. 특히 여기서의 가정은 많은 정상적 동물들의 경우 인간보다 더 합리적일 수 있으며, 동물 역시 인간과 마찬가지로 고통에 대한 아픔을 느끼는 감성적 존재라는 점이다. 달리 말해 싱어(Singer, 1988: 223)가 주장한 바와 같이, 원초적 입장에서 동물을 배제하는 것은 처음부터 인간을 선호하는 한편 동물에 대해서는 편견을 가지고 정당한 대우를 하지 않는 것이라고 할 수 있다. 따라서 최소한 감성적 동물들의 경우는 원초적 입장에 참가할 권리를 가진다는 것이다.

이러한 점에서 벤츠(Wenz, 1988: 247~250)는 미래세대에 있는 사람이나 비인간 동물을 포함시키기 위해 무지의 장막을 두껍게 할 수 있다고 제안한다. 무지의 장막을 두껍게 할 경우, 비인간 동물이나 자연의 구성물들까지도 원초적 입장에 참가할 수는 있을 것이다. 그러나 그는 비인간 동물들이 원초적 입장에서의 합리적 당사자가 될 수 없음을 인정하는 것 같다. 그뿐만 아니라 그의 실제 고민은 인간을 제외한 자연의 부분들(예로 개별 동물, 동물의 종, 식물, 식물의 종, 하천, 산, 호수, 대양 등)을 포괄하기 위해 장막을 두껍게 할 수 있는 명확한 방법이 없다는 점이다.

우리 인간은 이러한 사물들과 동일한 위치에 자신을 놓을 수 없기 때문에, 예로, 내가 송아지라면 무엇을 느낄 것인가, 내가 산이나 호수라면 무엇을 느낄 것인가에 대해 전혀 알 수 없다. 그리고 대부분의 동식물의 종(집합체)은 이성뿐만 아니라 감정을 가지지 않기 때문에 문제가 발생한다. 즉, 자연의 구성물들은 불평등한 상황에 처한다고 할지라도 자신의 감정을 표현하여 상호 공감할 수 없기 때문에, 이를 시정하기 위한 어떤 합리적 원칙에 합의할 수 없다. 이에 따라 벤츠는, 롤스의 이론에서 이러한 간과는 매우 심각하기 때문에 생태정의를 위한 적합한 기반으로서 완전한 이론이 되기 어렵다고 주장한다(P. Wenz, 1988: 250).

그뿐만 아니라 일단 자연의 동식물들이 원초적 입장에 참여한다고 하더라도, 이들이 롤스가 제시한 정의의 조건과 원칙들을 따를 것이라고 기대하기 어렵다. 롤스는 원초적 입장에서 계약 당사자들이 자신의 사회를 규제하게 될 정의의 원칙을 선택하면서, 이를 위한 여러 대안들을 평가하기 위해 갖추어야 할 자격 조건을 규정하고 있다. 즉, 원초적 입장은 한편으로 당사자들의 인지상의 조건으로 무지의 장막에 의해 규정되고, 다른 한편으로는 동기상의 조건으로 상호 무관심적 합리성에 의해 규정된다. 우선 무지의 장막과 관련하여, 계약당사자들에게 특정한 사실에 대한 지식은 배제되지만, 인간 사회에 대한 일반적 지식은 허용된다고 가정된다. 이러한 조건을 생태정의를 위한 정의원칙의 선택에 응용해볼 수 있다. 원초적 입장에 있는 당사자들은 자연의 '생명체'라고 지칭되는 모든 종의 대표들로 가정되며, 여기서 그들에게 허용되는 지식과 배제되는 지식이 구분된다. 배제되는 지식으로서 당사자들은 자기가 어떤 종(인간이 될지, 사자나 기린이 될지, 또는 이끼나 아메바가 될지 알지 못함)이 될 것인지, 같은 종에서도 어떤 형질(우량 또는 열등한 형질)이 될 것인지, 그리고 생존환경이 어떠할 것(생존에 우호적 또는 열악한 환경)일지를 전혀 추측해볼 수 없는 것으로 가정된다. 허용되는 지식으로, 모든 종의 욕구나 본능, 감각적 반응 등은 파악될 수 있고, 상당히 공통된 특징(고통이나 죽음을 피하고 싶어 하고, 좋은 먹잇감의 확보와 좋은 짝과의 짝짓기는 모든 종이 바란다는 점 등)을 지님을 안다고 가정한다.

이러한 인지적 조건을 가진 원초적 입장에서, 롤스의 정의론에서 차등의 원칙(즉, 최소수혜자에게 이득이 되는 범위 안에서 불평등이 허용될 수 있다는 것)과 비교될 수 있는 생태정의의 원칙이 고려될 수 있는가? 예로, 자신이 어떤 종이나 개체가 될지 모르는 상황에서, 즉, 생존이나 적응에 가장 열악한 종이나 개체가 될지도 모르는 상황에서, 계약의 당사자들은 가장 불리한 적응 또는 생존 조건을 지닌 종이나 개체들을 위한 어떤 원칙을 마련하는 것이 합리적이라고 할 수 있을 것이다.. 이런 점에서 멸종위기에 처한 종들에 대한 우선적인 배려가 필요하며, 이들의 보존은 생태계 전체의 유지에 이익을 가져다준다고 할 수 있다. 그러나 다른 한편으로 인간의 관점에서 보면, 힘이 세거나 동작이 빠른 동물들(예로, 사자나 독수리)은 유리한 종으로 보이고 하루살이나 힘이 약한 초식동물들은 불리한 종으로 보인다. 하지만 생태계의 평형이 유지되는 한 절대적으로 유리하거나 불리한 종이란 있을 수 없다. 그뿐만 아니라 각 종의 대표로서는 먹이사슬의 한 고리를 차지하여 그 사슬의 상위존재에게는 먹히는 존재로서의 위상을, 하위의 종에게는 먹는 존재로서의 위상을 차지하는 것이 불가피한 상황에서, 어차피 자기 종의 누군가는 반드시 희생되어야 한다면 종 전체의 지속적 번영을 위하여 오히려 열등한 개체의 희생이 선호될 수도 있다(고정식, 2004: 86). 즉, 생태계에서 가치에 대한 판단은 인간중심적 사고를 벗어난다고 할지라도, 다른 어떤 보편적 기준이나 원칙을 설정하기 어렵다고 할 수 있다.

롤스의 정의론을 동식물로 확장시킬 수 있는 또 다른 방법은 인간과 더불어 이들도 기본적 가치에 관해 이해관계를 공유할 수 있다는 점을 강조하는 것이다. 즉, 싱어(Singer, 1998: 225)에 의하면, 동물과 인간은 특정한 기본적 가치에 관하여 이해관계를 공유한다는 점을 가정할 수 있다. 예로 식량이나 물, 공기 등과 같은 기본적 가치들은 모든 종류의 동물들을 위해 존재한다. 싱어에 의하면 이러한 이해관계의 공유는 원초적 입장에 있는 합리적 인간이 계약형성 과정에서 비인간적(따라서 비합리적) 구성원들의 혜택을 위한 의사결정을 해야 한다는 주장을 뒷받침하게 된다. 그러나 이 점은 원초적 입장에 이들이 함께 참여함을 의미하는 것은 아니다. 그뿐만 아니라 이러한 주장은 롤스의 이론에서 원초적 입장의 이해관계 당사자들은 다른 당사자들의 이해관계에 대해 무관심하다는 가정과 조응하지 않는다.[7] 즉, 롤스의 이론, 특히 생태정의의 주관적 여건으로서 상호 무관심성에 따르면, 지구상의 각 종들은 공통적으로 자기의 생존 및 자기 종의 영구적 증식에만 관심이 있고 다른 종의 생사나 번영의 문제에는 무관심하며, 언제나 그러한 자기 욕구의 충족을 위하여 활동한다는 의미에서 자기중심적이다. 따라서 기본적 가치를 공유한다는 사실만으로 다른 종을 위해 수혜적 원칙을 선정할 것이라고 추정하기는 어렵다.

이 점과 관련하여, 프리차드와 로빈슨(Pritchard and Robison, 1981)은 정의의 원칙들이 다른 도덕적 고려들과는 무관하게 결정될 수 있다는 롤스의 가정을 의문시한다. 롤스에 의하면 "정의는 정의감을 위한 능력 덕분이며" 따라서 정의이론은 "이러한 능력을 결하고 있는 창조물들에 대한 우리의 도덕적 의무들에 대해 아무런 것도 말하지 않는다"(Rawls, 1971: 512). 여기서 롤스는 우리가 다른 창조물들에 대해 아무런 책임감이

---

7) 지구상의 각 종들은 자기 종의 생존 및 증식에만 관심이 있고 다른 종의 생사나 번영의 문제에는 무관심하며, 언제나 그러한 자기 욕구의 충족을 위하여 활동한다는 점에서 자기중심적이라고 할 수 있다. 이런 특징은 롤스의 사회정의론에서 상호 무관심성이라는 전제와 거의 그대로 조응한다.(고정식, 2004)

없다는 것을 주장하는 것이 아니라, 이러한 책임감은 정의라는 용어로 적절하게 서술될 수 없음을 주장하는 것으로 해석될 수 있다. 그러나 이러한 롤스의 주장은 인간의 정의가 동물이나 환경의 이해관계와 갈등하는 상황에서는 아무런 의미를 가지지 못한다. 인간과 동물의 이해관계 갈등은 원초적 입장에 있는 인간 참여자들이 완전히 자기 이해관계적이라고 가정되기 때문에 실제 발생한다. 예를 들어, 세 사람과 개 한 마리가 외딴 섬에 고립되어 한 달 동안 살아야 하는 상황에서, 식량은 세 사람만이 생존하기에 적합한 정도이고, 이에 따라 세 사람이 식량을 동일하게 나누어 가졌다고 하자. 이러한 상황은 세 명의 사람들에게는 정의롭겠지만, 개에게는 아무런 책임감도 고려하지 않은 것이다. 즉, 개는 계약 형성에 참여자가 아니기 때문에, 롤스적 정의론은 식량에 대한 개의 주장을 윤리적으로 지지하는 아무런 근거도 제시하지 못한다.

이상의 논의는 사실 롤스 자신의 주장을 반영한 것이라고 할 수 있다. 롤스는 그의 정의론이 완전한 정의이론이 아니라, 단지 정의에 관한 한 견해라고 제시한다. 여기서 정의는 기본적으로 정의감을 위한 능력 또는 공적 이성을 가진 존재, 즉, 인간에게만 관련된다. 물론 롤스는 "즐거움과 고통의 감정 능력 그리고 동물들이 할 수 있는 그러한 생활형태의 능력은 그들의 경우에 동정과 인간성의 의무를 부여한다"고 인정한다(Rawls, 1971: 512). 그러나 롤스가 주장하는 바와 같이, 정의의 '최초 상황'은 이러한 의무나 책임감을 설명할 수 없다. 단지 자연적 질서에서 우리의 장소를 결정한 형이상학적 이론(예로 생태중심적 환경론 등)만이 그렇게 할 수 있을 것이다. 물론 자연의 모든 생물종이 무지의 장막의 이면에서 원초적 입장을 가지고 숙고하면서 환경정의의 원칙을 정한다고 가정할 수는 있다. 그리고 인간을 포함한 자연의 다른 종들이 환경정의의 원칙 제정에 관여할 수 있다고 할지라도, 실제 이들 가운데 인간만이 그런 원칙을 법제화하거나 효율적인 시행 방안을 모색하고 실천할 수 있는 유일한 종이라고 볼 수 있다. 생태정의의 이러한 특수성은 결국 정의원칙의 실현이 온전히 인간에게 달려 있음을 보여준다.

2) 동물평등과 동물권리

동식물과 자연의 그 외 구성물들에 대한 롤스의 사고는 인간의 이성을 강조하는 서구 철학이나 윤리학의 합리주의적 전통에 기인한다. 특히 칸트 윤리학의 기본 주장들 가운데 하나는 이성을 소유한 인격적 존재만이 도덕적 고려의 대상이 될 수 있으며, 따라서 존중이나 정의의 대상이 될 수 있다는 것이다. 이 주장에 따르면, 칸트의 윤리학 내에서는 동물에게 어떤 도덕적 지위를 부여하거나 동물을 도덕적으로 배려하는 일은 불가능해진다. 그리고 동물은 존중의 대상이 아니라 오직 수단적 가치만 가지기 때문에 인간이 자신의 필요나 욕구, 목적에 따라 임의적으로 이들을 사용하는 것이 정당화될 수 있다. 즉, 칸트는 『도덕 철학 강의』에서 "어떤 동물도 자의식을 갖고 있지 않다는 점에서 모든 동물은 단지 수단으로서만 존재하며 스스로를 위하여 존재하지는 않는다. 반면에 인간은 목적이므로 더 이상 인간이 왜 존재하는가라고 물을 필요가 없다 …… 이로부터 우리가 동물에 대하여 어떤 직접적인 의무도 지니지 않는다는 점이 도출된다. 동물에 대한 우리의 의무는 인간성에 대한 간접적인 의무일 뿐"이라고 주장한다(Kant, 1978; 김성호, 2002: 84에서 재인용). 이런 측면에서 칸트의 견해는 현대의 동물보호론자 또는 동물의 권리를 옹호하려는 사람들이 비판하는 전형적인 종중심주의(speciesism)에 빠진 것으로 평가된다.

그러나 칸트는 인간이 동물에 대한 직접적인 의무는 지니지 않는다 할지라도, 동물을 임의로 괴롭히거나 학대함으로써 동물에게 고통을 주어서는 안 되는 간접적인 의무를 가진다는 점을 분명히 명시하고 있다. 즉, "생명을 지니고 있지만 이성적 부분을 소유하고 있지 않은 피조물과 관련해 볼 때, 동물을 거칠고 잔인하게 다루는 것은 인간의 자기 자신에 대한 의무에 완전히 상반되는 것이며, 인간은 그렇게 하지 말아야 할 의무를 지닌다. 왜냐하면 동물을 잔인하게 다루는 것은 우리로 하여금 그들의 고통을 함께 느끼게 하는 감정을 무디게 하고, 따라서 우리가 다른 사람과 관련을 맺을 경우에 매우 큰 도움을 주는 자연적인 본성을 약화시키고 결국 점차 사라지게 하기 때문이다"(Kant, 1978; 김성호, 2002: 84에서 재인용). 이러한 점에서, 칸트는 우리가 동물을 대우하는 방식이 얼마든지 도덕적 고려의 대상이 될 수 있고 나아가 동물을 학대하거나 불필요한 동물 실험을 하는 일이 비인간적이고 사악한 것임을 분명히 밝히고 있다. 이러한 칸트의 견해는 비록 일관성을 결여한 것은 아니라고 할지라도 결과적으로 두 가지 상반된 입장을 유도하고 있다는 점에서, 동물을 윤리적 또는 도덕적 대상으로 고려할 수 있는가의 여부를 둘러싼 논의와 논쟁들을 계속 야기해왔다.

우선 서구적 의식에서 인간과 동물이 도덕적으로 평등하지 않다는 견해는 대체로 다음과 같은 4가지 유형으로 구분될 수 있다(고정식, 2004: 71). 첫 번째 가장 일반적 견해로서, 도덕적 위상은 자율성, 합리성, 자기의식성 등에 근거한다는 주장이다. 즉, 어떤 존재가 충분하고 평등한 도덕적 위상을 가지기 위해서는 자율적·합리적·자기의식적이어야만 하며, 인간만이 이러한 존재이기 때문에 도덕적 위상을 가진다는 관점이다. 반면 다른 동물들은 감성적 존재라고 할지라도 자율성·합리성·자기의식성 등을 가지지 않기 때문에, 도덕적 이상을 가질 수 없다는 것이다. 이 견해에 따를 경우, 동물도 고통을 느끼는 감성적 존재이기 때문에 인간은 동물에 대해 불필요한 고통을 주어서는 안 되지만, 동물과 인간의 이해관계가 갈등을 일으킬 경우 인간의 자율성·합리성·자기의식성 등에 더 큰 비중을 부여하지 않을 수 없으므로, 동물 실험이나 식량으로써의 동물사육 등은 정당화된다.

두 번째는 인간만이 자신의 권리를 주장할 수 있기 때문에 도덕적 위상을 가진다는 관점이다. 어떤 존재가 권리를 가지면, 권리를 가진 자는 그 권리를 주장할 수 있어야 하며, 다른 존재들은 그 권리를 침해하지 않을 의무를 가진다. 즉, 권리를 가진 자는 자기 이익에 대한 의사를 표현할 수 있어야 하지만, 인간을 제외한 다른 동물들은 스스로를 표현할 수 없기 때문에 권리를 가질 수 없고 도덕적 위상도 지닐 수 없다는 것이다.

세 번째는 인간만이 타자를 위하여 이타적 행위를 할 수 있기 때문에 도덕적 위상을 가진다는 관점이다. 도덕적 행위란 타자를 위해 희생할 수 있음을 의미하며 인간만이 이러한 행위를 할 수 있는 반면, 동물은 타자를 위해 자신을 희생할 수 없고 오히려 자기의 이해관계를 위해 타자를 희생시킨다는 점이 강조된다. 희생의 혜택을 입은 존재는 타자를 위해 자신을 희생할 수 있는 존재에 비해 그 가치가 떨어지며, 따라서 인간과 여타 생명체는 평등할 수 없고, 인간에게 더 높은 가치를 부여해야 한다는 주장이다.

네 번째는 인간만이 도덕 공동체의 일부가 될 수 있다는 관점이다. 어떤 존재가 충분하고 평등한 도덕적 위상을 가지기 위한 필수적 요소는 그 존재가 도덕적 공동체의 구성원이 될 수 있는가의 여부이다. 인간은 의미 있는 방식으로 상호 교류하면서 경제적·정치적·사회적 관계를 가질 수 있다. 이러한 관계는 인간의 삶과 가치를 구성하므로, 당연히 동물보다 인간에게 더욱 큰 비중이 부여되어야 한다는 주장이다.

이와 같이 4가지 측면에서 인간과 동물의 차이를 인지한 것은 인간만이 도덕적이며, 동물들은 비도덕적인 존재로 다루어져도 좋다는 증명을 제시한 것은 아니라고 할 수 있다. 왜냐하면 인간은 자신의 입장에서 인간과 동물의 차이를 인지할 뿐이고, 동물의 입장에서 동물이 과연 비도덕적인가를 확인할 수 없기 때문이다. 그뿐만 아니라 이러한 방식으로 인간과 동물의 도덕적 위상을 논의하는 것은 인간들 간에도 어떤 차이가 있을 경우 위와 같이 차별적인 방식으로 다룰 수 있는가라는 의문을 제기하도록 한다. 즉, 만일 동물이 위와 같은 이유들로 해서 직접적인 도덕적 위상을 갖지 않는다면, 유아나 치매 노인, 심각한 정신박약자, 그 외 비슷한 주변적 사례에 속하는 사람들도 직접적인 도덕적 위상을 갖지 못한다고 보아야 한다는 점이다. 그러나 우리는 직관적으로 이러한 사람들도 당연히 직접적인 도덕적 위상을 갖고 있다고 판단하므로, 동물에게 직접적인 도덕적 위상이 없다고 주장하는 것은 어떤 오류를 범하는 것이라고 할 수 있다.

이러한 점에서 동물도 인간과 동등한 도덕적 위상을 갖는다는 주장이 제기될 수 있다. 대표적인 저서 『동물 해방(Animal Liberation)』(1990)의 저자인 싱어는 동물의 이해관계를 인간의 이해관계보다 낮게 파악하는 견해에 대해 비판하면서, 만일 우리가 동물의 이해관계에 대해서 불평등하게 고려한다면 서로 다른 인간들의 이해관계에 대해서도 역시 불평등한 고려를 하지 않을 수 없게 된다고 본다. 이에 그는 "도덕적 고려에서 우리의 행위에 의해 영향을 받는 모든 존재의 이해관계에 대하여 우리가 동등한 비중을 부여해야 한다"는 '이해관계에 대한 동등한 고려의 원칙'을 제시한다(Singer, 1990: 21). 싱어의 논증에 따르면, 인간에게만 도덕적 위상을 부여하려는 어떠한 시도도 실패하기 마련이기 때문에, 결국 우리는 모든 인간이 평등한 것은 아니라든지, 또는 인간만이 평등한 것은 아니라고 결론짓지 않을 수 없게 된다. 그런데 전자의 결론은 우리의 직관에 정면으로 위배되기 때문에, 결국 후자의 결론에 도달하게 된다.

이러한 동물의 도덕적 평등론에 관한 싱어의 주장은 기본적으로 동일한 사안에 대해서는 동일하게 취급해야 한다는 공리주의에 근거를 두고 있다(Wenz, 1988: 162). 즉, 비인간 동물도 감성적 존재로서 인간만큼이나 즐거움과 고통을 경험하고 행복과 불행을 경험하기 때문에, 만일 인간의 행복이 가치 있는 목표라면 비인간 동물들의 행복도 비슷하게 가치있는 목표가 되어야 한다. 대다수의 비인간 동물들은 경험이나 감정이 없을 수도 있지만, 일부 동물들은 다양한 방식으로 지각하고 감정을 가질 수 있다는 사실이 입증된다. 따라서 공리주의적 동물평등론자들은 항상 자신의 행동으로 인해 영향을 받을 수 있는 모든 지각 있는 존재들의 행복 극대화를 침해해서는 안 된다는 것이다. 예로 가축들은 인간의 소비를 위해 사육되는데도 비참하게 갇혀 지내면서 불행한 삶을 살아가는 경우가 대부분이기 때문에, 인간의 식사법은 채식주의로 전환해야 한다고 주장된다. 그러나 리건 등에 의하면 문제의 핵심은 이해관계 자체가 아니라 이해관계를 가진 주체인데, 공리주의자들은 초점을 이해관계 자체에 맞춤으로써 매우 끔찍한 행동조차 허용하게 되는 결론에 이를 수 있다. 예로, 만일 인간에 관한 실험을 통해 더 큰 이익을 얻을 수 있다면, 공리주의적 견지에서는 그렇게 해야 한다는 결론에 도달한다. 그러나 이러한 주장은 직관적으로뿐만 아니라, "내재적 가치를 지닌 어떤 존재도 단지 수단으로서만 이용될 수 없다는 점"으로 보면 전적으로 잘못된 것이라고 할 수 있다.

리건은 『동물권을 위한 사례(The Case for Animal Rights)』(1983)에서 싱어와는 다른 방식으로 동물도 인간과 동일한 방식으로 권리를 가진다는 점을 논증하고자 한다(고정식, 2004 등 참조). 그는 공리주의에 근거한 싱어의 도덕적 동물평등론과는 달리, '내재적 가치' 개념에 의존하여 동물도 인간과 동일한 방식으로 권리를 가진다는 점을 강조한다. 그는 우선 어떤 존재가 자신의 권리를 추구하기 위해 이를 표현할 수 있어야 한다는 주장을 거부한다. 왜냐하면 이 입장에 따를 경우 주변적 상황에 있는 사람들(유아나 치매노인, 정신박약자 등)은 자신의 권리를 표현할 수 없고, 그럼으로써 권리가 발생하지 않게 되기 때문이다. 리건에 의하면, 정상적 성인과 주변적 사례들 양자에게 공통된 유일한 성질은 '한 생명의 주체(subject-of-a-life)'라는 점이다. 그의 논증에 의하면 '한 생명의 주체'인 존재는 내재적 가치를 지닌 존재인데, 내재적 가치를 지닌 존재는 우리가 존중해야 할 존재이며, 존중하기 위해서는 그러한 존재를 단순히 수단으로서가 아니라 목적 자체로서 대우해야 한다. 달리 말해서 내재적 가치를 지닌 존재는 권리를 가지며, 각 개체들의 이러한 권리는 총체적 선의 증진이라는 공리주의적 목표보다 우선한다는 점이 강조된다.

리건에 의하면, 생태정의는 한 생명의 주체로서 모든 동물이 내재적 가치와 존중 받을 권리를 가진다는 점을 인정하고 이를 침해하는 행위를 금하는 것이다. 물론 리건이 주장하는 동물권리는 절대적 권리는 아니다. 만약 인간의 권리와 동물의 권리가 서로 갈등을 일으킬 때는 인간의 삶이 동물의 삶에 우선한다. 왜냐하면 인간의 이성으로 인해 정상적인 성인들은 동물에게는 없는 충만한 존재로 살기 위한 많은 가능성을 가지기 때문이다. 또한 리건은 한 사람의 인간을 구하기 위하여 많은 동물을 희생시키는 것이 불가피할 경우, 동물의 희생을 피하기 위해서 인간의 죽음을 허용할 수 없기 때문에 많은 동물들을 희생시킬 수밖에 없다고 주장한다(Wenz, 1989: 7장 참조). 그러나 이러한 경우라 할지라도, 리건에 의하면 희생당하는 권리의 크기를 최소화해야 한다. 그 이유는 롤스의 정의론(특히 차등의 원칙)에서 유추할 수 있는 바와 같이 "그렇게 하는 것이 모두의 상태를 보다 낫게 만들 것이라는 이유에 의한 것"이 아니라, 모든 개별자들은 그 자체의 목적성, 즉, '한 생명의 주체'이기 때문이다. 이러한 점에서 리건의 동물권리론은 칸트의 의무론과 맥을 같이한다고 할 수 있다. 그러나 리건의 주장에는 여전히 권리들 간 갈등의 문제가 남아 있다. 예로, 동물들의 권리가 서로 갈등할 때 (예로, 배고픈 늑대가 양을 잡아먹을 때), 인간의 동물에 대한 권리 인정으로 인해 부작용이 생길 때 (예로, 배고픈 독수리에게 먹이를 주는 일이 독수리의 개체수를 인위적으로 늘림으로써 재난을 초래할 수 있다면) 권리들 간 충돌이 발생할 수 있다.

3) 자연의 내재적 가치와 생태정의

환경정의에 관한 철학적 전통을 나름의 방식으로 정리했던 벤츠(Wenz, 1988: 130)에 의하면, "환경정의는 동물들에 대한 관심이 무시된다면 완성될 수 없다". 모든 도덕적 고려의 주체가 인간이라면, 비인간 동물에 대한 인간의 대우에는 어떤 도덕적 제약도 불필요하게 된다. 예로, 열대림의 파괴가 위기종의 지속적인 존속에 위협이 된다고 하더라도, 그 종의 지속적인 존속이 인간 삶의 목적에 어떤 기여를 할 때만 그 파괴를 막을 이유가 된다. 이러한 주장은 앞서 논의한 칸트의 견해에 따른 것이다. 그러나 칸트의 견해는 단순히 동물에 대한 위협이 도덕적으로 설명할 수 없는 동물의 고통과 관계되기 때문이 아니라, 그것이 인간의 고통으로 이어질 것이기 때문에 중단되어야 한다는 지극히 인간중심적 사고라고 할 수 있다. 그뿐만 아니라 이러한 칸트의 주장은 또 다른 오류를 내포하고 있다. 칸트는 지구상에 인류가 존재하기 이전에 모든 것들은 도덕적으로 중립적이었으며, 어떤 것도 도덕적으로 좋거나 나쁘다고 판단될 수 없었다고 추론한다. 그러나 왜 우리는 모든 가치가 도덕적 가치라고 생각해야 하는가라는 의문을 제기할 수 있다. 예로, 사슴은 자유와 이성을 갖지 않기 때문에 도덕적 주체가 아니며 따라서 도덕적 가치를 가지지 않는다. 그러나 사슴이 도덕적 가치를 가지지 않는다고 할지라도 사슴은 그 존재의 가치를 존중받을 수가 있다.

이러한 문제에 직면하여, 연구자들은 인간중심적이지 아니한 자유주의적 환경윤리 또는 환경(생태)정의론의 가능성에 관심을 가져 왔다. 즉, 자유주의는 비인간 환경을 위한 직접적이고 비도구적인 관심을 포용할 수 있는가? 자유주의의 이론적 배경에서 협소한 인류중심주의를 가정할 경우 이러한 관심은 근거가 없게 된다. 왜냐하면 일반적으로 자유주의는 "인간 개인들에게서 정신의 상태 또는 생활의 감정들을 제외하고는 궁극적 가치를 가지는 것은 아무것도 없다(Dobson, 2000: 51)"라고 말하는 규범적 개인주의와 관련되기 때문이다. 계약론적 자유주의 이론들도 이러한 점에서 예외는 아니다. 정치적 자유주의에 입각한 사회정의이론의 대표자라고 할 수 있는 롤스도 자연의 비인간적 구성물들이 계약에 참여할 수 있는가의 문제를 형이상학으로 넘겨버린다(Rawls, 1971: 512). 즉, 자유주의에서는 외적 자연세계의 어떠한 본연적 가치도 정의에 관한 원칙들에 합의하고자 하는 자율적 개인들의 관계에서 배제하는 경향이 있다.

롤스뿐만 아니라 대부분의 연구자들은 자유주의와 생태주의가 병존하기 불가능하다는 점을 일반적으로 인정하고 있다. 예로, 벡스터(Baxter, 1999)는 생태적 정의를 '인간과 그 외 자연세계의 구성요소들 간 정의'로 규정하고, 이를 인간들 사이의 환경적 수혜와 부담의 배분에 관한 '환경적 정의'와는 구분한다. 환경정의에 관한 주창자들은 인간에 대한 환경의 도구적 가치가 인간들 간의 사회적 정의에 관한 이론으로 인식되어야 한다고 주장한다. 그러나 생태적 정의는 정의의 개념을 사람들 간의 관계를 넘어서서 자연에 대한 정의를 논할 수 있도록 확장시키고자 한다. 그러나 자유주의는 비인간 자연세계를 순전히 인간적 목적에 대한 수단으로 간주하는 '강한 인류중심주의'와 연계된다. 즉, 환경론과 자유주의는 병존가능하지만, 생태주의와 자유주의는 그렇지 않다는 것이다. 따라서 대부분의 설명에서 진정한 생태윤리는 자유주의가 제시할 수 있는 것 이상을 요구한다. 이러한 점에서, 생태정의는 반자유주의적이라기보다는 탈자유주의적 입장을 추구한다고 할 수 있다.

하지만 다른 일부 연구자들은 자유주의와 생태주의 간 병존가능성을 인정하며, 특히 롤스적 정치자유주의는 이러한 가능성에 가장 근접한 것으로 주장한다. 예로, 와이센버그(Wissenburg, 1998)는 진정한 자유주의적 입장에서 급진적인 환경적 함의를 찾을 수 있다는 점에서 '녹색 자유주의'를 옹호하고자 한다. 그러나 그 자신이 스스로 인정한 바와 같이, "근본적으로 자유주의는 동물이나 식물의 종이 아니라 개별 인간의 생존에 관한 것"으로 간주된다. 달리 말해, 그에게 가치의 근본적 장소는 동식물이나 그 종 또는 생태계가 아니라 인간이라는 점에서, 그의 설명은 여전히 많은 생태주의자들이 불만족스러워하는 인류중심적 입장을 가지고 있다. 유사한 맥락에서, 벨(Bell, 2003, 2004)도 생태주의와 자유주의를 어떻게 해석하는가에 따라 다르기는 하지만, 특히 자유주의를 롤스의 '정치적 자유주의'로 한정할 경우 이들은 병존가능한 것으로 주장하고 있다. 그는 롤스의 차등 원칙의 개념을 강조하면서 환경정의를 재규정하고자 했으나, 비인간을 가치의 근본적 장소로 간주하는 논리를 제공하지는 못했다.

다른 한편, 롤스적 공정성으로서의 정의 논리에 유추하여 내재적 가치를 설명하고자 하는 시도도 있었다. 예로, 헤일우드(Hailwood, 1999, 2003)는 '타자성(otherness)'의 개념 및 자연적 질서와 정치적 질서의 병존 등에 기초하여 자연이 내재적 가치를 가진다는 견해를 구축하고자 한다. 그는 내재적 가치를 인정함에 있어, 가치의 근원으로서 '자연성(naturalness)'이 강조될 수 있다고 주장한다. 이러한 자연성의 가치는 자연으로부터 인간의 소외로 인해 발생하는 다양한 현상들로 설명될 수 있으며, 따라서 자연성의 회복은 자연으로부터 인간의 소외를 치유할 수 있는 것으로 간주된다(Goodin, 1992: 381). 자연의 내재적 가치에 대한 이러한 접근은 인간과의 관계 속에서 그 존재를 인정하게 된다는 점에서 의의를 가진다고 하겠다. 그러나 이러한 접근은 칸트의 의무론과 유사한 문제점을 가진다. 즉, 자연성의 가치가 인간 소외의 극복을 통해 건강한 인간 정신을 만드는 역할이라는 점으로 이해되는 한 이러한 가치는 도구적이고 인간중심적이라고 할 수 있다. 자연의 내재적 가치는 자연에 대한 어떤 태도가 인간의 도덕적 고통을 치유할 수 있는가의 여부와는 무관하게 성립되어야 한다.

이러한 점에서 자연의 내재적 가치는 자연이 '우리가 아님(not-us-ness)', 즉, '타자성'으로 이해되어야 한다는 점이 강조된다. 자연의 타자성이란 자연이 우리와는 독립적으로 그리고 우리의 목적을 반영하지 않더라도 그 실체, 과정, 전체, 구조를 구성한다는 점을 함의한다. 이와 관련하여 리(Lee, 1994)의 주장에 따르면, 외적 자연은 자연의 타자성 의미를 구성하는 세 가지 논제에 대해 답함으로써 그 내재적 가치를 가진다고 할 수 있다. 이 세 가지 논제란 자연이 인간 목적과 무관하게 그 자체를 위한 존재라는 '비목적론 논제(no teleology thesis)', 인간과 독립적으로 존재와 기능을 위한 기원과 능력을 가진다는 '자율성 논제(autonomy thesis)', 인간은 인과적으로 자연에 의존하지만 자연은 인간과는 인과적으로 독립적인 존재라는 '비대칭성 논제(asymmetry thesis)'이다. 이러한 세 가지 논제는 상당히 급진적인 생태중심적 가치 판단을 포함하고 있다. 그러나 이러한 생태주의적 주장은 가능하다고 할지라도, 논제들을 자유주의의 범주 내에서 어떻게 입증할 것인가의 문제는 여전히 남는다.

자연의 내재적 가치와 관련된 이러한 논제들을 논증하기 위하여 헤일우드는 공정성으로서 정의를 체현한 중립국과 타자성으로서 자연을 비교한다. 예로, 공정성으로서 정의를 체현한 중립국은 자신이나 집단의 이해관계를 보장하기 위한 수단이라기보다는 주변국들과의 합의를 통해 구축된 목적으로서 그 자체적으로 가치를 가진다고 할 수 있다. 같은 의미에서, 타자로서의 자연은 물질적 근원으로서 도구적 가치를 가지며 따라서 보존하기 위한 배려가 있어야 하는 것이 아니라 인간 사회의 중립적 배경으로서 그 자체의 내재적 가치를 가진다고 할 수 있다. 그러나 이러한 비교 자체가, 자연은 물질적 근원으로서 도구적으로 가치 있는 것이 아니라 자연의 타자성, 즉, 그 독립적 존재와 속성 자체로서 가치를 가진다는 주장을 정당화시켜 주는 것은 아니다.

물론 자연이 내재적 가치를 가지는가의 여부는 인간과의 관계 속에서 인지되어야 할 문제이다. 만약 인간의 인지 이전에 또는 이와 무관하게 자연의 내재적 가치가 존재한다면, 이의 존재 여부는 인간에 의해 객관적으로 입증될 필요가 없을 것이다. 그렇다면 자연의 내재적 가치가 존재함을 선험적으로 선언하고, 이에 상응하는 도덕적 관계를 가지도록 노력하면 될 것이다. 사실 직관, 신비주의, 명상, 종교적 현시, 형이상학, 또는 개인적인 성찰 등은 이러한 방식으로 자연의 내재적 가치를 인정하고 이에 상응하는 태도(예로 채식주의, 금욕주의 등)를 가지기 위해 노력하고 있다. 특히 이러한 점에서 자연에 내재된 가치를 인간화된 용어들로 표현할 수 있다. 즉, '위대한 존재의 사슬'에서 우리 자신의 위치의 특수성을 반영할 수 있는 방식들을 발견하고자 하거나 또는 '인간은 그 자신을 의식하게 되는 자연이다'라는 경구에 함의된 바와 같이 지혜로운 주체가 자연에 내재된 가치들을 인간화된 용어들로 번역하는 데 있어 최소한 수행할 수 있는 창조적 역할을 강조할 수 있다(Harvey, 1996: 157~158 참조).

그러나 우리의 관심은 이와 같은 직관이나 신비주의, 형이상학에 기초하여 자연의 내재적 가치를 인정하고자 하는 것이 아니다. 우리는 인간과의 관계 속에서 자연의 내재적 가치가 존재한다는 사실을 객관적으로 이해하고자 한다. 즉, 만약 가치들이 자연에 내재해 있다면 과학은 그 객관적 절차들을 통해 가치들이 무엇인가를 찾아낼 수 있는 합리적으로 중립적인 길을 제공해야 할 것이다. 하비가 지적한 바와 같이, 자연의 관찰과 근본적인 도덕적 원리와 가치들의 탐구 간을 연계시키고자 하는 오랜 역사가 시작되었다고 할 수 있다. 그러나 서구 과학의 역사에서 객관적 방식을 통해 자연의 내재적 가치가 존재한다는 사실을 밝히는 것은 불가능했던 것처럼 보인다. 왜냐하면 서구 과학의 기원, 특히 데카르트(R. Descartes) 이후 서구 근대 과학(자연과학뿐만 아니라 인문사회과학)의 발달은 기본적으로 인간과 그 외 자연과의 존재론적 구분을 전제로 하고 있기 때문이다.

생태정의의 개념화는 기본적으로 인간과 자연 간의 이원론을 전제로 한 서구 과학의 전통을 극복할 것을 요구한다. 심층생태학은 이러한 점에서 하나의 대안이 될 수 있는 것처럼 보이며, 또한 자유주의와의 관계가 일정하게 구축될 수 있다는 주장이 제기되고 있다(예로 diZerega, 1996). 그러나 생물평등과 자아실현을 강조하는 심층생태학은 환경-생태적 정의의 개념화를 위한 나름의 유의성을 가진다고 할지라도, 신비주의적 담론을 벗어나지 못한 것처럼 보인다(3장 참조). 다른 한편 탈구조주의(또는 포스트모더니즘)적 생태학의 경우, 스피노자의 철학적 맥락 속에서 존재의 일의성을 강조하는 들뢰즈의 동물행동학적 유형화는 인간과 자연 간의 이분법을 극복하기 위한 중요한 단초를 제공하는 것처럼 보인다(9장 참조). 이에 의하면, 인간과 다른 동물을 구분하는 서구의 자연과학적 유형화가 아니라 이들의 행동적 속성에 따른 유형화(예로 일하는 인간과 소, 개미는 동일한 유형으로 구분됨)가 정형화될 경우 이는 형이상학이나 종교, 신비주의 등에 빠지지 아니하고 생태정의를 개념화할 수 있는 하나의 (또는 현재 상황에서 유일한 것처럼 보이는) 대안이 될 수 있을 것이다. 그러나 이러한 탈구조주의적 입장이 롤스의 자유주의적 정의론과 어떻게 결합될 수 있는가는 또 다른 문제라고 할 수 있다.

5. 결론

이 글은 현대사회를 기본적으로 규정하고 있는 자유주의 사상에 근거하여 사회정의를 개념화하고자 하는 롤스의 이론이 자원문제, 환경문제, 나아가 생태문제를 어떻게 이해하고 있으며 또한 이러한 문제의 해결과 이를 위한 기반으로서 환경적·생태적 정의의 개념화를 위해 어떻게 응용될 수 있는가를 고찰하고자 했다. 롤스는 무지의 장막, 원초적 입장, 차등의 원칙 등 복잡한 개념들과 정교한 추론들을 통해 절차적이고 분배적인 측면에서의 사회정의에 관한 이론화를 시도했으며, 그의 이론은 이제 하나의 고전적 정의론으로 인정되고 있다. 그러나 그의 정의론은 자유주의적 입장에서 분배적 사회정의를 매우 정교하게 체계화했으며 현실적으로도 많은 유의성을 가진다고 할지라도, 자유주의 내부(특히 자유지상주의)에서뿐만 아니라 자유주의 바깥에 있는 학자들로부터 그 문제점들이 지적되고 있다.

환경문제의 측면에서 보면, 우선 그의 이론은 사회적 정의가 성립하는 객관적 여건으로 '자원의 적절한 부족' 상태를 전제로 하고 있다는 점에서 문제를 안고 있다. 즉, 자원의 상태는 정의의 객관적 여건으로 주어지는 것이 아니라 사회적으로 생산·분배되어야 할 정의의 실제 내용으로 이해되어야 할 것이다. 또한 이러한 자원의 정의로운 배분에서 차등의 원칙에 따라 최소수혜자의 조건이 개선될 수 있는 불평등이 용인된다는 점이 의의를 가진다고 할지라도, 롤스는 이러한 불평등이 사회적 생산성의 증대를 가져다줄 것이기 때문에 이해관계의 당사자들이 선택할 것으로 추론한다는 점, 그의 이론이 절차적 정의론으로 분배의 결과에 대한 실제적 정의에 대한 보장을 전제로 하지 않는다는 점은 문제로 지적된다.

다른 한편 롤스의 정의이론을 동물이나 자연의 여타 구성원으로 확장하고자 하는 많은 시도들이 있었으며, 롤스 자신도 그의 이론이 확장될 수 있는 주요 영역들에 관해 직접 고찰했지만, 대체로 인간들 간 자연자원의 배분을 위한 환경정의의 개념화에는 응용가능하다고 할지라도 비인간 자연의 구성원들 간 관계를 전제로 한 생태정의로까지 확장시키는 것은 거의 불가능한 것처럼 보인다. 롤스의 정의론뿐만 아니라 다른 자유주의적, 공리주의적 입장에서 생태정의를 추구하는 노력들은 여전히 많은 문제점들을 안고 있는 것처럼 보인다. 왜냐하면 이러한 시도나 노력들은 기본적으로 인간과 자연을 존재론적으로 구분하는 서구 과학적 전통에 근거하고 있으며, 인간과는 무관하게 독립적으로 존재하는 자연의 내재적 가치를 입증할 수 없었기 때문이다. 이러한 점에서 롤스의 정의이론이 생태정의를 포섭할 수 있는가의 여부는 우선 자연의 내재적 가치를 인지하기 위하여 인간과 자연의 이원론을 극복하고, 나아가 이를 자신의 이론 체계 내에서 재구성할 수 있는가에 달려 있다고 하겠다.

참고문헌

고정식. 2004. 「롤스의 정의론을 원용한 환경정의론」. ≪동서철학연구≫, 32, pp.69~90.

김비환. 1996. 「롤스의 정치적 자유주의 비판」. ≪한국정치학회보≫, 30(2), pp.5~23.

김성호. 2002. 「동물의 도덕적 지위에 관한 칸트의 견해」. ≪환경철학≫, 1, pp.77~98.

박전규. 1995. 「롤스의 사회선 이론과 환경윤리학」. ≪범한철학≫, 11, pp.19~38.

이정전. 1999. 「공리주의와 롤스의 정의론에 입각한 환경정의」. 「정의의 눈으로 환경을 본다」: 사회정의와 환경정의(환경정의시민연대 심포지움 자료집).

전재경. 2000. 「환경정의의 법적 과제」. 한국법제연구원 연구보고서.

한면희. 2000. 「환경정의와 NGO 운동」. 환경정의시민연대.

황경식. 1984. J. 「롤스의 자유주의적 평등주의」. ≪철학≫, 22, pp.41~78.

Almond, Brenda. 1995. Rights and justice in the environment debate, in D.E. Cooper and J.A. Palmer(eds). *Just Environments: Intergenerational, international and interspecies issues*. Routledge. London & New York. pp.3~20.

Baxter, Brian. 1999. Environmental ethics - values or obligations ? *Environmental Values*. 8. pp.107~112.

Bell, Derek R. 2003. Political liberalism and ecological justice, Paper presented at ECPR General Conference. Environmental Politics Section. Panel 2: Environmental and Ecological Justice. 19th September, 2003.

Bell, Derek. 2004. Environmental justice and Rawls' difference principle. *Environmental Ethics*. 26(3). pp.287~306.

Benjamin Davy. 1997. *Essential Injustice*. Springer. Wien/New York.

Coglianese, C. 1998. Implications of liberal neutrality for environmental policy. *Environmental Ethics*. 20(1). pp.41~59.

diZerega, Gus. 1996. Deep ecology and liberalism: the greener implications of evolutionary liberal theory. *The Review of Politics*. 58(4). pp.699~734.

Dobson, Andrew. 2000. *Green Political Thought*. London. Routledge.

Elliot, R. 1984. Rawlsian Justice and Non-Human Animals. *Journal of Applied Philosophy*. 1. pp.95~106.

Fisk, M. 1975. History and reason in Rawls' moral theory, in N. Daniels(ed), *Reading Rawls: Critical Studies on Rawls' Theory of Justice*. Oxford. Blackwell. pp.53~80.

Goodin, Robert. 1992. *Green Political Theory*. Cambridge: Polity Press.

Hailwood, Simon A. 1999. Towards a liberal environment?. *Journal of Applied Philosophy*. 16(3). pp.271~281.

______. 2003. A new green liberalism, paper presented at the European Consortium for Political Research ECPR Conderence(Marburg, 18~21 Sep.2003), ecpr/events/generalconference/marburg/papers/8/2/Hailwood.pdf.

Hare, R.M. 1974. Rawls' theory of justice, in N. Daniels,(eds). *Reading Rawls*. New York. Basic Books,

Harsanyi, John, C. 1975. Can the maximum principle serve as a basis for morality? A critique of John Rawls' Theory. *The American Political Science Review*. 69(2). pp.594~606.

Hartley, Troy W. 1995. Environmental justice: an environmental civil rights value acceptable to all world views. *Environmental Ethics*. 17(3). pp.277~289.

Harvey. 1973. *Social Justice and the City*. Arnold. London; 최병두 역. 1982. 『사회정의와 도시』. 종로서적.

______. 1996. *Justice, Nature, the Geography of Difference*. Oxford. Blackwell.

Hayek. 1979. *Social Justice, Socialism and Democracy*. The Centre for Independent Studies. Sydney.

Kant, I. 1985. *Vorlesungen über Moralphilosophi*; 1978. 『도덕철학강의: 도덕형이상학원론』. 박영사.

Langhelle, Oluf. 2000. Sustainable development and social justice: expanding the Rawlsian framework of global justice. *Environmental Values*. 9(3). pp.295~323.

Lee, Kee-kok. 1994. Awe and humility: intrinsic value in nature, Beyond an Earthbound environmental ethics, in Attfield. R. and Belsey, A.(eds). *Philosophy and the Natural Environment*. Cambridge. Cambridge U.P. pp.89~102.

Luper-Foy, Steven. 1992. Justice and Natural Resources. *Environmental Values*. 1. pp.47~64.

Manning, R. 1981. Environmental ethics and Rawls' theory of justice. *Environmental Ethics*. 3. pp.155~166.

Nozick, Robert. 1974. *Anarchy, State, Utopia*. New York. Basic Books.

Pritchard, Michael. S. and Robinson, Wade, L. 1981. Justice and the treatment of animals: a critique of Rawls. *Environmental Ethics*. 3. pp.55~62.

Rawls, John. 1971. *A Theory of Justice*. Harvard University Press; 황경식 역. 1989(개정판). 『사회정의론』. 서광사.

______. 1993. *Political Liberalism*. New York. Columbia U.P.

______. 1999. *The Law of Peoples*. Harvard University Press; 장동진 외 역. 2000. 『만민법』. 이끌리오.

______. 2001. *Justice as Fairness*: A Restatement. London. Harvard U.P.

Regan, Tom. 1983. *The Case for Animal Rights*. Univ. of California Press. Berkeley California.

Salvatore, Ingrid. 2004. Liberalism, pluralism, justice: An unresolved strain in the thought of John Rawls. *Philosophy and Social Criticism*. 30(5-6). pp.623~641.

Singer, Brent A. 1988. An extension of Rawls' theory of justice to environmental ethics. *Environmental Ethics*. 10. pp.217~231.

Singer, Peter. 1990. *Animal Liberation*. New York. Avon Books.

Smith, D. M. 1977. *Human Geography: A Welfare Geography*. Arnold. London.

Thero, Daniel P. 1995. Rawls and environmental ethics: a critical examination of the literature. *Environmental Ethics*. 17(1). pp.93~106.

Wenz, Peter. 1988. *Environmental Justice*. State Univ. of New York Press.; 최병두 외 역, 2008, 『환경정의』, 한울.

Wissenburg, Marcel. 1998. *Green Liberalism*: The Free and the Green Society. London. UCL Press.

3장

심층생태학과 생태적 정의 – 생물평등과 자아실현을 중심으로[1)]

[원칙 1] 지구상의 인간과 비인간 생명의 번성은 내재적 가치를 가진다. 비인간 생명체의 가치는 이들이 좁은 의미로 인간적 목적을 위해 가지는 유용성과는 무관하다.

[원칙 2] 생명체의 풍부함과 다양성은 그 자체로서 가치를 가지며, 지구상의 인간과 비인간 생명의 번성에 기여한다.

[원칙 3] 인간은 생존적 필요를 만족시키는 것을 제외하고 이러한 풍부함과 다양성을 감소시킬 권리를 가지고 있지 않다.

— 네스(1989)

1. 서론: 근대성의 위기로서 환경위기

오늘날 우리는 심각한 위기 상황에 처해 있다. 이 지구상에 인류가 등장한 이래, 인간은 자신의 생존과 번영을 위하여 지구의 자연환경과 대적하면서 이를 정복해왔지만, 그 자연의 지배로 인해 인류는 심각한 자원고갈과 환경오염의 위기상황에 처했다. 특히 이러한 자연의 지배는 지난 300여 년간 서구사회에 만연한 주체와 객체, 인간과 자연 간의 데카

1) 이 글은 ≪공간과 사회≫, 16(2001년), 36~68쪽에 실린 글을 수정한 것이다.

르트적 이분법에 기초한 근대성(modernity)과 이를 구현하는 근대화 과정에 의해 뒷받침되었다. 산업혁명 이후 가속적으로 팽창해온 경제적 부(또는 자본축적)는 대규모 생산설비의 구축과 대량의 원료 및 에너지원의 투입, 그리고 이들을 결합하는 생산과정 및 생산된 제품들의 소비과정에서 엄청난 양의 오염물질 배출을 요구했다. 많은 논평가들은 이러한 근대적 산업화 또는 자본주의적 축적 과정은 서구 사회에서 과학기술의 가속적 발달과 이를 가능하게 했던 근대적 의식에 뿌리를 두고 있다고 지적한다(Giddens, 1990 참조).

데카르트적 철학의 전통 속에서 이루어진 주체와 객체 간의 분리 및 이와 관련된 이분법적 대립항들—대표적으로 인류중심주의적 입장에서의 인간과 자연 간 이원론—은 자연의 대상화, 과학기술의 도구화, 그리고 이에 따른 자연의 정복과 지배를 정당화시킬 수 있는 바탕을 제공했다. 그러나 이러한 근대화 및 근대성의 발달은 오늘날과 같은 경제적, 사회문화적, 생태적 위기상황을 유발하는 원인이었다. 특히 생태적 측면에서 보면, 이원론적 근대성에 기초한 인간의 의식은 자연을 도구적 지배의 대상으로 전락시켰으며, 이러한 근대성에 의해 추동된 자본주의적 산업화 과정은 생산성의 증대 또는 자본축적을 최고 목적으로 추구하면서 자연을 재생불가능할 정도로 황폐화시켰다. 나아가 이러한 도구적 환경의식과 자연환경의 황폐화는 생태계의 일부인 인간에 대해서도 도구적으로 인식하고 자연 속에서 살아가는 인간의 생활까지 피폐화시키게 되었다.

이제 인류의 역사는 이와 같은 위기에 직면하여, 자연의 파괴와 더불어 인류 파멸의 길을 걸을 것인가 그렇지 않으면 자연과의 공생으로 나아가는 새로운 길을 만들어갈 것인가의 갈림길에 놓였다. 이러한 위기상황에서 이른바 포스트모더니즘(탈근대주의)은 근대 서구사회의 의식과 현실을 특징지었던 근대성을 비판하고 새로운 사회로의 전환을 추구하게 되었다. 이러한 포스트모더니즘은 특히 생태위기에 초점을 두고 근대성을 비판하면서, 새로운 생태철학과 환경윤리를 강조하는 포스트모던 생태학의 발전에 중요한 역할을 하게 되었다. 이러한 점에서, 포스트모던 생태철학은 "근대성의 잿더미에서 부활하는 불사조"로 비유되기도 한다(정화열, 1996).

반(反)근대성이라는 점에서 공통성을 가지고 포스트모던 생태학으로 분류되는 생태적 주장들에는 심층생태학, 사회생태학, 에코페미니즘, 그리고 탈구조주의적 생태학 등이 있다. 이들은 반근대성이라는 점에서 공통점을 가지지만, 근대성의 체현으로 구축된 근대 산업사회 또는 자본주의 정치경제체제 자체에 대한 어떤 '과학적' 분석과 비판을 제시하지는 않는다. 대신 이들은 근대성에 반대하는 비판적 담론들을 확산시키고 나아가 직간접적으로 생태적 함의를 내포하는 윤리를 제시한다는 점에서도 공통된다. 즉, 심층생태학을 포함한 포스트모던 생태학은 "근대적 합리성의 억압적이고 거세된 속성에 대한 비판"과 "평등, 차이의 존중 그리고 모든 유형의 지배적 또는 종속적 관계의 회피에 대한 강조"를 공유한다(Frodeman, 1992: 308~309). 그러나 다른 한편 포스트모던 생태학(심층생태학, 탈구조주의적 생태학, 그 외 사회생물학 및 반과학주의도 포함하여)은 "'인간 혐오'와 '신비주의' 그리고 '허무주의적 색채'를 띤다는 점에서 공통적"이라고 비판되기도 한다(구승회, 1999).

이러한 점에서, 이 장은 포스트모던 생태학(그 중에서도 근본환경론)의 한 영역을 이루고 있는 심층생태학에 초점을 두고 새로운 생태윤리, 특히 생태정의이론을 정립하기 위한 바탕을 구축하고자 한다[2]. 이러한 목적을 위하여, 우선 포스트모던 생태학으로서 심층생태학의 기본 내용을 제시

2) 심층생태학은 분명 포스트모던 생태학의 한 유형이라고 할 수 있지만, 이에 속하는 다른 유형들에 비하여 근대성에 대해 덜 비판적이고 새로운 사회(주의)로 전환과 관련하여 현 자유주의(자본주의) 체제의 극복방안에 대해서도 구체적으로 언급하지 않는다. 이런 이유 등으로 이 책에서는 '자유주의적 생태학과 환경정의'이론에 포함시켰다.

하면서 그 의의와 문제점을 살펴본 후, 이들의 주장에서 생태윤리적 함의들을 가지고 있는 주요 개념들, 특히 생물평등과 자아실현의 개념을 이해하고자 한다. 그리고 심층생태학의 입장을 탈구조주의적 생태학과 비교하여 그 문제점을 살펴보고, 나아가 생물평등주의와 자아실현이라는 개념에 기초한 생태정의론의 가능성과 한계를 고찰하고자 한다.

2. 심층생태학의 등장과 발달과정

심층생태학(deep ecology)은 이 용어를 만들어내고 그 이후에도 가장 중심적 연구 활동을 하고 있는 노르웨이 철학자 네스(A. Naess)와 더불어 드볼(B. Devall), 세션(Sessions), 폭스(Fox) 등과 같은 많은 학자의 기여로 발달한 "포스트모던 생태학의 한 '변형'"이라고 할 수 있다(Stark, 1995: 259). 네스에 의하면, "오염과 자원 고갈에 맞서 싸우고 …… 선진국 주민들의 건강과 풍요를 보존하는 일"에 몰두하는 '얕은 생태운동(shallow ecology movement)'은 강력하지만 미봉책이기 때문에 "아직 영향력은 미약하지만 심층적이고 장기적인 관점에서의 운동", 즉, 심층생태운동이 필요하다고 주장된다(Naess, 1973: 95; 문순홍 역, 1999). 즉, '심층생태학'은 네스의 입장에서 본 '얕은 생태학'에 대립되는 개념으로 등장하였으며, 특히 세 가지 기본적 관점에서 그렇게 불린다. 첫째, 이는 기본적 사회경제적 실행에 대해 부분적인 개혁을 추구하는 '얕은' 환경론을 거부한다. 둘째, 이는 이러한 실행이 왜 그리고 어떻게 해서 발생했는가에 대해 '보다 깊은' 의문을 제기한다. 셋째, 이는 자아와 자연에 대해 본연적이고 정신적인 일체화에 기반이 되는 '전체 세계관'을 포용한다(Naess, 1989: 27~28, 163, 171~176).

이와 같이 네스가 심층생태학이라는 개념을 처음 제시했을 때는 철학이나 사회이론이라기보다는 생태운동의 한 차원에서 선언적인 의미를 가지고 있었다. 그 이후 약 30년 동안 이에 관심을 가지는 많은 학자들과 활동가들은 생태위기를 유발한 인류중심적 (그리고 유럽중심적) 근대성에 대해 비판하는 한편, 스피노자와 간디, 불교나 도교, 북미 원주민들의 자연관 등으로부터 주요한 개념들을 도입·발전시켰다. 이에 따라 심층생태학은 현대 생태담론에서 중요한 위치를 차지하게 되었고, 실천적으로도 상당한 영향을 확보했다. 특히 생태담론의 측면에서 심층생태학은 초인간적 생태학(transpersonal ecology), 영성적 생태학(spiritual ecology) 등으로 확대 또는 분파되기도 했으며, 사회생태학, 생태페미니즘, 생물지역주의 등과 일정한 (때로 비판적) 연계 속에서 탈구조주의적 사상들과 비교될 정도로 발전해왔다(9장 참조).

네스(Naess, 1973)가 처음 심층생태학이라는 용어를 제시하면서 그 기본적 요소로서 제시한 7가지 원칙은 ① '환경 속의 인간(man-in-environment)'이 아니라 '총체적 장의 이미지(total-field-image)' (즉, 생물계라는 그물망의 결절점으로서 유기체의 이미지), ② 원칙상의 생물평등주의, ③ 다양성과 공생의 원리, ④ 계급적 입장에의 반대, ⑤ 오염과 자원고갈에 대한 반대, ⑥ 뒤얽힘이 아닌 복잡성, ⑦ 지역적 자율성과 분권화 등을 포함한다. 네스는 이러한 "일곱가지 원칙 대부분이 모호하게 일반화되어" 있으며, 따라서 "향후에 특정 방향에서 정교화되지 않는다면 외부의 비판을 견뎌낼 수 없을 것"임을 인정하고 있다.

그 이후 네스는 자신의 초기 주장들을 보다 세련시켜 이러한 원칙들의 연장선상에서 심층생태학 운동의 '발판(platform)'으로서, ① 자연의 내재적 가치, ② 생명체의 풍부함과 다양성, ③ 인간은 생존적 필요 충족을 제외하고 이러한 풍부함과 다양성을 감소시킬 권리가 없음, ④ 비인간 세계에 대한 인간의 지나친 간섭 배제, ⑤ 인간 및 비인간 생명의 번성을 위한 인구의 상당한 감소, ⑥ 자연 조건의 유의한 변화를 위한 정책의 변화, ⑦ 내재적 가치를 위한 이데올로기 변화, ⑧ 이러한 변화를 위한 실천에의 참여 등 여덟 가지 원칙을 다시 제안한다(Naess, 1989: 29). 네스는 이 여덟 가지 원칙이 "심층생태학 운동의 거의 모든 지지자들에 의해 채택될 수 있는 상당히 일반적이고 추상적인 일단의 진술들"이라고 서술한다(Naess, 1995: 214). 그는 이러한 원칙들에 기초하여 자연에 대한 새로운 철학적 관점을 생태철학(ecosophy)이라고 부르고자 한다.

심층생태학의 기본 원칙 또는 심층생태학자들이 합의하는 기본적 발판으로서의 이러한 생태철학적 주장들은 다른 심층생태학자들의 원칙 설정이나 또는 이에 대한 논평가들의 요약에서도 확인될 수 있지만, 다소 달리 표현되거나 해석되기도 하며 다른 내용들이 추가되기도 한다. 예로, 심층생태학의 핵심적 지지자인 드볼(Devall, 1980: 303~311)에 의하면 심층생태학은 첫째, "다양성, 복잡성, 자율성, 탈중심성, 공생적·평등적·초계급적 원칙들과 같은 보다 근본적인 관심을 필요로 한다". 둘째, 심층생태학은 "'자연 속의 인간'이라는 이미지, 말하자면 인간·동물·대지가 영적인 상호관계를 인식하는 그런 이미지"를 전제로 한다. 즉, 심층생태학은 인간중심주의를 포기하고 인간을 자연에 재편입시킴으로써 생명공동체의 평범한 구성원으로 인식한다. 셋째, "심층생태론의 새로운 패러다임은 주체/객체, 인간/자연이라는 이분법을 거부하고, 이 지구의 전체적인 통합이라는 총체적 인식을 요구한다". 심층생태학에 대한 스타크(Stark, 1995)의 논평에 의하면 심층생태학은 다음과 같은 가정, 즉, 모든 생명의 상호관련성 (생명공동체), 생물적 관련성의 전반적 체계의 일부로서 모든 유기체들의 본질적 평등 (생물민주주의), 인간중심적 주장의 거부(반인간중심주의), 자연의 '내재적 가치'의 개념화 (생태중심주의), 자연과의 근본적인 일체화(또는 정체화)로서 인간성의 목적 (자아실현) 등을 반영하고 있다.

심층생태학자들이 합의하고 이들의 주장에 함의되어 있는 원칙들이 가지는 의의를 요약하면, 우선 심층생태학은 주체/객체, 인간/자연의 이분법에 내재된 문제점(즉, 근대성의 문제성)을 극복하기 위해 노력하면서, 자연 또는 생태계에 대한 새로운 관점의 정립, 즉, '관련적 총체적 장으로서의 자연'을 개념화하고자 했다. 총체적 장 모형은 '환경 속의 인간'이라는 개념뿐만 아니라 '환경 속의 사물'이라는 개념을 해체하고자 한다.[3] 후자의 개념들은 데카르트의 이분법적 철학 그리고 이러한 이분법을 전제로 하는 서구의 근대성에 내재된 개념으로, 심층생태학은 이러한 개념들에 반대하여 세계의 모든 것들은 내적 관련성에 기초한 전반적 통일성의 일부이며, 그 속에 있는 다른 것들과 연계되어 있다고 주장한다. 이와 같이, 심층생태학자들은 오늘날 서구 사회가 봉착한 환경위기를 극복하기 위하여 이원론과 개인성을 부정하는 대신 통일과 전체성을 긍정하는 것이 필수적임을 발견했다. "새로운 패러다임은 주체/객체, 인간/자연이라는 이원론의 거부를 요청하며, 행성으로서 지구의 전체적인 상호연계성에 관한 보편적인 인지를 요청한다"(Devall, 1980: 311).

그렇지만 심층생태학자들이 강조하는 것처럼, 이러한 통일과 전체성에 관한 심층생태학의 긍정은 다양성 및 탈중심화의 채택과 즉각적으로 연계되며, 따라서 서구 철학적·종교적 사고에서 흔히 발견되는 통일지향적 형이상학적 주장과 혼돈되어서는 안된다고 주장된다. 사실, "세계는 인간과 비인간적 자연 간 불연속이나 경계 없이 '단절되지 아니한 전체'로서 존재한다"는 네스(Naess, 1973: 96)의 주장은 스피노자(Spinoza)에게로 소급되며, "전체와 부분은 내적으로 관련되어 있다"는 그의 견해(Naess,

---

3) 네스에 의하면, "유기체와 환경은 두 가지 [분리된] 사물들이 아니다. …… 만약 쥐가 절대적 진공 속에 있다면, 이는 더 이상 쥐가 아니다. 유기체는 환경을 전제로 한다. 마찬가지로, 한 사람은 그가 전체의 장 속에서 관련적 접점이 될 경우에만 자연의 일부가 된다. 일체화의 과정은 이 접점을 정의하는 관계들이 점점 더 포괄적이 되도록 확대되는 과정이다. '[소]자아(self)'는 '[대]자아(Self)'를 지향하여 성장한다"(Naess, 1989: 56).

1989: 59)는 화이트헤드(A. N. Whitehead)와 같은 비판적 철학자들이나 사회이론가들에 의해 공유되는 것이다. 그뿐만 아니라 네스(Naess, 1989: 79)가 주장한 자연과 인간과의 관련적 개념화, 즉, "유기체는 생물계라는 그물망 또는 본질적인 관계망의 결절점(매듭)이다"는 주장은 하비(Harvey, 1996: 167)에 의해서도 승인된다. 그러므로 "인간은 환경 속에 있는 한 사물이 아니라, 시간과 공간상에 결정된 경계 없이 관련적 체계에 있어 한 결합점이다"라는 점이 강조될 수 있다.

그러나 심층생태학은 그물망, 관계망 또는 '총체적 장'으로서의 자연(또는 생태계)에 대한 이해를 능가하여 자연이 그 자체로서 어떤 내재적 가치를 가진다는 주장을 함으로써 본질적인 내적 문제점과 외적 비판을 맞게 된다. 심층생태학은 그 이론의 발판으로 제시된 여덟 가지 원칙들 가운데, 앞선 세 가지로서 이러한 자연의 내재적 가치를 천명하고 있다. 심층생태학에 의하면, "지구상의 인간과 비인간 생명의 번성은 내재적 가치를 가진다. 비인간 생명체의 가치는 이들이 좁은 의미로 인간적 목적을 위해 가지는 유용성과는 무관하다"[원칙 1], "생명체의 풍부함과 다양성은 그 자체로서 가치를 가지며, 지구상의 인간과 비인간 생명의 번성에 기여한다"[원칙 2], 또한 "인간은 생존적 필요를 만족시키는 것을 제외하고 이러한 풍부함과 다양성을 감소시킬 권리를 가지고 있지 않다"[원칙 3](Naess, 1989: 29). 이와 같이, 심층생태학은 자연의 모든 생명체들이 인간의 필요 충족이나 유용성과는 무관한 가치를 가질 뿐만 아니라, 생명체의 다양성 자체도 절대적 의미를 가지는 것으로 강조한다.

심층생태학이 제기한 이러한 '자연의 내재적 가치'는 생태담론에서의 주요한 쟁점들 가운데 하나가 되었으며, 아직 이에 대한 어떤 합의가 도출되지는 않았다. 그러나 분명한 점은 이러한 자연의 내재적 가치, 나아가 생태중심적 사고를 정당화하기 위한 다양한 논의들은 어떤 피상적 직관에의 호소나 신비주의적 환상에의 의존을 피할 수 있어야 한다는 것이다. 하지만 심층생태학은 이러한 한계를 벗어나지 못했다는 점에서 지속적으로 비판되고 있다. 예로, 프롬(Fromm, 1992: 30)이 주장하고 구승회(1999)가 승인한 바와 같이 심층생태학은 "인간의 허무성이 절대적 침묵에 싸여 있는 우주에 '신의 의지'를 투사했던 것과 마찬가지로 욕망에 찬 인간 정신은 생물중심주의자들이 말하는 '내재 가치'를 동식물과 무생물에 투사한다 …… '내재 가치'라는 '생물중심적' 개념은 사람들 스스로가 가치 있는 세계의 막후 조종자임을 부정함으로써 성취되는 것이기 때문에 보통의 이기심보다도 더 나르시스적인 인간중심주의"라고 비판된다. 즉, 심층생태학은 '자연의 내재적 가치'를 설정하고 이에 대해 논의할 수 있는 생명체는 단지 인간으로만 한정하며, 따라서 심층생태학은 불가피하게 인간에게 이러한 내재 가치를 인정하도록 요구하고 있다는 점에서 역설적이라고 할 수 있다.

물론 비록 심층생태학이 생태중심적 개념이나 주장들로 구성된다고 할지라도, 심층생태학이 사회적으로 미친 영향력이 무시되어서는 안 될 것이다. 심층생태학은 그 자체로서 사회적 함의를 가질 뿐만 아니라, 때로 보다 직접적으로 현대사회의 환경위기에 대해 신랄한 비판을 가함으로써 생태운동가들에게 많은 영향을 미치고 있으며, 나아가 근본적인 사회전환을 추구하고 있다. 사실 심층생태학의 등장은 사회적 배경에 대한 대응으로서 의미를 가진다. 즉, 심층생태학은 근대사회와 문화에 내재된 근대성의 비판으로서 등장한 것이며, 심층생태학이라는 용어 자체도 기본적으로 얕은 생태학에 대한 철학적-과학적 관점과 관련된 사회운동이라는 측면에서 고려된 것이다. 그러므로 심층생태학은 얕은 생태학에 기초한 운동이 공해와 자원고갈에 저항해서 싸우며, 선진국들에서 사람의 건강과 풍요로움을 중심적 목적으로 한다는 비판에서 출발한다. 심층생태학에 의하면 자원이 고갈되고 환경이 오염된 장소들의 재순환과 청결화와 같은 '개혁주의적' 행동은 자연에 대한 인간의 착취를 정당화시키는 지배적 패러다임을 방치한 단기적 방안에 불과하다고 비판되며, 생태적 문제들에 대한 윤리적이고 정치적인 대응이 장기적으로 필요하다고 주장된다. 이러한 점에서, 심층생태학자들에게 현재 필요한 것은 우리들의 지배적 패러다임의 근본적 변화, 즉, '서구 문화의 추진력에 대한 전반적인 재지향'을 요청하는 변화이다(Sessions, 1985: 30).

이와 같이 심층생태학자들은 자연을 보호하자는 단순한 개량주의적 생태주의자들이 아닐 뿐만 아니라, 생태중심적 윤리에 매몰되어 사회적 함의를 완전히 무시한 생태철학자들도 아니라고 할 수 있다. 이러한 점은 심층생태학자들이 합의하고 그 발판으로 제시한 여덟 가지 원칙들 가운데 다섯 가지가 모두 사회적 문제와 직접적인 관계를 가진다는 점에서도 확인될 수 있다(Naess, 1989: 29). 즉, 원칙 4는 "비인간 세계에 대한 현재 인간의 간섭은 지나치며, 상황은 급속하게 악화되고 있다"는 점이며, 원칙 5는 "인간 생명과 문화의 번성은 인구의 상당한 감소와 모순되지 않는다. 비인간 생명의 번성은 이러한 감소를 요청한다"는 주장이다. 또한 원칙 6은 "보다 좋은 방향으로 생명 조건의 유의한 변화는 정책의 변화를 요청"하며, "이는 기본적인 경제적·기술적·이데올로기적 구조에 영향을 미친다"는 사실이고, 원칙 7은 "이데올로기적 변화는 주로 높은 생활수준을 고수하기보다는 통찰력 있는 생활의 질(내재적 가치의 상황에 살아감)과 관련"된다는 점이다. 그리고 끝으로 원칙 8은 "이러한 점들에 기여할 사람들은 필수적 변화를 수행하기 위한 시도에 직간접적으로 참여해야 하는 의무를 가진다". 이러한 점에서, 심층생태학은 분명 환경문제의 발생 및 이를 해결하기 위한 사회 모든 영역에서의 변화와 사람들의 참여라는 극히 사회적인 주장들을 포함하고 있다. 그러므로 만약 이러한 주장들이 다른 생태중심주의적 개념들과 모순이 되지 않는다면 이는 매우 유의한 것들이라고 할 수 있다(Clark, 1996).

그러나 심층생태학이 가지는 이러한 사회적 원칙들의 유의성에도 불구하고, 심층생태학은 자연의 내재적 가치를 지나치게 강조하거나 또는 신비주의적 직관 등에 호소하는 생태중심적 주장을 제시하는 반면, 환경 위기를 유발하는 사회적 원인들에 대한 분석이나 이론들에 대해서는 거의 관심을 가지지 않기 때문에 이러한 사회적 원칙 또는 주장들을 뒷받침할 수 없게 된다. 그뿐만 아니라 심층생태학은 대안적 생태사회에 대해서도 체계적이고 구체적인 논의를 하지 않고 있다는 점에서 한계를 가진다. 물론 심층생태학은 기본적으로 생태민주주의와 생태지역주의에 근거한 민주적이고 분권적인 생태공동체(ecotopia)의 건설을 강조한다는 점에서 의의를 가진다. 특히 네스는 그의 초기 주장들(1973, 1985)에서 사회주의에 대해 공감을 하는 것처럼 서술한다(Naess, 1997a). 그는 계급적 제약을 자아실현의 가능성을 제한하는 것으로 이해하며, 녹색정치가 국지적, 국가적, 세계적 계급 차이를 제거하기를 원한다고 서술한다. 그러나 그를 포함하여 거의 모든 심층생태학자들은 사회적 계급 또는 포괄적 의미의 사회주의에 관하여 언급을 하지 않는다. 반면 심층생태학은 상호 배타적인 것처럼 보이는 자유주의적 사상들과 결합하거나(diZerga, 1996), 또는 배타주의적(그리고 민족주의적)이거나 심지어 폭력적인 파시스트적 정치체제(국가사회주의)로 나아갈 수도 있다고 비판되기도 한다(구승회, 1999). 이의 대표적인 예로 원칙 5에서처럼, '인구의 본질적 감소'는 지구를 위해서뿐만 아니라 인간생활의 질을 위해서도 좋은 것이라는 주장은 파시즘적 환경론으로 나아갈 가능성을 심각하게 내재하고 있다고 할 수 있다.

3. 생물평등주의와 자아실현으로서의 생태윤리

앞에서 논의된 바와 같은 심층생태학의 일반적 의의와 그 한계는 많은 논평가들에 의해 흔히 지적되고 있지만, 사실 이 글에서 밝히고자 하는 보다 중요한 점은 이러한 심층생태학에 명시적 또는 암묵적으로 함의된 생태철학적 윤리이다. 즉, 심층생태학은 생태철학적 윤리로서 생물계의 호혜적 평등과 자연과의 일체성에 기초한 자아실현을 강조한다는 점에서 그 특성을 가진다. 물론 '자아실현'은 네스의 저서들에서 중요하게 취급되고 있지만, 발판으로 제시된 여덟 가지 원칙에는 포함되지 않았으며, 이의 부분적 함의조차 언급되지 않았다. 그러나 심층생태학의 "두 가지 주요 요소는 '생물중심적 평등'과 '자아실현'이며, 이들은 네스와 세션이 제시한 심층생태학의 여덟 가지 기본 원칙으로 확장된다"고 해석될 수 있다(Fox, 1990). 이와 같이, 생물평등주의와 더불어 자아실현은 심층생태학의 가장 중요한 의미라고 할 수 있다.

우선 심층생태학의 생물평등주의와 관련하여, 네스(Naess, 1989: 166)는 "생명체의 어떠한 단일 종일지라도 다른 어떤 종들에 비해 생존 및 생활의 영위에 있어서 더 많은 특정 권리를 가지지 않는다"고 주장한다. 심층생태학의 이러한 생물평등주의에 대한 주장에서 몇 가지 특징은 다음과 같다. 첫째, 생물평등주의는 자연의 내재적 가치(생명을 가진 개체로서 뿐만 아니라 종의 다양성이라는 점에서)와 관련된다. 즉, 심층생태학은 생태적 장의 모든 것들에게 '생명과 번창에 대해 평등한 권리'가 직관적으로 분명하고 매우 가치 있는 공리라고 제시한다. 이러한 점에서 심층생태학은 생물 종의 다양성을 인정하면서, 이들 간의 '생물계의 호혜주의'를 강조한다. 둘째, 생물평등주의는 생물 종들 간의 호혜성, 즉, '공생'을 전제로 한다. 나아가 생태적 호혜성은 비록 생태중심주의에 기초한다고 하더라도, 이는 인간 삶의 질을 향상시키기 위한 것이기도 하다. 즉, 인간에게 한정된 인류중심주의는 인간 자신의 삶의 질에 결정적인 영향을 미치지만, 그 삶의 질은 부분적으로 다른 생명체들과의 긴밀한 파트너십을 통해 얻을 수 있는 심층적 기쁨과 만족에 의존한다. 셋째, 심층생태학의 생태중심적 평등 원칙은 모든 생명들의 부분들 간 종속과 계층을 인정한다는 점에서, 평등의 절대적 이상과는 다르다. 따라서 네스는 생물중심적 평등의 일반 원칙에 집착하지만, "현실적 실천이 어떤 죽임·착취·억압을 필요로 한다"는 점을 인정한다(Naess, 1973: 95, 1989: 168, 174).

나아가 심층생태학이 강조하는 생물권(biosphere)의 호혜주의는 단순히 물질적 의미만을 가지는 것이 아니라, 모든 생명체들의 자아실현을 전제로 한다. 즉, 네스는 환경위기를 유발한 패러다임들의 근원적 전환을 도울 수 있는 두 가지 규범으로, 생물중심적 평등과 더불어 '자아실현'을 제시한다. 네스에 의하면 자아실현은 자아가 가능한 한 넓은 세계와 일체화(또는 정체화, identification)되는 과정이다. 개체 간 또는 종 간의 차별화(다양성 또는 차이와는 구분되는)는 모든 사물을 '보다 위대한 자아'로 통일되는 '동일성(sameness)'의 인지에 장애가 되는 것으로 인식하고, 개별적 자아의 완전한 실현은 오직 자연 전체성에 보다 큰 자아를 통합시킴으로써 달성될 수 있다. "보다 위대한 전체와 일체화됨으로써, 우리는 이 전체의 창조와 유지에 참여하게 된다. …… 생태철학적 전망은 이러한 일체화를 통해 매우 깊게 발달함으로써, 그 사람 자신의 자아는 더 이상 개인적 에고(ego) 또는 유기체에 의해 여하히 제약되지 않게 된다"(Naess, 1989: 173~174). 네스는 계속해서, '깊고 포괄적이며 생태적인 자아'를 특징짓는 보다 넓은 일체화는 생물중심적 평등의 이해에 기여하며, 자연의 모든 사물은 자아실현을 달성하기 위한 그들의 능력이라는 점에서 평등하고, 이러한 점에서 다른 실체들에 손상을 입힘은 소자아(self)/대자아(Self) 실현을 위한 잠재력의 소진을 통해 그 사물 자체의 자아에 손상을 입히는 것과 같다고 주장한다(Hayden, 1997: 201). 네스는 이러한 자아실현을 심층생태학적 운동이 달성해야 할 궁극적 규범으로 설정한다.

네스에 의하면, 심층생태학이 강조하고 있는 이러한 자아실현은 비인간적 존재들, 나아가 자연 전체와의 정체화에 대한 '직관'에 의해 동기화되는 것으로 이해되지만, 이 개념은 일련의 철학적 전통의 영향하에서 이루어진 것이다. 네스가 이러한 자아실현의 개념을 제시하는 데 가장 큰 영향을 받은 사상가는 스피노자와 간디이다.[4] 우선 네스는 스피노자의 철학, 즉, 자연과 신을 동일시하여 모든 개체들은 이의 무한한 속성의 한 양태라고 주장하며, 진정한 자유는 그 자신의 본성에 따라 행동하고 이를 보전하는 것이라는 주장을 받아들인다. 스피노자에게 모든 사물은 자아보전 또는 자아실현의 추구를 의미하는 코나투스(conatus)에 의해 특징지어진다(7장 참조). 또한 모든 사물은 신/자연의 상호관련적 구현이기 때문에, 나 자신의 자아실현은 나와 상호관련된 타자들의 자아실현에 의해 고양된다(Naess, 1979: 236). 또한 네스는 "비이원성(non-duality)을 믿으며, 인간과 모든 살아 있는 것의 본질적 통일성을 믿는다"는 간디의 주장을 인용하며, 심층생태학을 야만적 야생이나 생물다양성을 보호하기 위한 캠페인일 뿐만 아니라 도살적 태도와 실행으로부터 인간성을 구원하기 위한 운동으로 이해한다. 이와 같이 스피노자와 간디의 영향하에서, 네스는 한 사람의 자아실현은 모든 것의 자아실현을 요청한다는 주장을 새로운 생태철학적 규범, 즉, 그가 '생태철학 T(Ecosophy T)'라고 지칭한 것을 통해 제시한다. 그에 의하면 이러한 생태철학은 '생태적 조화와 평형상태의 철학'으로, 인간의 착취와 지배로부터 지구를 구하고자 하는 모든 활동과 운동을 위한 유일한 동기적 힘을 제공한다고 주장한다.

네스가 주장하는 이러한 생물평등주의, 그리고 자연과의 일체화를 통한 자아실현의 개념은 심층생태학이 강조하는 생태철학적 윤리의 핵심을 이룬다. 즉, 심층생태학은 "생물권 내 만물은 생명을 누리고 번영하는

4) 네스는 스피노자와 간디 외에 하이데거(H. Heidegger)와 같은 사상가들에게도 호소한다. 즉, 심층생태적 사고는 하이데거의 사상에서 네스(Naess, 1989: 61)가 '지리적 소속감' 또는 장소에서의 '보금자리와 같은 존재감'이라고 부르고자 한 것들을 통해 연계된다.

가운데 독자적으로 자아실현을 성취할 수 있는 평등한 권리를 가지며, 생태권 내에서 상호 관련된 전체의 일부인 모든 유기체의 존재는 그 내재적 가치에서 평등하다"는 점을 생태철학적 윤리의 원칙으로 삼고자 한다(Devall and Sessions, 1985: 67). 이러한 생물평등주의와 자아실현의 개념은 생물권리에 대한 직관적 가치 인정, 나아가 자연에 대한 경외감을 정당화시킨다. 네스에 의하면, 생물계의 평등주의는 "생명의 형태와 이치에 대한 마음 속 깊은 존경 내지 숭배"라는 맥락에서 사용되며, "생태계의 현장에서 바라볼 때 생명을 잇고 꽃피울 동등한 권리는 직관적으로 명백한 가치"라고 인정된다(Naess, 1973: 95). 이러한 점에서, 심층생태학은 인간의 삶의 질, 즉, 다른 생명체와의 밀접한 공생 의식을 통해 우리가 얻게 되는 깊은 즐거움과 만족뿐 아니라 생명에 대한 존경과 경외가 얼마나 중요한지를 역설할 수 있게 한다. 특히 폭스(Fox, 1990)는 자아실현, 즉, 지구의 복지를 포괄하기 위한 인간적 의식의 확대, 그리고 자아감을 확대하여 자연세계를 포괄할 수 있도록 하는 자연세계와의 일체감 형성은 심층생태학의 본질이라고 주장한다.[5)]

심층생태학이 강조하는 생태철학적 윤리, 특히 이의 두 가지 핵심적 개념인 생물평등주의와 자아실현은 오늘날 인간의 자연 지배와 자연으로부터 소외의 문제점을 극복하기 위한 주요한 시사점을 가진다. 즉, 생물평등주의는 인간이 "모든 다른 종들의 지배자/주인이 아니라 생명공동체의 '평범한 시민'"이라는 점을 강조한다(Devall & Sessions, 1985: 68). 이와 같이 인간이 자연의 다른 종들에 비해 우월한 존재가 아니라는 사실은 주체/객체의 이원론에서 주체의 우월성을 강조하는 데카르트의 코기토

5) 이러한 점에서 폭스는 심층생태학을 이제 '초인간적(transpersonal) 생태학'으로 이름을 바꾸고, 이에 초점을 두어야 한다는 점에서 환경론의 '새로운 기반'을 개발하고자 한다. 이러한 생물중심적 평등주의와 자아실현의 개념은 영성적 생태학의 발전을 촉진하기도 했다.

또는 '인식론적 지배(epistemocracy)'의 이원론을 극복하고, 나아가 이러한 데카르트의 인류중심주의적 인식론에 의해 고취된 자연의 대상화 및 자연에 대한 인간의 지배와 착취를 근절하기 위한 의식의 토대를 마련할 수 있도록 한다. 근대성에 대한 심층생태학자들의 반대에서 강조되는 바와 같이, 근대성의 선도적 이데올로기에서 핵심을 이루는 인류중심주의적 인간주의는 오늘날 근대사회에서 자연을 통제(지배)함으로써 물질적 결핍으로부터 인류를 해방시키고자 했지만, 그 결과 인간 역시 자연의 일부라는 사실을 간과하게 함으로써 인간을 자연으로부터 소외시켰다. 이에 따라 자연의 통제를 위한 시도는 인간의 자유를 제한하고, 결국 '자아실현'을 방해하는 방식으로 인간의 통제와 연계되었다. 이러한 점에서 심층생태학자들은 인류중심주의적 휴머니즘에서 생태중심주의적 '생물평등주의'로의 전환과 이를 통해 모든 존재를 위한 자아실현의 규범을 강조하게 된다(Zimmerman, 1994: 1～2)

그러나 심층생태학자들에 의한 생물평등주의와 자아실현의 개념화는 여러 측면에서 심각한 문제점을 안고 있다. 첫째, 심층생태학이 강조하는 것처럼 생물계의 평등과 권리의 중요성은 아무리 강조해도 지나침이 없겠지만, 이러한 생물계에서의 평등과 권리를 어떻게 설정하고 어떻게 확인할 수 있는가의 문제가 발생한다. 네스는 이를 위해 생태적 직관을 강조하지만, 이러한 직관은 사실 인간에 의해서만 가능한 것이 아닌가? 달리 말해서, 인간을 제외하고는 심층생태학자들이 그렇게 높이 평가하는 생물중심적 평등주의나 생물권리 및 자연의 내재적 가치를 이해할 수 있는 존재는 없다. 권리·평등·정의의 개념은 비록 자연과의 관계를 포괄할 수 있도록 확대되어야 하지만, 그렇다고 이들이 인간 없이도 지켜질 수 있는 것처럼 생물계에 일방적으로 전가하는 것은 결국 자연을 신비화하는 것이라고 할 수 있다. 따라서 이러한 생물평등주의 및 이와 관련된 개념들은 자연 그 자체에 부여되어 있는 것이 아니라, 자연과 인간의 관계에 내재된 사회철학적 윤리로 이해되어야 할 것이다.

둘째, 심층생태학은 한편으로 생명체들의 자아보전과 번성을 위하여 내재적 가치에 기초한 생물계의 평등을 강조하지만, "생물계에서 현실적으로 일어나고 있는 살상과 억압 그리고 착취"를 인정하기 위해 '원칙적인' 생물권의 평등주의를 주장한다. 여기서 '원칙적'이라는 단서는 생태계의 평등보다는 계층성을 현실적으로 불가피하게 인정하는 것이 된다. 이러한 주장에 내재된 논리적 모순은 심층생태학에 대해 대립적 관계에 있는 사회생태학의 북친(M. Bookchin)에 의해 예시된다. 예로 "만약 …… 생물권 내의 모든 생물체의 생존권과 유기적 자기충족권의 가치가 동등하다면, 인간에게는 말라리아와 황열병 모기를 근절시킬 권리가 없어진다"(Bookchin, 1987: 36).[6] 그러나 역설적으로 모기가 자신의 생존을 위하여 인간에게 말라리아를 옮기는 것에 대해 제재를 가할 수 없게 된다면, 동일한 맥락에서 인간이 자신의 생존을 위하여 말라리아를 옮기는 모기를 죽일 수 있는 권리를 가진다는 주장도 정당성을 가지게 된다.

셋째, 심층생태학에서 강조되는 생물평등주의는 인간과 비인간 간, 또는 종들 간의 근본적 호혜주의를 강조하는 것으로, 사람들 간의 평등을 위한 도덕적 및 정치적 입장은 아니다. 그리고 이 점은 "인간들 간의 평등에 관한 문제를 의문 상태로 그대로 남겨두고 있다"(Stark, 1995: 270). 즉, "'인류의 탈중심화'를 외치는 심층생태학은 여성, 유색인, 빈민, 소외계층 등이 다국적 기업, 비인간적 관료주의, 국가 권력 등에 대항하는

6) 북친은 생물계 안에서 오직 인간만이 이성적이며 이러한 이성에 따라 생태계를 보호할 수 있는 목자로서의 역할을 수행할 능력을 가지는 독특한 도덕적 존재라는 사실을 인정하거나, 또는 인간을 생물계의 평등주의 원칙에 따라 다른 모든 종들과 더불어 생물계 내의 '동등한 시민'으로 가정하는가는 선택의 문제라고 주장한다. 이러한 점에서 북친(Bookchin, 1982)은 생물중심주의를 불필요하게 인간의 행위를 제한한다는 이유로 거부한다.

인간의 마지막 자유와 자율성을 포기하라는 강요"라고 주장되고 있다(구승회, 1999). 또한 이러한 윤리관과 관련된 '생물지역(bioregion)' 또는 생태공동체의 사고 역시 문제성을 안고 있다. 심층생태학은 민주적이고 호혜적인 공동체를 위한 철학적 기반을 제공한다고 강조하며, 특히 자연과의 일체성은 인간과 비인간적 종들 간, 나아가 자연의 구성물들 간의 평등을 설정할 수 있도록 한다. 그러나 '생물계적 호혜주의'에 대한 단언은 사회정치적 호혜주의를 규정하지 않는다. 모든 종은 평등하다는 주장은 한 종 내의 어떤 개인, 집단 또는 공동체 들 간의 평등의 조건이나 성격을 규정하지 않는다.

넷째, 심층생태학이 강조하는 자연과의 일체성을 통한 자아실현은 매우 추상적인 개념으로, 현실적으로 이를 저해하는 요인들에 대한 비판과 이를 달성하는 과정들에 대한 구체적 논의가 생략되어 있다. 즉, 심층생태학은 근대사회에서 정치경제적 이해관계의 자기충족, 또는 타자(다른 사람, 다른 집단뿐만 아니라 다른 종)가 배제된 절대적 주체에 대한 자기집착을 자아실현으로 왜곡시키는 경향에 대해 보다 철저한 비판을 할 필요가 있다. 또한 심층생태학은 자아실현을 위한 구체적 전제조건들로서 필요의 충족과 자아의 성찰 등에 대한 강조를 결하고 있다. 즉, 자연과의 일체성을 통한 대자아의 실현을 위하여, 기본적으로 인간 생존을 위한 신체의 물질적 필요 충족이 전제가 되어야 하겠지만, 심층생태학은 자아실현만을 지나치게 강조함으로써 인간 생존을 위한 물질적 필요의 충족과 관련된 문제를 무시하거나 또는 당연히 (즉, 무조건) 충족되어야 하는 것으로 간주하는 경향이 있다. 또한 심층생태학은 생태중심주의적 입장에서 인간의 주체성(소자아)을 상대적으로 왜소화시키는 한편 자연과의 일체성을 통한 대자아의 실현을 강조하지만, 대자아를 향한 인간의 자아실현은 현실적으로 '자아'(즉, 자아의 성찰성)를 중심으로 이루어진다는 점을 간과하고 있다.

4. 심층생태학과 탈구조주의적 생태학

심층생태학은 분명 포스트모던 생태학의 한 변형으로 이해할 수 있으며, 또한 포스트모더니즘을 주도하는 탈구조주의와 많은 공통점을 가진다. 즉, "심층생태학은 포스트모던 환경론이다. 따라서 이는 포스트모던 담론의 가정, 분석형태 그리고 스타일을 반영한다"(Stark, 1995: 268). 이러한 관점에서 심층생태학은 흔히 좁은 의미의 포스트모더니즘, 즉, 푸코, 데리다(J. Derrida), 들뢰즈 등으로 대표되는 프랑스 탈구조주의적 사상과 공통점을 확인해볼 수 있다. 우선 앞에서 논의한 바와 같이, 심층생태학은 데카르트의 이원론에 기원하는 인류중심주의적 근대성을 생태위기의 근원으로 이해하고, 산업혁명의 원동력을 제공한 과학기술은 자연을 대상화하고 지배하기 위한 이성의 산물이라고 비판한다. 심층생태학과 탈구조주의는 "생태위기를 극복하기 위하여 이러한 이성에 기초한 인간중심적 근대성과 그 주요 조건들을 차단 또는 해결하려는 시도라는 점에서 …… [즉] 하나의 탈근대적 모험"이라는 점에서 공통성을 가진다. 또한 심층생태학은 어떤 의미에서 근대사회의 지배적 패러다임인 자유주의뿐만 아니라 이에 대립되는 마르크스주의도 비판하고 사회변화를 위한 새로운 패러다임을 추구한다. 바로 이러한 점에서, 심층생태학은 기존의 대서사를 부정하고 이를 해체하고자 하는 탈구조주자들과 입장을 공유한다. 즉, 심층생태학의 "생태철학은 근대성에 대한 탁월한 비판이 되고, '그것이 그 자체로서 탈근대적 패러다임을 이루는' 것은 바로 이 때문이다"라고 주장된다(정화열, 1996).

그러나 보다 유의한 공통점으로, 심층생태학은 탈구조주의자들의 철학적 전통, 즉, 스피노자·니체·하이데거로 이어지는 반데카르트적 철학의 전통 속에 위치 지어지며, 이러한 점에서 이들은 상당히 유사한 윤리적 개념들을 사용하고 있다. 즉, 심층생태학자들은 탈구조주의자들과 유사하게 다양성, 차이, 복합성, 공생 등과 같은 용어를 사용한다. 특히 자연과의 일체성을 통한 자아실현이라는 네스의 개념화를 가능하게 한 스피노자의 철학은 대표적 탈구조주의자들 가운데 한 사람인 들뢰즈의 철학에도 깊은 영향을 미쳤다. 그러나 이러한 공통점에도 불구하고 앞서 논의한 심층생태학의 생태철학적 윤리와 탈구조주의자들의 주장에 명시적으로 표현되거나 그들의 저술 속에 암시되어 있는 생태적 의미들 간에는 상당한 차이가 있다. 특히, 심층생태학자들은 아주 명시적으로 생태학적 개념들을 구사하면서 생태철학적 윤리와 이의 실천을 강조한다는 점에서, 장점을 가진다. 그러나 탈구조주의자들의 주장은 생태적 논제들과 분명한 연계를 확인하기 어렵다. 이들은 흔히 환경담론에 직간접적으로 원용될 수 있는 여러 개념들을 사용하고, 때로 생태운동의 사례에서부터 자연철학의 비판과 재구성에 이르기까지 광범위한 논의들을 제공한다. 그러나 이들의 용어들은 매우 난해하며 때로 모호하고 흔히 비유(메타포)로 사용되기 때문에, 실제 환경문제의 이해에 직접 적용하기가 쉽지 않다.

그럼에도 불구하고, 심층생태학에 대한 많은 논평가들은 대부분 자신의 비판적 입장을 정당화하기 위하여 탈구조주의자들의 주장을 준거로 동원한다. 대표적 사례로, 치머만(Zimmerman, 1994: 138)은 "심층생태학자들은 인류중심주의에 대한 데리다의 해체에 합의하지만, 이들은 자연, 야성(wilderness), 생태계(ecosphere)의 해체에 대해서는 저항하면서 생태중심주의를 인류중심주의에 대한 바람직한 대안으로 간주한다"고 주장한다. 그의 해석에 의하면, 데리다를 포함한 탈구조주의자들은 생태중심주의가 인간/자연 간의 이원론에서 데카르트 이후 인간에게 부여되었던 중심성을 자연에게로 이전한 것에 불과하며, 생태적 위기는 이와 같이 자연 또는 생태계에 어떤 형이상학적 절대성을 부여함으로써 해결될 수 있는 것이 결코 아니라는 입장을 가진다. 스타크(Stark, 1995) 역시 심층생태학자들의 자연주의적 주장들의 근거는 자연주의에 대한 어떤 본연적 증명이라고 할 수 없다고 주장한다. 따라서 심층생태학이 '자연'을 구성하는 요소로 간주하는 것들의 범주에 대해 의문을 제기해야 하며, 그렇지 않을 경우 심층생태학의 반인류중심주의는 사실 궁극적으로 매우 위험한 '자연주의적' 담론이 된다고 비판한다. 스타크의 이러한 주장은 탈구조주의에 근거하기보다는 하버마스(J. Habermas)의 비판이론에 따른 것이긴 하지만,[7] 탈구조주의자들의 권력담론 분석에 입각한 치머만(Zimmerman, 1994: 97~104) 역시 심층생태학의 생태중심주의는 권력-동기화된 입장이며, 심지어 네스의 '생태철학 T'도 다른 여러 관점들 중 하나의 권력-관점일 뿐이라고 주장한다.

윅(Wyck, 1997)의 주장은 다소 모호하긴 하지만 역시 탈구조주의자들의 입장에서 심층생태학의 형이상학적 오류를 지적하면서,[8] 환경이론과 문화연구 간의 통합을 요청한다. 특히 그는 하라웨이의 사이보그 이론, 푸코의 감시 및 권력의 개념, 들뢰즈의 '사상의 이미지' 개념 등을 동원하

7) 스타크(Stark, 1995: 270, 277)는 "윤리적 추론에서, 심층생태학은 자연에 대해 기묘한 영적 단언들을 제시"하고 있기 때문에, 결론적으로 하버마스와 다른 비판이론가가들이 제시한 "합리적 담론의 실용적 기반들이 …… 복잡한 비판적 과제를 제안하지만, 분명 포스트모던 환경론에 잘못된 신비화보다는 더 선호할 만하다"고 주장한다.

8) 윅(Wyck, 1997)이 심층생태학의 일반적 문제점으로 지적한 사항들은 다음과 같다. 첫째, 심층생태학은 환경위기의 원인을 인간 전체에 둠으로써 남성과 여성, 선진국과 후진국, 부자와 빈자 등의 사회적 차이를 무시하고 있다. 심층생태학은 사회적 변화보다는 영적 변화에 초점을 두고 있기 때문에 이러한 차이를 분석할 수 있는 개념이 없다. 둘째, 나아가 심층생태학은 인간 주체성과 자연세계를 신비적으로 통합함으로써 이들 간의 차이를 말살한다. 그러므로 심층생태학은 주체성, 신체 등에 관한 이론을 가지지 못했다. 셋째, 무엇보다도 심층생태학은 사회가 어떻게 개념적 및 물질적 현실을 만들어가는지에 대해 이론화할 수 없다. 넷째, 심층생태학은 인간의 본래 조건이 순수하고 선하다는 믿음에 호소하는 '정초주의(foundationalism)' 및 근본주의에 의존하고 있다.

여 심층생태학을 비판하고자 하지만, 그의 주장은 북친의 사회생태학과 유사하다. 윅에 의하면, 심층생태학은 인간의 필요보다 지구의 필요에 우선권을 주는 맬서스주의적 반인간주의로 비판된다. 나아가 윅은 심층생태학의 반모더니즘이 독일의 국가사회주의의 등장에서 나타났던 반동적 철학과 놀라울 정도로 유사하다고 주장한다. 국가사회주의가 개인을 국가에 순종하도록 한 것처럼, 심층생태학은 개인을 자연에 순종하도록 요청한다. 요컨대 심층생태학은 '미래의 원시주의'를 선호하며, 이러한 문제성은 심층생태학이 문화적 연구로부터 분리되어 있으며 또한 사회이론적 및 정치적 결함을 안고 있기 때문이라고 주장된다. 루크(Luke, 1997)도 부분적으로 비판이론에 근거를 두지만, 포스트모던의 범주를 이용하여 심층생태학 및 이와 관련된 보수적 환경담론들(예로, '지구먼저!(Earth First!)', 월드워치연구소(Worldwatch Institute), 국제자연보호협회(The Nature Conservancy) 등을 비판하고, 특히 심층생태학의 반모더니즘 및 '미래 원시주의'에 대해 비난한다. 물론 그는 심층생태학의 긍정적 측면으로, 소비주의적 이데올로기를 비판하고 자연에 대한 존중과 배려를 강조했다는 점을 인정한다. 하지만 심층생태학은 생태중심주의에 기초함으로써 자연의 영성에 의존하는 신비주의에 빠지는 한편, 실질적 정치로부터 분리될 수밖에 없는 논리적 한계를 가진다고 주장한다.

물론 탈구조주의적 입장에 근거한 이러한 비판들에 대해 심층생태학자들은 반론을 제기한다. 이들의 반론에 의하면, 심층생태학은 모더니즘이 아니지만 포스트모더니즘도 아니며 오히려 이들 양자를 모두 비판하고, 특히 포스트모더니즘 간의 차이를 분명히 할 수 있다고 주장한다(Naess, 1995, 1997b; Sessions, 1995). 우선 심층생태학자들은 그들의 생태철학이 "야생 종과 지구의 생물다양성이 존재하고 번성할 수 있는 실재론적인 생물학적 조건"에 근거하며, 오히려 탈구조주의적 입장이야말로 치머만이 주장하는 "인류중심주의적이고 상대주의적인 결론을 받아들일 수 없다"고 주장한다. 왜냐하면 후자의 견해에 따를 경우 "지구의 생물학적 통합성이 완전히 의문 밖으로 버려지게" 되기 때문이다. 또한 세션의 주장에 따르면, "생태중심적 심층생태학과 생태운동의 주요 목적은 근대 인간이 비인간 자연에 대해 가지는 지배와 권력관계를 종식시키기 위한 것"이며, 따라서 치머만(M. E. Zimmerman)이나 그 외 논평가들이 주장하는 "생태중심적 규범이 단지 또 하나의 인간 권력 관점에 불과하다"와 같은 비판을 설득력 있게 받아들이기 어렵다고 반박한다. 오히려, "'사회적 범주'로서의 자연, '자연의 재창출', 그리고 '각축적 지구 미래'의 기반으로서 인간의 필요와 욕망에 관한 개념 등, 자연과 관련된 이러한 마르크스주의적/포스트모던 개념은 비인간 자연에 대한 인간의 권력관계가 유지되고 지속되는 것을 보장하는데 도움이 된다"고 주장한다(Sessions, 1995).

또한 심층생태학이 생태중심주의에 기초함으로 실질적 정치로부터 분리될 수밖에 없는 논리적 한계를 가진다는 주장에 대해, 심층생태학은 좌파도 우파도 아니며 초정치적이라고 주장한다. 심지어 네스(Naess, 1989: 20)는 "나는 윤리나 도덕에 관심이 없다. 나는 우리가 세계를 어떻게 경험하는가에 관심이 있다. …… 만약 심층생태학이 심층적이라면 이는 단순히 윤리와 관련된 것이 아니라, 우리의 근본적인 믿음과 관련되어야만 한다. 윤리는 우리가 세계를 어떻게 경험하는가에 뒤따른다. 만약 여러분이 여러분의 경험을 접합했다면, 이는 철학 또는 종교이다"라고 주장한다. 이러한 점에서 심층생태학은 정치적 행동과 이를 뒷받침하기 위한 윤리의 문제를 형이상학적 철학과 종교적 믿음의 문제로 신비화시킨다고 비판될 수 있다. 또 다른 측면에서, 루크(Luke, 1997)는 심층생태학자들이 정치적 행동과 윤리의 문제를 무시하고, 분배적 정의와 같은 사회적 논제들과 관련된 문제를 다루는 것을 기피한다고 주장한다. 특히 심층생태학은 인간이 충족시켜야 할 권리로서 기본적인 생존적 필요를 규정할 기준들을 제시하지 못하며, 이로 인해 생활양식에 대한 상이한 주장들 간의 잠재적 갈등을 해소할 수 있는 방안들을 모색하는 데 도움이 되지 못한다고 비난된다. 결국 심층생태학자들은 '생물중심적 평등'을 강조하지만, 환경과 관련된 사회적 문제를 다루거나 또는 이와 관련된 주장을 제시하기 위해서 생물중심주의는 불가피하게 '부드러운 인류중심주의'로 나아가게 된다. 또한 이러한 관점에서 심층생태학의 주요 개념들, 특히 생물평등주의와 자아실현이 생태정의의 이론화를 위해 어떠한 함의와 한계를 가지는가를 고찰해볼 수 있다.

5. 심층생태학적 생태정의론의 가능성과 한계

심층생태학에서 생태정의와 관련된 논의들은 대체로 세가지 측면에서 검토해볼 수 있다. 첫째, 심층생태학 전반에서 볼 수 있는 생태윤리적 개념들에 (특히 암묵적으로) 함의된 생태정의적 의미, 둘째, 심층생태학의 특정 부분에서 생태정의와 관련하여 명시적으로 제시되는 주장들, 셋째, 심층생태학의 연장선상에서 제시되는 어떤 변형된 주장들에서의 생태정의적 함의 등에 관한 검토이다.

1) 생물평등과 자아실현으로서의 생태정의

먼저 심층생태학 전반에 포괄되어 있는 생물평등주의 및 이와 관련된 다원성과 공생의 원칙은 어떤 한계를 안고 있지만, 환경정의의 이론화를 위해 많은 가능성과 시사점을 제공한다는 점이 인정될 수 있다. 즉, 심층생태학은 생태계의 모든 생명체가 가지는 '생존하고 번성할 동등한 권리'를 '직관으로 다가가는 명백한 가치이며 원리'라고 강조한다. 또한 생태계의 다양성은 "생존가능성, 새로운 생활양식의 기회, 생명체의 풍요로움을 고양"시키고, 복잡한 관계망 속에서 공존하고 협력하는 능력, 즉, '너 아니면 나'라는 양자택일의 논리가 아니라 함께 '살고 살게 하는 것'이라는 공생의 논리가 더 강력한 생태계의 원칙이라고 주장한다(Naess, 1973). 복잡한 또는 총체적인 관계망 속에서의 다양성과 공생이라는 개념은 '환경-속의-인간'이라는 이미지를 거부하고 '관련적 총체적 장'의 이미지를 제시함으로써 주체/객체, 인간/자연의 이분법을 극복할 수 있도록 한다. 그뿐만 아니라 공생의 개념은 자연과의 일체화 과정으로서 자아실현의 개념으로 확대된다. 즉, 총체적 관계망의 결절점으로서 유기체들 간의 공생 또는 공존은 그 유기체와 관계망 전체 간의 자아실현 관계로 나아간다.

그러나 심층생태학에 전반적으로 함의되어 있는 이러한 생물평등주의와 다양성 및 공생의 원칙은 이미 지적한 바와 같이 여러 가지 문제점을 가진다. 우선 이러한 생물중심적 평등은 종 또는 군집 간의 평등을 의미하지만, 그 속에서 생존을 위해 현실적으로 필요한 살상, 약탈, 억압을 인정한다는 점에서 문제점을 가진다. 그뿐만 아니라 네스가 심층생태학의 발판으로 제시한 이러한 원칙들은 근본적으로 무엇이 옳고 그른가에 대한 일련의 주장이라고는 할 수 있지만, 문제는 이러한 원칙들을 누가 제시하며, 이들을 적용한 판단을 누가 하는가의 의문을 남겨두고 있다. 만약 이러한 원칙들이 직관에 기초한다면 누가 이런 직관에 합의할 수 있겠는가? 즉, 홀만(Hallman, 1991)이 주장하는 바와 같이, 생명의 보전과 번성에 대한 평등한 권리는 직관적으로 명백한 원칙이라고 어떻게 설득력 있게 주장할 수 있는가? 자연의 '내재적 가치'에 관한 직관이라는 주장보다는, 우리가 어떻게 이러한 가치를 이해할 수 있는가에 대한 보다 구체적인 설명이 필요하다. 달리 말해서, 생물평등과 다양성 및 공생의 원칙들이 실천적 규범으로 설득되기 위해서는 직관이 아니라, 합의를 위한 담론적 과정을 요청하거나 또는 사회적 권력 관계 속에서의 투쟁을 요구하는 것이 보다 유의하다고 할 수 있다. 그러나 심층생태학은 인류중심주의를 부정하기 때문에 이러한 담론을 통한 합의 또는 담론 비판의 정치를 제시할 수 없다.

그뿐만 아니라 생명체들 간 공생의 개념을 자아실현의 개념으로 확대하면서 네스는 어떤 오류를 범하게 된다. 인간을 포함하여 모든 생명체는 종으로서 그 잠재력의 완전한 성숙, 즉, 자아실현의 권리를 가지지만 한 생명체의 자아실현은 다른 생명체의 파괴일 수도 있다. 이러한 문제점에 대한 네스의 대응에 의하면, "어떤 원칙으로서 잠재력을 펼치기 위한 평등한 권리는 모든 생명체에 대한 평등한 행동의 실천적 규범이 아니다. 이는 살상에 대한 제한, 그리고 보다 일반적으로 다른 생명체들이 잠재력을 펼치는 것에 대한 방해의 제한을 위한 지침을 제시하는 것"이라고 해석된다(Naess, 1989: 174). 즉, 네스의 자아실현 개념은 들뢰즈의 적극적 공생의 개념에 의한 잠재역량의 증대가 아니라(9장 참조), 자유론적 개인주의 입장에서 소극적 평등을 통한 자기충족의 개념과 더 가깝다고 할 수 있다. 요컨대 "심층생태학은 단지 인간적으로 인지된 특정한 가치(즉, 자연의 내적 가치)를 환경에 투사하고, 이로 인해 정의와 자아실현과 같은 다른 비판적 사회 규범들을 부차적인 것으로 만들었다"고 비판되기도 한다(Low and Gleeson, 1998: 142).

2) 기본 필요의 충족으로서의 생태정의

심층생태학에서 제시되고 있는 두 번째 유형의 생태정의는 생물평등, 다양성과 공생, 자아실현 등과는 상이한 측면이지만, 이를 위한 최소(필수) 조건이라고 할 수 있는 생명체의 (물질적) '필요의 충족'과 관련된 것이다. 네스(Naess, 1989: 206~207)에 의하면 인간은 단순한 소망과는 구분되는 필요를 가지며, 개인이나 종이 생존하기 위하여 이러한 생물적

'필요'(예로 음식, 물, 영토 등)는 무조건적으로 만족되어야 한다. 또한 의복이나 주거와 같이 다른 종보다는 인간에게 필요한 사회적 필요의 충족도 중요하다. 이러한 기본적 필요의 충족은 모든 잠재력의 자아실현을 위한 최소 조건일 뿐만 아니라 지배와 착취 나아가 계급사회의 부정으로 이어진다.

> ① 자아실현을 위한 최소조건들의 충족은 다른 것에 앞선다. ② 이러한 충족은 생물적·환경적·사회적 필요의 최소 만족을 의미한다. ③ 현재의 조건에서 많은 개인들과 집단들은 생물적·환경적·사회적 필요를 만족시키지 못하고, 반면 다른 개인이나 집단은 풍요 속에 살고 있다. ④ 객관적으로 가능한 범위 내에서, 최소 수준보다 상당히 높은 수준에서 일부 개인과 집단을 유지하기 위하여 현재 사용되고 있는 자원들은 최소 수준 또는 그 이하로 살아가는 개인이나 집단의 수를 최대한 그리고 영구히 줄일 수 있도록 재분배되어야 한다(Naess, 1989: 207).

네스는 이러한 조건의 충족을 설명하면서 일정하게 마르크스주의적 주장을 따라간다. 즉, 자아실현은 모든 잠재력의 실현을 요구하고 착취와 종속은 잠재력을 줄이거나 제거하기 때문에 반대하며, 모든 것은 자아실현을 위한 동등한 권리를 가지기 때문에 계급사회는 반대된다. 네스(Naess, 1989: 207)는 이러한 "자아실현을 위한 근본적 규범은 지구상의 정의의 능력을 증대시키기 위한 규범과 충돌하지 않는다"고 주장한다.

이와 같이 생물적, 환경적, 사회적 측면에서의 기본적 필요의 충족을 위한 분배적(경제적) 정의는 자연과의 일체성(즉, '정체성의 정의')을 통한 자아실현의 최소 조건이라는 점에서 매우 중요한 의미를 가진다. 그러나 심층생태학자들이 생태중심주의 또는 자연 신비주의로 나아가면 갈수록, 자아실현에 함의된 정의의 개념을 지나치게 강조하면서 필요 충족을 위한 정의의 개념을 무시하는 경향이 있다. 그뿐만 아니라 필요 충족의 정의에 관하여 논의하는 부분에서도 ① 그 자체를 왜곡시키거나, ② 자아실현과는 완전히 별개의 것으로 제시하거나, ③ 또는 심지어 부정하는 사례를 찾아볼 수 있다.

첫 번째 사례는 네스가 심층생태학을 제안하는 초기 단계에 이러한 필요에 대해 언급한 부분에서 찾아볼 수 있다. 네스(Naess, 1973)는 "우리 인간들이 생활하는 데 필요한 공간 규모 그리고 공간이 충족시켜야 할 필요 요건을 지나치게 과소평가하고 있다"는 인문도시학자들의 주장을 긍정적으로 받아들이면서, "이로 인해 등장한 행태 군집화 증후군들, 즉, 노이로제, 공격성, 전통 상실 등은 인간뿐만 아니라 거의 모든 포유류에게도 발견되고 있다"고 주장한다. 이러한 주장은 한편으로 네스가 생명체의 공간적 필요 충족을 강조하고 있다고 하겠지만, 다른 한편으로 '공간적 필요'에 근거한 나치의 침략전쟁과 같은 것을 정당화시킬 수도 있다는 사실을 간과하고 있다.

두 번째 사례는 국제적으로 저명한 생태·환경학자들이 참석했던 '세계적 환경윤리'를 위한 회의에서 네스가 기조로 제안한 논문에서 찾아볼 수 있다(Naess, 1999: 24). 여기서 그는 환경정의를 공생 또는 자아실현과 관련된 의미가 아니라, 물질적인 자원의 분배문제로 이해하고 있다. 즉, "환경정의는 선진 산업국의 생산 및 소비 유형에 대한 세계적 근접이라는 점으로 규정될 수 없다. 이 유형은 보편화될 수 없다. …… [환경정의]는 삶의 물질적 수준이 아니라, 자연에의 접근 그리고 자원의 산업적 및 여타 이용을 유용하게 하는 기술 수준에의 접근이라는 점에서 규정되어야 한다"고 서술한다. 이러한 환경정의의 개념을 제시하면서, 그는 암묵적으로는 자유주의적 정의론을, 명시적으로는 롤스의 절차적 정의론을 따르고자 한다.

세 번째 사례는 환경정의론의 관점에서의 심층생태학 비판에 대한 반론에서 나타난다. 도위(Dowie, 1995)는 유색소수인종들을 중심으로 이루어지고 있는 환경정의운동의 관점에서 미국의 환경운동을 서술하면서 심층생태학에 대해 논평한다. 그러나 이에 대해 세션은 도위가 "환경운동이 유색인에 의해 유도되어야 하며, 지구적 생태위기에서 환경적 사회정의의 인류중심적 논제로 그 우선성을 옮겨가야 한다고 주장한다"(Sessions, 1995)고 비판적으로 지적하고 있다. 또한 포스트모던 관점에서 심층생태학을 비판한 로스(Ross, 1994)에 대해서도 세션은 "로스가 포스트모던 해체주의의 견해를 따르면서, 인류중심적이며 '다문화주의'에 관한 최근의 경향 속에서 사회정의에 배타적으로 의존하고" 있으며, 나아가 "마르크스주의적인 인류중심적 상대주의적 교리에 집착"하고 있다고 비판한다.

이러한 사례들에서 알 수 있는 바와 같이, 심층생태학은 기본 필요의 충족과 관련된 기존(또는 좁은 의미)의 환경정의에 대해 무시하거나 왜곡·고립·부정하는 성향을 보이고 있다. 그러나 만약 심층생태학이 올바르게 주체/객체의 이분법을 극복하고 자연과 인간의 관계를 진정하게 설정하고자 한다면, 기본적 필요의 충족을 위한 정의(최소 환경정의)와 자아실현을 위한 정의(최대 환경정의)의 관계를 더욱 정교하게 발전시켜 나가야 할 것이다. 미국을 중심으로 활발하게 전개되고 있는 환경정의운동은 빈자와 소수인종들에 의해 주도되고 있으며, 자신들의 관점이 환경정책이나 주류 환경운동에 제대로 반영되지 않음을 깨닫고 구조적 또는 담론적 '차이'를 강조함으로써 자신들의 견해가 존중될 수 있기를 기대한다(Chiro, 1996). 이러한 점에서 보면, 환경정의운동은 퇴락한 환경 속에 살고 있는 국지적 (특히 도시) 주민들이 자신들의 위협받은 생계·생활터전을 지키기 위한 운동이라면, 심층생태학자들은 인간과 자연의 관계를 강조하긴 하지만 생태중심적 사고 속에서 마치 자연을 인간과는 분리된 실체로 다루면서 자연의 생명체나 생태계를 보존하고자 한다. "특히 여기서 현지 주민과 야생 생명체의 보존 간 갈등이 야기될 수 있으며, 이때 [자아실현에 기초한] 환경정의 개념은 아무런 도움을 줄 수 없는 것처럼 인식될 수 있다"(Warren, 1998).

3) 인정과 존중으로서의 생태정의

물론 환경정의에 관심을 가지는 환경철학자나 정책입안가, 지역사회 활동가들은 대부분 환경정의 나아가 생태정의를 사회정의에 관한 서구의 주류 분배적 모형과 관련시키는 경향이 있었다. 이들은 자신의 논제가 동물이나 야생 및 종의 보존이든 인간의 건강이나 빈곤 또는 생활환경의 퇴락 등 무엇이든 환경적, 생태적 정의를 거의 전적으로 분배적인 것으로 이해한다. 그러나 물질적 측면에서 기본적 필요의 충족과 관련된 분배적 정의의 관점은 생태정의가 논의되기 어렵거나 또는 매우 제한된 영역에만 적용될 수 있도록 축소시킨다. 종들 간 특히 인간과 비인간 생명체들 간의 평등과 정의는 자원의 분배 문제를 능가하며, 설령 자원의 분배와 관련된다고 할지라도 기존의 분배모형에 따라 생물들 간의 평등과 정의를 논의하기 어렵다. 이러한 점에서 우리는 심층생태학의 생물평등주의에서 강조되는 자연의 내재적 가치에 관한 직관적 신비화와 덫에 빠지지 않으면서도 그 의의를 발전시킬 수 있는 방법을 모색할 필요가 있다. 즉, 심층생태학의 이러한 변형 속에서 찾아볼 수 있는 생태정의의 개념이 있다면, 이는 세 번째 측면이라고 할 수 있다.

심층생태학의 변형에서 이러한 세 번째 측면의 생태정의에 관한 논의는, 플럼우드(Plumwood, 1993, 1999)에서 그 예를 찾아볼 수 있다. 그녀의 주장에 따르면 자연은 목적지향적이며 결국 자연이 의도와 생각을 가지고 있는 것으로 간주된다. 즉, 자연은 일종의 살아 있는, 의도적, 목적론적, 자아결정적, 감성적 집합체로 이해된다. 플럼우드(V. Plumwood)의 주장은 일반적으로 생태페미니즘에 기초하지만, 이러한 주장은 분명 심층생태학의 연장선상에 있다는 점에서 한계를 가진다. 그러나 그녀는 근대 문화의 억압적 불평등에 반대하면서, '차이'와 '타자'에 관한 포스트모던 논제를 환경윤리의 구축에 핵심적인 것으로 끌어들인다.[9] 플럼우드에 의하면, 근대 문화에서 불평등한 이원론은 억압의 계층을 항상 차이의 속성으로 단언하지만, 포스트모던 생태학자들이 강조하는 차이는 계층이 없는 차이, 지배가 없는 차이, 또는 비계층적 차이로서 타자성에 관한 사고를 의미한다. 여기서 타자는 차이를 거부하지 않으면서도 내포적인 속성을 가지며 다른 종, 다른 종의 개체, '지구적 타자(earth others)'를 포괄한다. 여기서 지구적 타자는 "상호 교환과 전환, '상호작용의 댄스'라는 점으로 의도적 입장에서 인지된다". 나아가 '의도적 입장'이라는 점에서 보면, "타자의 내재적 가치를 위한 인정(recognition)과 존중은 배려의 윤리 및 차이의 존중에 대한 근본적인 부가어로 이해된다"(Plumwood, 1993: 156, 160).

플럼우드의 주장에서 특히 유의할 점은 바로 '타자의 내재적 가치에 관한 인정과 존중'으로서의 생태정의관이라고 할 수 있다. 특히 그녀에 의하면, 타자의 가치는 유기체 그 자체에 내재적으로 존재한다기보다는 생태계 전체의 내재적 차이 또는 공생적 관계에서 발생하는 것으로 이해된다. 이러한 점에서 그녀는 '관계-속에-있는-자아(self-in-relationship)'로서의 생태적 자아의 개념을 제시한다. 이러한 "생태적 자아는 일종의 관련적 자아로 간주되며, 그 자신의 우선적 목표들 가운데 지구적 타자와 지구공동체의 번성이라는 목적, 그리고 이에 따라 그들 자신을 위하여 타자들을 위한 존중과 배려를 포함한다"(Plumwood, 1993: 154). 그녀에

9) 이와 같이 제도적 억압을 극복하기 위한 '차이'의 승인은 특히 Young(1990a; 1990b)에 의해 강조된다.

의하면, 이러한 자아의 개념은 "도구주의가 어떻게 피해질 수 있는가를 설명할 수 있을 뿐만 아니라, 생태적 자아, 즉, 자연과의 비도구주의적 관계 속에 있는 자아에 관한 설명을 위해 적절한 기반을 제공한다".

이러한 점에서 플럼우드는 근대성에 내포된 도구주의적 자아의 개념뿐만 아니라 심층생태학의 한계, 즉, 절대적 대자아를 지향하는 소자아라는 네스의 문제성을 탈피하고자 한다. 나아가 이러한 점에서 윤리적 개념을 인간에게만 한정시켜야 한다는 주장에 반대하여, 정의의 성분들인 일단의 윤리적 입장들을 비인간적 자연에까지 확장할 수 있다고 주장한다. 특히 그녀에 의하면, 이 자연환경은 다양하고 복잡한 지형으로 구성되어 있기 때문에, "우리는 권리 또는 효용과 같이 인간사회에 기초한 단일한 정의 개념을 비인간 영역에 투사하기보다는 다중적으로 중첩하는 정의의 영역들을 인정할 필요가 있다"(Plumwood, 1999)고 주장된다. 이러한 점에서 그녀는 흔히 생명의 내재적 가치로서의 '권리'(즉, 동물권 또는 생물권)라기보다는 차이로서 내재적 차이의 인정과 존중으로서 환경정의를 강조하고 있는 것으로 이해될 수 있다. 그러나 심층생태학 일반에서 이러한 '내재적 차이의 인정'이라는 관점에서 자연의 내재적 가치를 정교하게 재개념화하려는 시도는 더 이상 진행되지 않고 있다.

6. 결론

오늘날 전 인류가 봉착해 있는 환경위기는 단순히 산업공해를 줄이고 자연자원을 보다 현명하게 이용하는 방식, 즉, 개량적 또는 '얕은 생태학'적 방식으로는 해결될 수 없을 것이다. 왜냐하면 현대사회의 환경위기는 서구사회의 근대화과정과 이를 가능하게 했던 근대성에 내재된 전반적인 문제성과 관련되기 때문이다. 따라서 심층생태학자들이 주장하는 바와 같이, 오늘날 환경위기는 근대성에 의해 형성된 현대사회의 근본적 변화 없이는 해결될 수 없다. 심층생태학을 포함하여 근본환경론, 나아가 포스트모던 생태학은 주체/객체, 인간/자연의 이분법 속에서 절대적 주체성, 인류중심주의, 획일적 전체주의 등을 강변하는 근대성에 저항하여, 통일성을 전제로 한 다원성과 복합성, 자연의 모든 구성원들 간 평등과 공생을 강조하는 생태중심주의 등을 위한 근본적 변화를 추구한다는 점에서 의의를 가진다. 특히 심층생태학이 강조하는 생물평등주의와 자아실현의 개념은 도구적 자연 지배과정에서 황폐화된 현대인들의 환경의식을 근본적으로 전환시킬 수 있는 생태윤리라고 할 수 있다.

그러나 자연의 내재적 가치에 관한 직관에 의존하는 생물평등 및 이러한 자연과의 일체화, 즉, 자아실현의 개념은 심층생태학 특히 네스의 주장들이 신비적이고 영적인 특성을 가지도록 한다. 따라서 심층생태학에서 자연과의 관계를 통한 자아실현의 개념은 서구 사회의 규범에서 분명 새로운 의미를 도입한 것이라고 할지라도, 보다 치밀한 철학적 해석을 필요로 한다. 하비의 해석에 의하면 "심층생태학은 …… 여기서 암묵적으로 '인간 본질' 또는 '인간 잠재성'(또는 마르크스의 언어에서 유적 존재로서 그 성질이 완전히 실현되게 된 인간)의 사고에 호소한다. 오늘날 인간성은 자연으로부터의 분리로 인해 이러한 인간 본질로부터도 완전히 소외되게 되었다. 인간과 자연 간 연계의 상실(근대적 기술, 상품 생산, 자연에 대한 프로메스적 또는 실용적 접근, 화폐 흐름의 상품화 등에 의한 단절)을 복원하고자 하는 바람은 '자아실현'이라는 직관적, 관조적, 현상학적 고찰의 근원에 놓이게 된다"고 하겠다(Harvey, 1996: 168).

이러한 점에서 우리는 심층생태학이 강조하는 생물평등과 자아실현의 개념을 환경정의의 기본 원칙으로 이해할 뿐만 아니라 자아실현으로서의 최대 환경정의와 이를 위한 기본 필요의 충족이라는 최소 환경정의의 필요성, 나아가 심층생태학의 연장선상에서 제시된 인정과 존중의 개념을 환경정의의 관점에서 강조하고 이론화를 위한 바탕으로 도입할 수 있다. 그러나 동시에 한편으로 심층생태학이 안고 있는 신비주의적 담론의 한계를 벗어나기 위하여, 유사한 개념들과 전통을 상당 부분 공유하고 있는 탈구조주의적 생태학으로 관심을 전환시켜볼 수 있다. 또 다른 한편으로 심층생태학이 자연으로부터의 소외를 극복하고자 하지만 결국 그 소외의 조건이 만들어놓은 덫에 걸리게 되었다는 점에서, 이러한 신비주의적 개념화를 초래한 현실 사회의 조건들을 이해하고 환경정의를 진정으로 실현할 수 있는 사회로의 전환을 위해 마르크스주의 환경(정의)론에 관심을 돌려 볼 필요가 있다.

참고문헌

구승회. 1999.「자연의 탈마법화와 휴머니즘의 재마법화: 현대 생태사상의 자연-신비주의 비판」, 안동대학교 국제학술대회 발표원고(1999.1).

정화열. 1996.「생태철학과 보살핌의 윤리: 다시 거주할 만한 지구를 위하여」. ≪녹색평론≫, 29(7~8월호).

최병두. 1998.「생태학과 환경정의」. ≪대한지리학회지≫, 33(4), pp.499~523; 최병두, 1999,『환경갈등과 불평등』, 한울 재수록.

Bookchin, M. 1982. *Ecology of Freedom: The Emergence and Dissolution of Hierarchy*. Palo Alto. CA.

_____. 1987. "Thinking ecologically: a dialectical approach". Our Generation. 18(2).

Chiro, G.D. 1996. Nature as community: the convergence of environment and social justice, in W. Cronon(ed.). *Uncommon Ground: Toward Reinventing Nature*. W.W.Notron Co. New York and London.

Clark, J. 1996. How wide is deep ecology? *Inguiry*. 39. pp.189~201.

Devall, B. and G. Sessions. 1985. *Deep Ecology: Living as if Nature Mattered*. Gibbs

Smith Publisher. Salt Lake City.

Devall, B. 1980. The deep ecology movement. *Natural Resources Journal*. 20(2).

diZerega, G. 1996. Deep ecology and liberalism: the greener implications of evolutionary liberal theory. *Review of Politics*. 58(4). pp.699~734.

Dowie, M. 1995. *Losing Ground: American Environmentalism at the Close of the Twentieth Century*. The MIT Press. Cambridge Mass.

Fox, W. 1990. *Toward Transpersonal Ecology: Developing New Foundations for Environmentalism*. Shambala. Boston.

Frodeman, R. 1992. “Radical environmentalism and the political roots of postmodernism: differences that make a difference”. *Environmental Ethics*. 14. pp.307~19.

Fromm, H. 1992. “Ecology and ideology”. *Hudson Review*(구승회. 1999에서 재인용).

Giddens, A. 1990. *The Consequences of Modernity*. Polity. London; 이윤희·이현희 역. 1991. 『포스트모더니티』. 민영사.

Hallman, M. O. 1991. Nietzsche’s environmental ethics. *Environmental Ethics*. 13. pp.99~125.

Harvey, D. 1996. *Justice, Nature and the Geography of Difference*. Blackwell. London.

Hayden, P. 1997. Gilles Deleuze and naturalism: a convergence with ecological theory and politics. *Environmental Ethics*. vol. 19(2). pp.185~204.

Low, N. and B. Gleeson. 1998. *Justice, Society and Nature: an Exploration of Political Ecology*. Routledge. London.

Luke, T. W. 1997. *Ecocritique: Contesting the Politics of Nature, Economy and Culture*. Routledge. London.

Naess, A. 1973. The shallow and the deep, Long-range ecology movement: a summary. *Inquiry*. 16; 문순홍. 1999. 『생태학의 담론』. 솔. pp.66~76에 번역.

_____. 1977. Spinoza and ecology. *Philosophia*, vol.7(1). pp.45~54.

_____. 1979. Self-realization in mixed communities of humans, bears, sheep, and wolves. *Inquiry*. 22. pp.231~241.

_____. 1989. *Ecology, Community and Lifestyle*. Cambridge University Press. Cambirdge.

_____. 1995. The ‘eight points’ revisited, in G. Sessions(ed). *Deep Ecology for the 21st Century*. Shambhala. Boston. pp.213~221.

_____. 1997a. Deep socialism? An interview with Arne Naess. *Capitalism, Nature,*

Socialism. 8(1). pp.69~85.

______. 1997b. Heidegger, postmodern theory and deep ecology. *The Trumpeter*. 14(4).

______. 1999. "An outline of the problems ahead", in N. Low(ed.). *Global Ethics and Environment*. Routledge. London. pp.16~29.

Plumwood, V. 1993. *Feminism and the Mastery of Nature*. Routledge. London.

______. 1999. Ecological ethics from rights to recognition: multiple spehres of justice for humans, animals and nature, in N. Low(ed). *Global Ethics and Environment*. Routledge. London. pp.188~212.

Ross, A. 1994. *The Chicago Gangster Theory of Life: Nature's Debt to Society*. Verso. London.

Sessions, G.(ed.). 1995. *Deep Ecology for the 21st Century*. Shambhala. Boston.

Sessions, G. 1985. Ecological consciousness and paradigm change, in M. Tobias(ed). *Deep Ecology*. Avant Books. San Diego.

______. 1987. The deep ecology movement: a review, *Environmental Review*. 9.

______. 1995. Postmodernism, environmental justice, and the demise of the ecology movement?. *The Trumpeter*. 12(4). pp.191~196.

Stark, J.A. 1995. Postmodern environmentalism: a critique of deep ecology, in B.R. Taylor(ed). *Ecological Resistance Movements: The Global Emergence of Radical and Popular Environmentalism*. SUNNY. New York.

van Wyck, P.C. 1997. *Primitives in the Wilderness: Deep Ecology and the Missing Human Subject*. State Univ of New York.

Warren, K. J. 1998. Environmental justice: some ecofeminist worries about a distributive model. paper presented at the Twentieth World Congress of Philosophy. Boston. USA. pp.10~15. August 1998. http://www.bu.edu/wcp/papers/gend/gendwarr.htm.

Young, I. M. 1990a. *Justice and the Politics of Difference*. Princeton: Princeton Univ. Press.

______. 1990b. The idea of community and the politics of difference, in L J. Nicholson(ed). *Feminism/Postmodernism*. Routledge. London. pp.300~323.

Zimmerman, M.E. 1993. "Rethinking the Heidegger-deep ecology relationship". *Environmental Ethics*. 15. pp.195~224.

______. 1994. *Contesting Earth's Future, University of California Press*. Berkeley.

제2부 마르크스의 생태학과 환경정의

4장 마르크스의 사상에서 도덕성과 정의

1. 서론
2. 도덕성 및 정의에 관한 마르크스의 개념화
3. 자본주의, 사회주의, 정의 문제
4. 환경정의 이론을 위한 몇 가지 함의
5. 결론

5장 마르크스의 생태학과 생산적 환경정의

1. 서론
2. 마르크스의 생태학과 정의의 원칙들
3. 자본주의의 사회적 · 환경적 부정의 비판
4. 분배적 정의에서 생산적 정의로
5. 사회주의에서 사회적 · 환경적 정의의 이론
6. 결론

6장 자연의 지배, 탈소외, 인정

1. 서론
2. 자연과 인간 본성의 변증법적 관계
3. 자연의 지배
4. 자연으로부터의 (탈)소외
5. 자연의 인정
6. 결론: 자본주의적 인간-자연관계를 넘어서

4장

마르크스의 사상에서 도덕성과 정의1)

> 권리는 사회의 경제적 구조와 이것이 결정하는 문화적 발전보다도 결코 더 높을 수 없다. …… [보다 높은 단계의 공산주의 사회에서] 부르주아적 권리의 좁은 지평은 전체적으로 열리면서, 사회는 그 깃발에 다음을 새겨놓는다. 능력에 따라 각자로부터, 필요에 따라 각자에게로!
>
> — 마르크스(1875)

1. 서론

자본주의 사회에서 권리를 포함한 모든 사회적 규범을 지배계급의 이데올로기로 간주하는 마르크스의 사상이 도덕적 이론 및 윤리적 개념들과 병존할 수 있으며, 나아가 이들을 고무하고 발전시킬 수 있는가에 대한 의문은 매우 혼란스럽고 복잡한 추론을 내재하고 있다. 마르크스는 그의 저술들 전반에 걸쳐 정의, 권리, 평등 등과 같은 개념들이 사회조직이나 이의 정치적 전환을 위해 기본이 된다는 사고를 부정하는 것처럼 보인다. 그는 이러한 개념들을 이데올로기적으로 (사법적으로) 사용하

1) 이 글은 ≪문예미학≫, 3(1997년), 31~70쪽에 실린 글을 수정한 것이다.

고자 하는 부르주아뿐만 아니라 이것들을 유토피아적으로 (보편적으로) 사용하고자 하는 사회주의자들도 강하게 비판했다. 따라서 그는 도덕적 영역이 정치적 및 문화적 영역과 더불어 사회의 상부구조를 형성하며, 그 사회의 물적 하부구조, 즉, 경제적 영역에 의존해 있다고 생각하기 때문에, 이 영역에서의 어떠한 대안적 개념도 제시하지 않았던 것처럼 보인다.

그러나 모든 도덕적 개념을 본연적으로 이데올로기적이며 환상적이라고 거부했음에도 불구하고, 도덕성 또는 이와 관련된 개념들에 대한 마르크스의 거부는 그의 저술들에서 의심할 바 없는 윤리적 주장들과 묘하게 함께하고 있다. 예를 들어, 자본주의에 관한 분석에서 마르크스는 자본가들을 노동자들이 만들어낸 생산물의 '도둑', '강도', 심지어 '흡혈귀'라고 비난하며 사회적 부정의를 드러내는 다양한 현상들을 서술하고 있다.[2] 또 다른 한편으로 그는 사회의 도덕성 또는 정의에 관한 개념이나 이론을 제시하고자 했다. 예로, 『고타강령 비판(Kritik des Gothaer Programms)』에서 마르크스는 "무엇이 '공정한 분배'인가"에 관해 논의하면서(Marx, 1994b), 사회주의 사회에서 노동생산물들의 분배를 관리하기 위한 정의의 원칙을 명시적으로 제시하고 있다. 정의에 관한 마르크스의 이러한 논의는 분명 이데올로기로서의 도덕적 개념들에 대한 그의 비판과는 상응하지 않는 것처럼 보인다.

마르크스주의의 전통 속에서 많은 학자들은 인간의 도덕성, 특히 정의

2) 그뿐만 아니라 『자본론』에 서술된 많은 역사적 기록들 또한 자본주의 사회에서 발생하고 있는 부정의를 고발하고 있다고 할 수 있다. 이러한 점에서, 맥브라이드(McBride, 2006: 47)는 마르크스가 '부정의'라는 단어를 직접 언급하지는 않지만, 예로, "노동일을 다루는 『자본론』 8장에서 14세기 중엽부터 17세기 후반까지 영국 의회가 노동시간의 연장을 강제하는 법을 통과시키는 과정을 기나길게 역사적 사례로 설명하는 것이 이런 부정의를 밝히는 것이 아니라면 무엇이겠는가?"라고 적고 있다.

의 개념에 대한 마르크스의 명시적 또는 암묵적 동조를 구명하고 확인하고자 했다[3]. 그러나 이러한 학자들은 마르크스의 저작으로부터 완전히 유의한 정의이론의 도출 또는 발전을 어렵게 하는 많은 문제성을 발견하고, 때로 이를 둘러싼 심각한 논쟁에 빠지기도 했다. 즉, 도덕성과 정의에 대한 마르크스의 태도는 매우 모호하고 혼란스러우며, 때로 심히 부정적이고 비판적이기 때문에, 사회정의에 기초하여 적절한 마르크스주의적 도덕이론을 고찰 또는 개발하고자 하는 학자들은 흔히 심각한 딜레마에 빠지게 된다(강혜령, 1994; 서영조, 1995 등 참조). 이들 가운데 일부는 이러한 시도를 포기하거나 또는 정의에 관한 마르크스의 개념이 더 이상 유의하지 않다고 결론 내리고, 심지어 이러한 마르크스의 태도를 비난하기도 했다(대표적 예로 Churchich, 1994 참조).

정의와 권리, 평등 등과 같은 도덕적 개념에 대한 마르크스의 비판이 획일적이라기보다는 다원적이며 따라서 상이한 유형들로 분리될 수 있는 것처럼, 정의에 관한 그의 개념화에서 우리가 발견할 수 있는 문제성들 역시 — 비록 상호 관련되어 있긴 하지만 — 상이한 측면들로 구분될 수 있다. 정의에 관한 그의 개념화에서 첫 번째 문제성은 유물론자로서 마르크스가 도덕적 개념 및 이론 일반을 전적으로 부정하며, 이에 따라 정의에 관한 이론이나 개념에 대해서도 역시 완전히 반대하는 것처럼 보인다는 점이다. 이러한 문제성은 마르크스가 정의의 개념이 자본주의의 부르주아적 옹호론자들 및 사회주의의 유토피아적 주창자들 양자 모두에게서 이데올로기적으로 사용되고 있다고 비난하고 있는 점에서 전형적으로 나타나고 있다. 마르크스의 비판에서, 정의에 관한 이러한 두 가지 이데올로기적 개념은 각각 정의로운가 그렇지 않는가의 여부가 전적으로 법에 의해 결정된다는 순전히 사법적인 정의관, 그리고 정의란

3) 대표적인 예로 Lukes(1985), Geras(1985), Peffer(1990), Pruzan(1989), Kane(1995) 등 참조

추상적 원칙들을 가지는 초역사적 맥락들에 적용될 수 있다는 보편적 정의관에 근거하고 있다.

두 번째 문제성은, 특히 그의 후기 저작들에서 마르크스는 자본주의적 착취가 노동자들에게 부정의한 것이라는 명제를 명시적으로 기각하고, 또한 최소한 암묵적으로 사회주의가 보다 정의롭거나 인간의 권리를 보다 잘 보호할 수 있기 때문에 자본주의보다도 선호될 수 있다는 사고를 부정하고 있다는 점이다. 더욱이 이러한 문제성은 마르크스가 정의의 개념과 같은 사법적 개념들이 완전히 발달한 사회주의 사회에서는 불필요하게 될 것이라고 주장하는 것처럼 보이도록 한다. 왜냐하면 이 사회는 자본주의 사회에서 사회(환경)적 갈등들이 해소될 수 있는 규범적 배경에 적용되었던 도덕적 개념들을 완전히 극복할 것이라고 인식되기 때문이다. 이러한 문제성들은 정의에 관한 마르크스의 개념화를 둘러싼 심각한 논쟁을 유발했다.

끝으로 정의 및 권리와 같은 도덕적 개념들이 사회주의를 위한 정치적 운동에 적용되어야 하는가, 만약 적용되어야 한다면 이는 어디에서 도출될 수 있는가의 의문에 따른 문제성이 지적될 수 있다. 사회주의로의 변혁운동은 이러한 도덕적 개념들에 기초한 정치적 실천에 의해 추진된다고 볼 수 있지만, 마르크스의 관점 특히 그의 초기 연구들(Marx, 1994a 참조)에 의하면 이러한 개념들은 부르주아적 이데올로기의 일부이며 일종의 소외의 징후로서 이의 제거가 절실히 요청되는 것이다. 그렇다면 사회적 변혁을 위한 이념 또는 실천의 기초로서 도덕성 또는 정의는 어떤 의미를 가지며, 만약 필요하다면 어디에서 도출되어야 하는가의 문제는 여전히 해결되어야 할 과제로 남는다.

이 글은 정의 개념의 부르주아적 및 유토피아적 사용에 대한 그의 반대에서 마르크스가 도덕성 또는 정의에 관해 진정하게 무엇을 추구했으며, 그리고 정의에 관한 오늘날의 논쟁이 무엇을 문제시하고 있는가를 명확히 하고자 한다. 나아가 정의에 관한 마르크스의 개념화에 내재된 이러한 문제성들의 재고찰에 근거하여 환경정의의 이론을 위해 필요한 몇 가지 주요 사고들을 고찰하고자 한다. 이 장의 제2절은 도덕성 및 정의에 관한 마르크스의 개념화를 재해석하고, 제3절은 그의 자본주의 분석 및 사회주의에 대한 묘사와 관련하여 정의의 문제를 둘러싼 논쟁들에서의 주요 이슈들을 재검토할 것이며, 제4절은 이를 토대로 정의 (특히 '환경정의') 이론의 개발을 위한 몇 가지 함의들을 제시하고자 한다.

2. 도덕성 및 정의에 관한 마르크스의 개념화

마르크스는 한편으로 변증법적 유물론자로서 도덕적 개념들의 유의성을 기각하고자 했으며, 다른 한편으로 혁명적 정치가로서 도덕적 개념들이나 원리들에 기초한 자본주의 사회의 비판과 새로운 사회로의 전환을 요청해야 하는 어떤 패러독스에 직면했었던 것처럼 보인다는 점이 흔히 거론되고 있다. 그동안 많은 연구자들이 이 패러독스에 대해 논평을 해왔으며, 그 과정에서 치열한 논쟁이 전개되기도 했다. 예를 들어 룩스(S. Lukes)는 마르크스가 도덕성 및 정의에 관한 사법적 개념을 거부한 반면 해방의 도덕성을 포용하고자 했다는 점을 강조함으로써 이러한 패러독스를 해결하고자 했다(Lukes, 1985: 28~30). 처치쉬(Churchish, 1994: 200)와 같은 다른 논평가는 이러한 종류의 패러독스 또는 불일치를 관찰하고, "명료함이 결여된 채 정의 및 부정의에 관해 추측할 수 있는 거의 모든 견해를 그[마르크스]에게서 찾아볼 수 있다"고 매우 강한 비난조로 주장했다.

페퍼(Peffer, 1990: 321~323)와 같은 중도적 비평가들은 마르크스의 오류들에 대한 관찰에도 불구하고 도덕성에 관한 그의 개념화를 옹호하고자 한다. 그에 따르면, 정의에 관한 마르크스의 비평들은 도덕성에 관한 그의 몇 가지 주요한 오류들에 근거하고 있다. 무엇보다도 마르크스가 '영구적 정의(justice eternelle)'를 주창한다고 프루동(P. J. Proudhon)을 비난하는 바와 같이, 그는 도덕적 용어들이 '영구적 진실들'에 관한 것이며, 따라서 관념론적 형이상학적 가정들을 전제로 한다고 잘못 인식하고 있다. 둘째로, 정의에 관한 원칙들을 구체적으로 설정할 수 없었던 부르주아적 및 사회주의적 이론가들 양자 모두를 비판했던 것처럼, 정의에 대한 마르크스의 반대는 도덕적 판단이나 원칙 및 이론들의 정당화에 내재된 본질에 관한 그의 오류에 기초하고 있다. 셋째로, 정의와 권리에 관한 마르크스의 비평은 모든 도덕적 이론이 불가피하게 그리고 필수적으로 사회적 현상상태를 뒷받침한다는 의미에서 이데올로기적이라는 오류에 기초하고 있다. 끝으로 마르크스는 유의한 사회적 변화에 영향을 미치는 수단으로서 도덕적 개념이나 원칙들의 채택은 (자본주의 사회에서의) 다른 사법적 개념들을 이러한 방식으로 채택하는 것과 동일하게 유해한 결과를 가진다고 믿었다.

페퍼(R. G. Peffer)의 이러한 주장은 마르크스의 정의 개념을 잘못 해석한 것은 아니라고 할지라도, 이러한 유의 해석은 어떤 설득력을 가지는 것처럼 보이지 않는다. 왜냐하면 마르크스의 정의 개념에 내재되어 있는 문제점들에 대한 이러한 지적은 마르크스가 정의에 관한 어떤 개념을 거부하고 다른 대안적 개념을 명시적으로 또는 암묵적으로 인정하고 발전시키고자 했는지를 명확히 하지 않기 때문이다. 따라서 우선 마르크스가 왜 그리고 어떠한 측면에서 도덕적 개념들의 유의성을 거부했는지를 밝힐 필요가 있다. 도덕적 개념들에 대한 마르크스의 거부는 두 가지 상이한 이유에 기인하는 것으로 이해될 수 있다. 한 이유는 마르크스가 그의 시대의 부르주아적 자유주의자 및 유토피아적 사회주의자들이 주장한 정의의 개념들을 거부한 방식과 관련된다. 다른 이유는 마르크스가 주어진 경제적 기반에 대해 '내적인' 것으로 도덕적 개념들뿐만 아니라 정치적 및 문화적 개념들이나 지식들을 이해한 방식과 관련된다. 이 두 가지 방식은 마르크스의 저술들에서 상호 뒤얽혀 있지만, 분명하게 구분되어야 할 것이다. 왜냐하면 후자는 마르크스가 모든 도덕적 개념들을 거부했다기보다는, 도덕적 개념들이 위치 지어지거나 또는 위치 지어져야만 하는 근거를 지적한 것으로 이해될 수 있기 때문이다.

첫 번째 방식에 있어서, 우리는 마르크스의 주장들에서 자본주의의 이데올로기적 옹호론자들 및 유토피아적 사회주의자들에 대한 그의 비판에서 전형적으로 전개되는 정의의 두 가지 의미들을 예시할 수 있다. 첫 번째 의미에서, 정의는 순전히 사법적 용어로 이해된다. 즉, 정의로운가 또는 그렇지 않은가는 전적으로 법에 의해 결정된다. 일반적으로 마르크스는 법과 규범을 지배적 생산양식에 의해 결정되고 요구되는 교환관계를 정당화하는 것으로 서술한다. 이러한 맥락에 의하면, 마르크스가 정의에 대해 부여한 의미는, 자본주의 사회에서 정의는 법을 통해 표현된다는 점에서 전적으로 사법적이며, 생산양식에 기초한 사회질서를 유지할 목적으로 창조된 것이라는 점에서 부르주아적이라는 것이다. 마르크스가 정의를 왜, 어떻게 이러한 의미로 이해했는가를 알기 위하여, 첫째로 지배계급과 이들에 의해 제시된 사고들(ideas) 간의 관련성에 관한 그의 논의를 살펴보는 것이 중요하다. 마르크스에 따르면, 모든 사고들은 구체적 사회관계들의 표현일 따름이다.

> 사회의 지배적 사고들은 지배적·물적 관계들의 관념적 표현, 즉, 사고들로 파악된 지배적 물적 관계들 이상의 아무것도 아니다. 따라서 한 계급을 지배계급으로 만드는 관련성에 관한 사고들은 그 지배의 사고들이다(Marx and Engels, 1970: 64).

따라서 정의를 사법적 의미로 다룬 것처럼 마르크스는 지배적인 사회적 사고들과 지배적인 사회적 계급 간에는 의존 관계가 존재한다고 주장한다.

마르크스가 이와 같이 지배적 생산양식의 규범에 대한 법적 보장이라는 사법적 정의의 개념을 사용한 것은 시장에서의 자본가와 노동자 간 교환관계 — 다음에서 고찰하는 바와 같이, 여기서 이들 간의 관계는 동등인들 간의 관계인 것처럼 보인다 — 에 대한 그의 서술에서 전형적으로 예시된다. 그러나 이 점에서 정의에 관한 사법적 의미의 사용을 비판하고자 하는 마르크스의 시도는, 이러한 정의의 의미가 법의 형태에서 그 가치들의 공적 정당화가 이루어진다는 점과 지배적 생산양식에 내재된 가치들을 강조한다는 점을 혼돈하도록 하는 문제성을 내재하고 있다. 달리 말해서, 지배계급의 지배적 개념들에 대한 경험적 비판은, 정의에 관한 적절한 개념화가 그 물적 근거를 초월할 수 없다는 견해를 부정해서는 안 된다는 주장과 병존가능함에도 불구하고 마르크스는 이를 고려하지 않았다. 즉, 정의의 개념에 담지된 (특히 외적으로 부가된) 사법적 또는 이데올로기적 의미는 물적 토대와 관련된 정의의 내적 의미와 동일한 유의성을 가지는 것으로 해석되어서는 안 될 것이다.

이 점은 마르크스가 왜 정의에 관한 유토피아적 사회주의자들의 개념화를 추상적이고 초역사적 원칙, 즉, 영구적 정의 — 그의 비판에서 두 번째 정의의 개념 — 라며 비판적으로 이해했던가를 설명해주는 이유이다. 이러한 정의의 의미는 프루동에 대한 그의 비판에서 전형적으로 예시된다.

> [프루동은] 상품들의 생산과 상응하는 사법적 관계들로부터 정의의 이상, 즉, '영구적 정의'의 이상을 창조한다. 이에 따라 그는 모든 선량한 프티부르주아들의 연합에게 상품들의 생산은 정의와 마찬가지로 영구적인 형태임을 증명한다. 그 후 그는 방향을 바꾸어 법체계에 상응하여,

즉, 이러한 이상에 따라 상품들의 실제 생산을 개혁하고자 한다(Marx, 1976, vol. 1: 178n).

여기서 프루동에 대하여 "그가 말 앞에 마차를 놓았다"고 한 마르크스의 비판은 그가 정의의 개념과 관련하여 사회의 경제구조와 법체계를 설명하고자 했음(그러나 실제는 정의의 개념이 경제구조와 법체계에 의해 설명되어야 함)을 지적하기 위한 것이었다. 마르크스에 의하면, 영구적 정의는 그가 설명하고자 했던 바로 그 경제적 구조로부터 도출되는 사법적 관계에 불과하다.

더욱이 유토피아적 사회주의자들에게 전형적으로 나타나는 바와 같은 정의, 평등, 권리 등을 추상적으로 사용하는 (사람들을 도덕화시키고자 하는) 것에 대한 마르크스의 비판에는 또 다른 의미가 있다. 즉, 이들은 정의의 개념을 현실로부터 괴리시키고 있다는 점이다. 이러한 맥락에서 마르크스는 정의 개념에 대한 부르주아적 이데올로그들뿐만 아니라 유토피아적 사회주의자들의 사용을 추상적이며 비과학적이고 잘못된 것이라고 비웃었다. 즉, 지배계급의 이데올로그들은 그들이 기초를 두고 있는 지배계급의 물적 이해관계로부터 도출한 사고들을 분리시켜서, 이러한 사고들이 마치 그들의 이해관계와는 무관하게 존재하는 것으로 승화시키는 역할을 담당한다.

만약 이제 역사의 과정을 고찰하면서 우리가 지배계급의 사고들로부터 지배계급 자체를 분리시키고, 이들에 독립적인 존재를 부여한다면, …… 우리는 예를 들어 귀족제가 지배적인 시기에 명예·충성 등의 개념이 지배적이었으며, 부르주아가 지배적인 시기에는 자유·평등 등과 같은 개념이 지배적이라고 말할 수 있다. 전체 지배계급 자체가 이러한 점이 그렇게 되는 것으로 상상한다(Marx and Engels, 1970: 65).

요컨대 마르크스는 지배계급의 이데올로그들이 사고들과 이 사고들이 드러나는 사회 및 역사적 관계를 피상적으로 구성했으며, 특히 정의라는 이데올로기적 용어로 계급에 대한 환상을 제시했다고 비난한다. 같은 맥락에서, 마르크스는 정의에 관한 유토피아적 사회주의자들의 개념화를 추상적·피상적·이데올로기적 용어로 이해한다. 그는 두 가지 이유에서 이러한 의미의 정의 개념 및 여타 도덕적 용어들의 사용을 거부한다. 첫째, 앞에서 지적한 바와 같이 사회에 관한 역사적 설명에서 이러한 용어들의 사용은 비과학적이며 오류이다. 왜냐하면 이는 이러한 용어들이 구축되는 기반으로서 사회의 경제적 토대를 무시하기 때문이다. 둘째, 정의에 대한 추상적 사고의 채택은 그 성격상 비역사적이며 이러한 개념(즉, 영구적 정의 개념)은 자본이 어떻게 기능하는가에 대한 과학적 이해로부터 프롤레타리아를 괴리시키는 데 기여할 뿐이다.

사법적 용어 및 추상적 용어로서의 정의의 의미, 즉, 이러한 용어에 대한 부르주아적 이데올로그들의 사용 및 유토피아적 사회주의자들의 사용 모두에 대한 마르크스의 비판은 적절하게 해석된다면 유의한 것으로 받아들여질 수 있다. 그러나 이러한 정의의 의미 양자에 대한 그의 비판에 내재된 문제성은, 마르크스가 그렇게 하면서 부정의에 대한 그 자신의 비판 및 정의에 대한 그 자신의 이론을 정당화시킬 수 있는 여지를 외형상 남겨두지 않았다는 점이다. 왜냐하면 그는 정의의 개념이 우리가 생각하고 행동하며 살아가는 물적 조건들에 기초하여 개발될 수 있는 내적 관점과, 정의의 개념이 우리의 물적 조건들을 이해하고 반성하며 전환시킬 수 있고 우리의 지적·실천적 능력을 통해 개발될 수 있는 합리적(만약 '외적'이 아니라면) 관점 양자를 모두 부정하는 것처럼 보이기 때문이다. 마르크스의 비판에 따르면, 내적 관점에서 정의의 개념은 지배계급의 지배적 사고들과 암묵적으로 연계되어 있으며, 외적 관점에서의 정의의 개념은 추상적이고 피상적이라는 비판을 받게 마련이다. 그렇다면 이러한 딜레마에 봉착하여, 마르크스의 저작에 기초하여 정의의 개념이나 이론을 정형화하고자 하는 시도는 포기되어야만 하는가?

이러한 의문에 대한 해답은 마르크스가 정의를 이해하는 또 다른 방식과 관련된다. 이와 같은 딜레마는 철학 및 사회이론에서의 매우 오래된 이슈들 가운데 하나로서, 마르크스 역시 이러한 딜레마로부터 자유롭지 못했다. 여기서 우리는 정의에 관하여 그 자신의 개념화를 암묵적으로 시도한 마르크스의 노력은 내적 (또는 경험적) 및 외적 (또는 합리적) 관점 양자를 동시에 포괄하고 있다고 주장할 수 있다. 잘 알려진 바와 같이, 마르크스의 견해에서 정의의 개념화를 포함하여 법적·정치적 상부구조는 경제적 기반으로부터 독립적일 수 없다. 즉, 마르크스는 한편으로 정의를 그것이 통합적 부분이 되는 특정 생산양식 내에서만 응용될 수 있는 내적 개념으로서 이해한다. 이는 그의 『고타강령 비판』에 명시적으로 서술되어 있다. "권리[와 정의]는 사회의 경제구조 및 이것이 결정하는 문화발전보다도 결코 더 높을 수 없다"(Marx, 1994b: 321). 따라서 (환경) 정의의 개념을 포함한 모든 도덕적 개념, 주장, 지식 등은 이러한 것들이 발생하는 물적 배경 속에서 고찰되어야만 한다.

그러나 만약 우리가 정의에 관한 마르크스의 개념화를 단지 이와 같은 내적 관점에서만 이해한다면, 주어진 생산양식에 외적이며 독립적인 관점에서 정의의 합리적 원칙을 정형화하고 적용시키고자 하는 어떠한 시도도 잘못된 것이 된다. 사실 사법적 개념이 그 일부를 이루는 전체 체계를 비판하기 위하여 이러한 개념을 이용할 수 없다는 견해, 특히 자본가에 의한 노동자의 착취가 노동자에게 부정의한 것이 아니라는 견해를 옹호하고자 하는 사람들은 정의에 관한 마르크스의 개념화를 사회체계에 전적으로 내적인 기준에 기초한 관점에서 해석하는 것처럼 보인다. 그러나 마르크스의 저작, 특히 정의에 관한 그의 개념화에 대한 이러한 해석은 자본주의 사회의 부정의한 착취를 극복하기 위한 도덕적 실천에 대한 마르크스의 호소와는 병존할 수 없다. 바로 이러한 점에서, 다음에서 논의하는 바와 같이 자본주의적 경험에 근거한 부정의에 대한 비판과 사회주의적 이상에 근거한 정의에 관한 이론화는 상호 구분되면서, 또한 동시에 일정한 관계로 연계될 수 있어야 할 것이다.

이러한 관점들의 구분과 연계에 관하여 마르크스의 견해를 유추하면, 생산양식의 물적 토대에 기초한 내적 (경험적) 관점에서 정의, 평등, 자유, 권리 등과 같은 도덕적 사고들의 개념화와 이에 근거한 기존 사회의 부정의에 대한 비판은 새로운 사회로 전환시키기 위해 사용될 수 있는 어떤 규범적 이상이나 합리적 원칙들을 거부하는 것은 아니라고 할 수 있다. 특히 칸트 및 헤겔의 영향하에서 도덕적 개념들을 밝히고자 했던 초기 저술들에서 마르크스는 이러한 개념화를 추구했다고 할 수 있다. 물론 이들에 대한 마르크스의 개념화는 칸트나 헤겔의 경우와는 다르다. 예로, 의지의 '자율성'으로서 자유를 이해하는 칸트와는 달리, 마르크스는 자유를 '보편적'이며 따라서 자유로운 존재로 이해한다(Peffer, 1990: 122). 게다가 헤겔의 영향하에서 마르크스가 이러한 도덕적 개념들과 관련하여 강조하고자 하는 점은, 시민사회에서의 '사적 개인'들과는 구분되는 정치적 공동체에서의 '공공적 존재'라는 점이다(Marx, 1994a: 9). 따라서 경험적 및 합리적 입장 간의 편의적 구분을 통합하는 어떤 관점에서 정의의 개념을 포함하여 도덕적 용어들에 대한 마르크스의 개념화를 이해하는 것—비록 이 점은 마르크스가 이러한 구분에 따른 어려움로부터 완전히 벗어났음을 말하는 것은 아니지만—이 중요하다.

3. 자본주의, 사회주의, 정의 문제

정의에 관한 마르크스의 개념화는 단순히 추론적 반성(즉 합리적, 외적 관점)에 기초하는 것이 아니라 자본주의에 관한 분석과 이에 근거하여 도출된 사회주의에 대한 그의 전망(경험적, 내적 관점)에 기초해 있다. 그러나 위에서도 지적한 바와 같이, 이러한 사회들을 정의 또는 여타 도덕적 개념들과 관련지어 특징짓는 것에 대한 그의 태도는 매우 혼란스러우며 극히 논란적이다. 예를 들어, 마르크스는 자본주의하에서의 착취가 부정의하지 않은 것으로 생각하는 것처럼 보이는 한편, 그의 초기 저술에서 후기 저술에 이르기까지 전 생애 동안 기회가 있을 때마다 자본주의 사회에서의 수많은 현상들을 분명 부정의한 것으로 비판하고 있다. 다른 한편 마르크스는 자본주의 이후에 완전히 발달한 새로운 사회는 도덕성을 필요로 하지 않는다고 생각하는 것처럼 보인다. 왜냐하면 이러한 사회는 도덕적 규범이나 제도들에 의해 해결되거나 관리되어야 할 어려움들을 이미 극복한 것으로 간주될 수 있기 때문이다. 정의에 관한 마르크스의 이와 같은 애매모호한 태도는 아직도 정리되지 않은 상태로 치열한 논쟁을 초래하고 있다. 우리는 여기서 이러한 문제를 자본주의 사회와 사회주의 사회에서의 정의의 문제들로 구분하여 살펴보고자 한다.

1) 자본주의와 정의의 문제

마르크스에 따르면, 자본주의적 생산양식은 노동력과 임금과의 교환에서 노동자와 자본가가 자유롭게 계약관계에 임할 수 있는 행위자로서 서로를 대할 것을 요구한다. 마르크스는 자본주의의 표면(교환)구조의 부르주아적 관계를 “인간의 본연적 권리에 대한 바로 그 에덴이다. 이는 자유, 평등, 소유 및 벤담에 관한 배타적 영역이다”라고 서술한다(Marx, 1976: 280). 계약은 노동자와 자본가 양자에게, 교환의 상대방이라는 관점에서 그들의 상호 권리를 나타내준다. 노동자는 자본가와 합의한 임금을 받을 권리를 가지며, 자본가는 노동일 동안 노동자가 가진 노동력의 무제약적 사용에 대한 권리를 가진다. 따라서 마르크스는 다음과 같이 명시적으로 서술한다.

> 한편으로 노동력의 일상적 존속은 단지 하루 노동의 반만을 비용으로 하는 반면, 다른 한편으로 정확히 같은 노동력이 유효하게 남아서 하루 전체 동안 일할 수 있으며, 그 결과로 하루 동안 이의 사용으로 창출된 가치는 자본가가 그 사용을 위하여 지불한 것의 두 배가 된다. 이러한 상황은 구매자[자본가]에게 행운의 일부이지만, 판매자[노동자]에게 결코 부정의한 것이 아니다(Marx, 1976: 301).

이 문장에 의하면, 노동자에 의해 생산된 잉여가치의 자본가에 의한 전유, 즉, 자본가에 의한 노동자의 착취는 부정의한 것이 아니다. 또한 이러한 사고에 따라, 마르크스는 자본주의하에서 정의에 관한 그의 보다 일반적 입장을 다음과 같이 서술한다.

> 생산행위자들 간 거래의 정의는 이 거래들이 생산관계로부터 자연적 결과로서 발생한다는 사실에 기인한다. 이러한 경제적 거래들이 관련된 당사자들 간 의지에 의한 행위이고 그들의 공동적 의지의 표현이며, 어떤 개인적 입장이 아니라 법에 의해 강화되는 계약인 것처럼 보이게 되는 사법적 형태들은 단순한 형태로서 그 내용을 결정할 수 없다. 이들은 단지 이를 표현할 뿐이다. 이 내용은 이것이 생산양식과 상응하고 이에 적절할 경우 언제든지 정당하다. 이는 그 양식과 모순될 경우 언제든지 부정의하다. 자본주의적 생산의 기반에서 노예는 부정의하며, 마찬가지로 상품의 질에서 사기(fraud)도 그러하다(Marx, 1967, vol. 3).

마르크스는 정의를 자본주의적 생산양식, 특히 이 양식의 작동에 중요한 교환관계에 기초가 되는 규범으로 취급했다. 이러한 취급에서 정의는 지배적 생산양식의 요구에 의해 전적으로 결정되는 사법적 표현이라는 의미를 가진다. 즉, 정의는 사회의 상부구조가 의지하는 경제적 기반과는 독립적으로 고찰될 수 없는 법과 동의적인 것이다. 그러나 『자본론』에서 마르크스의 언어는 부정의를 함의하는 용어들 — '착취'라는 용어뿐만 아니라 이와 관련하여 자본가의 소득원과 관련된 '부불노동' 또는 '횡령(embezzlement)'에서부터 잉여가치의 축출을 서술하기 위하여 상상된 '도둑', '강도', '뱀파이어', '흡혈귀'에 이르기까지 — 로 가득 차 있다. 예로, 그는 자본가는 노동시간을 극대화시키기 위하여 노동자들에게 "신선한 공기와 햇빛의 소비에 필요한 시간까지 훔쳐버린다"고 서술한다(Marx, 1976: 375~376). 마르크스는 대체 자본가와 노동자 간의 교환관계, 나아가 자본주의적 생산양식에서 착취를 정의롭다고 생각했는가 그렇지 않다고 생각했는가? 마르크스의 이러한 이중적 태도를 과연 어떻게 해석할 수 있는가?

자본주의 (그리고 아래에서 볼 것처럼, 사회주의) 사회에서 정의에 관한 마르크스의 서술들에서의 문제성은 심각한 논란의 주제였다. 이 논쟁에서 마르크스는 자본주의를 부정의한 것으로 비난하지 않았으며 그리고/또는 사회주의를 자본주의보다도 더 정의로운 사회로 주창하지 않았다(또는 사회주의를 절대적으로 정의로운 사회로 제안하지 않았다)는 일반적 주장은, 오늘날 이를 주장한 학자들의 이름에 따라 '터커-우드 명제(Tucker-Wood thesis)'로 알려져 있다(Nielsen, 1988a; Nielsen, 1988b; Peffer, 1990 등 참조). 마르크스에 관한 터커(Tucker, 1969; Peffer, 1990: 334에서 재인용)의 해석에 의하면, "올바르고 정의로운 것에 응용가능한 유일한 규범은 기존의 경제체계에 내재되어 있는 것이다. 각 생산양식은 그 자신의 분배양식과 평등 형태를 가지며, 다른 어떤 관점에서 이에 관한 판단을 내리려는 것은 무의미하다". 우드(Wood, 1972) 역시 사법적 실행과 원칙들은 이들이 만연한 생산양식과 상응할 경우에만 '합리적으로 유의하다'는 유의 해석을 옹호한다. 그는 자본주의 사회에서 착취가 악이지만, 이는 이것이 부정의하기 때문이 아니라 예속의 한 형태이기 때문에 그러하다고 주장한다.

터커와 우드에 의하면, 자본주의적 착취는 정의에 관한 자본주의적 기준을 침해하지 않기 때문에 정의로운 것으로 간주된다. 물론 이러한 주장을 취할 그럴듯한 이유가 있다. 마르크스에 의하면, 정의의 사고를 포함하여 모든 사고는 경제적 기반에서 기원하며 이로부터 도덕적 유의성을 도출하는 것으로 가정된다. 이러한 의미에서, 자본주의적 생산양식에 상응하는 법과 제도들에 기초하여 추구되는 착취는 필수적으로 정당하다. 그렇지만 이러한 부류의 해석은 결과적으로 정의의 기준에 대한 유의성은 기존의 사회적 생산관계를 보존할 수 있는 능력에 의해 결정되며, 따라서 지배계급의 이해관계를 촉진한다는 견해를 정당한 것으로 유도한다. 즉, 이에 의하면, 노예제는 노예사회에서는 필수적으로 정의로우며 (비록 봉건주의나 자본주의 사회에서는 부정의하지만), 자본주의적 착취는 자본주의 사회에서 필수적으로 정의롭다 (비록 비자본주의 사회에서는 부정의하지만). 이러한 결과들은 정의에 관해 묘하게 역전된 견해를 구성하는 것처럼 보임에도 불구하고, 우드 및 그 외 몇몇 학자는 이러한 해석이 정의에 관한 마르크스의 개념화를 옳게 해석한 것일 뿐만 아니라 정의 및 다른 사법적 도덕 개념들 일반에 관한 올바른 분석이라고 옹호했다.

정의에 관한 마르크스의 개념화에 대한 이런 종류의 해석은 많은 논평가들에 의해 비판되었다. 예로, 후사미(Husami, 1978)는 우드의 해석이 자본주의적 착취가 부정의하지 않다고 주장하는 문장들에 내포된 마르크스의 '역설적 성향'을 이해하지 못했다고 비판했다. 우드에 대한 후사미

(Z. I. Husami)의 비판의 요지는 정의에 대한 사회주의적 개념 — 즉, 노동만이 소유와 소득에 대한 권리를 부여한다는 의미에서의 정의의 개념 — 역시 자본주의적 생산양식으로부터 도출된다는 점이다. 이 경우, 자본주의적 원칙들은 이들이 자본주의적 생산양식에 상응하기 때문에 도덕적으로 유의하며, 사회주의적 원칙들은 이들이 그렇지 못하기 때문에 도덕적으로 유의하지 않다는 역설이 성립된다. 굴드(Gould, 1978)와 같은 다른 논평가들은, 마르크스가 착취란 정의롭다고 말했을 때 그는 단지 자본가계급의 관점에서 정의롭다고 말했을 뿐이라고 가정한다. 그렇지만 이들은 마르크스가 실제 사회주의적 사회에 정당하게 응용될 수 있으며, 자본주의 사회에서 부정의를 밝혀주기 위해 필요한 보다 좋고 보다 높은 정의의 기준이 있다고 생각했을 것이라고 주장한다. 페퍼는 마르크스가 "이를 설정하는 게임의 규칙에 의해, 자본주의가 부정의하지 않다는 점을 단지 지적할 뿐"이며, "마르크스는 명시적으로 자본주의적 착취가 정의롭다고 주장하지만, 암묵적으로는 이를 부정의하다고 비난하는 것처럼 보인다"고 적고 있다(Peffer, 1990: 337~338).

후사미와 그 외 일부 학자들에 의하면, 마르크스에게 정의의 개념은 이것이 인간의 자아실현, 즉, '다른 사람들과의 공동체 내에서 모든 개인들의 잠재력의 실현'을 촉진시킬 경우에 유의하다. 그러나 이러한 유의 해석은 여전히 "권리[와 정의]는 사회의 경제구조와 이것이 결정하는 문화발전보다도 더 높을 수 없다"는 마르크스의 견해와 불일치하는 문제성을 가진다. 이에 따라 마르크스가 이러한 문제성을 완전히 의식하지 못했을 것이라는 해석이 제시되기도 한다. 제라스(N. Geras) 및 여러 학자들은 "마르크스는 자본주의는 부정의하다고 생각했지만, 그는 그가 그렇게 생각했다는 점을 생각하지 못했다"고 주장한다(Geras, 1985: 70; White, 1996 참조). 즉, 마르크스는 비록 그 자신이 그렇게 생각하고 있다는 것을 깨닫지 못했지만, 분명 자본주의란 부정의하다고 생각하는 사람으로 간주될 수 있다. 비슷한 의미에서 엘스터(Elster, 1985) 역시 마르크스의 "『자본론』에서의 착취이론과 『고타강령 비판』에서의 분배이론은 정의의 원칙들을 함축하고 있지만", "그는 그가 생각하는 것을 올바르게 서술하는 방식을 알지 못했다"고 제안한다(또한 Elster, 1983 참조). 그러나 이러한 이런 부류의 주장이나 제안은 정의에 관한 마르크스의 개념화 및 이에 관한 해석들을 둘러싼 논쟁에서의 불일치와 긴장을 해소하기에는 어려운 것처럼 보인다.

이러한 문제성을 해결하기 위해, 이 논제에 관해 룩스(Lukes, 1985: 48~56)는 논리적으로 가능하며 논평가들에 의해 확실히 옹호될 수 있는 네 가지 입장을 열거했다. 즉, 마르크스는 자본가와 노동자 간의 관계를 ① 정의롭다, ② 부정의하다, ③ 정의로우며 또한 동시에 부정의하다, ④ 정의롭지 않으며 부정의하지도 않다는 네 가지 입장 가운데 하나로 해석했다고 추정할 수 있다. 첫 번째 두 입장은 우리가 위에서 살펴본 바와 같이 터커와 우드, 그리고 후사미와 몇몇 논평가들의 입장에 각각 해당한다. 세 번째 입장은 영(G. Young) 및 일부 논평가들의 입장으로, 이들은 교환의 영역과 생산의 영역을 구분하고, "마르크스의 견해에서, 노동자는 임금과의 노동력의 교환에서는 판매자로서 정의롭게 취급되지만, 그 이후 생산과정에서 자본가가 노동자로부터 잉여가치를 축출하는 동안 도둑을 당한다"고 주장한다(Young, 1981: 252. 또한 Young, 1978; Castellana, 1990 참조). 마지막 입장은 모든 유의 정의에 관한 개념화에 대한 마르크스의 거부에 초점을 두고, 이를 중세의 신학적 사고들에 비교될 수 있는 조작적, 비과학적 범주로 비판한다. 이들에 의하면, 역사적 유물론자로서 마르크스는 어떤 것이 정의롭다거나 그렇지 않다는 것은 단지 주어진, 궁극적으로 전환될, 일단의 생산관계를 재생산하기 위해서만 기여하는 규범들에 조응하는가 그렇지 않는가를 말하는 것에 불과하다고 생각했다고 주장된다.

해석의 불협화음을 해소하고자 하는 룩스 자신의 입장은 절충적이며 포괄적이다. 그에 의하면, "자본주의의 정의에 대한 마르크스의 견해는 내적으로 복잡하며 계층적으로 조직되어 있고", 또한 "마르크스가 제안하고자 하는 바는 자본주의의 자기정당화가 내적으로 와해되고 외적으로 비판되며, 정당화와 비판 양자가 정의를 능가하는 것으로 주장되는 어떤 관점에 의해 다시 비판되는, 다관점적(multi-perspectival) 분석"이라고 주장된다(Lukes, 1985: 59). 사실 이러한 다관점적 분석은 정당화와 비판 간의 변증법적 극복이라고 할 수 있다. 케인(J. Kane)은 "룩스가 자본주의의 정의에 관한 문제에 관하여 마르크스의 태도의 복잡성을 정당하게 포착했다고 믿는"것처럼 보인다(Kane, 1996: 423). 그러나 룩스가 정의에 관한 마르크스의 개념화 및 이를 둘러싼 논쟁에서 무엇이 문제인가를 명확히 했지만 이 문제를 해결했다고는 할 수는 없다. 즉, 어떤 상황이 한 관점(특히 차하위 관점)에서는 정의롭지만 그 다음의 어떤 관점(차상위 관점)에 의하면 비판될 수 있다는 주장은 정의의 일반적 원칙의 존재를 부정한 것이며, 따라서 궁극적으로 정의란 존재하지 않는다고 주장하는 것과 같다.

2) 사회주의와 정의 문제

정의에 관한 마르크스의 저술에서 또 다른 유형의 문제성은 사회주의(또는 공산주의)에 대한 그의 견해와 관련된다. 이 문제성은 그의 저술 여러 곳에서 찾아볼 수 있지만, 특히 『고타강령 비판』 중 '국제노동자협회(The International Working Men's Association)'를 위하여 평등한 권리와 정의에 관한 기준들에 관하여 마르크스가 엥겔스(F. Engels)에게 쓴 편지에서 가장 명시적으로 나타난다. 이 편지는 "무엇이 '공정한' 분배인가"를 논한 글로서, 여기서 마르크스는 '노동 수익의 공정한 분배'의 실현이라는 점으로서 사회주의를 인식한 자들을 비판하면서, 이를 '권리에 관한 이데올로기적 넌센스'이며 '어리석은 말장난'이라고 거부했다. 그러나 그렇게 하기 전에, 마르크스는 정의 및 권리와 관련하여 사회주의(또는 공산주의) 사회에 관하여 언급했다. 그의 견해에 의하면, 자본주의 사회로부터 태어났지만 아직 그 자체 기반을 발전시키지 못한 사회주의(즉, 공산주의의 초기단계)는 "경제적으로, 도덕적으로, 지적으로, 여전히 그 사회가 태어난 모체인 구(舊)사회의 탄생 흔적이 찍혀 있다"(Marx, 1994b: 320).

> 개별 생산자는 사회로부터 그가 그 사회에 준 것 — [공동기금으로] 공제가 이루어진 이후 — 을 정확히 되돌려 받는다. 그가 그 사회에 준 것은 그의 개별 노동의 양이다 …… 그는 노동의 그렇고 그런 양을 제공했음(공동기금을 위한 그의 노동을 공제한 이후)에 관한 증명을 사회로부터 받으며, 이 증명으로 그는 노동 비용의 양과 동일한 양을 소비수단의 사회적 스톡으로부터 인출한다. 한 형태로 그가 사회에 준 노동과 동일량을, 그는 다른 형태로 되돌려 받는다(Marx, 1994b: 320).

이 문장은 마르크스가 사회주의 사회의 초기단계에 사회적 생산물의 분배를 위한 정의의 원리 또는 기준을 제안하는 것으로 이해된다. 마르크스가 여기서 서술한 분배정의 또는 평등적 권리의 원칙에 포함된 함의는 비록 '평등한 노동을 위한 평등한 지불(equal pay for equal labour)'이라는 점에서 여전히 부르주아적 원칙의 한 형태라고 하겠지만, '결코 멍청한 것'은 아니라는 점에서 더 이상 이데올로기가 아니라는 점이다. 마르크스가 이 원리를 여전히 부르주아적이라고 서술한 이유는 이 원칙이 개인의 필요에서 차이를 고려하지 않았기 때문이다.

> 이러한 향상에도 불구하고, 이 '평등적 권리(equal right)'는 여전히 부르주아적 한계에 의해 항상적으로 제약된다. 생산자들의 권리는 그들이 공급한 노동에 '비례한다'. 평등성은 측정이 '평등적 기준', 즉, 노동에 의해 이루어졌다는 사실에 놓여 있다. 그러나 한 사람은 다른 사람보다도 신체적으로 또한 지적으로 더 우월하며 이에 따라 동일 시간에 더 많은 노동을 공급하거나 또는 더 오랜 시간 동안 노동을 할 수 있다. 그리고 노동은 척도로서 기여하기 위해 그 기간이나 강도로 규정되어야 하며, 그렇지 않을 경우 이는 더 이상 측정의 기준이 될 수 없다. 이 '평등적' 권리는 부등적 노동에 따른 부등적 권리이다. …… 게다가 한 노동자는 결혼을 했고 다른 노동자는 하지 않았거나, 한 사람은 다른 사람보다 더 많은 자녀를 가지는 경우 등등이 있을 수 있다. 따라서 행해진 노동과 동등한 양, 즉, 사회적 소비기금에서 동등한 몫이 주어진 상황에서 한 사람은 사실 다른 사람보다도 더 많이 받을 것이며, 한 사람은 [필요라는 관점에서] 다른 사람보다도 더 부유해질 수 있다. 이러한 결점 모두를 피하기 위하여, 권리는 평등하기보다는 부등해야 한다(Marx, 1994b: 321).

마르크스가 여기서 고려한 것은 현대 정의이론들에서 매우 일반적인 원칙이나 주제 — 즉, 일반적으로 생산을 어떻게 공정하게 분배할 것인가, 그리고 특히 차등적인 필요를 어떻게 고려할 것인가의 문제 — 이다. 따라서 페퍼와 그 외 논평가들은 여기서 마르크스는 "'평등성' 및 우리가 공통적으로 부르는 '분배적 정의'를 고찰 — 매우 진정하게 고찰 — 한다"고 인정하고 있다(Peffer, 1990: 333). 그러나 마르크스는 이러한 문장들에 이어서 "권리는 사회의 경제적 구조와 이것이 결정하는 문화적 발전보다도 결코 더 높을 수 없다"고 주장한다. 이 주장은 그의 다음 문장들에 대한 해석에 혼란을 초래한다. 그는 이어서 노동분업, 생존 수단으로서의 노동, 공동적 부의 부족과 같은 문제성이 극복된 "보다 높은 단계의 공산주의 사회"에서 "부르주아적 권리의 좁은 지평은 전체적으로 열리면서, 사회는 그 깃발에 다음을 새겨놓는다. 즉, 능력에 따라 각자로부터, 필요에 따라 각자에게로!"(Marx, 1994b: 321). 마르크스는 여기서 보다 높은 단계의 공산주의에서도 정의의 원리가 요구된다고 생각했는가 또는 그렇지 않다고 생각했는가? '능력에 따라 각자로부터, 필요에 따라 각자에게로'라는 문구는 어떻게 해석되어야 하는가?

정의에 관한 마르크스의 개념화를 둘러싸고 이루어진 논쟁에서의 한 이슈는 정의와 같은 사법적 개념은 완전한 사회주의의 도래로 그 유용성을 좌우하는 조건들 — 예로, 자원의 희소성과 이기주의 — 이 더 이상 유지되지 않기 때문에 무용지물이 될 것이라는 점이다. 마르크스가 보다 높은 단계의 공산주의를 물질적 풍요 및 생산적 자산의 사회적 소유와 통제에 기초한 사회적 협력의 비강제적 형태로 묘사한 바와 같이, 이 사회는 인간 개인에게 완전한 발전을 가져다주기 때문에 정의 개념이나 이에 기초하여 추구되는 원칙은 무의미해질 것이다. 그러나 뷰캐넌(A. E. Buchanan)은 사회주의적 정의를 단순히 규정하는 것으로 마르크스의 개념화를 간단하게 해석하는 것을 넘어서야 한다고 주장하면서, 경쟁과 갈등은 비록 크게 감소하긴 하겠지만 그와 같이 완벽하게 발달한 사회주의 사회에서도 이들이 완전히 필수적으로 제거되는 것은 아니라는 점을 지적한다(Buchanan, 1979. 또한 Buchanan, 1982 참조). 또한 비록 세계 사회주의 혁명이 성공을 한다고 하더라도 상대적 희소성의 조건이 가까운 미래의 어떤 시점에 극복될 것이라고 기대하기는 어렵다고 주장한다.

이러한 이유들에서, 공산주의 사회는 그 초기 단계든 보다 높은 단계든지 간에 여전히 정의를 필요로 한다(물론 그 사회에 적합한 내용을 가져야 하겠지만)는 점이 인정될 수 있다. 이 경우, 정의의 원칙은 그 사회가 깃발에 각인한 "능력에 따라 각자로부터, 필요에 따라 각자에게로"라고 할 수 있다. 그러나 이 문구가 무엇을 의미하는가에 대하여는 여러 가지

상이한 해석이 있다. 이 해석들은 룩스가 자본주의의 정의에 관한 입장을 구분하기 위해 제시한 것과 유사한 방법으로, 사회주의의 정의에 관하여 가능한 입장들의 구분을 통해 예시될 수 있다. 즉, 이 문구는 ① 정의의 원리가 아님, ② 분배적 정의의 원리임, ③ 생산적 정의(productive justice)의 원리임, ④ 분배적 정의 및 생산적 정의 양자 모두의 원리임을 함의한다고 할 수 있다.

①의 입장은 뷰캐넌에 의해 견지된 것으로, 그는 마르크스가 "'능력에 따라 각자로부터, 필요에 따라 각자에게로'라는 슬로건을, 공산주의 사회에서 만족될 분배적 정의의 원리로서 제시했다고 가정하는 것은 잘못이며 …… 이 슬로건을 공산주의적 정의에 대한 '처방(prescription)'으로서라기보다는 공산주의에서의 생활의 서술(description)로서 이해하는 것이 보다 그럴듯하다"고 주장한다(Buchanan, 1979: 139). 즉, 마르크스에게 공산주의는 정의의 상황이 더 이상 존재하지 않는 사회이며, 이는 정의의 원리들에 필수적으로 의존하는 희소성과 갈등의 상황들이 새로운 사회의 도래로 극복되거나 또는 최소한 정의의 원리들을 통해 이들에 대처해야 할 필요가 없는 수준으로 줄어들 것이기 때문이다.

②의 입장은 페퍼 및 여타 논평가들에 의해 정의된 것이다. 예로, 화이트(S. White)가 뷰캐넌에 반대하여 주장하는 바와 같이, 공산주의 사회에서 자원이 '보다' 풍부해질 것이라는 마르크스의 제안은 뷰캐넌과 같은 서술론자가 주장하는 바와 같은 절대적 풍요를 필수적으로 의미하는 것이 아니며, 부르주아적 권리의 억제는 그 작동의 범위를 줄이고 다른 정의의 원리의 작동을 확대시키는 점진적 과정이라고 해석할 수 있다. 즉, 사회주의 사회에서, "생산력은 정의의 '초월'이라기보다는 '진정한' 정의의 '완전한 실현'을 가능하게 하기에 충분하게 된다"고 해석하는 것이다(White, 1996: 94).

③의 입장은 프루잔(E. R. Pruzan)에 의해 제안된 것으로, 그에 따르면

"마르크스에게, 공산주의하의 분배적 정의는 비본질적 이슈이다. 사회적 부의 분배에 관한 문제들은 계급갈등과 착취적인 강제적 사회관계가 없는, 생산의 공동체적 소유의 민주적 성격에 의해 해소된다"(Pruzan, 1989: x). 즉, 사회주의 사회에서 분배는 생산의 (재)조직을 통해 해결될 문제이다. 따라서 생산과의 관계에서 분배의 종속적 역할로 인해, 마르크스는 분배적 정의의 원리가 아니라 '생산적 정의'의 이론 입장에서 이 문구를 이해했을 것으로 추정된다.

마지막 입장인 ④는 이 글에서 채택하고자 하는 것으로, 프루잔의 해석을 한편으로 받아들이면서 다른 한편으로는 이에 반대하는 것이다. 이 입장에 의하면, 공동 생산은 모든 사람들의 사회적 필요가 완전히 만족되는 사회의 기반이라고 주장될 수 있지만, 그렇다고 이러한 주장이 분배적 정의의 원리를 생산에 종속적인 것으로 간주하고 이를 배제하는 것은 아니다. 물론 이 사회에서 보다 유의한 의미를 가지는 것은 생산적 정의의 개념 또는 원리이다. 생산적 정의는 생산의 민주적 조직을 전제로 하며, 이는 생산자들 간에 그들의 기본적 필요를 만족시키고 자아발전을 충족시키기 위해 분배와 직접적으로 연관된다. 그러나 생산과 분배가 상호 전제하는 것처럼, 이 두 가지 원리들은 상호 연계되어 있는 것으로 이해되어야 한다. 또한 아래에서 논의하는 바와 같이, 생산적 정의에 적절한 원리는 노동이며 분배적 정의에 적절한 원리는 필요라는 점에서도 구분된다.

사회주의적 정의에 관한 여러 가지 입장들의 구분은 물론 정의에 관한 마르크스의 개념화에 내재된 문제를 완전히 해결하는 것은 아니다. 정의에 관한 마르크스의 개념화와 이에 대한 상이한 해석들에 따른 논쟁에 여전히 남아 있는 난점들은 다음과 같은 의문들을 포함한다. 즉, 마르크스주의적 도덕 이론을 옹호하고 이를 재구성하고자 하는 학자들의 대부분은 사회주의 또는 공산주의가 자본주의에 비해 도덕적으로 더 우월하다는 점을 보여야만 하는 과제를 가지고 있다. 그렇지만 이 과제를 수행하기 위해서는, 정의의 보편적 원칙(들)이 필요하다. 자본주의와 사회주의 간의 정의의 양과 (또는) 질을 측정하고 비교할 수 있는 공통된 원칙이나 기준을 제공하는 것이 가능한가? 우선 이 의문에 대해, 자본주의와 사회주의는 모두 그 정의의 원칙(들)을 요구할 뿐만 아니라 공통적으로 적용될 수 있는 원칙(들)을 설정할 수 있는 것으로 가정할 수 있다.

그러나 이와 관련하여 또 다른 의문이 제기된다. 즉, 이러한 원칙들의 설정과 적용은 지배계급의 이해관계를 반영하는 이데올로기적 또는 환상적인 것은 아닌가? 이 의문과 관련하여, 이데올로기로서의 정의의 원칙들이 가질 수 있는 문제성을 극복하기 위해 가능한 한 가지 방법은 설정된 원칙들에 각각 기초하여 자본주의적 부정의를 비판하는 것과 새로운 사회를 위한 정의를 이론화하는 것 간을 구분하여 정의의 문제에 접근하는 것이다. 물론 이러한 원칙의 설정이나 문제 접근의 구분만으로 정의의 구체적 내용들이 충족되는 것은 아니다. 이를 위해, 이 글의 남은 논의에서는 환경정의와 관련하여 정의의 원칙들을 설정하고, 부정의의 비판과 정의의 이론화 간 구분을 제안하며, 끝으로 분배적 정의에 초점을 두고 있는 자유주의적 정의론의 한계를 벗어나기 위하여 마르크스주의적 전통하에서 개념화될 수 있는 '생산적 정의'의 이론화를 추구하는 한편, 최근 비판이론과 포스트모더니즘에서 제시되고 있는 '의사소통적 정의' 또는 '인정(recognition)'의 정의개념의 중요성을 강조하고자 한다.

4. 환경정의이론을 위한 몇 가지 함의

정의에 관한 마르크스의 개념화와 이에 관한 논쟁에서의 경쟁적 해석을 통해 제안된 여러 사고는 앞에서 논의한 바와 같이 많은 의문과 난점을 포함하고 있지만, 사회정의이론 일반뿐만 아니라 특히 환경정의이론을 정립하는 데 기초를 형성할 수 있는 중요한 통찰력들을 제공한다. 그러나 이 점은 정의에 관한 마르크스 자신의 주장이나 이와 관련된 논쟁적 해석들이 정의의 이론화 및 실천과 연관된 모든 난점을 해결했거나 또는 다른 여러 가지 정의이론들이 환경정의이론의 정립에 무관하다는 것은 결코 아니다. 따라서 여기서는 정의에 관한 마르크스의 개념화와 이의 해석을 둘러싼 논쟁들에 관한 이상의 고찰을 통해, 환경정의이론과 유관하다고 생각되는 몇 가지 핵심적 개념과 사고들을 구명하고자 한다[4].

1) 환경정의 개념과 그 원칙

환경정의가 정확히 무엇을 의미하는가에 대한 합의가 없긴 하지만, 이 용어는 광의적 의미에서 "인간의 필요에 부응하고, 삶의 질 — 경제적 평등, 보건의료, 주거, 인권, 종의 보전, 민주주의 등 — 을 향상시키며 자원을 지속가능하게 사용하는 방향으로의 사회적 전환"과 관련되는 것으로 정의된다(Hofrichter, 1993: 3). 환경정의에 관한 이러한 개념 정의는 환경정의의 원칙과 근본적 내용들이 무엇인가를 이해하기 위한 한 사례로서 제시된 것이다. 여기서 우선 문제는 환경정의의 원칙을 어떻게 설정할 것인가이다. 정의에 관한 마르크스의 개념화와 이의 논쟁적 해석들에 대한 재고찰을 통해 도출될 수 있는 주요한 이슈들 가운데 하나는

4) 환경정의는 다양한 철학적 전통에 따라 상이하게 때로는 서로 모순되게 정의되기도 한다. 특히 환경정의론의 철학적 배경에 관해서는 벤츠(Wenz, 1989)를 참조할 수 있으며, 보다 경험적 측면에서 적용될 수 있는 이론적 연구로는 브라이언트(Bryant, 1995) 등을 참조할 수 있다. 그러나 벤츠의 연구에는 마르크스주의적 환경정의이론에 관한 논의는 빠져 있다(마르크스주의적 환경정의에 관한 포괄적 연구로 Pepper, 1993; Harvey, 1996 등 참조).

어떤 종류의 원칙들이, 그리고 왜 이들이 환경정의의 원칙으로 간주될 수 있는가(또는 되어야만 하는가)에 관한 것이다.

정의에 관한 포괄적 이론은 일반적으로 두 부분으로 구성된다. 한 부분은 정의의 근본적 내용의 세련화이며, 다른 부분은 이러한 내용들이 왜 포함되어야 하며, 이 내용의 어떤 상태가 정의로운가 또는 그렇지 않은가를 평가하는 데 기준이 되는 초윤리적 주장(들)이나 원칙(들)이다(Castellana, 1990: 27). 환경정의에 관한 앞의 논의에서, 근본적 내용들로서는 자연자원에 대한 평등한 접근과 깨끗한 공기 및 물, 적절한 보건의료, 여유 있는 주거, 안전한 작업장 등에 대한 권리가 포함되며, 그 원칙들은 이들의 평등한 만족과 향상을 평가하기 위한 기준으로 이해될 수 있도록 하는 인간의 '필요'와 '삶의 질'이라고 할 수 있다. 환경정의의 근본적인 내용들은 사회에 따라 다양하며 역사적으로 변화하지만, 정의의 원칙들은—비록 그 구체적인 특성들이 사회에 따라 상이한 방식으로 해석된다고 할지라도—역사에 걸쳐 상이한 사회들에도 응용가능할 것이다. 이러한 환경정의의 개념 규정에서 제시된 원칙으로서 '필요'는 그 자체로서 명확한 의미를 가지지만, '삶의 질'은 한정된 의미를 가지지 못한다는 점에서 원칙으로서 부적절하다고 할 수 있다.

이와 같은 환경정의의 개념에 관한 간략한 예시에 유추하여, 마르크스의 저술로부터 유의하게 도출할 수 있는 환경정의의 원칙들을 찾아본다면 이들은 '필요'와 '노동'이다. 『고타강령 비판』에서 마르크스는 정의를 위하여 이러한 두 가지 원칙들 또는 기준들을 명시적으로 고찰하고 있다. 마르크스는 여기서 우선 노동의 원칙이 분배를 위해서는 부적절한 것으로 간주하는 것처럼 보인다. 왜냐하면 이 원칙은 어떤 생산자들에게 다른 자들에 비해 더 오래 그리고 더 강하게 노동할 수 있는 '자연적 특혜들'을 인정하고, 따라서 사회적 부의 더 많은 몫을 가지는 것을 허용하기 때문이며, 또한 결혼의 상태나 자녀 수 등과 같은 '필요의 차등'을 고려하지 않기 때문이다. 따라서 노동의 원칙에 따라 소비의 개별적 수단이 분배되는 사회는 분명 자본주의 사회보다도 향상된 사회이긴 하지만, 마르크스는 노동 원칙을 부르주아적 권리로 이해한 것처럼 보인다.

이와 관련된 문장들의 해석에서, 엘스터(Elster, 1985)는 "『고타강령 비판』에서 자본주의에 대한 마르크스의 비판과 공산주의에 관한 그의 진술들 양자를 이해하는 가장 좋은 방법은, 필요의 원칙(needs principle: 능력에 따라 각자로부터, 필요에 따라 각자에게로의 원칙)이 적용되기에는 역사적으로 아직 성숙되지 않은 상황에서 기여의 원칙(contribution principle: 기여에 따라 각자에게로의 원칙)이 차선의 기준을 제공한다는 계층적 정의이론을 그에게 부여하는 것"이라고 제안한다. 그러나 앞에서 이미 지적한 바와 같이 룩스는 부분적으로 엘스터(J. Elster)의 제안에 동의하지만, 정의 개념이 기여와 필요에 따라 계층으로 나뉘는 것은 아니라고 주장한다. 즉, 그는 "자본주의의 정의에 관한 마르크스의 견해가 내적으로 복잡하며 계층적으로 조직되어 있다"고 제안하고, "마르크스가 다원적 관점에서의 분석을 제시했다"고 강조한다(Lukes, 1985: 58~59). 그러나 엘스터가 아닌 롤스에 따라, 그는 "정의의 원칙은 기본적 권리와 의무를 부여하기 위해 그리고 혜택의 적절한 분배와 사회적 협력의 부담을 결정하기 위해 필요한 것"이라고 주장한다(Lukes, 1985: 59에서 재인용).

다른 논평가들 가운데 화이트는 세 가지 분배의 원칙들을 도입하고, 어떤 원칙이 자본주의에 대하여 정의에 기초한 마르크스의 암묵적 비판에 적합한가를 고찰한다. 이 세 가지 원칙들은 각 개인이 필요의 만족에 대한 평등한 권리를 가진다는 '필요의 원칙', 각 개인은 그의 노동 생산물 또는 그 노동시간에 상응하는 평등한 권리를 가진다는 '노동의 원칙', 그리고 각 개인은 그가 판매한 상품의 완전한 가치(즉 노동의 가치)에 대해 권리를 가진다는 '완전 가치의 원칙'으로 구성된다. 그는 "마르크스의 비판이 필요 원칙에 기초했고", "이와 경쟁적인 노동 원칙에 암묵적으로 규정된" 것은 아니며, 또한 '노동'과 '노동력' 간의 잘 알려진 구분을 통해 노동 원칙과는 구분되는 '완전 가치의 원칙'은 이미 자본주의 사회에서 만족되었으며, 따라서 "이는 자본주의를 비판하기 위해 사용할 수 있는 원칙이 아니다"라고 주장한다(White, 1996).

앞에서 언급한 바와 같이, 룩스와 화이트 양자는 다른 많은 논평가들과 마찬가지로 정의에 관한 마르크스의 개념화, 특히 정의의 원칙을 분배적 정의의 패러다임에 입각하여 이해하고자 한다. 따라서 이들은 마르크스의 저작에서 노동의 원칙이 실질적으로 무엇을 의미하는가를 알지 못했다. 생산이 분배로 환원될 수 없는 것처럼, 노동의 원칙도 결코 필요의 원칙으로 환원될 수 없다. 엘스터 역시 마르크스를 분배적 정의이론가로 이해하면서, 노동의 원칙을 '기여'의 원칙으로 해석하고자 한다. 그러나 자본주의에 대한 마르크스의 비판뿐만 아니라 사회주의에 대한 그의 전망 양자를 가장 잘 이해할 수 있는 방법이란 그에게 '정의에 관한 계층적 이론'을 부여하는 것이라는 엘스터의 제안은 부분적으로 공감될 수 있지만, 엘스터의 주장과는 달리 우선성이 주어져야 할 것은 필요의 원칙이 아니라 노동의 원칙이다. 더욱이 이 두 원칙은 두 가지 상이한 영역, 즉, 자연 세계와 인간 개인의 관계 속에서의 생산과정 및 인간 개인들 간의 생산물의 분배과정에 각각 적용될 수 있는 것이라고 이해될 수 있다.

마르크스는 명시적으로 인간의 기본적 필요를 정의의 근본적 원칙으로 간주했음이 분명하다. 물론 인간 개인들의 기본적 필요는 단지 자연적으로 주어지는 것이 아니라 그들이 살고 있는 사회적 배경하에서 구성되고 만족된다. 그들에게 가용한 사회적 만족양식들이 없는 기본적 필요는 실질적 내용을 가지지 못한다. 예를 들어, "'배고픔'은 자연적 '필요'이다. 따라서 이는 그 자체를 만족시키기 위하여, [배고픔이] 풀려지기 위하여,

그 자체의 외부에 있는 '자연', 즉, 그 자체의 외부에 있는 '객체'를 필요로 한다"(Marx, 1964: 181). 그러나 "배고픈 사람에게 존재하는 것은 음식의 인간적 형태가 아니라, 음식으로서의 추상적인 것이다"(Marx, 1974: 284). 달리 말해서 그의 기본적 필요를 만족시킬 수 없는 배고픈 사람에게 어떤 음식은 배고픔을 만족시키는 데 기여할 것이다. 그러나 이 경우 인간 개인은 노동과정에 참여하지 않고서는 사회적으로 생산된 음식을 전유할 수 없다. 따라서 마르크스가 우선성을 부여한 것은 '사회적 노동' 이지 '필요'가 아니라고 할 수 있다.

인간은 노동을 통해, 그의 생존 수단을 생산하기 위해, 또한 자연 속에 잠재된 다른 역량들을 개발하기 위해 자연세계에 행위를 가하며 이를 전환시키고자 한다. 협업적 노동과정들을 통해 개인들은 그들의 필요에 적합하도록 자연 세계를 변형시키며, 또한 동시에 그들 자신의 인간 본성을 변형시킨다. 이 노동과정에서 인간 필요에 공감하는 형태로 자연의 인간적 전환은 인간 본성의 전환을 동시에 필요하다. 또한 인간의 생산적 및 창조적 활동으로서 노동은 일반적 인간 본성 내에 숨겨진 잠재적 역량과 능력을 확대시키는 데 기여한다. 이러한 전환은 자연세계에 개입하는 협업적 노동과정들 없이는 불가능하다.

> 노동과정을 통해 인간은 자연 소재들에 있는 형태의 변화에 영향을 미칠 뿐만 아니라 그 자신의 목적을 그 소재들에서 실현시킨다. …… 그가 작업의 속성 그리고 이것이 성취되어야 하는 방법에 매력을 느끼지 못할수록, 그는 그 자신의 신체적 및 지적 힘들의 자유로운 활동을 점차 향유할 수 없게 되고, 그의 관심은 점점 더 강제된다(Marx, 1974: 284).

인간 개인들의 노동과정은 기본적 필요를 만족시키기 위한 것만은 아니며, 그들 자신의 목적을 실현시키기 위한, 즉, 그 자신의 물리적 및 지적 힘들의 자유로운 놀이로서 즐길 수 있도록 하기 위한 것이었다. 따라서 마르크스에게 자연 세계는 인간 개인들의 기본적 필요를 만족시키기 위한 대상들 이상의 의미를 가진다. 자연 세계에의 참여를 통해, 인간 개인들은 그들의 종적으로 특수한(species-specific) 신체적 및 지적 역량을 함양할 수 있게 된다. 즉, 자연 세계는 인간 소비를 위한 대상의 원천일 뿐만 아니라 인간 개인들의 신체적 및 지적 건강이 배양되어야 하는 생산적 장이다. 이러한 점에서 자연 세계는 인간 필요 충족을 위한 대상들을 제공해주며, 또한 '자아실현'을 위해 필요한 인간 개인들의 창조적 역량 발휘를 고취하도록 하는 방법으로 인간 본성을 재구성한다. 따라서 바로 이러한 점에서 하비는 "마르크스에게 질적 문제는 계급 특권과 억압을 무산시키고 자연의 생산을 통해 그들 자신을 생산하기 위한 개인의 창조적 힘을 해방시키는 방법으로서, 자연을 지속적으로 생산하기 위한 의식적 힘들의 개발이다"라고 주장한다(Harvey, 1996: 127).

2) 정의원칙들의 적용

필요의 원칙과 노동의 원칙이라는 두 가지 정의의 원칙의 제안은 정의에 관한 마르크스의 개념화와 이에 대한 다른 논평가들의 해석의 재고찰 과정에서 제기되었던 몇 가지 의문이나 난점들을 해소할 수 있도록 해준다.

첫 번째 의문은 화이트(White, 1996: 92) 및 다른 학자들이 주장한 바와 같이, 마르크스는 실질적으로 노동의 원칙이 자본주의 사회를 평가하기 위한 기준이 될 수 없다고 했는가의 문제이다. 이 의문에 답하기 위하여 우리는 마르크스가 자본주의를 부정의하지 않다고 명시적으로 서술한 근거, 즉, '노동'과 '노동력'의 구분에 관해 이해할 필요가 있다. 앞서 논의한 바와 같이 인간 본성에 관한 초기 저술들에서 마르크스의 주요 관심은 필요가 아니라 노동이었음은 의심의 여지가 없다. 그러나 후기 저작에서 마르크스는 자본축적 과정을 분석하기 위하여 노동으로부터 노동력을 구분한다. 즉, 노동자가 자본가에게 판매하는 상품은 노동이 아니라 노동력이며, 노동으로부터 잉여의 축출은 그의 '노동의 가치'(즉, 이 노동력의 적용을 통해 창출된 가치)와는 구분되며 일반적으로 이보다는 적은 그 상품, 즉, '노동력의 가치' 전부를 받는다는 사실과 명백히 병존가능하다. 잉여가치 축출의 부정의에 대한 마르크스의 부인은 실질적인 노동의 원칙이 아니라 의사적(pseudo) 원칙이라고 할 수 있는 노동력의 원칙에 의해 평가된 것이다. 따라서 노동의 원칙에 따라 평가하게 되면, 자본주의 사회는 의심할 바 없이 부정의하다. 이러한 평가는 잉여가치가 교환의 영역이 아니라 생산의 영역에서 기원한다는 그의 견해와도 상응한다.

두 번째 의문은 노동의 원칙을 적용할 때 발생하는, 필요 만족의 차등성 문제를 어떻게 해결할 수 있는가의 문제이다. 이 의문에 답하기 위하여, 필요의 특이성 또는 차별성을 추상적이며 겉으로 평등한 것처럼 보이도록 만드는 것은 노동과정이 아니라 교환의 법칙이라는 점을 다시 강조할 필요가 있다. 마르크스에 의하면 인간 개인은 다양한 필요와 노동 역량들을 가지며, 생산 및 필요의 만족에서 필수적으로 차별적이고 이러한 차이는 교환을 야기한다.

> 그들의 필요와 그들의 생산 간의 차이는 교환, 그리고 교환에서 그들의 사회적 평등을 유발한다. 이러한 자연적 상이성은 교환 행위, 그리고 그들이 서로 생산자로서 관련되는 이러한 일반적 교환 관계에서의 행위에서 사회적 평등의 전제조건이다(Marx, 1973: 242).

이러한 차이들은 부분적으로 개인들의 신체적 및 지적 조건, 그리고 이들의 선택(결혼 상태, 자녀 수 등)의 결과이며, 부분적으로는 노동의 사회적 분업 내 개인의 위치에 의해 결정된다. 그러나 이러한 차이들은 노동과정을 통해서가 아니라 교환 과정을 통해 현실로부터 추상되는 경향이 있다. 마르크스에게 교환의 주체들은 그들의 구체적인 노동 역량, 특정한 동기, 교환의 특정한 내용이나 항목들 등에 대한 고려 없이, 형식적이며 추상적인 관점에서 평등하다는 점이 명확히 인식되어야 한다.

세 번째 의문은 이러한 두 가지 원칙들이 정의와 관련된 사회(환경)적 상황의 평가에 동시적으로 응용될 것인가 또는 분리되어 응용될 것인가의 문제이다. 앞의 논의들을 통해 제시될 수 있는 해답은, 각 원칙들은 분리되어 응용될 수 있으며 또한 한 원칙의 만족이 다른 원칙의 만족을 자동적으로 보장하는 것은 아니라는 점이다. 예로, 원시사회에서 인간은 강제 없이 단지 그들 자신의 필요를 만족시키기 위하여 노동했다고 하겠지만, 이는 그들의 필요를 풍족하게 만족시켰음을 의미하는 것은 아니다. 또한 이와 반대되는 어떤 사회를 생각해볼 수 있다. 가장 현실적인 사례로, 사람들이 최소한 역사적으로 주어진 기준 이상으로 그들의 기본적 필요를 만족시킬 수 있지만 그럼에도 불구하고 그들 자신이 아니라 자본에 의해 통재되는 강제된 또는 소외된 상황에서 노동하는 선진자본주의 사회를 들 수 있다. 달리 말해서 완전히 발달된 사회, 즉, 마르크스의 사상에서 공산주의 사회는 이러한 두 가지 원칙이 동시적으로 만족된다고 가정된다. 이러한 사회발달의 단계에서 한 원칙의 만족은 다른 원칙의 만족을 즉각적으로 보장한다. 즉 마르크스의 슬로건, '능력에 따라 각자로부터, 필요에 따라 각자에게로'라는 슬로건이 유의하게 된다. 이러한 사회에서는 인간의 근본적 필요를 만족시킬 뿐만 아니라 종으로서 인간의 자기발전을 실현시킬 수 있는 사회적 노동이 이루어지는 것으로 가정되기 때문에, 노동의 원칙과 필요의 원칙은 두 가지 상이한, 그러나 하나로 통일된 원칙이 된다고 할 수 있다.

마지막으로 가장 중요한 의문은 이러한 두 가지 원칙이 사회 정의의 모든 측면을 완전히 포괄할 수 있는가의 문제이다. 이 의문에 직면하여 우리는 이들이 환상이나 이데올로기에 빠지지 않고 받아들일 수 있는 실질적 원칙들이라는 점을 어떻게 확신할 수 있는가, 설령 그렇다고 할지라도 이들이 한 사회를 평가하기 위해 충분하다는 점을 어떻게 보장할 수 있는가 등의 문제로 당혹해할 수 있다. 부분적으로 이러한 결정은 정의 또는 부정의와 관련된 경험과 이러한 경험에 근거를 둔 합리적 반성에 기초할 수 있을 것이다. 그러나 이러한 주장은 위의 의문에 대한 충분한 답이 될 수 없다. 우리는 여기서 단순히 인식론적 문제뿐만 아니라 존재론적 문제를 다루고자 한다. 즉, 생산과 소비가 인간 생활의 모든 측면을 포괄하는 것은 아닌 것처럼, 노동과 필요는 인간 본성을 완전히 포괄하는 것은 아니다. 그러므로 마르크스주의 일반, 특히 정의에 관한 마르크스의 개념화는 '의사소통적 정의' 또는 '인정적 정의(recognition justice)'의 기반을 제공하는 것과 관련하여 '담론의 원칙(principle of discourse)'이라고 불릴 수 있는 원칙이 필요하다고 할 수 있다. 이러한 정의의 측면과 원칙은 하버마스, 호네스(Honneth, 1995) 등의 철학으로부터 명시적 또는 암묵적으로 도출될 수 있을 것이다. 그러나 이러한 인정 정의 또는 담론의 원칙은 생산적 정의 및 분배적 정의, 그리고 필요의 원칙 및 노동의 원칙 없이 그 자체로서 완결될 수 없으며 유의할 수도 없다(Fraser, 1995, 1997).

3) 부정의 비판과 정의이론

정의에 관한 마르크스의 개념화 및 이와 관련된 논쟁들의 재고찰을 통해 제시될 수 있는 또 하나의 주요한 사고는 '부정의 비판(critique of injustice)'과 '정의이론(theory of justice)'의 구분이다. 마르크스주의적 입장에서 정의에 관한 연구에서 가장 혼란스러운 문제들 가운데 하나는 어떤 사회, 예로 자본주의 사회에서 살고 있는 사람은 그 사회의 물질적 기초로부터 정당하게 독립되어 정의에 관한 개념이나 이론을 개발할 수 없으며, 설령 그렇게 한다고 할지라도 이는 궁극적으로 그 사회의 지배계급의 이데올로기적 사고로서 전환될 수 있다는 점이다. 이러한 난점을 회피하기 위하여 정당하게 할 수 있는 연구는, 부정의한 상황들에 대한 경험에 근거하여 한 사회의 부정의를 비판하는 것이다. 그리고 정의에 관한 이론은 이러한 부정의의 비판, 즉, 경험된 것들을 부정하는 방식에 의해 도출될 수 있을 것이다. 이러한 고려하에서 마르크스의 저작에서의 정의의 문제에 접근하기 위한 두 가지 상이한 방식을 찾아볼 수 있다. 프루잔(Pruzan, 1989)에 따르면, 첫 번째 개념화는 마르크스의 '부정의 비판'이라고 명명될 수 있으며, 두 번째 개념화는 마르크스의 '정의이론'이라고 할 수 있다.

자본주의 사회에 살고 있지만 지배계급을 위한 이데올로기적 개념이나 이론을 개발하기를 원하지 않는 사람들은 단지 '부정의 비판'만을 추구할 수 있을 것이다(5장 전반부 참조). 부정의 비판은 사회의 대다수를 구성하는 사람들, 그리고 이들이 일하고 생활하는 환경에 대해 미치는 자본주의의 파괴적 영향들에 대한 마르크스의 도덕적 비난의 근거(또는 원칙)를 구명하거나 또는 예시한 사례들에 관심을 두고 연구할 수 있다. 부정의 비판은 자본주의적 생산과 분배의 결과로 고통 받는 인간 개인들의 신체적 및 지적 오용, 그리고 자본주의적 정치·경제에 의해 고갈되고 퇴락한 자연적·사회적 환경에 대하여 비판적으로 고찰하고 그 문제점들을 예시할 수 있다. 게다가 부정의 비판은 인간 자신의 살아 있는 노동이 아니라 물신화된 자본에 의해 매개되고 조정되며 통제되는 인간과 자연의 자본주의적 관계를 가장 중요하게 문제시해야 할 것이다.

자본주의적 부정의의 비판은 인간 본성(human nature)에 관한 마르크스의 개념화 및 자본주의가 인간 본성에 미치는 파괴적 효과에 대한 마르크스의 분석에 기초할 수 있다.[5] 마르크스에게 한 사회 및 이와 상응하는 환경의 가치가 평가될 수 있는 궁극적 기준은 기본적 필요와 자아실현적 역량으로 이해되는 인간 본성이라고 할 수 있다. 인간 본성은 인간 개인이 맺고 있는 자연 및 사회와의 관계를 특징짓는 것, 즉, 자연적 존재이며 또한 동시에 사회적 존재를 의미한다. 따라서 부정의에 대한 비판은 마르크스가 자연 및 인간 본성과의 관계에 관한 변증법적 개념화에서 제시한 도덕적 기준에서 그 근거를 찾아볼 수 있다.

다른 한편, 우리는 자본주의 사회에서 살고 있지만, 부정의한 상황들에 대한 경험에 기초하여 정의에 관한 도덕적 이상이나 합리적 원칙들, 즉, '정의이론'을 정형화하기 위한 근거들을 설정해볼 수 있다(5장 후반부 참조). 이러한 정의이론은 인간 개인이 신체적·지적으로 오용되며, 생태적 환경이 파괴되고 황폐화되고 있는 세계, 즉, 자연과 인간 본성 양자 모두가 자본축적과정에서 착취되는 세계에 대한 경험을 극복하기 위한 것이다. 그러나 자본주의 사회에 살고 있으면서도 이 사회의 이데올로기적 환상에 전혀 얽매이지 아니하고 자본주의 사회의 부정의를 완전히 극복할 수 있는 진정한 정의의 개념이나 이론을 구축하는 것은 불가능할 것이다. 왜냐하면 그러한 이론은 그 정의가 실천되고 실현될 수 있는 새로운 사회경제적 기초를 요청하기 때문이다. 따라서 그러한 정의의 이론은 그 정의를 인식하고 실현하기 위하여 일상적 실천이 요구되는 가설의 상태에 있다고 할 수 있다(6장 참조).

정의이론은 사회주의 사회에서의 생산과 분배에 관한 마르크스의 설명에 대한 공감적 해석에 기초하여 구축될 수 있다. 물론 여기서 문제는 이러한 종류의 정의이론이, 한편으로 정의가 완전히 달성될 수 있도록

5) 인간 본성에 관한 마르크스의 주장과 관련하여 그의 생태론 또는 환경정의 개념을 강조한 연구로는, Grundmann(1991), Pepper(1993) 등 참조.

마르크스가 묘사한 새로운 정치적·경제적 질서를 가정하고 있을 뿐만 아니라, 또 다른 한편으로 이러한 설명이나 가정에 대해 '공감'하고 나아가 이를 실천하기 위한 의사소통적 합의를 전제로 하고 있다는 점이다. 전자의 문제에서, 마르크스의 견해에 의하면, 완전히 발달한 사회주의는 물질적 재화의 풍요를 달성했으며 이 사회는 본연적으로 민주적이고 비착취적이어야 한다. 이를 위해 이 사회는 정의라는 점에서 인정될 수 있는 생산과 분배의 조직 원리를 요청할 것이다. 환경정의이론은 이러한 사회에서 인간과 자연의 관계(즉, 생산관계), 그리고 인간 개인들의 물질적 관계(즉, 자원의 분배관계)가 어떻게 수립되어야 하는가를 제시할 수 있어야 한다. 그뿐만 아니라 후자의 문제와 관련하여, 환경정의이론은 마르크스의 저작으로부터 직접 도출될 수 없는 사회환경적 조직원리의 또 다른 주요 측면, 즉, 인간 개인들의 상징적 관계(즉, 자연의 생산 및 생산된 자연의 분배, 나아가 자연 그 자체에 대한 사회환경적 담론을 위한 의사소통적 관계)가 어떻게 수립되어야 하는가를 포괄해야 할 것이다.

4) 환경의 '생산적 정의' 이론을 위하여

환경정의를 구성하는 세 가지 측면들, 즉, 생산적 정의, 분배적 정의, 인정적(또는 의사소통적) 정의 가운데, 마르크스의 저작으로부터 가장 유의하게 도출할 수 있는 측면은 생산적 정의에 관한 이론이다. 생산적 정의와 분배적 정의의 구분은 생산·교환·분배·소비의 영역들에 관한 마르크스의 구분과 개념화에 기초하여 그의 정의이론과 이에 관한 논쟁적 해석들의 함의에 대한 재고찰에 근거할 수 있다. 위에서 논의한 바와 같이 마르크스에 의하면, 자본주의 사회에서 평등성은 교환 관계가 자본주의적 생산양식의 요구에 부응하여 조직되는 방식을 뒷받침하는 전제조건이다. 그러나 카스텔라나(Castellana, 1990: 34)가 주장하는 바와 같이,

이 전제조건은 정의의 실현과는 전혀 무관하다. 마르크스가 자본주의적 교환관계를 부정의하지 않다고 한 대목들에서 그가 실질적으로 의미한 바는 평등성과 자유가 교환의 영역에서 인식된다는 점, 즉, 이들은 교환관계에 적용되는 사법적 사고이며 교환에서의 이러한 사고는 모든 부르주아적 사고들의 기초가 된다는 점이다. 사실 지배계급의 이데올로그들은 평등성의 사고가 물질적 조건들과는 독립적으로 인지가능한 존재라고 가정한다. 모든 인간 개인들에게 환상을 부여하는 경향이 있는 것은 바로 이러한 평등성의 사고이다.[6]

게다가 마르크스가 지적하고자 한 점은, 평등자들 간의 교환인 것처럼 나타나도록 하는 자본주의적 교환관계가 생산의 영역에서 노동력의 착취를 통해 자본가들이 축적하고자 하는 잉여가치가 창출된다는 사실을 은폐하는 데 기여한다는 사실이다. 달리 말해서, 비록 자본주의 사회에서 교환관계는 정의로운 것처럼 보일지라도 교환관계에서의 이러한 정의의 외피는 오로지 생산과정에서 부정의를 감추기 위한 것이라는 점이다. 마르크스에 의하면, "자본가를 자본가로 만드는 유일한 것은 교환이 아니라, 그가 '대상화된 노동시간', 즉, '가치'를 교환 없이 얻을 수 있는 과정이다"(Marx, 1973: 324). 즉, 영(Young, 1981)이 해석한 바와 같이, 마르크스에게는 생산영역의 부정의만이 '실질적'이며, 교환영역의 정의는 단순한 이데올로기적 외형에 불과하고 자본축적의 본질인 잉여가치의 전이를 신비화시키는 것이라고 할 수 있다.[7]

그렇지만 생산의 영역에서 불평등을 감추는 교환관계에서의 평등성이

6) 오늘날 이른바 지구화 과정이 세계 각 지역의 모든 종류의 문화적 요소들을 평등하게 만드는 경향이 있다는 점에서도 이러한 평등성의 사고를 찾아볼 수 있다.

7) 여기서 자본주의란 인간적 통제에 대해 둔감한 생산양식이라는 마르크스의 주장에 내포된 함의를 이해할 수 있다. 즉, "자본주의적 생산의 우선적 결정자는 개인의 필요와 목적이 아니라 그 가치를 확대시키고자 하는 자본의 필요이다"(Pruzan, 1989: 171).

라는 부르주아적 또는 이데올로기적 성격은 노동자들과 자본가들 간의 노동일을 둘러싼 투쟁에서 그 본성을 드러낸다. 마르크스가 서술한 바와 같이, "자본가들은 노동일을 가능한 한 길게 하고자 노력할 때 구매자로서 그의 권리를 가진다. 다른 한편으로 …… 노동자는 그가 노동일을 특정한 규범적 길이로 줄이고자 노력할 때 판매자로서 그의 권리를 가진다. 따라서 여기에 대립, 즉, 권리에 대항하는 권리 — 이 양자 모두 교환법칙의 보증을 담지한다 — 가 존재한다. 평등한 권리들 간에는 힘이 결정한다"(Marx, 1976: 344). 여기서 마르크스는 자본주의 사회에서 사회적 관계를 통제하는 권리들보다도 우월한 수단으로서 힘을 상정한다. 이 대목과 관련하여, "우리는 이제 교환의 장에서 평등, 자유, 개인성의 세계가 왜 생산영역에서 자본과 노동 양자 모두에 영향을 미치는 계급투쟁의 세계를 은폐하는가를 보다 분명하게 이해할 수 있다"고 하비(Harvey, 1982: 30)는 주장한다.

이러한 고찰에서 이해하면, 교환영역의 정의는 생산영역에서의 정의와 당연히 구분되어야 한다. 그러나 생산적 정의의 개념을 구성하기 전에 교환영역에서의 정의에 관하여 어떤 의미 부여가 요청된다. 즉, 한편으로 교환영역에서 이루어지고 있는 정의가 비록 부르주아적이라고 할지라도, 이러한 정의의 실현을 위하여 역사적으로 엄청난 희생이 있었다는 점이다. 교환영역에서의 정의의 실현은 봉건제하에서 강제적으로 영주에 속박되어 있었던 농노들 간의 불평등한 관계가 청산되고, 새로운 부르주아적 사회적 관계가 등장함에 따른 것이다. 따라서 교환영역에서의 정의는 그 자체로서 부정되어서는 안 될 역사적 산물이다. 그러나 다른 한편으로, 비록 교환영역에서 사법적·부르주아적 평등성이 인정된다고 할지라도, 이는 자본주의 사회가 분배의 영역에서 정의를 실현했음을 의미하는 것은 아니다. 지배계급의 이데올로그들은 자본가들과 노동자들의 교환관계의 평등성이 궁극적으로 분배의 평등성을 가져다줄 것이라고 주장할 수 있다. 그러나 이런 부류의 주장은 현실과 거리가 멀다. 왜냐하면 평등성의 원칙이 개별 거래들에 적용된다고 할지라도, 이는 인간 존재를 위한 재화의 전체적 분배를 위한 평등성이나 정의를 만족시키는 것은 아니기 때문이다. 즉, "시장에서의 임의적이거나 우연적 만남을 통한 이런 저런 필요의 만족"은 평등한 교환의 법칙에 의해 이루어진다고 할지라도, "이는 인간 생존을 위하여 요구되는 …… '매일의 일상적 필요들'의 총합을 만족시키는 것과는 같지 않다"(Castellanan, 1990: 37). 따라서 인간의 기본적 필요를 만족시키기 위하여, 분배 영역에서의 정의의 문제는 무시되어서는 안 될 것이다.

그러나 분배적 정의의 개념화가 세계의 모든 측면에 적용될 수 있는 것처럼 유일한 것으로 강조되어서는 안 된다. 이러한 점에서 마르크스의 저작에서 보다 유의하게 도출될 수 있는 정의의 개념화는 '생산적 정의'에 관한 것이다. 사실 정의에 관한 마르크스의 개념화에 관심을 가졌던 많은 연구자들은 마르크스가 분배적 정의의 개념화에 관심을 가졌던 것으로 인식하고 있다. 예를 들어, 후사미는 마르크스가 자본주의적 교환관계를 부정의하지 않다고 한 주장에 대해 비록 올바른 논평을 했다고 할지라도, 이는 분배적 정의의 관점에 기초해 있다는 점에서 문제성을 가지고 있다. 또한 페퍼의 논의에서, 마르크스는 "자유의 평등한 분배, 또는 보다 특정적으로 평등한 자유의 최대화 체계에 집착했던" 사람으로 서술된다. 그렇지만 잘 알려진 바와 같이 마르크스의 원칙적 관심은 분배가 아니라 생산이다.[8] 『고타강령 비판』에서 마르크스는 사회주의 사회에서의 정의의 원칙을 서술한 직후 계속해서 다음과 같이 서술하고 있다.

8) 물론 마르크스에 의하면 생산은 특정한 역사적 총체이며, 여기서 분배는 단지 한 측면을 이루는 것으로 이해될 수 있지만, 그가 생산 및 분배 간에 존재하는 상호의존적 영향을 완전히 부정하지는 않는다.

> 이른바 '분배'에 관하여 요란법석을 떨고 이에 원칙적 강조를 두는 것은 대체로 잘못된 것이다. 소비의 어떠한 수단에 관한 것이든 분배는 단지 생산 조건들 자체의 분배의 결과일 뿐이다. 그러나 후자의 분배는 생산양식 자체의 양상이다(Marx, 1994b: 322).

이러한 점에서, 마르크스는 "속류 사회주의자들은 …… 생산양식과 독립적인 것으로 분배를 고찰하고 다루는 것을, 그리고 사회주의의 출현을 원칙적으로 분배에의 전환으로 간주하는 것을 부르주아적 경제학자들로부터 물려받았다"고 비판한다. 따라서 '능력에 따라 각자로부터, 필요에 따라 각자에게로'라는 슬로건을 제안했을 때 마르크스가 생각한 것은 단지 분배적 정의의 원칙이 아니라 생산적 정의의 원칙이다. 즉, 생산적 정의는 마르크스의 저작에 배타적으로 함의되어 있다고 할 수 있으며, 이로부터 전형적으로 도출될 수 있는 매우 중요한 개념이라고 할 수 있다. 왜냐하면 그의 저작 전체에 걸쳐 함의된 바와 같이, 물질들의 단순한 (재)분배만으로는 자본주의가 의존하는 착취적 관계를 변화시킬 수 없기 때문이다.

5. 결론

오늘날 자원 고갈이 점점 심화되고 환경오염이 날로 악화됨에 따라 환경문제에 대해 보다 많은 관심이 주어지게 되었다. 환경정의는 이러한 환경문제에 대한 최근의 관심하에 철학적 및 사회이론적 측면에서 제기된 주요한 주제들 가운데 하나이다. 환경정의의 관점에서 환경문제는 자원의 불평등한 배분이나 환경오염의 차등적 피해, 이러한 피해를 방어할 수 있는 능력의 차별성, 또는 공해유발시설들의 일방적 입지 등을 포함한다. 환경문제에서 사회공간적 불평등에 관한 연구는 자본주의 사회에서 전반적으로 악화되고 있는 환경문제가 특정 계층이나 지역의 사람들에게 집중적으로 전가되고 있으며, 이로 인해 심각한 사회공간적 부정의가 초래되고 있다는 사실에 주목한다(최병두, 1998; Bullard, 1994; Westra and Wenz, 1995 등 참조). 이와 같은 환경부정의의 문제는 단순히 자본주의 사회경제체제하에서 생산된 유용 자원 및 이 과정에서 발생하는 편익/손실 효과의 분배적 문제라기보다는 생산 그 자체에 내재된 문제성으로 파악되어야 할 것이며, 또한 환경부정의 문제의 해소는 이러한 문제성의 극복에 의해서만 가능한 것으로 이해될 수 있을 것이다.

그러나 이와 같은 문제성을 극복하기 위해 필요한 환경정의의 개념적 또는 이론적 내용들은 아직 제대로 체계화되지 않고 있다. 물론 환경정의의 개념이나 이론의 정형화를 위한 노력은 그동안 누적되어온 사회정의에 관한 많은 연구에 기초할 수 있다. 이러한 노력은 사회정의이론의 주류를 이루어온 자유주의적 전통뿐만 아니라 상대적으로 소홀히 다루어 왔던 마르크스주의적 전통에서도 그 통찰력을 얻을 수 있을 것이며, 또한 최근에 새로운 정의론으로 부각되고 있는 포스트모던 이론들에서도 부분적으로 그 단초들을 찾을 수 있을 것이다. 이러한 노력의 일환으로, 이 글은 도덕성과 정의에 관한 마르크스의 개념화와 이의 해석을 둘러싸고 이루어졌던 논쟁들을 재고찰해 보고, 이를 통해 환경정의론을 위한 몇 가지 함의들을 도출하고자 했다.

마르크스는 한편으로 도덕성이나 정의와 같은 개념들이 사회의 물질적 토대의 상부구조를 형성하며, 궁극적으로 그 사회의 지배계급의 이해관계를 법적·이데올로기적으로 반영한다는 점에서 이들을 부정했지만, 다른 한편으로 그의 저작들 전반에 걸쳐 자본주의 사회의 부정의를 비판하고 또한 새로운 사회에서의 정의의 원칙에 대해 논의하고 있다. 이러한 점에서, 마르크스주의적 전통으로부터 환경정의론의 구축에 필요한 통찰력을 얻고자 하는 시도는 우선 마르크스의 저작에 내재되어 있는 이와 같은 자기부정적 문제성을 성찰하고, 또한 이와 같은 성찰 과정에서 얻어진 여러 가지 주요한 사고나 개념들을 강조할 필요가 있을 것이다. 이 글은 환경정의론의 정형화를 위해 주요한 사고들로서, 필요의 원칙과 노동의 원칙, 자본주의적 부정의 비판과 새로운 사회를 위한 정의이론, 분배적 정의론을 넘어서는 생산적 정의론의 필요성 등을 강조하고자 했다.

환경정의이론의 구축이 마르크스주의적 전통으로부터 도출된 몇 가지 개념들만으로 완결될 수 없으며, 또한 이 전통 자체 내에도 주요한 자기모순적 문제성—상부구조의 상대적 자율성과 물적 토대의 규정력 간의 관계, 그리고 특히 마르크스주의적 생태학과 환경정의론과 관련된 문제성—을 내포하고 있음을 부정할 수는 없을 것이다. 그러나 또한 마찬가지로 마르크스주의적 전통이 오늘날 현대사회와 환경의 문제들을 분석하고 이를 해결하고자 하는 이론 및 실천—특히 도덕성과 윤리에 관한 담론—에 제공할 수 있는 통찰력을 굳이 거부할 필요도 없을 것이다. 이러한 점에서, 마르크스주의적 전통의 현대적 함의에 대한 고찰, 특히 상부구조에 대한 논의는 그 물적 토대의 규정력에 대한 지나치게 경직된 해석에서 벗어나 보다 유연한 자기 이해를 할 수 있어야 할 것이며, 필요할 경우 또 다른 전통하에서 개발된 다양한 개념들과도 결합될 수 있어야 할 것이다. 물론 이 글은 환경정의론의 정형화를 위해 필요한 개념들을 설정하는 정도이며, 이러한 개념들의 설정을 어느 정도 완결 짓고 이들 간을 체계적으로 구성하기에는 아직 훨씬 더 많은 노력이 경주되어야 할 것이다.

참고문헌

강혜령. 1994. 「마르크스의 도덕과 이데올로기 문제」. ≪철학연구≫, pp.209~225.

서영조. 1995. 「허위의식으로서의 정의: 마르크스의 정의 비판」. ≪한국정치학회보≫, 29(4), pp.135~152.

최병두. 1998. 『환경갈등과 불평등』. 한울.

Bryant, B.(ed.). 1995. *Environmental Justice: Issues, Policies, and Solutions*. Island Press. Washington D.C.

Buchanan, A. E. 1979. "Exploitation, alienation, and injustices". *Canadian Journal of Philosophy*. 9(1).

______. 1982. *Marx and Justice: The Radical Critique of Liberalism*. Rowman and Littlefield. Totowa. N.J.

Bullard, R. D.(ed.). 1994. *Unequal Protection: Environmental Justice and Communities of Color*. Sierra Club Books. San Francisco.

Castellana, R. 1990. "Justice, exchange, and the law of value in Marx", *Social Concept*. 5(2). pp.25~58.

Churchich, N. 1994. *Marxism and Morality: A Critical Examination of Marxist Ethics*. Cambridge: James Clarke & Co.

Elster, J. 1983. "Exploitation, freedom, and justice", *Nomos*. 26.

______. 1985. *Making Sense of Marx*. Cambridge Univ. Press. New York.

Geras, N. 1985. "The controversy about Marx and justice", *New Left Review* 150. pp.47~85

______. 1992. "Bring Marx to justice: an addendum and rejoinder". *New Left Review* 195. pp.37~69.

Gould, C. C. 1978. *Marx's Social Ontology*. Cambridge. MA: The MIT Press.

Grundmann, R. 1991. *Marxism and Ecology*. Clarendon Press.

Harvey, D. 1982. *The Limits to Capital*. Blackwell. London.; 최병두 역, 1995, 『자본의 한계』. 한울.

______. 1996. *Justice, Nature and the Geography of Difference*. Blackwell. London.

Hofrichter, R. 1993. "Introduction", to R. Hofrichter(ed.). Toxic Struggles: *The Theory and Practice of Environmental Justice*. New Society Publishers. Philadelphia.

Honneth, A. 1995. *The Struggle for Recognition: The Modern Grammar of Social Conflicts*.

The MIT Press. Cambridge.

Husami, Z. I. 1978, "Marx on distributive justice". *Philosophy and Phenomenological Research*. 8(1); reprinted in M. Cohen et al.(eds.). 1980. *Marx. Justice and History*. Princeton Univ. Press. Princeton N. J.

Kane, J. 1995. "The end of morality? Theory, practice, and the 'realistic outlook' of Karl Marx", in Ian Shapiro and Judith Wagner Decew(eds). *Theory and Practice* (Nomos 37). New York Univ. Press. New York. pp.403~439

Lukes, S. 1985. *Marx and Morality*. Clarendon Press. Oxford.

Marx, K. and F. Engels. 1970[1845~1846]. *The German Ideology*. International Publishers. New York.

Marx, K. 1964[1844]. *The Economic and Philosophic Manuscripts of 1844*. International Publishers. New York.

______. 1967[1864~1865]. *Capital*. vol. 3. International Publishers. New York.

______. 1973[1858]. *Grundrisse: Foundations of the Critique of Poltical Economy*. Penguin. Harmondworth.

______. 1976[1864~867]. *Capital*. vol. 1. Harmondsworth: Penguin.

______. 1994a[1843]. "On the Jewish Question", in K. Marx. *Selected Writings*. Indianapolis: Hackett Publishing. pp.1~26.

______. 1994b[1875]. "Critique of the Gotha Program", in K. Marx. *Selected Writings*. Indianapolis: Hackett Publishing.

McBride, W. L. 2006. 「마르크스적 사회정의와 부활하는 자본주의 이데올로기」. ≪시대와 철학≫. 17(1). pp.39~54.

Nancy, F. 1995. From redistribution to recognition? Dilemmas of justice in a "post-socialist" age. *New Left Review*. 212. pp.68~93.

______. 1997. *Justice Interruptus*. Routledge. New York.

Nielsen, K. 1988a. "Marx on justice: the Tucker-Wood thesis revisted". *University of Toronto Law Journal*. 38.

______. 1988b. *Marxism and the Moral Point of View*. Westview Press. Boulder. Colo.

Peffer, R. G. 1990. *Marxism, Morality, and Social Justice*. Princeton Univ. Press. Princeton. N.J.

Pepper, D. 1993. *Eco-Socialism: From Deep Ecology to Social Justice*. Routledge. London and New York.

Pruzan, E.R. 1989. *The Concept of Justice in Marx*. Peter Lang. New York.

Rawls, J. 1971. *A Theory of Justice*. Harvard Univ. Press. Cambridge Mass.

Tucker, R. 1969. *The Marxian Revolutionary Idea*. W. W. Norton. New York.

Wenz, P. S. 1989. *Environmental Justice*. State Univ. of New York Press. New York.; 최병두 외 역, 2008, 『환경정의』. 한울.

Westra, L. and Wenz P. S.(eds.). 1995. *Faces of Environmental Racism: Confronting Issues of Global Justice*. Rowman & Littlefield. London

White, S. 1996. "Needs, labour, and Marx's conception of justice". *Political Studies*. 44. pp.88~101.

Wood, A. W. 1972. "The Marxian critique of justice". *Philosophy and Public Affair*. vol. 1(3); reprinted in M. Cohen et al(eds.).

______. 1980. *Marx, Justice and History*. Princeton Univ. Press. Princeton N.J.

Young, G. 1978. "Justice and capitalist production: Marx and bourgeois ideology". *Canadian Journal of Philosophy*. 8.

______. 1981. "Doing Marx justice", in Kai Nielsen and Steven C. Patten(eds.). *Marx and Morality*(*Canadian Journal of Philosophy*, supplementary vol. 7).

5장

마르크스의 생태학과 생산적 환경정의[1)]

> 이러한 발전과 함께 물질적 필수성의 영역은 그의 욕망의 결과로서 확대된다. 그러나 동시에 이러한 욕망을 만족시키는 생산력도 증가한다. 이 영역에서의 자유는 사회화된 사람, 결합된 생산자들에게 존재한다, 또한 그들과 자연과의 상호 교류를 합리적으로 규제하여 맹목적 힘으로서 자연에 지배되는 대신 그들의 공동통제하에 놓게 되며, 에너지의 최소 지출로서 그리고 인간 본성에 가장 유리하고 가치 있는 조건하에서 이를 달성한다.
>
> — 마르크스(1864~1875)

1. 서론

마르크스가 자본주의, 특히 자본주의적 교환관계를 정의롭지 않다고 생각했는가 또는 정의롭다고 생각했는가에 관한 논제를 둘러싸고 오랜 논쟁이 있었지만(4장 참조),[2)] 마르크스가 자본주의 사회의 부정의에

1) 이 글은 ≪대한지리학회지≫, 34(5)(1999년), 449~472쪽에 실린 글을 수정한 것이다.

2) 이 논쟁에의 중요한 참여자들과 논평가들에 관해서는, Cohen, Nagel and Scanlon(1980), Lukes(1985: 48~59), Geras(1985, 1992), Peffer(1990, ch. 8) 등 참조.

관해 일관된 비판을 했다는 점은 의심할 바 없다. 그의 분석의 목적은 자본주의가 정의로운 사회임을 보이는 것이 아니라, 자본주의적 생산과 분배가 부당하게 대다수 사람들의 정신적·물리적 빈곤을 어떠한 방식으로 야기했는가를 보여주기 위한 것이었음을 부정할 사람은 아무도 없을 것이다. 사실 마르크스는 "한편에서의 [자본주의적] 부의 축적은 동시에 다른 한편에서의, 즉, 그 자신의 생산물을 자본으로 생산하는 계급 측면에서의 가련함, 노동의 고문, 노예, 무지, 잔혹, 도덕적 퇴락의 축적이다"라고 서술했다(Marx, 1976, vol. 1: 799). 마르크스는 『자본론』에서, 흔히 노동자들에게 미치는 자본주의의 참담한 충격, 즉, 자본주의가 이들을 거의 인간으로 인식하기 어려울 정도의 '불구가 된 괴물들'로 전환시키는 방법을 지적했다. 마르크스의 주요 관심은 자본주의적 생산양식이 개인들을 잔혹하게 인간 이하로 '탈인간화시키는' 방법과 그 정도를 드러내는 것이었다.

또한 자본주의 사회에 대한 마르크스의 불만과 비난은 도시와 시골 양자 모두에서 일어나는 자연의 파괴와 더불어 작업장과 거주지 환경 조건의 퇴락을 포함한다. 그는 『요강』과 『자본론』에서 자본주의 사회의 불평등하고 부정의한 환경을 구체적으로 서술했다. 이러한 유의 서술을 한 후, 예로 마르크스는 "맹목적이고 대책 없는 충동으로, 잉여노동을 위한 그 탐욕스러운 식욕으로, 자본의 도덕적 측면에서뿐만 아니라 노동일의 물리적 한계를 넘어선다. 자본은 신체의 성장, 발달, 건강 유지를 위한 시간을 빼앗는다. 이는 깨끗한 공기와 햇빛의 소비를 위해 요구된 시간을 훔친다"고 언급했다(Marx, 1976, vol. 1: 375~376). 『1844년 수고』와 같은 그의 초기 저술들에서 마르크스는 자연과 인간 개인의 관계를 서술하면서, "'사회'는 인류와 자연의 통일체 — 자연의 진정한 부활 — 로서, 인간의 자연주의 그리고 자연의 인간주의 양자는 충족되었다"고 밝혔다(Marx, 1964: 137). 그러나 자본주의 사회는 "그 자체 '인간' 존재의

'기반'"으로서 자연을 부정한다. 깨끗한 공기와 빛과 같은 자연은 자본의 잉여가치를 위해 도둑맞는다. 자본주의하에서 자연은 탈자연화되며, 인간은 탈인간화된다(Lee, 1990).

다른 한편 마르크스는, 사회주의 (또는 공산주의) 사회에서는 요청된 생산력이 자연의 정복으로 증가했고, 생산관계는 비권위적이며 비강제적이기 때문에 이 사회는 평등하고 정당할 것이라는 생각에 찬동했다고 할 수 있다. 마르크스에게 이 사회는 본연적으로 민주적이고 비강제적이기 때문에 이 사회에서의 인간 각자는 부당하게 취급될 수 없다. 동일한 맥락에서, 이 사회에서 자연에 대한 인간의 개입은 본연적으로 합리적이고 비착취적이기 때문에 자연이 부당하게 취급되는 것은 불가능하다. 마르크스의 관점에서 사회주의는 '생산자들의 자유로운 결사'를 이룩하게 되며, 여기서 각 개인은 다른 사람들이 그들 자신의 능력을 개발하고 행사하는 자유와 공존할 수 있는 방법으로 자신의 능력을 개발하고 행사할 수 있는 자유를 가진다. 마찬가지로 사회주의는 '인간과 자연 간의 교환에 대한 합리적 조절'을 이룩하게 되며, 그 속에서 자연은 '에너지의 최소 지출'을 달성하는 방법으로 연합한 생산자들의 공동 통제하에, 그리고 '그들의 인간적 본성에 가장 유리하며 가치 있는 조건들 아래에' 들어가게 된다(Marx, 1967, vol. 3: 820). 마르크스는 여기서 인간의 재인간화와 자연의 재자연화에 관한 사회주의 프로젝트를 조망하고 있다.

이러한 점에서 자본주의 사회 및 이와 자연과의 관계에서의 부정의에 대한 마르크스의 비판과 사회주의적 사회 및 자연의 정의를 위한 그의 프로젝트는 비록 그의 시대에 환경문제가 오늘날처럼 심각하지 않았다고 할지라도 환경정의이론을 위해 주요한 통찰력을 제공한다. 하지만 인간의 탈인간화와 자연의 탈자연화의 원인으로서 자본주의에 대한 마르크스의 비난은 자본주의 사회의 부정의에 관한 그 자신의 비판에서 완전하지 않은 것처럼 보인다. 마르크스는 자본주의의 고발을 위한 주요한 이유로서 탈인간화와 탈자연화를 지적할 수 있는 근거 또는 원칙을 명시하지 않았기 때문이다. 또한 같은 맥락에서, 인간의 재인간화와 자연의 재자연화의 사회로서 사회주의를 위한 그의 프로젝트는 사회주의 사회의 정의에 관한 그의 이론화에 완전하지 않은 것처럼 보인다. 왜냐하면 그는 재인간화와 재자연화를 위한 합리적 프로젝트로서 사회주의를 도출할 수 있는 근거 또는 원칙을 명시하지 않았기 때문이다.

이 장의 목적은 마르크스가 자본주의의 사회적·환경적 부정의를 비판하는 한편, 정의로운 사회 및 이와 자연과의 관계에서 사회주의적 프로젝트를 제안할 수 있었던 근거 또는 원칙을 밝히고[3], 나아가 비판적 생태학 일반 또는 특히 환경정의이론이 더욱 발전할 수 있는 기반을 마련하기 위한 것이다. 여기서 제시되는 몇 가지 주요한 주장들은 다음과 같은 점들을 포함한다.[4] 첫째, 자본주의 사회 및 자연에 대한 마르크스의 비판과 사회주의 사회 및 자연에 관한 그의 전망은 모두 정의에 관한 두 가지 원칙, 즉, 인간과 자연의 관계에 관한 그의 생태학적 개념화에서 도출될 수 있는 필요의 원칙과 노동의 원칙에 근거를 두고 있다. 둘째, 규범성의 이데올로기적 성격에 관한 그의 거부 때문에 마르크스는 자본주의 사회와 자연과의 관계를 철저히 비판할 수 있었지만 자본주의에서 정의이론을 제시하지는 않았으며, 단지 정의로운 사회와 자연과의 관계

---

3) 나아가 우리는 자연과 인간 양자 모두가 그들의 본성을 실현시킬 수 있는 정의로운 사회 및 환경으로 전환하기 위한 혁명적 실천이라는 주장을 할 수 있었던 근거에 관해서도 물어보아야 할 것이다. 앞의 두 가지 근거는 마르크스 자신의 저작에서 찾을 수 있지만 세 번째 주장에 대한 근거는 그의 저작에서 찾기 어려운 것처럼 보인다. 이 글에서는 해당 문제성에 관해 다루지 않겠지만, 서구 마르크시즘, 특히 루카치에서 하버마스 그리고 호네스로 이어지는 프랑크푸르트학파가 찾고자 했던 것이 바로 이 근거라고 생각한다.

4) 이러한 사고를 개발하기 위해 마르크스의 저작에 관한 많은 연구자들 가운데 특히 Pruzan(1989)의 연구를 많이 참조했다.

에 관한 사회주의적 프로젝트를 제안할 때 (환경)정의이론을 제시할 수 있었다. 셋째, 환경정의에 관한 그의 개념화는 단지 분배적 정의 패러다임으로 해석될 수 없으며, 그가 교환·분배·소비를 포함하는 유기적 전체로서 생산을 이해한 것처럼 '생산적 정의'라고 불릴 수 있는 패러다임으로 해석되어야 한다.

2. 마르크스의 생태학과 정의의 원칙들

도덕성에 관한 마르크스의 개념화 특히 정의이론(또는 부정의 비판)은 인간 본성(human nature)에 관한 그의 경험적·비사변적 개념화에서 추론된 것으로, 그에 의하면 인간 본성은 자연과 사회 양자의 관계에 의해서만 존재한다(Lukes, 1985; Pruzan, 1989; Peffer,1990). 마르크스가 이러한 인간 본성의 개념에 초점을 두었다는 점에 대해서는 거의 논란이 없다. 그의 저작들 전체에 걸쳐 나타나지만 특히 그의 초기 저술들에서, 인간 본성은 그의 변증법적·역사적 유물론에서 어떻게 해서든 재구성되는 중심적 논제들 가운데 하나였다.[5) 그러나 인간 본성이 정확히 어떻게 개념화되며, 특히 그의 생태학과 정의 또는 환경정의의 개념과 관련하여 어떤 역할을 하는지에 대해서는 많은 논란이 있다. 예로 마르크스주의적 생태학을 재구성하고자 한 그룬트만(Grundmann, 1991)은 자연과의 관계

5) 『1844년 수고』의 마르크스에 따르면, 우리는 인간 본성을 추상적 일반성, 즉, 헤겔적 의미에서 마치 인간이 발전할 수 있는 이상적 상황이 주어진 것처럼 간주하거나, 포이어바흐(A. Feuerbach)의 유물론적 의미에서 "똑같이 추상적인 자연적 환경들 속에서 살아가는 추상적 종"으로 이해해서는 안 된다(Marx, 1964: 18, '서문'). 인간 본성의 추론적·추상적 개념에 대한 마르크스의 거부는 사실 인간 본성의 보편적 성격을 제안하는 모든 주장에 대한 거부라고 할 수 있다(Geras, 1983 참조).

에서 인간의 변형적 역할이 중요하다고 주장했고, 페퍼(Pepper, 1993)는 인간 본성과 자연의 변증법적 관계에 대한 마르크스의 개념화에 기초하여 사회정의에 관한 생태사회주의적 이론을 발전시키고자 했으며, 반면 에커슬리(Eckersley, 1992)는 마르크스주의 생태학 또는 환경정의 개념에서 인류중심주의를 비판했다. 이러한 점에서 우리는 우선 인간 본성에 관한 마르크스의 개념화를 명확히 할 필요가 있다(6장 2절 참조).

마르크스에게 인간 본성은 '자연적'이며 동시에 '사회적'이다. 한편으로 모든 인간 개인이 종으로서 경험적으로 주어진 기본 필요(예로 건강, 음식, 주거, 생식력 등)와 이러한 기본 필요의 만족을 위해 요구되는 종의 물리적·정신적 능력을 특정하게 하는 생물적 구조에 의해 구성된다는 점에서 인간 본성은 자연적이다. 이러한 기본 필요를 만족시키고 자기개발의 능력을 행사하면서, 인간 개인은 자연과 지속적인 교환 속에 있어야 한다. "인간의 물리적·정신적 생활이 자연과 연계되어 있다는 점은 간단히 자연 그 자체와 연계되어 있음을 의미한다. 왜냐하면 인간은 자연의 일부이기 때문이다"(Marx, 1964: 112). 자연과의 상호교환에서 인간은 다른 종과는 달리 수동적이 아니라 능동적이다. 따라서 마르크스에게 "인간은 직접적으로 '자연적 존재'로서 …… '자연적 생명력'을 부여받았다. — 인간은 '능동적인' 자연적 존재이다. 이 힘들은 경향과 능력으로서, '본능'으로서 인간 안에 존재한다"(Marx, 1964: 181).

다른 한편, 인간 개인의 생산적 활동이 항상 인간 본성을 다른 종들로부터 구분 짓는 합목적성을 전제로 한다는 점에서 인간 본성은 사회적이다. 또한 인간 개인이 기본 필요를 성공적으로 만족시키고 그들의 특정한 인간적 능력을 개발하기 위하여 다른 사람들과의 협력을 요구한다는 점에서, 인간 본성은 사회적이다. 따라서 마르크스에게, "자연의 '인간적' 본질은 단지 '사회적' 인간을 위해서만 존재한다. 왜냐하면 여기서 자연은 '인간'과의 '결합'으로서 인간을 위해 존재하기 때문이다"(Marx, 1964:

137). 마르크스에 따르면, 인간 본성이 사회적인 또 다른 이유는 인간의 필요가 물리적 특성으로 주어지는 것이 아니라 사회적으로 결정되고 만족된다는 점이다. 게다가 인간 본성은 기본 필요가 역사적으로 새로운 사회적 형태들을 통해 표현되고 만족되는 생산양식의 발달에 의해 역사적으로 수정된다는 점에서 또한 사회적이라고 할 수 있다.

이와 같은 자연적 요소들(즉, 능동적 능력을 가지는 생물적 필요)과 사회적 요소들(즉, 합목적성, 협력과 역사)을 통해, 인간 본성은 경험적이며 비사변적으로 자연적이며 또한 동시에 사회적인 것으로 인식된다. 나아가 마르크스의 개념화에서 자연적이며 사회적인 인간 본성은 상호관련적 사고이다. 그의 변증법적 유물론이나 생태학적 개념화를 위해 중요하게 지적되어야만 할 점은 "자연과 인간의 동일성(identity)은 자연에 대한 인간의 제한적 관계가 그들 상호에 대한 제한적 관계를 결정하며, 그들 상호에 대한 제한적 관계는 자연에 대한 인간의 제한적 관계를 결정하는 방식으로 나타난다"는 점이다(Marx and Engels, 1970: 51). 마르크스는 인간 본성과 관련된 자연과 사회는 상호 관련된 전체의 부분들로서 존재하며, 한 부분은 다른 부분의 고려 없이 이해될 수 없는 것으로 생각했다.

마르크스의 견해에서 더욱 중요한 사고는 인간 개인과 자연의 관계가 어떤 매개적 개념, 다시 말해 노동과 더불어 이해되어야 한다는 점이다. "무엇보다도 노동은 인간과 자연 간의 과정, 즉, 인간의 행위를 통해 그 자신과 자연 간의 신진대사를 매개하고 조절하며 통제하는 과정이다." 즉, "그 자신의 필요에 적합한 형태로 자연의 물질들을 전유하기 위하여" 인간 개인은 자신의 자연적 힘을 작동하기 위해 노력해야만 한다. 그러나 또한 "그가 외적 자연에 대해 행동하고 이를 변화시키는 운동과정에서 그는 동시에 자신의 본성을 변화시킨다. 그는 자연 속에 잠들어 있는 잠재력을 개발하고, 이 힘의 작용을 자신의 자주적 권력에 복속시킨다"(Marx, 1976: 283).

우리는 이제 자연적이며 또한 사회적인 인간 본성, 인간 본성이 맺고 있는 자연과 사회의 변증법적 관계, 그리고 인간과 자연의 관련성을 위한 매개적 개념으로서 노동 등과 같이 여러 가지 중요한 사고들을 가지게 되었다. 이러한 사고나 개념은 마르크스적 생태학을 위해 탁월한 통찰력을 제공한다(6장 참조).[6] 더욱이 우리는 이제 부정의에 대한 마르크스의 비판이나 정의에 관한 이론이 도덕적 유의성을 가지도록 하는 유관한 원칙이 무엇인가에 대한 의문을 제기할 수 있다. 적절한 (환경)정의이론은 사회와 환경의 본질적 내용들에서 도출되고 이들의 구체적 상황들을 평가하는 데 응용될 수 있는 원칙들을 요구한다. 우리는 여기서 마르크스가 응용했던 정의의 원칙 또는 표준은 무엇이며, 그가 이러한 원칙들이 도덕적 유의성을 가지는 이해를 설명하는 근거는 무엇인가라는 질문에 봉착하게 된다.

위의 설명들에서 이미 암묵적으로 제시된 바와 같이, 인간 본성에 관한 마르크스의 개념화에서 '필요'와 '노동'은 특정한 사회적·환경적 현상, 제도, 구조 들이 부정의한 것인지를 평가하고, 나아가 정당한 사회와 환경을 위하여 그러한 현상들에 대항하는 주장을 제시할 수 있는 두 가지 원칙으로 도출될 수 있다(4장 참조). 인간적 필요라는 개념은 더 구체적으로 명시되어야 하겠지만, 기본 필요의 만족은 인간 개인들의 물리적·정신적 존재를 위해 근본적인 일임은 자명하다. 인간 필요에 관한 종합적 이론은 인간의 기본적 필요와 인간의 자기실현 능력 양자 모두를 포괄할 수 있지만(Doyal and Harris, 1991; White, 1996), 이들 간을 개념적

6) 이 점은 마르크스의 초기 저작에서 인간 본성의 개념이 마르크스주의적 생태학을 완결 지음을 의미하는 것은 전혀 아니며, 이 개념이 이의 시발점이 됨을 의미하는 것이다. 그의 후기 저작에서 자본주의 사회(그리고 환경문제를 포함하여)에 관한 마르크스의 분석은 그의 초기 저작들에서의 개념들만큼이나 중요한 것으로 이해되어야 한다.

으로 또는 범주적으로 구분하는 것이 중요하다.[7] 그 이유는 인간이 기본 필요를 만족시킴에서 단순히 동물적 존재 이상이기 때문만이 아니다. 마르크스에게 더욱 중요한 이유로, 범주적 구분에서 볼 때 필요의 원칙 일반은 분배의 영역(즉, 분배적 정의)과 관련되며, 따라서 다음에서 구체적으로 논의할 것처럼 생산의 영역(즉, 생산적 정의)에 적절하지 않은 것처럼 보이기 때문이다. 따라서 화이트(White, 1996)가 주장한 바와 같이 필요의 원칙만으로는 사회적·환경적 정의를 평가하기에 충분하지 않다. 그러나 화이트의 주장과는 달리 또 다른 원칙이 필요한 영역은 자연으로부터 얻어진 생산물을 분배하는 영역이 아니라 노동을 매개로 외적 자연과 더불어 인간 본성을 변형시키는 생산의 영역이다. 즉, 노동(특히 마르크스의 초기 저작에서 이 개념)은 자연과의 관계에서 인간 능력의 자기개발을 위해, 그리고 이에 따라 사회와 환경에서 제시된 정의의 유의성을 평가하기 위해 범주적으로 특정하게 제공되어야 할 또 다른 필수 원칙이다.

이 두 가지 원칙, 즉, 마르크스의 변증법 또는 자연 및 사회와의 관계로 이루어진 인간 본성의 생태적 개념화에서 도출될 수 있는 필요의 원칙과 노동의 원칙은 몇 가지 추가적인 논점들에 따라 구체화될 수 있다(4장 참조).[8] 첫째, 이 원칙들은 단지 계층적으로 조직된 것이 아니라(Elster,

---

7) 올먼(Ollman, 1976: 74~78)에 따르면, 마르크스는 '필요'를 어떤 사람이 즉각 이용할 수 없는 무엇을 위해 느끼는 욕구(desire)로 인식했다. 즉, 인간은 어떤 것을 필요로 할 뿐만 아니라 그렇다고 느낀다. 이 글에서 '필요'는 '자아실현'과 구분되어 생존을 위한 최소한의 욕구충족으로 이해되며, '자아실현'은 삶의 의미실현을 위한 최대한의 요구충족으로 이해하고자 한다. 또한 이들은 각각 자원이용의 분배적 정의 및 자연과의 관계에서의 생산적 정의와 암묵적으로 관련된 것으로 설정하려 한다.

8) 필자는 이 두 가지 원칙이 마르크스의 환경정의이론을 위한 근거에 관한 우리의 연구를 완결 짓는다고 생각하지 않는다. 정의에 관한 마르크스의 개념화는 또 다른 중요한 원칙, 즉, '상호 인정 정의(recognition justice)'를 평가할 수 있는 '담론의 원칙'이라고 부르고자 한 것을 결하고 있다. 이 장에서는 이들에 관해 논의하지

1985: 230) 범주적으로 구분되며, 분배의 영역과 생산의 영역에 각각 적용된다. 이러한 두 가지 원칙은 그 본질적 내용들이 추상화 또는 이데올로기로부터가 아니라 구체적 기반으로부터 도출될 때만 (환경)정의의 원칙으로 고려될 수 있다. 게다가 마르크스에게 정의의 개념 및 원칙들은, 이들이 분리된 개인이나 지배 계급의 이해관계가 아니라 공동의 이해관계를 촉진시킬 때만 유의하다. 마르크스가 서술한 바와 같이, "공동의 이해관계는 단순히 추상화 속에서 '일반적 이해관계'로 존재하지 않으며, 무엇보다도 현실 속에서 노동을 서로 나누는 사람들 간의 상호 의존성으로서 존재한다"(Marx and Engels, 1960: 53). 즉, 상상의 '일반적 이해관계' 또는 보편적·초문화적·초역사적 기준이 아닌 현실의 '공동적' 이해관계만이 자연과의 관계를 통한 상호 의존성 속에서 이루어지는 노동에 의해 공유될 수 있다.

자연적이며 또한 사회적인 인간 본성의 생태적 개념화와 함께 환경정의에 관한 두 가지 원칙이 주어지면, 우리는 그때 주어진 사회 및 환경을 규범적으로 평가할 수 있게 된다. 즉, 사회적으로 가용하게 주어진 자연과의 관계 속에서 결정된 인간 개인들의 기본적 필요를 만족시킬 수 없다면 이 사회-환경은 부정의하다고 말할 수 있다. 게다가 어떤 사회-환경이 대다수의 사람들로부터 그들의 물리적·정신적 능력을 행사하여 자신의 자아발전을 실현할 수 있는 기회를 박탈한다면, 이 사회-환경은 부정의하다고 할 수 있다. 요컨대 대다수의 개인들이 그들의 영양섭취, 거주, 보건·의료 등에서 정신적·물질적 필요를 충족시킬 수 없다는 점에서뿐만 아니라, 자아실현을 위해 그들 자신의 생활을 영위할 수 있는 기회를 가질 수 없다는 점에서 그 사회-환경은 부정의하다고 비판될 수 있다.

않겠지만, 여타 학자들 가운데 하버마스(Habermas, 1991)와 호네트(Honneth, 1995)가 정형화하려 한 것이다(6장 5절 참조).

물론 어떤 주어진 사회와 환경이 정의롭다거나 또는 그렇지 않다고 평가하는 것은 정의로운 사회-환경을 서술하거나 이론화하는 것과는 다르다. 전자는 경험적 판단에 근거를 두지만, 후자는 그러한 근거를 가지지 못하기 때문이다. 즉, 부정의 비판과 정의이론은 서로 상이하게 구분되는 인식론적 위상을 가진다. 더욱이 마르크스에 따르면, 권리나 정의와 같은 도덕적 개념은 "사회의 경제적 구조 및 이것이 결정하는 문화적 발전보다도 결코 더 높을 수 없다"는 점에서(Marx, 1994b: 321), 우리는 이러한 이론이 개발되는 물질적 조건들과 무관한 정의의 규범적 이론을 개발할 수 없다. 만약 누군가가 이러한 이론을 개발한다면 이는 사법적이거나 추상적일 것이고, 이는 그 사회의 지배계급에 기여하는 이데올로기나 환상이라고 비판될 것이다(서영조, 1995).

이와 같은 인식론적·존재론적 문제들에 관한 보다 완전하고 구체적인 논의는 이 장의 범위를 벗어난다(4장 참조).[9] 그러나 이러한 난점들을 회피하기 위하여, 우리는 우리가 살고 있는 자본주의 사회에서 경험에 기초하여 어떤 현상이나 제도들을 부정의하다고 정당하게 비판할 수 있으며, 반면 이데올로기적 함정에 빠지지 않고 정의에 관한 규범적 이론을 개발하는 것은 불가능하다는 주장을 할 수 있다. 다른 한편 우리는 어떤 (즉, 의사소통적) 합리성에 근거하여 인간 본성의 이상이 실현될 수 있는 새로운 (사회주의적) 사회-환경을 위한 정의이론을 정형화할 수 있다. 그러나 이 정형화는 우리가 부정의한 사회와 환경으로부터 고통받는 현재 세계의 바람직하고 실천적인 부정에 기초를 두어야 할 것이다.

---

9) 도덕성 또는 정의에 관한 마르크스의 개념화에서의 이러한 문제성들이 마르크스의 저작 자체에서 도출될 수 있는 '실재론적' 관점에 의해 해결될 수 있다고 생각한다. 이러한 유의 시도로서는 케인(Kane, 1995)을 참조.

3. 자본주의의 사회적·환경적 부정의 비판

1) 자본주의 사회에서 부정의한 환경

우리는 이제 마르크스가 자본주의하에서 사회적·환경적 현상들을 부정의하다고 불만을 표시했거나 비난을 했던 것들을 고찰하고자 한다. 마르크스 시대의 환경문제는 우리가 최근 경험하고 있는 것보다도 훨씬 덜 심각했었고 덜 확산되어 있었다. 하지만 마르크스는 공장, 산업노동자들의 주거, 대규모 농업지, 농촌 슬럼 등의 사회적·환경적 조건들에 대해 격렬히 비판했다. 우리는 마르크스의 저술에서 두 가지 종류의 심각한 환경문제를 이해할 수 있다. 하나는 자본주의적 대규모 공업 및 농업에 의해 야기된 도시와 농촌에서의 문제이고, 다른 하나는 공장 내 노동자들의 사회적·환경적 조건들에 관한 것이다. 그의 시대에 이러한 장소들은 생태적 손상을 우선적으로 그리고 가장 심각하게 입은 곳들이었을 뿐만 아니라, 잉여가치를 추출하기 위한 활동이 가장 활발하게 이루어졌던 곳이기도 하다.

마르크스에 따르면, 자본주의는 역사적으로 공업과 농업의 구분에 기초했다. 이 구분은 자본주의의 발달과 더불어 전도되었지만, 이는 역사적으로 매우 중요하게 도시와 시골의 분리(Smith, 1984: 40~44), 즉, "어느 정도의 발전을 달성하고 상품들의 교환에 의해 유발된 모든 노동 분화의 기반"이라는 공간적 표현을 직접적으로 나타낸다(Marx, 1976, vol. 1: 472). 즉, 자본주의적 노동분화의 전제조건으로서 "자본주의적 생산은 인구를 대중심지들로 함께 집중시키고, 도시 인구들이 끊임없이 성장하는 우월성을 달성하도록 하는 원인이었다". 그러나 마르크스의 사회적·생태적 관점에서 "이는 두 가지 결과를 초래했다. 한편으로는 역사적으로 중요한 사회적 힘을 집중시켰으며, 다른 한편으로는 인간과 대지 간의 신진대사적 상호 행위를 혼란시켰다. 즉, 이는 음식과 의복의 형태로 인간에 의해 소비된 그 구성적 요소들이 흙으로 되돌아가는 것을 막았다"(Marx, 1976, vol. 1: 637). 즉, 농촌과 도시 간의 사회공간적 분업을 전제로 한 자본주의적 도시화와 산업화는 '사회의 역사적으로 계기적인 힘'으로서 역할하는 인구를 집중시켜 인간과 자연 간 신진대사적 상호행위의 심각한 혼란을 초래했다. 이는 자연의 물질적 재순환, 즉, "토양의 지속적인 비옥도를 위한 영구적인 자연적 조건의 작동"을 막았을 뿐만 아니라, "동시에 도시 노동자의 물리적 건강과 농촌 노동자들의 정신적 생활"을 파괴했다(Marx, 1976, vol. 1: 637).

동일한 현상은 농업적 생산과정의 자본주의적 전환을 경험했던 시골에서도 이루어졌다. 한편으로 "농업에서도 공업에서와 마찬가지로 생산과정의 자본주의적 변혁은 동시에 생산자들의 순교 역사이며, 노동의 도구는 노동자를 예속하고 착취하며 빈궁화하는 수단으로서 나타난다". 다른 한편 "도시 공업과 마찬가지로, 근대 농업에서도 노동생산성의 향상과 노동의 동원은 쓰레기를 누적시키고 노동력 자체를 파괴하는 대가로 얻어졌다. 게다가 자본주의적 농업에서 모든 진보는 노동자를 약탈할 뿐만 아니라 토지를 약탈하는 기술상의 진보였다"(Marx, 1976, vol. 1: 638). 공업의 도시에서처럼, 농업의 시골에서도 노동자와 자연 양자는 자본주의적 발전을 위해 착취되고 파괴되고 희생되었다.

노동과 자연이 착취되고 파괴되었을 뿐만 아니라 이들이 인간 본성의 자아실현을 목적으로 한 것이 아닌 자본주의적 발전, 즉, 잉여가치의 추출이라는 목적을 위해 희생되었다는 점 때문에 이러한 현상들은 부정의하다. 즉, 마르크스에게 "한 국가가 대규모 공업을 토대로 발전하면 할수록 이러한 파괴과정은 더욱 급속해진다. 따라서 자본주의적 생산은 기술과 사회적 생산과정의 결합도를 발전시키지만, 동시에 모든 부의 원천인 토지와 노동자를 파멸시킨다"(Marx, 1976, vol. 1: 638). 이 대목은 공업 생산성이 증대함에 따라 자연의 생산성은 저해된다는 자본주의 발전의 생태적 모순을 명시적으로 서술하고 있다. 달리 말해, 자연과 인간을 매개하는 노동은 인간의 기본 필요를 만족시키고 자아발전을 실현하는 데 기여해야 한다는 노동의 원칙에 기초해 이해한다면, 자본주의적 발전은 부정의하다. 이는 노동자와 자연을 동시에 훼손시키면서, 이들이 자본주의 고유의 목적, 즉, 자본의 축적에 종사하도록 했기 때문이다. 따라서 파슨스(Parsons, 1977: 19)가 지적한 바와 같이 "인간 본성의 침해는 그 자체로서 비인간적 자연의 침해이다. 왜냐하면 인간은 더 넓은 자연의 유기적 일부이기 때문이다. 따라서 인간을 탈인간화시키고 자연을 탈자연화시키는 자본주의는 인간주의적·자연주의적 대안을 필요로 한다".

다른 한편, 『요강』과 『자본론』에서 마르크스는 산업노동자의 노동장소 및 주거장소의 사회적·환경적 조건들을 상세히 서술하고 있다. 우선 공장에서 노동자의 시간적·공간적·환경적 조건들을 예시하는 수많은 사례들을 묘사하면서, 마르크스는 '잉여 노동을 위한 인간-늑대의 배고픔'이라는 비유를 사용하여 자본가들이 어떻게 작업일을 늘렸는가를 서술했다. 사례들 가운데 하나는 단지 과잉노동으로 죽은 한 여성 모자 생산자, 메리 앤 워클리의 죽음에 관한 신문기사이다.[10] 이 사례를 비롯해 마르크스의 저술에 서술된 여타 사례들을 통해, 우리는 마르크스 시대의 노동자들이 어떻게 부정의하게 다루어졌는가를 이해할 수 있다. 즉, 소수의

10) 이 사례에 의하면, 이 여공은 다른 소녀들과 함께 휴식 없이 평균 16시간 30분을 일했으며, "새로 취임한 웨일스공을 위한 무도회에 초대된 귀족 부인들을 위한 우아한 드레스들을 만들어내야만" 했던 계절에는 흔히 30시간씩 노동을 했다. 금요일에 병이 들어 일요일에 죽기 전에, 그녀는 "다른 60명의 소녀들과 함께 각 방에서 30명씩 26시간 30분을 중단 없이 일했다. 이 방들에는 큐빅 피트로 측정하여 필요한 공기량의 3분의 1밖에 제공하지 않았다"(Marx, 1976, vol. 1: 364).

귀족 부인들이 호사스러운 생활을 즐기는 동안, 젊은 여성 노동자들은 그들의 생명이 다하도록 노동을 하는 것 외에 달리 방법이 없었다.

이러한 현상이 부정의하지 않다고 주장하는 사람은 아마 아무도 없을 것이다.[11] 사실 자아실현을 위한 물리적·정신적 능력 개발과는 전혀 동떨어지게, 자본주의 사회의 노동자들은 생존을 위한 기본적 필요조차 거의 만족시키지 못했다. 이와 같이 극단적으로 부정의한 상황은 노동자들이 자본가들 — 이들은 노동자들의 생존을 위한 시간·공간·환경을 희생시키면서 잉여 노동시간과 이에 따른 잉여가치를 추출하고자 한다 — 에 의해 직접 강제되는 공장에만 한정된 것이 아니었다. 신선한 공기에 대한 필요는 노동자들의 거주장소에서도 다른 여러 문제들과 더불어 충족되지 못했다.[12]

> 사람은 거주 소굴로 돌아오지만 이곳은 이제 문명의 유해한 숨결로 오염되어 있다 …… 빛, 공기 등 — 가장 단순한 '동물적' 청결 — 은 인간을 위한 필요이기를 중단했다. '오물', 사람의 퇴락과 부패 — 문명의 '쓰레기'(말 그대로) — 는 그를 위한 '생활의 요소'가 되었다. 철저히 '비자연적인' 방치 그리고 부패한 자연은 그의 '생활 요소'가 되었다. 그의 감각들은 그의 인간적 측면에서뿐만 아니라 '비인간적'인 측면, 즉, 동물적인 측면에서도 더 이상 존재하지 않았다(Marx, 1964: 48~49).

11) 그러나 마르크스의 '역설적 표현'을 인식하지 못한 채 그의 저작을 해석하고자 했던 우드(Wood, 1972, 1981)와 여타 학자들은 예외라고 할 수 있다(Husami, 1978).

12) 마르크스는 또한 여기서 노동자의 주거임대문제를 서술하고 있다. 즉, 노동자는 조바심 속에서만 그의 장소를 계속 점유할 수 있다. 왜냐하면 이 주거 장소는 "그에게 어느 날이든 쫓겨날 수 있는 소외된 거주지 — 만약 그가 임대료를 지불하지 못할 경우 어느 날이든 비워주어야만 하는 장소 — 이기 때문이다"(Marx, 1964: 148~149).

이처럼 부정의한 자본주의 사회와 환경에 대한 마르크스의 비난은 노동의 원칙과 필요의 원칙 양자에 모두 기초한 것으로 이해될 수 있다. 그러나 마르크스가 노동자들의 사회적·환경적 조건들을 기술한 문장들 대부분에서, 그는 대체로 생존을 위한 필요 충족의 조건들이 심하게 잘못 분배되어 있음을 강조한다. 이는 부분적으로, 마르크스 시대의 자본주의가 노동자들을 착취하여 심지어 필요 충족의 최저 수준하에 살아가도록 했기 때문이거나, 또는 마르크스가 그렇다고 강조한 바와 같기 때문이다. 이러한 의미에서 마르크스는 노동의 원칙에 비해 필요의 원칙에 명시적으로 우위성을 둔 것처럼 보이며, 우리는 필요 만족을 위한 분배적 정의를 무시할 수 없다(Peffer, 1990; 설헌영, 1990). 그러나 그의 저작 전반에 걸쳐 자본주의에 대한 마르크스의 비판을 유의하게 하는 것은 필요의 원칙이라기보다는 노동의 원칙이어야 한다. 그 외 달리 해석하는 것은 사회적·환경적 조건들의 잘못된 분포에 대한 치유가 자본주의적 사회의 한계를 극복할 것이라고 생각하는 것이며, 이는 분명 마르크스의 개념화와는 동떨어진 것이다. 우리는 자본주의 사회와 환경부정의의 구조적 맥락에 관한 그의 설명에서 노동의 원칙을 적용하는 마르크스를 발견할 수 있다.

2) 자본주의의 사회적 및 환경적 부정의의 맥락

마르크스는 그의 초기 저술들에서 사회적·환경적으로 부정의한 현상들이 화폐와 사적소유, 심지어 문명 일반 때문에 발생하는 것으로 이해하고 있는 것처럼 보인다. 그는 「유대인 문제(On the Jewish Question)」에서 다음과 같이 적고 있다. "화폐는 일반적이고 자기충족적인 '가치'이다. 따라서 이는 전체 세계, 즉, 인간 세계와 자연으로부터 상당히 유용한 것들을 도둑질했다. …… 사유재산과 화폐의 지배하에서 달성된 자연관은 자연의 실질적인 경멸이며 실제적인 퇴락이다"(Marx, 1994a: 24).[13]

가치를 측정하는 단일 수단으로서의 사적소유와 화폐하에서, 인간 개인들은 그들 자신을 자연과 점유, 소유 및 장악의 양식으로 관련시킨다. 이는 인간과 자연 간의 유기적 관련성이 퇴락하고 파괴되는 바로 그 이유이다. 그러나 마르크스가 여기서 초점을 두고 있는 것은 화폐와 사적소유가 그 본질을 이루는 '소외된 노동'이며, 반면 개인적 필요의 충족과 관련된 이기주의를 비판하고 있다. 즉, 마르크스가 자본주의 사회의 부정의한 제도들(예로, 종교, 국가 등)을 이해하고자 했던 원칙은 필요의 원칙이 아니라 노동의 원칙이라고 할 수 있다.

유사한 맥락에서, 마르크스는 『1844년 수고』에서 문명 일반을 '야수적 야만'이라고 비난했으며, 위에서 서술한 바와 같이 문명화된 부르주아지의 이기주의를 자본주의 사회에서의 노동 착취 및 공장과 거주지 환경 퇴락의 원인이라고 맹렬히 공격한다. 그러나 마르크스가 인간 개인들을 퇴락시키고 자연을 부패시키는 원인으로 고발한 것은 문명 일반이 아니라 자본주의 경제발전이다. 즉, 자본이 노동자들의 노동을 착취하는 것처럼 이는 또한 이들의 환경을 착취했다. 마르크스는 여기서 필요의 원칙에 기초하여 자본주의 사회와 환경을 비난한 것처럼 보인다. 한 예로 그는 "노동자는 인간적 필요를 가지지 않는다. …… 심지어 그의 '동물적' 필요도 존재하기를 멈추었다"고 서술한다. 그러나 이러한 상황에서, 그의 필요가 "물리적 존립을 위해 가장 저급하고 동정적인 수준"으로 감소되는 것처럼, 노동자의 활동(노동)은 "가장 추상적이고 기계적인 운동"으로 저하된다(Marx, 1964: 149). 따라서 마르크스는 여기서 자본주의 사회와 환경을 비판하기 위하여 필요의 원칙과 노동의 원칙 양자 모두를 고려한다고 말할 수 있다.

---

13) 이러한 의미에서 마르크스는 물고기, 새, 식물 들의 사적소유권에 대한 토마스 뮌처(Thomas Munzer)의 생태적 저항을 인용했다.

마르크스는 후기 저작에서, 왜 그리고 어떻게 노동과 자연 양자가 자본에 의해 착취되는가를 좀 더 명확하게 설명한다. 즉, 자연이 노동에 의해 원료로 전환하여 궁극적인 가치를 창출·누적시키고 증식시키는 과정을 통해, 인간 노동과 자연 양자는 모두 자본의 목적을 위해 이용된다. 이 과정에서 자본가들은 자본축적의 지속, 즉, 자본주의 경제의 유지를 위해 잉여가치를 추출하는 반면, 인간 본성과 그들의 환경일반 그리고 특히 노동자들의 노동과 그들의 환경은 물리적으로 파괴될 뿐만 아니라 잉여가치를 생산하기 위해 동원될 수 있는 단순한 상품으로서 탈가치화된다. 따라서 하비가 서술하는 바와 같이 "자본가계급이 잉여가치를 추출하기 위해 노동자들에게 필수적으로 부가하는 침해는 노동과정에 연유하는 자연과의 퇴락한 관계에서 가장 쉽고 명백하게 나타난다"(Harvey, 1982: 108).

마르크스의 견해에 의하면, 자본가들은 두 가지 방법으로 잉여가치를 추출한다. 첫 번째 방법은 노동일의 확대에 의한 '절대적' 잉여가치의 추출이며, 두 번째 방법은 '임금재'(노동자들이 필요로 하는 상품)를 생산하는 영역에서 노동의 생산성 증대와 더불어 노동 가치의 감소를 통해서나 노동의 평균 생산성보다 더 높은 우월한 생산기술의 채택을 통한 '상대적' 잉여가치의 추출이다. 여기서 우리는 마르크스의 (잉여)가치론이 생태학에 관한 그의 개념화를 어떻게 포괄하는지 또는 어떻게 연계되어 있는지를 이해할 수 있다. 일부 학자들은 마르크스의 가치론이 반생태적이라고 주장한다. 그의 가치론이 생산에서 자연의 역할을 배제하거나 과소평가하기 때문이다(Benton, 1989; Grundman, 1991). 마르크스에게 노동과 자연 모두는 사회적 부, 즉, 사용가치의 두 근원이지만, 가치는 단지 사회적 노동에 의해서만 생산된다는 점은 사실이다. 그러나 노동은 항상 자연과 관련되어 있으며, 따라서 "부는 필요-만족적 인간-자연의 신진대사를 포함하며 가치는 이러한 물질적 과정의 특정한 사회적 형태라는 사실에서, 가치 형태는 정량적 및 정성적으로 도출된다"(Burkett, 1996: 333; Devine, 1993 참고).

우리는 마르크스의 잉여가치론에 기초하여 자본주의에서 사회적, 환경적 부정의가 잉여가치 추출과정에서, 특히 노동일의 확대 또는 생산기술의 발전을 통해 노동의 생산성을 증대시키고자 하는 자본가들의 시도로 인해 유발되는 맥락을 이해할 수 있다. 첫째로, 마르크스가 서술한 바와 같이 절대적 잉여가치는 노동자 시간 자체의 절도라는 점에서뿐만 아니라 휴식, 빛, 공간, 깨끗한 공기 등과 같은 필수품의 절도를 통해 추출된다. 마르크스는 우선 자본가들이 노동자들의 생산물이 아니라 시간, 공간, 환경 등과 같이 그들의 필요 충족을 위해 그리고 물리적·정신적 발전을 위해 필요한 노동 조건들을 훔치는 점을 비난한다. 즉, 자본은 "신체의 성장, 발달, 건강 유지를 위한 시간을 탈취한다. 이는 깨끗한 공기와 햇빛을 위해 필요한 시간을 도둑질한다"(Marx, 1976, vol. 1: 375~376).

상대적 잉여가치의 추출은 한편으로 임금재 영역에서 다른 한편으로 평균 생산성보다도 더 높도록 증대된 노동의 생산성으로부터 얻을 수 있다. 상대적 잉여가치의 추출을 위한 이러한 두 가지 방법은 마르크스의 잉여가치론에서 상이한 함의를 가지지만, 개선된 생산기술 그리고 보다 일반적인 기술 발달과 더불어 대규모 공업 성장을 통해서 가능해진다. 따라서 마르크스가 대규모 공업의 기계제를 분석할 때, 그는 또한 공장 노동이 수행되는 환경적 조건들을 기계제 및 대규모 공업의 효과로 야기된 것으로 상술한다. 즉, 노동자들이 생명 없는 기계들에 대한 살아 있는 부속물로 편입되면서 고통의 짐은 바위처럼 그들의 등에 지워진다. 특히 그들은 일하는 공장의 소음, 먼지, 불결, 불안전, 단조로움, 피로 등에 의해 억압되고 있음을 발견하게 된다.

> 빈틈없이 설치한 기계들은 계절처럼 규칙적으로 사망자와 부상자의 보고서를 제공하고 있는데, 이러한 생명의 위험은 차치하고라도 인위적으로 만든 높은 온도, 원료의 먼지로 가득한 공기, 고막을 찢는 소음 등으로 말미암아 노동자의 모든 감각기관이 손상된다. 공장제도하에서 급속히 성숙되고 강화된 사회적 생산수단의 절약은 작업 중에 있는 노동자의 생명에 필요한 것들, 즉, 공간, 햇빛, 공기 그리고 생산과정의 위험하고 불건전한 부수물들로부터의 보호 등을 자본의 손에 의해 체계적으로 빼앗아가는 것으로 변한다(Marx, 1976, vol. 1: 552~553).

여기서 우리는 공간, 햇빛, 공기 등과 같은 환경적 현상이 일하는 노동자들의 부정의한 조건이 되는 것을 이해했다. 그러나 마르크스가 여기서 서술하는 노동자들의 부정의한 환경적 조건들은 상이한 맥락, 즉, 노동일을 연장하기 위한 자본가들의 강제라기보다는 자본가들에 의한 '사회적 생산수단의 이용'과 관련된다. 사실, 현대 자본주의 사회에서 환경 파괴나 자연의 부정의한 이용과 좀 더 긴밀하게 관련된 것은 전자라기보다는 후자이다. 달리 말해, 자본가들의 상대적 잉여가치를 얻기 위한 사회적 생산수단 및 기술의 자본주의적 이용은 자본주의적 사회와 환경부정의의 주요 원인으로 이해될 수 있다. 마르크스는 이의 효과를 노동자들의 부정의한 환경조건이라는 점에서뿐만 아니라 인간에 의한 인간의 지배와 더불어 '자연의 지배'(그러나 보다 정확히 말해 자본가들에 의한 환경 및 노동의 지배)라는 점에서 서술한다.

마르크스에 따르면, 모든 인간기술은 자연적 소재로부터 이루어지고, 또한 사회적 생산관계의 물질적·개념적 과정들의 자연적 맥락하에서 이루어진다. 즉, "기술은 자연에 대한 인간의 적극적 관계와 삶의 직접적 생산과정을 나타내며, 또한 이를 통해 인간의 삶의 사회적 관계들의 생산과정과 이러한 관계들로부터 도출되는 정신적 개념화의 과정을 드러낸다"(Marx, 1976, vol. 1: 493n). 이러한 점에서 기원적이고 순수한 형태로서의 기술 또는 생산수단은 존립하고, 이는 힘을 실현시키기 위한 인간 노력의 결과로 이해된다. 그러나 기술의 가치가 보편적으로 중립적이라고 할지라도 역사적으로 결코 중립적이지는 않다. 이는 주어진 사회에서 사회적 관계의 산물이기 때문이다. 즉, 자본주의 사회에서 기술은 노동의 생산성을 증대시키지만, 이는 자본가들에 의해 잉여가치로서 부정의하게 전용된다. 사실 기술의 역할은 이중적이다. 한편으로 기술은 자본가들이 더 많은 생산성을 얻고 소비자들을 유혹할 수 있는 새로운 제품들을 고안함으로써 그들의 경쟁성을 높힐 수 있는 수단이다. 다른 한편으로 기술은 직업을 탈숙련화시키고 좀 더 값싼 노동력이 필요하게 만들어 노동비용을 줄이는 데 도움이 된다(Pepper, 1993: 82).

게다가 기술 진보(그리고 항상적인 시장 팽창)와 더불어 자본주의는 단순히 효용의 문제로 자연을 객관화하고 이에 따라 자연을 지배하에 복속시키는 경향이 있다. 마르크스는 이를 『요강』에서 다음과 같이 서술한다.

> [자본주의의 도래와 더불어] 자연은 처음으로 순수하게 인간을 위한 대상, 즉 순전히 효용의 문제가 되었으며, 그 자체로서는 힘으로 인식되지 않게 되었다. 그리고 자율적 법칙의 이론적 발견은 단순히 자연을 인간적 필요에 복속시키는 책략, 즉, 소비의 대상 또는 생산의 수단으로 나타낸다(Marx, 1973: 410).

길고 험난한 진보의 역사에서 인간은 처음으로 비경쟁적인 방법으로 자연과의 관계를 수립하게 된 것처럼 보이며, 이는 인간의 필요에 대한 완전한 충족을 약속하는 것처럼 보인다. 인간 개인은 이제 희소성의 경제에서 벗어나, 물질적 재화의 결핍으로부터 자유롭게 된 것처럼 보인다.

이러한 새로운 관계에서, 인간 개인은 자연과의 동질성에 대한 전(前)역사적 의미를 보다 높은 의미에서 재발견할 수 있다. 그러나 이런 유의 물질적 필요로부터의 자유 또는 자연의 지배는 매우 문제성이 있고 논란적이다. 왜냐하면 파슨스가 서술한 바와 같이 "인간은 의존성에 관한 그의 원초적 감정과 한때 혼합되었던 소외된 두려움과 갈망의 정화된 방식으로, 그 자신을 자연과 함께하는 것으로 '느낄' 수 있다. 그러나 자연과 인간의 이러한 자유롭고 정화된 관계는 사람과 자연을 조금도 개의치 않는 자본의 지배하에서는 결코 달성될 수 없기 때문이다"(Parsons, 1977: 34).

요컨대 기술의 발달을 통해 자본주의 사회는 자연을 인간의 필요에 복속시켰다. 따라서 자본주의적 생산력은 인간의 요구를 만족시킬 수 있는 수준에 도달한 것처럼 보인다. 그러나 자본주의 사회는 필요의 원칙 및 노동의 원칙 양자 모두에 부응하지 못했다. 자본주의 사회에서 자연의 정복은 자본에 의한 노동의 지배를 통해 이루어졌으며, 그 결과는 대다수 사람들의 기본적 필요에 상응한 것이 아니라 소수 지배계급에게만 혜택을 주었기 때문이다. 따라서 이러한 자연의 정복은 '진정한' 자연의 지배로 이해되어서는 안 된다.[14] 이는 "지구 — 우리의 유일무이한 지구, 우리 존재의 첫 번째 조건" — 를 "잡상인의 대상으로 만드는 것"이며, "우리 자신을 잡상인의 대상으로 만드는 마지막 단계"로 나아가는 것이다(Marx, 1964: 210). 즉, 자본주의 사회에서 자연과 인간은 도덕성이나 정의도 없이 지배되고 착취되며 부정되도록 존재한다.

14) 여기서 '자연의 지배'라는 논제 자체에 대해서는 논의하지 않겠지만, 이는 철학 및 생태학적 논의에서 오랜 역사를 가지고 있다(Leiss, 1972; Harvey, 1996).

4. 분배적 정의에서 생산적 정의로

마르크스가 자본주의 사회경제적 구조와 제도, 특히 그 분배양식의 작은 변형들이 노동자들에게 실질적 도움을 줄 수 있음을 부정한 것처럼, 자본주의하에서 사회적·환경적 부정의가 작은 치유로 극복될 것처럼 보이지는 않는다. 예를 들어 그의 견해에 의하면, 완만하게 증식되는 임금 개선은 노동의 착취를 완화시키지 않는다. 물론 이러한 임금 개선을 통해 노동자들은, “자신의 소비 범위를 확대하고, 의복이나 가구 등 자기들의 소비재원을 약간 늘릴 수 있으며 심지어 약간의 준비금까지도 형성할 수 있다. 그러나 노예의 경우 의복과 음식 그리고 대우가 개선되고 페콜리움(고대 로마에서 노예에게 허용해주었던 일부 재산. 노예는 이것을 제3자와 거래할 수도 있었다)이 다소 많아졌다고 해서 노예의 종속관계와 착취가 폐지되지 않는 것처럼, 임금노동자의 종속관계와 착취도 폐지되지 않는다”(Marx, 1976, vol. 1: 769).

마찬가지로 대다수 사람의 빈곤을 야기하는 물질적 자원의 결핍 그리고 도시 및 농촌 지역 양자 모두에서 발생한 생태적 순환의 자연 신진대사 손상과 같은 자본주의적 환경문제들은 작은 변형으로 극복될 것처럼 보이지 않는다. 사실, 서로 관련된 인간과 자연 양자를 파괴하면서 자본은 “사회적 생산의 조절 법칙으로서 그리고 인류의 완전한 발전에 적합한 형태가 되도록 그 체계적 회복을 강제한다”. 그러나 회복을 위한 자본의 전략들은 그렇지 않을 경우 그 비옥도가 오래 지속될 수 있는 자연의 질을 악화시킨다. 즉, “주어진 시기에 토양의 비옥도를 증가시키기 위한 모든 진보는 그 비옥도의 보다 장기적 근원을 황폐화하는 방향으로의 진보이다”. 따라서 자본주의하의 사회적·환경적 부정의는 임금체계의 작은 교체 또는 국지적 생태계의 단기적 회복이라는 치유책을 만들어낸다. 왜냐하면 “자본주의적 생산은 기술과 사회적 생산과정의 혼합도를 향상시키지만 이는 동시에 부의 기원적 근원들 — 토양과 노동자 — 을 훼손"시키기 때문이다(Marx, 1976, vol. 1: 638).

마르크스에게 임금, 물질적 자원 등의 분배를 위해 평등이나 형평에 호소하는 것은 자본주의 생산의 속성을 잘못 이해하는 것이다. 이러한 맥락에서 마르크스는 그의 저작 전체에 걸쳐 유토피아적 사회주의자들, 특히 푸르동 — 그는 자본주의의 불평등에 대한 경감책으로 '임금의 균등화' 또는 '정당한 분배'를 주장했다 — 의 개혁적 제안을 비판한다. 노동자들이 그들의 노동과의 교환에서 좀 더 '형평적인' 임금을 받는 방법으로 분배를 개선하려는 시도는 자본주의 생산의 속성을 잘못 이해하는 것이다. 왜냐하면 분배를 수정하고자 하는 시도들은 임금체계로부터 노동자들을 자유롭게 하지 못할 것이기 때문이다. 따라서 마르크스는 임금의 형평성을 제도화하기 위해 설계된 정치적 운동은 방향이 잘못 정해진 것이고, 실패할 수밖에 없으며, 따라서 임금균등화를 위한 동원 대신 '임금체계의 폐지'를 요구해야 한다고 주장했다. 분배는 생산이 먼저 변경되지 않고는 변화될 수 없다. 즉, 물질적 재화 또는 환경적 조건들(자연적 쾌적성이나 오염을 포함하여)의 잘못된 분배는 생산조직이 먼저 전환하지 않고서는 치유될 수 없다고 주장된다. 달리 말해서 우리는 '생산적 정의의 우선'을 요구할 필요가 있다.

사회주의적 사회와 환경에서 '생산적 정의'를 이론화하려 할 때, 우선 밝혀내야 할 여러 가지 문제들이 남아 있다. 첫째, 여기서 생산은 노동과정(또는 마르크스가 '신진대사'라고 칭한 것), 즉, 인간과 자연 간의 관계를 매개하고 조절하며 통제하는 것으로 이해되어야 한다. 즉, 생산은 자연이 사회에 의해 매개되고 사회는 자연에 의해 매개되며, 이에 따라 자연이 인간화되고 인간이 자연화되는 과정이라고 할 수 있다. 이에 따라 생산적 정의는 자연과 인간의 정의로운 관계를 의미하고, 이는 다시 인간들 간의 정의로운 관계를 함의하며 또한 그 역도 성립한다. 물론 자연과 인간의

'정의로운' 관계가 무엇을 의미하는지를 적시하는 것은 쉽지 않다. 그렇더라도 여기서 우리는 마르크스가 사회주의적 자연 지배와 관련시키고자 했던 것을 생각할 수 있다. 이 개념은 뒤에서 다시 상술하겠지만, 우선 여기서 많은 논평가가 '자연의 지배'라는 논제에 대해 매우 모호하고 논란적이라는 불평을 했다는 점을 지적할 필요가 있다. 따라서 스미스(Smith, 1984, 1996)가 제안한 바와 같이, 이 논제는 '자연의 생산'이라는 사고로 대체될 수 있다. 이 사고는 "자연과의 관계에서 노동의 중심성을 진지하게 택할 수 있도록" 하며(Smith, 1996: 49), 따라서 인간과 자연 간의 가장 기본적인 관계로서 '생산 일반', 그리고 특히 교환을 위한 자본주의적 생산을 이해할 수 있게 한다.[15)]

둘째, 마르크스가 생산을 사회의 유기적 총체라고 이해한 바와 같이 생산적 정의는, 만약 적절히 이해된다면, 사회의 모든 측면에서의 정의를 담고 있다. 마르크스가 생산과 분배 간의 관련성을 서술했던 『요강』의 서론에서, 생산은 사회적 발전의 한정적 단계에 있는 특정한 생산으로 이해될 뿐만 아니라, 합리적 추상화로서 생산 일반은 공통된 요소들을 유발하여 고정시킴으로써 "그들의 통일성 — 주체, 인간성 그리고 객체

15) 여기서 생산은 물질적 사물의 생산뿐만 아니라 사고나 의식의 생산을 포함한다. 이 점에서 스미스는 "사고·개념·의식의 생산은 우선 물질적 활동, 인간들의 물질적 상호과정, 실질적 생활의 언어와 직접 얽혀 있다"는 마르크스의 주장을 인용하고 있다(Marx and Engels, 1964: 47; Smith, 1984: 36에서 재인용). 르페브르(Lefebvre, 1991: 68~69)에 의하면, 생산의 개념은 두 가지 의미를 가진다. "광의적 의미에서, 사회적 존재로서의 인간은 그들 자신의 생활, 그들 자신의 의식, 그들 자신의 세계를 생산한다고 말해진다. …… 감각 기관에 의해 사회적 생활 속에서 포착된 것과 같은 '자연' 자체는 수정되고 따라서 어떤 의미에서 생산된다." 그러나 마르크스와 엥겔스는 이러한 광의적 의미를 협의화했다. 즉, "이들의 마음에 있는 것은 단지 사물, 즉, '생산물'들이다. 개념의 이러한 협의화는 이를 일상생활적 의미, 즉, 평범한 의미 — 그리고 경제학자들을 위한 의미 — 에 좀 더 근접하도록 한다".

의 일체성으로부터 도출되는 것, 즉, 자연—속에서 그들의 근본적 차이가 잊힐 수 없는 것"으로 이해된다(Marx, 1973: 85). 하비(Harvey, 1982: 41)가 요약한 바와 같이, 마르크스가 도달한 일반적이 결론은 "생산·분배·교환·소비가 동일하다는 것이 아니라 이들 모두는 총체성의 성분들, 즉, '통일성 내에서의 차이들'을 구성하고, 이러한 상이한 '계기들' 간의 '호혜적 효과들'은 '유기적 전체'로서 고찰될 수 있는 자본주의적 사회의 맥락에서 이해되어야만 한다"는 것이다. 따라서 생산적 정의의 개념화에서 생산은 인간성과 자연 간의 유기적이지만 차별적인 총체성으로서 고려되는 분배와 교환의 관계를 포함하여 사회 전체의 사회적 관계들의 속성을 알려주는 생산관계들을 수반한다.

셋째, 생산적 정의는 자본주의에서의 정의에 관한 오랜 논쟁을 종결지을 수 있는 개념으로 이해될 수 있다. 우리가 위에서 이해한 바와 같이 자본주의 경제가 사회적·환경적 불평등을 만들어냈으며, 자본주의에 대한 마르크스의 비판은 정의에 관한 그의 암묵적 개념화에 기초하여 이루어졌을 것이라는 점을 알 수 있다. 그러나 다른 한편으로 마르크스가 잉여가치에 대해 "[노동력의] 구매자를 위해 좋은 운의 일부이지만, 이의 판매자에게는 결코 부정의하지 않다"라고 상황을 묘사했던 것처럼, 그는 노동자(그리고 환경)의 착취란 부정의하지 않다고 명시적으로 서술한다(Marx, 1976, vol. 1: 301). 그럼에도 불구하고 교환영역에서의 정의는 생산영역에서의 정의와는 구분되어야 할 것이다. 마르크스가 잉여가치 추출의 부정의를 부인하는 것처럼 보이지만, 이는 정의에 관한 사법적 또는 이데올로기적 개념이라는 점에서 촉진되는 교환의 영역에서만 그러하다(4장 참조). 그렇지만 영과 여러 논평자들이 주장한 바와 같이, 이런 유의 정의는 새로운 생산의 영역에서 유지될 수 없다. "마르크스의 견해에서 노동자는 임금을 위한 노동력의 교환에서 판매자로서 정의로운 것으로 취급되지만, 그 다음 자본이 노동자에게서 잉여가치를 추출하는 동안 생산과정에서 도둑을 맞게 된다”(Young, 1981: 252).

넷째, 물론 생산적 정의를 위한 주장은 분배적 정의와의 유의성을 부정하는 것으로 이해되어서는 안 된다. 『고타강령 비판』에서 마르크스는 공산주의 사회의 초기 단계에 관한 자신의 견해를 묘사하면서, “[노동자]가 사회에 한 형태로 준 노동과 동일량을, 그는 다른 형태로 되돌려 받는다”고 서술한다. 이러한 분배 편성은 자본주의 사회에서 만연한 것보다는 분명 ‘개선된’ 것으로 이해될 수 있다. 마르크스는 계속해서, “이것이 균등 가치의 교환이 되는 한, 여기에 분명 동일한 원칙이 상품의 교환을 조절하는 것으로 통용된다. …… 여기에는 ‘균등 권리’가 여전히 원칙 — 원칙과 실천이 더 이상 얼치기가 아니지만, ‘부르주아적 권리’ — 이다”(Marx, 1994: 320~321). 마르크스가 여기서 서술하는 균등 권리 또는 분배적 정의에 관한 노동의 원칙은 여전히 부르주아적 원칙의 형태로 있지만, 이는 더 이상 이데올로기적이지 않다. 즉, 이 진술에서 마르크스는 분배적 정의의 유의성을 부정하지 않는 것처럼 보인다. 그러나 정의에 관한 노동의 원칙에 따른 분배적 편성은 결점을 가진다. 왜냐하면 이의 적용은 결과적으로 신체적 및 정신적 능력에서 상이한 소득을 가지거나 결혼, 자녀 수 등과 같은 사회적 상황에서 상이한 필요를 가지는 상이한 개인들 간에 불평등을 유발하게 되기 때문이다.

끝으로, 생산적 정의의 개념은 우리에게 사회적·환경적 정의가 수립된 새로운 사회, 즉, ‘진정한’ 인간과 자연 간의 관계가 이루어진 사회를 조망할 수 있도록 한다. 뒤에서 마르크스가 제시한 몇 가지 전제조건들을 논의하겠지만, 여기서는 마르크스의 “자신의 능력에 따라 각자로부터, 자신의 필요에 따라 각자에게로”(Marx, 1994: 321)라는 슬로건을 어떻게 해석할 것인가에 대해 서술하고자 한다. 자본주의의 정의에 관해 논란이 되는 이슈만큼이나 이 슬로건은 논쟁적인 정밀 검토의 주제가 되었으며 따라서 다양한 의미들, 즉, 정의의 원칙이 아님(Buchanan, 1979), 분배적 정의의 원칙임(Husami, 1978; Peffer, 1990: 333; 설헌영, 1990; White, 1996), 생산적 정의의 원칙임(Pruzan, 1989) 등으로 이해되었다. 그렇지만 여기서 이 슬로건은 분배적 정의와 생산적 정의 양자 모두에 적용될 수 있는 원칙을 함의하는 것으로 이해되어야 할 것이다(4장 참조). 왜냐하면 자본주의 이후의 새로운 사회는 생산의 영역 및 분배의 영역 양자 모두—생산과 분배가 유기적 전체로 직접 통합되어 있는 것처럼 이 원칙들은 서로를 전제로 하며 따라서 상호연계되어 있지만—에서 정의의 원칙을 필요로 하기 때문이다. 우리는 이에 대해 아래에서 좀 더 자세히 살펴볼 것이다.

5. 사회주의에서 사회적·환경적 정의의 이론

1) 사회주의 사회의 생산적 정의

마르크스에 따르면, 사회주의의 초기 단계에 "개별 생산자는 그가 사회에 준 것과 정확히 같도록—공제가 이루어진 후—사회로부터 되돌려 받는다 …… [노동자]가 사회에 한 형태로 준 노동과 동일량을, 그는 다른 형태로 되돌려 받는다". 그러나 위에서 인용한 바와 같이, 마르크스는 이에 즉각적으로 덧붙혀서, 이러한 편성은 "부르주아적 한계를 영원히 지고 있으며 …… 여기서 '균등한 권리'는 여전히—원칙적으로—'부르주아적 권리'이다"라고 서술한다(Marx, 1994b: 321). 이러한 주장의 공통된 해석에 의하면(Peffer, 1990), 마르크스는 여기서 균등한 권리의 한계를 명확히 함으로써 분배적 정의에 관한 그의 개념화를 제안하고 있다. 그러나 마르크스는 또한 부르주아적 권리에서 빠져 있는 생산적 정의에 관해 생각하고 있는 것처럼 보인다. 왜냐하면 몇 단락 다음에 그는 "프롤레타리아는 부르주아에 비해 혁명적이다. 왜냐하면 대규모 공업의 기반에서 성장한 후, 부르주아가 영속시키고자 하는 자본주의적 성향을 '생산'으로부터 제거하고자 분투하기 때문이다"라고 주장한다(Marx, 1994b: 323). 달리 말해서, 환경의 자본주의적 조건과 자본주의적 경제 상태를 동시적으로 유발하는 것은 생산체계이며(Commoner, 1992, p. viii), 따라서 "대안적인 생산적 합리성을 위한 잠재력"으로서 새로운 체계로 전환해야만 하는 것도 생산체계이다(Leff, 1993: 46; Leff, 1995).

마르크스의 견해에서 부르주아적 정의에 내포된 이러한 유의 결함은 사회주의의 보다 높은 단계에서 충족될 수 있다. 그에 따르면, 이 단계에서는 "자신의 능력에 따라 각자로부터, 자신의 필요에 따라 각자에게로"(Marx, 1994: 321)라는 상황이 이루어진다. 앞서 주장한 바와 같이 이 문구는 노동의 원칙을 가지는 생산의 영역, 그리고 필요의 원칙을 가지는 분배의 영역 양자 모두에서의 사회주의적 정의에 관한 마르크스의 개념화로서 이해될 수 있다. 이러한 해석은 다음과 같은 마르크스의 주장에 근거를 두고 있다. 즉, "여태까지 주어진 분석과는 아주 판이하게, 이른바 '분배'라는 하찮은 일로 야단법석을 떨고 이에 원칙적인 강조를 두는 것은 일반적으로 잘못이다. 어떠한 소비수단의 형태이든 모든 분배는 생산조건들 그 자체의 분배의 결과일 뿐이다. 그러나 후자의 분배는 생산양식 그 자체의 모습이다"(Marx, 1994: 322). 마르크스는 계속해서, "세속적 사회주의자들은 …… 부르주아적 경제학자들로부터 분배를 생산양식과는 무관하게 취급하고, 이에 따라 사회주의를 분배에서의 원칙적인 전환으로 제시하는 것을 전수받았다"고 비판한다. 그에게 이러한 의미로 사회주의를 제시하는 것은 사회주의 사회 및 이와 자연과의 실질적 관계를 퇴행시키는 것이다.

그러나 마르크스 자신은 인간과 자연의 관계에서 정의로운 생산이 무엇인가에 대해 이해할 수 있는 근거를 명시적으로 다루지 않았다. 따라서 한편으로 마르크스가 이러한 노선에 따라 더 나아갔을 것이라는 추정과 다른 한편으로 자본주의하에서의 사회적·환경적 부정의에 대한 변증법적 부정에 기초하여 사회주의적 사회 및 환경의 상황에 관한 상상력에 따라, 우리는 생산적 정의를 개념화할 필요가 있다. 앞에서 논의한 바와 같이 "자신의 능력에 따라 각자로부터, 자신의 필요에 따라 각자에게로"는 분배적 정의의 원칙 및 생산적 정의의 원칙 양자를 함의하는 것으로 이해될 수 있다. 마르크스가 조망한 사회주의 사회의 보다 높은 단계에서, 그가 사회주의적 사회에서 소비가능한 사회적 생산물들의 분배를 규정하는 정의의 원칙을 명시적으로 지지한 것처럼, 분배적 정의는 개인들의 상이한 필요들의 만족을 통해 충족된다고 할 수 있다. 그러나 마르크스는 생산 일반, 또는 사회주의에서의 생산을 규정하는 정의의 원리를 특정화하지 않았다. 따라서 우리는 마르크스가 사회주의 사회 및 환경에서의 생산적 정의에 관해 무엇을 생각했을까에 관하여 추정해볼 수밖에 없다.

우선, 우리는 사회주의적 정의의 달성을 위한 몇 가지 전제조건들에 관한 명시적 제안으로 마르크스(Marx, 1994: 322)가 무엇을 의미했는가를 적절하게 해석해볼 필요가 있다. 그가 제시한 전제조건들은 다음과 같다.

> 전제조건 1: 노동분업에 대한 개인의 노예적 예속 이후, 이에 의해 정신적 노동과 육체적 노동 간의 대립이 폐지된다.
>
> 전제조건 2: 노동이 생활의 수단일뿐만 아니라 생활의 우선적 욕구가 된다.
>
> 전제조건 3: 생산력이 개인의 전반적인 발전과 더불어 증가한 후, 공동 부의 모든 원천이 보다 풍부하게 흘러나오게 된다.

마르크스가 사회주의를 위해, 그 중 특히 사회주의적 정의를 위해 제시한 이 전제조건들은 매우 논란적인 이슈들을 내포하고 있다. 특히 생태적 관점에서 전제조건 3은 극히 논쟁적이며, 이에 따라 우리가 다음 소절에서 논의하는 바와 같이 매우 조심스럽게 해석되어야 할 것이다. 이러한 세가지 전제조건들은 서로 관련지어 이해되어야 하지만, 전제조건 2와 전제조건 3을 마르크스가 사회주의에서의 노동의 원칙과 필요의 원칙을 응용한 것으로 이해하고자 한다. 즉, 이러한 문장들은 "노동이 생활의 수단일 뿐만 아니라 생활의 우선적 욕구가 된다"는 노동의 원칙, 그리고 이에 따라 개인의 기본적 필요와 전반적 자기발전이 생산력의 증대와 풍부한 공동의 부로 충족되어야 하는 필요의 원칙 양자를 이해 가능한 것으로 만들고 있다. 우선 사회주의적 경제를 "노동분업에 대한 개인의 노예적 예속"을 철폐하고 이에 따라 "정신적 노동과 육체적 노동 간의 대립"을 폐지한다는 점으로 특징지은 전제조건 1을 명확히 할 필요가 있다.

전제조건 1과 관련해서 우선 지적될 수 있는 점은 앞 절(5장 3.1.절)에서 논의한 바와 같이 노동분업, 특히 도시와 농촌 간의 분리를 동반한 공업과 농업 간의 노동분업은 인간과 자연 대지 간 신진대사적 상호행위를 심각하게 교란시킨다. 따라서 노동분업의 철폐는 자연의 물질적 재순환과정을 복원하여 생태적 조건들의 작동을 원활히 할 뿐만 아니라 공동체 구성원들의 신체적 건강과 정신적 활동을 함양하게 된다. 마르크스에 의하면, 노동분업의 철폐는 이와 같이 인간과 자연 그리고 이들 간의 관계에 미치는 직접적 영향 외에도 더 많은 효과를 가져온다. 즉, 그의『독일 이데올로기』에 의하면, 공업과 농업 간뿐만 아니라 도시와 시골 간의 노동분업은 인격적 힘을 물리적 힘으로 전환시키고, 이에 따라 인격적 자유를 저하시키는 경향이 있다. 따라서 그는 다음과 같이 서술한다.

> 노동의 분업을 통한 인격적 힘들(관계들)의 물질적 힘들로의 전환은 …… 이러한 물질적 힘들을 다시 그들 자신에게로 복속시키고, 노동의

분업을 폐지하는 사람들에 의해서만 폐지될 수 있다. 이는 공동체 없이는 불가능하다 …… 단지 타자들과의 공동체에서만 각 개인들은 모든 방향으로 그의 재능을 육성시킬 수 있는 수단을 가지게 된다. 따라서 단지 공동체에서만 인격적 자유는 가능하다(Marx and Engels, 1965: 83).

이러한 문장들에서 보면, '개인의 노동분업에의 노예적 예속'에 관한 그의 주장에서, 마르크스는 일반적으로 '자아-활동으로의 노동의 전환'을 생각하는 것 처럼 보인다. 그는 같은 저작의 뒤에서 다음과 같이 진술한다. "단지 이 단계에서 자아-활동은 물질적 생활과 일치하며, 이는 완전한 개인으로의 개인의 발전 그리고 모든 자연적 한계들의 탈피와 상응한다 …… 개인들은 노동의 분업에 더 이상 종속되지 않는다"(Marx and Engels, 1964: 93). 마르크스는 여기서 이미 상호 관련된 사회주의적 공동체의 전제조건들을 서술하고 있다. 자아-활동의 실현은 개인들이 '노동의 분업에 더 이상 종속되지 않으며' 또한 어떠한 (합목적적으로 계획되지 아니하며 따라서 인간 개인들에 의해 통제되지 아니하는) '자연적 한계'의 속박에도 빠지지 않음을 의미한다. 이러한 단계는, 페퍼(Peffer, 1990: 59)가 주장한 바와 같이, 자아-활동으로서 자유의 기준에 대한 마르크스의 주장에서 확연한 것으로 이해될뿐만 아니라 사회주의적 정의를 위한 전제조건들에 관한 그의 개념화로서 이해될 수 있다.

보다 특정한 의미에서, 그가 '정신적 노동과 육체적 노동 간 대립'의 폐지를 주장할 때, 마르크스는 자본주의 사회에서 노동이 자본에 실질적으로 종속되는 상대적 잉여가치의 추출을 문제시하는 것처럼 보인다. 마르크스에 따르면,[16] '자본에 대한 노동의 실질적 포섭'은 자본가들이

16) '형식적 포섭'은 절대적 잉여가치를 위해 충분하며, 노동자들이 생존을 위하여 그들의 노동력을 판매하도록 강제되는 상황에서 발생한다. 그러나 이 상황에서 노동

상대적 잉여가치를 얻기 위하여 노동과정을 재조직하기 시작할 때 발생한다. 자본가들은 구체적 노동분업에서 발생하는 힘들을 동원하여 그 결과로 증가한 노동생산성으로부터 이윤을 얻는 반면, 노동자들은 자본가들의 '전제적' 통제에 점차 종속되게 된다. 게다가 특정한 과업에 관한 노동자들의 특화는 이들에게 단순화되고, 따라서 지식이나 기능이 거의 없는 노동자들에 의해서도 작업될 수 있도록 한다(Harvey, 1982: 107~108). 이러한 부정의한 상황은 정신적 노동을 육체적 노동으로부터 분리시키는 결과를 가져오고, 기계의 채택과 (보다 구체적인 노동분업을 가지는) 공장시스템의 등장에 의해 더욱 확대된다. 이러한 상황에서, 정신적 노동은 '노동에 대한 자본'의 힘으로 전이되는 경향이 있지만 노동자의 대다수는 단순한 탈숙련화된 육체노동으로 전락하고, 따라서 여성과 어린이들이 보다 용이하게 노동력으로 동원될 수 있다. 그러므로 정신적 노동과 육체적 노동 간의 대립은 노동력이 감가되고 절하되며 자본에 종속되는 상황(또한 이에 덧붙여 자연과의 관계가 퇴락되는 상황)이 극복되도록 하기 위하여 폐지되어야 한다.

사회주의의 형성 특히 사회주의적 정의를 위한 이러한 전제조건들에 덧붙여, 사회주의적 사회와 자연에 관한 여러 가지 성질을 밝히는 것이 유의하다. 『고타강령 비판』에서 사회주의의 초기 및 보다 높은 단계에서의 정의를 서술한 직후, 마르크스는 사회주의의 몇 가지 조건들에 관해 언급하고 있다. 이 문장들로부터 우리는 사회주의적 (특히 생산적) 정의를 위한 최소한 세 가지 조건을 이해할 수 있다. 이 조건들은 ① 생산수단의 공동소유, ② 생산물의 *교환* 폐지, 그리고 ③ 직접적 참여 또는 '전체 노동'에 개인 노동의 편입이다(Marx, 1994b: 320). 사회주의를 위한 이러

자들은 고용된 기능과 방법들에 대해 본질적인 통제를 보유하고 따라서 정신적 (기능적) 노동으로부터 육체적 (단순) 노동의 분리가 발생하지 않는다.

한 조건들은 자본주의적 부정의와 비교하거나 또는 이의 전환이라는 점에서 이해될 수 있다.

우선 마르크스의 견해에서, 자본주의는 부르주아에 의한 생산수단의 소유가 개별 노동자들의 노예화를 직접적으로 유도한다. "인간은 태어나면서부터 자연을 향해 행동하며" 또한 "모든 도구 및 노동의 대상들의 일차적 근원"은 자연이지만, 부르주아는 노동에 '초자연적인 창조적 힘'을 부여한다. 즉, "노동은 자연에 의해 결정된다는 사실에서부터, 그의 노동력 외에 다른 자산을 소유하지 않은 사람들은 사회와 문화의 모든 조건들 속에서 노동의 물질적 조건들의 소유자가 된 다른 사람들의 노예가 되어야 한다는 점이 따르게 된다"(Marx, 1994b: 316). 따라서 마르크스는 모든 생산수단이 공동으로 소유되고 이에 따라 어느 누구도 타인의 지배에 예속되지 않는, 즉, 비소유자를 착취할 수 있는 어떠한 소유자도 존재하지 않는 사회주의 사회를 전망했다.

또한 자본주의에서 대부분의 개인은 화폐로 매개되는 교환행위를 통해 생활수단을 간접적으로 얻는다. 그렇지만 마르크스의 견해에 의하면, 교환가치를 전제로 하는 자본주의 사회에서 교환은 표면적으로는 부정의하지 않은 것처럼 보이지만, 실제로는 이미 개인들에 대한 강제를 함의한다. 따라서 마르크스는 교환가치의 제거가 진정하게 자유로운 개인들의 공동체가 수립될 수 있는 사회를 위한 잠재력을 창출한다고 주장한다. "교환가치에서, 사람들의 사회적 관계는 사물들의 사회적 관계로 전환한다. 즉, 인격적 능력이 객관적 부로 전환한다. 교환의 매체가 가지는 사회적 힘이 적을수록 …… 개인들을 함께 묶어주는 공동체의 힘은 더 커질 것이다"(Marx, 1973: 157). 이 공동체에는 노동자의 노동과 필요를 충족시키기 위한 생활수단 간의 상호 교류로서 기여하는 어떠한 교환체계도 존재하지 않는다. 즉, 사람들은 자기 노동의 과실을 직접 소비함으로써 자신의 생활수단을 전유한다.

나아가 자본주의하에서 노동자들이 통제할 수 있는 유일한 존재조건은 그 자신의 노동할 수 있는 능력이다. 그러나 노동력에 대한 노동자의 통제는 자본가들이 이를 고용할 것을 선택할 때에만 실체가 되는데, 그 결과 노동력이 자본가에 의해 고용되자마자 노동자는 다시 자신의 노동력에 대한 통제를 상실하게 된다. 노동에 대한 환상적 통제와 작업에의 강제적 참여와 같은 것과는 달리, 사회주의에서 노동자는 그들의 노동력을 통제하고 자유로운 개인들 간의 결합을 통해 생산에 참여한다. 노동자들은 자신들의 노동에 참여하고 이로부터 이익을 얻는 것을 막기 위해 나타나는 아무런 장애물도 존재하지 않는 사회적 조건들을 창출한다는 점에서 자유롭다. 개인은 생산의 조직과 계획(사적소유의 제거 및 교환의 폐지와 더불어)에 균등하게 참여한다. 모든 사람이 생산에 자유롭고 균등하며 민주적으로 참여하는 것은 사람들 간에 존재하는 힘이나 지능의 자연적 불균형과 무관하게 사적 혜택을 위해 생산을 조작할 가능성을 제거한다.

이제 사회주의적 사회와 환경을 위한 마르크스적 정의 개념화가 정의될 수 있다. 사회주의적 정의는 "노동이 생활 수단일 뿐만 아니라 생활의 우선적 욕망이 된다"는 의미에서의 노동의 원칙, 그리고 개인의 기본적 필요와 전반적인 자아발전이 생산력의 증대로 충족된다는 의미에서의 필요의 원칙에 근거하여 정당화된다. 이의 보다 구체적인 내용은 노동분업의 폐지에 의해 인간 개인들이 물질적 관계와 그들의 자연과의 관계를 자신들에게 종속시키고, 또한 육체적 노동과 정신적 노동 간 대립의 폐지를 통해 노동력과 자연과의 관계를 재가치화하고 재회복해야 한다. 또한 생산수단의 공유적 소유를 통해 인간 개인들이 타자의 지배로부터 자유롭게 된다. 교환 없이 직접적 전유를 통해 개인들의 필요는 그들의 노동의 성과에 의해 직접 만족된다. 마지막으로, 생산에의 자유롭고 평등한 참여를 통해 인간 개인은 그들의 노동을 통제하고 그들 노동의 조건을 창출한다.

2) 사회주의 사회에서 인간과 자연 간의 관계

앞에서 언급한 바와 같이, 마르크스가 제시한 사회주의(또는 사회주의 하의 사회적·환경적 정의)의 전제조건들 가운데 하나는 "개인의 전반적인 발전을 증대시키는 생산력과 보다 풍요하게 흐르는 공동 부의 원천"이다. 이 문장은 두 가지 함의를 가진다. 하나는 '개인의 전반적 발전'이고, 다른 하나는 '보다 풍요하게 흐르는 공동 부의 원천'이다. 첫 번째 함의를 위해, 마르크스의 견해에 의하면, 인간 개인들이 물질적 필요를 경험하는 자연적 존재인 한 개인들은 그들의 생존수단을 생산하도록 강제된다. 그렇지만 인간은 이러한 단순한 생산을 능가할 수 있을 때만 진정하게 자유롭게 되며, 그들 자신의 전반적인 자아발전을 위한 활동에 종사할 수 있다. 즉, "필수성과 일상적 고려에 의해 결정되는 노동이 중단될 경우에만 자유의 영역이 실제 시작한다. 따라서 사물들의 속성상 이는 실제의 물질적 생산의 영역 넘어서 존재한다"(Marx, 1967, vol. 3: 820).

그리고 마르크스는 인간과 자연 간의 관계가 이러한 상황(즉, 사회주의 사회)에서 어떠할 것인가를 다음과 같이 서술한다.

> 이러한 발전과 함께 물질적 필수성의 영역은 그의 욕망의 결과로서 확대된다. 그러나 동시에 이러한 욕망을 만족시키는 생산력도 증가한다. 이 영역에서의 자유는 사회화된 사람, 결합된 생산자들에게 존재한다. 또한 그들과 자연과의 상호 교류를 합리적으로 규제하여 맹목적 힘으로서 자연에 지배되는 대신 그들의 공동통제하에 놓게 되며, 에너지의 최소 지출로서 인간 본성에 가장 유리하고 가치 있는 조건하에서 이를 달성한다(Marx, 1967, vol. 3: 820).

마르크스는 여기서 다시 두 가지 함의를 병렬하고 있다. 하나는 생산력의 증대에 관한 것이고, 다른 하나는 자연을 그들의 공동통제하에 두게 되는 사회화된 인간들의 자유에 관한 것이다. 즉, 마르크스는 여기서도 첫눈에는 서로 모순적인 것처럼 보이는 것을 병렬하더라도 모순이 없는 것처럼 두 가지 함의를 함께 서술하고 있다.

자본주의에 관한 마르크스의 분석에 따르면, 노동의 생산성을 증대시키는 가장 유력한 방법은 특화된 과업들로의 노동의 분업을 통해, 그리고 기계에 의해 노동을 대체함으로써 이루어진다. 생산성의 증대는 또한 '수직적으로 통합된' 단위들에서 생산 규모의 확대를 통해 추구된다(오늘날 포드주의에서 이해할 수 있는 것처럼). 그러나 생산성을 증대시키거나 생산력을 증대시키는 이러한 방법들은 탈숙련 생산과정을 촉진하고, 이에 따라 노동력의 가치를 저하시킬 뿐만 아니라 노동을 자본에 복속시킨다. 따라서 앞서 논의한 바와 같이, 마르크스는 노동분업에의 개인의 노예적 예속을 폐지하고 이를 통해 정신적 노동과 육체적 노동 간의 대립을 철폐할 것을 주장한다. 그러나 노동분업의 폐지가 인간 개인들로 하여금 물질적 힘과 자연과의 관계를 그들 자신에게 종속되도록 할지라도, 이는 또한 동시에 사회주의 사회에서 생산력을 저하시킬 것이다.

사회주의에 관한 마르크스의 개념화는 서로 모순적인 두 가지 경향을 가진 자본주의를 극복하고자 하는 프로젝트로 이해될 수 있다. 하나의 경향은 '인간에게 자연의 힘의 종속', 즉, 필요를 충족시키기 위한 인간의 생산력의 확대이다. 그리고 다른 한 경향은 대다수의 이해관계로 새로운 힘과 부를 통제함에서 기존 사회적 생산관계의 관성과 실패이다. 이 점은 사회주의에 관한 그의 프로젝트를 정당화시켜주는 것처럼 보이지만, 다음과 같은 질문에 답을 하지는 못한다. 즉, 한편으로는 생산력의 증가를, 다른 한편으로는 노동분업 없는 자연과의 상호교환의 공동 통제를 가지는 사회주의 프로젝트가 현실 속에 실현될 수 있는가? 사실 이 질문 때문에 마르크스 생태학의 개념화, 특히 사회주의 사회에서 생산력 증대에 관한 그의 주장과 관련된 부분은 반마르크스주의적 환경론자들에게 집중 포화의 표적이 되었다.

마르크스의 개념화에서 이 문제성을 극복할 수 있는 한 가지 가능한 방법은 사회주의하에서 기술의 역할에 초점을 두는 것이다. 기술의 발달은 우리를 생태적 대재난으로 유도하는 것처럼 보이지만, 이러한 비판을 요구하는 지배나 소외(마르크스의 의미에서)의 징후 속에서 이루어지는 것은 기술 일반이 아니라 정확히는 현대적 기술이다. 즉, 페퍼(Pepper, 1993: 121~122)가 이해하는 바와 같이, 마르크스는 "우선 자본주의에 반대되도록 전환시킴으로써 생산력을 자유롭게 하고, 다음으로 이를 자본주의가 그렇게 하지 못한 방법으로 개발할 것을 전망한다". 예로, 이는 "근대 기계가 가능하게 했던 인간들의 '실질적 결합'하의 생산"이라는 멈퍼드(Mumford, 1934: 161~162)의 사고를 포함한다. 그룬트만(Grundmann, 1991a, 1991b) 또한 이런 류의 해석을 받아들인다. 즉, 집단적 사회 통제로, 탈소외된 기술은 사람들은 기계의 부속물이 아니라 다변적 인격체가 되도록 허용한다.

그러나 멈퍼드(L. Mumford)와 그룬트만(R. Grundmann) 양자 모두 기술의 발달에 관하여 모호한 태도를 보인다. 멈퍼드는 지식이 보다 전체론적이게 됨에 따라 생산력 증가가 궁극적으로 '기계로부터의 해방'을 창출할 것이라고 예측한다. 그러나 기술의 발달은 보다 많은 지식을 의미하지 않으며, 보다 많은 지식은 기계로부터의 해방이나 자연의 보다 훌륭한 통제를 의미하지도 않는다. 사실 '도구적' 형태의 더 많은 지식은 환경적 퇴락의 원인이다. 그룬트만이 '바이올린의 지배'라는 비유로 강조하고자 한 것은 사실 이와 같은 일방적인 입장에서의 자연에 대한 도구적 통제이다. 이 점은 그룬트만이 벤튼(Benton, 1992: 68)으로부터 비판을 받는 부분이다. 즉, 벤튼(T. Benton)은 기술적 통제를 강조하는 그룬트만과는 달리, "정성적으로 새롭고, 심미적 및 정신적으로 보다 충족적인 자연과의 관계로서 사회주의 사회에 대한 마르크스의 개념화를 유지하고자"한다.

사실 기술은 사회적 산물이지만 또한 자본주의 사회에서 시장의 규정력에 반응하는 자율적 힘인 것처럼 보인다. 따라서 기술의 변화는 기술이 인식되고 발달하며 조직되는 방법에서의 변화 또는 기술이 뿌리를 내리는 사회적 질서에서의 변화와 분리될 수 없다. 이러한 의미에서, 마르크스에게 사회주의 사회에서 생산력의 증대는 단순히 양의 증대를 의미할 뿐만 아니라 이의 질적 전환을 의미한다. 사회주의 사회에서의 생산력 증대라는 마르크스의 생각을 단순히 자본주의 사회의 생산력의 지속적 팽창으로 해석하고자 하는 어떠한 시도(긍정적이든 부정적이든 간에)도 인간과 자연 간의 관계에 이러한 질적 전환을 이해하지 못할 것이다. 사실 슈미트(Schmidt, 1971: 163)와 그룬트만(Grundmann, 1991b: 113)은 이를 긍정적으로 인용했으며, 벤튼(Benton, 1992: 67)과 스미스(Smith, 1996: 49)는 이 견해에 관한 벤야민(W. Benjamin)의 진술, 즉, "기술은 자연의 지배가 아니라 자연과 인간의 관계의 지배"라는 견해를 추인한다. 바로 이러한 견해에서 윈너(Winner, 1986; Pepper, 1993: 121)는 "우리는 자유, 사회정의 그리고 다른 주요 정치적 목적과 비견될 수 있도록 기술적 레짐을 생각하고 구축할 수 있어야 한다"고 제안한다.

따라서 마르크스의 개념화에서 문제성을 극복하기 위한 또 다른 가능한 방법은, 기술 그 자체에 직접 관심을 두기보다는 기술을 응용하는 맥락과 그 목적에 더 많은 관심을 기울이는 것이다. 사회주의 사회에서 달성되어야 할 것은 자연 그 자체의 도구적 통제라기보다 자연과 인간의 '상호교환'을 통한 합목적적·규범적 통제이다. 생산력의 증대, 기술의 발달, 또는 자연의 통제 증대는 자연과의 조화를 이루는 인간 생활의 목적이 아니라 수단이다. 물론 사회주의하에서 자연과 인간 간의 관련성의 발달은 근본적인 인간의 필요를 계속 만족시키지만, 자본주의하에서와는 다른 형태를 취할 것이다. 마르크스에게 사회주의의 지침 원리는 생산에 참여하는 사람들 모두에 의한 공동적이고 합리적인 통제에 종속되는 생산 조직의 수립이다. 인간 개인들은 소외된 외적 자연이나 착취적 사회관계에 종속됨 없이, 공동 생산의 성과의 직접적 배분을 통해 인간의 필요는 충족될 수 있다. 따라서 사회주의 사회는 여전히 인간과 자연의 관계 그리고 인간 개인들 간의 관계를 통제하기 위해 생산적 정의와 분배적 정의 양자를 모두 요청한다.

또한 '자연과 인간의 상호교환의 합리적 조절'을 위한 마르크스의 주장은 이러한 상호교환이 이루어지는 구체적 근거들을 묘사한 것으로 이해될 수 있다. 즉, 그의 견해에서 자연과 인간의 상호교환의 합리적 조정은 "에너지의 최소한의 지출 그리고 인간 본성에 가장 우호적이고 가치 있는 조건들"하에서 실현될 수 있다. 그렇게 하면서 우리는 경제적 효율성의 속성과 사회주의의 사회적 및 환경적 정의의 본성을 이해할 수 있다. 마르크스는 이 문장에 그의 규범적 주장을 지원하는 구체적 본질에 관한 것을 덧붙히고자 한다. 이러한 점에서 우리는 마르크스가 제시한 "에너지의 최소 지출, 그들의 인간적 본성에 가장 우호적이고 가치 있는 조건들"이 무엇을 의미하는가를 고찰할 필요가 있다. 그럼으로써 우리는 자본주의와 비교하여 경제적 효율성의 속성과 사회주의의 사회적 및 환경적 정의를 이해할 수 있다.

첫째, 우리는 어떤 의미에서 마르크스가 '[자연적 및 인간적] 에너지의 지출'이 '최소' 수준에서 유지되는 자연과 인간의 관계를 설정할 수 있는 가능성을 이해했는가라는 질문을 제기할 수 있다. 마르크스에 의하면 자본주의하에서는, "한 국가가 발전을 위한 배경으로서 대규모 공업을 발전시킬수록, …… 모든 부의 기원적 근원 — 토양과 노동자 — 을 저해하는 …… 파괴과정이 보다 급속해진다". 또한 "노동의 생산성과 이동성의 증가는 폐기물을 배출하고 노동력 그 자체를 쇠약시키는 대가로서 이루어진다"(Marx, 1976, vol. 1: 638). 교환가치의 생산과정 또는 잉여가치의 추출과정이 대규모 공업과 더불어 노동의 생산성과 이동성의 증가를 촉진하며, 이는 노동력의 쇠약뿐만 아니라 자연의 급속한 파괴, 에너지의 대규모 지출, 그리고 보다 많은 폐기물의 배출 등을 유발한다. 따라서 마르크스에게 에너지의 최소 지출을 달성할 가능성은 개인의 노동이 인간 필요를 직접적으로 만족시키기 위한 사용가치를 구현할 때만, 즉, 공동 생산이 생산의 출발점으로서 교환가치를 제거할 때만 유의미해진다.

또 다른 질문은, 마르크스가 어떤 의미에서 '인간 본성에 가장 우호적이고 가치있는 조건하에서' 자연과 인간의 상호교환의 합리적 규제의 가능성을 이해했는가라는 의문이다. 자본가가 노동자의 노동력을 착취하고 이에 따라 잉여가치를 추출하면서 자본의 확대재생산을 유지하기 위하여, 자본주의는 자본가들이 노동자들로부터 가능한 한 많은 노동시간을 전용하도록 요구한다. 자본주의적 생산의 기초 위에서, 만약 노동자들이 그들의 자유시간을 '부불'노동을 위해 희생하지 않는 한 노동력은 자본가들에게 아무런 가치가 없다. 자본가들에게 노동력의 착취는 가능한 한 많은 노동시간의 고용과 동의적이다. 인간 노동시간의 잉여가치로의 전환 없이 자본의 축적은 계속될 수 없으며, 따라서 자본주의 사회는 그 자신을 유지할 수 없다. 따라서 자본주의하에서는 앞서 많이 논의한 바와 같이, 자본은 "노동자의 신체의 성장, 발전 및 건강 유지를 위한 시간을 빼앗고, 깨끗한 공기와 햇빛의 소비를 위해 요청되는 시간을 훔친다". 따라서 마르크스에게 자본주의 사회에서 자연과 인간의 상호교환은 인간의 본성에 가장 우호적이고 가치 있는 환경적 조건을 제공하는 것과는 아주 동떨어져 있거나 정반대라고 할 수 있다.

대조적으로, 마르크스는 사회주의하에서 노동자들이 생산에 투입하는 노동시간은 최소 수준에서 유지될 것이라고 주장한다. 노동시간의 최소 수준은 일상적 생존을 위한 물질적 필요에의 부응을 목적으로 하는 공동

생산을 통해 유지된다. 게다가 공동 생산은 일상적 생존을 위한 기본적 필요의 단순한 물질적 요청을 초월하여, 개인들에게 그들 자신과 타자 양자 모두의 자아발달을 위한 자유시간을 제공한다. 따라서 마르크스에게, "사회적 필요 노동의 최소수준으로의 일반적 감소는 자유롭게 된 시간으로 말미암은 개인들의 예술적·과학적 발전 등과 상응한다"(Marx, 1973: 706). 즉, "공동 생산의 기반 위에서 시간의 결정은 물론 근본적이다. 사회가 밀, 가축 등을 생산하기 위해 요청하는 시간이 적을수록, 이 사회는 다른 물질적 또는 정신적 생산을 위한 [시간을] 얻는다"(Marx, 1973: 172~173). 따라서 마르크스는 사회주의 사회는 기본적 필요를 만족시키기 위한 노동시간을 최소화하고 반면 그들의 자아실현을 위한 자유시간을 제공함으로써 '인간 본성에 가장 우호적이고 가치 있는 조건들'하에서 자연과 인간의 상호교환을 합리적으로 규제할 수 있는 가능성을 실현하게 될 것이라고 생각한다.

따라서 어떤 의미에서, 사회주의하에서 자연자원과 인간의 노동시간의 절약을 통해 실현되는 자연적이자 인간적인 에너지의 경제는 궁극적으로, 이 사회의 경제의 양적 감소를 전제로 인간의 기본적 필요를 충족시킬 수 있는 가능성, 그리고 인간 잠재능력을 실현시킬 수 있는 기회를 확대시킬 것이다. 즉, 사회주의하에서 생산력은 분량 면에서 감소한 것으로 나타난다. 그러나 이러한 사회주의적 경제는 자본주의 경제에서처럼 화폐나 자본축적의 형태로 측정되는 방식으로 측정되지 않는다. 대신 이 사회의 생산력은 노동에 의한 자아실현의 정도 및 필요의 충족 정도를 나타내는 단위에 의해 측정될 것이다. 물론 사회주의 사회는 그 전반적 필요들에 적절한 생산을 달성하기 위해 그 유용한 자원과 사회적 노동시간을 일정한 방법으로 배분해야 한다. 따라서 공동 생산의 기초 위에 자원 및 노동시간의 효율성은 이들의 정의롭고 형평적인 분배와 더불어 사회주의 사회의 경제적·생태적 법칙에 따르게 된다. 그러나 '에너지[그리고 자원들]의 최소 지출' 및 공해물질의 최소 배출에 도달할 수 있도록 합리적으로 규제된 자연과의 관계(또는 신진대사)는 무한한 자본축적의 메커니즘에 의해 도출될 수 없다. 이는 공동생산에의 동등한 노동 참여, 그리고 정의로운 분배를 통한 그들의 필요의 만족과 그들 능력의 자아개발에 기초하여 조직된다.

6. 결론

1980년대 초 이후 특히 미국에서 '환경정의운동'이 기존의 정치경제 및 문화 상황에 대해 광범위한 도전을 하면서, 새로운 주민(공동체)운동으로서 자리를 넓혀가고 있다. 이 운동은 지배적 환경담론에 대한 비판과 더불어 새로운 환경이론과 실천을 구축하고자 한다. 그러나 마르크스의 저작은 이러한 맥락에서 거의 고려되지 않고 있다. 물론 마르크스의 사상에서 비판적 생태학의 개념화와 환경정의에 관한 논의는 전면에 부각되지 않은 채 단지 암묵적으로 전개되었을 뿐만 아니라 그의 주장들이 환경정의에 관한 이상을 전적으로 대변한 것은 아니다. 그러나 그의 저작들에 흩어져 있는 여러 가지 개념이나 주장들로부터 새로운 비판적 생태학과 환경정의에 관한 이론체계를 구축할 수 있는 주요한 단초들을 찾아볼 수 있다.

이러한 생각에서, 이 장에서는 마르크스의 생태학과 정의에 관한 사고들을 탐구하고, 특히 마르크스가 자본주의의 사회적·환경적 부정의를 비판한 근거 그리고 그가 사회적·환경적 정의를 위한 사회주의적 프로젝트를 제공하고자 했던 근거를 밝히고자 노력했다. 이와 함께 생태학과 환경정의에 관한 마르크스주의적 개념화를 위하여, 세 가지 짝으로 이루어진 분석적·인식론적 개념들, 즉, 필요의 원칙과 노동의 원칙, 부정의의 비판과 정의의 이론화, 그리고 생산적 정의와 분배적 정의의 개념들을 도출하고 이들의 구체적 내용들을 세밀하게 분석하고자 했다.

이 세 가지 짝의 개념들은 비판적 생태학과 환경정의이론을 위한 기반을 형성하는 데 매우 중요하다. 이들은 자본주의에서 발생하는 사회적·환경적 부정의에 대한 마르크스의 비판과 사회주의에 관한 그의 이상에 관한 서술들에서 도출된 것이다. 이러한 서술들은 대체로 마르크스의 후기 저작들에서 나타나는 것들이며, 따라서 마르크스주의적 입장에서 비판적 생태학과 환경정의의 정형화를 위해 이 개념들은 그의 초기저작들에서 제시된 주요사고들, 특히 사회적·환경적 정의를 함의하는 개념들과 조응할 수 있어야 할 것이다(6장 참조).

마지막으로 중요하게 강조되어야 할 점으로 이 개념들의 실질적 내용들은 경험적으로 도출되어야 하겠지만, 이러한 경험들의 배경을 이루는 자본주의 구조에 관한 분석과도 연계되어야 한다. 예를 들어, 잉여가치 추출을 위한 자본주의적 메커니즘은 이것이 정의로운가 그렇지 않은가를 판단하기에 앞서 이미 문제성(또는 모순)을 내포한 것으로 이해되어야만 한다. 이러한 점에서, 환경정의이론을 포함하여 어떠한 도덕적 이론도 특정한 현상들이 정의로운가 그렇지 않은가가 평가되는 맥락에 관한 실질적 분석과 연계되고, 또 이에 기초해야 한다. 이 점이 바로 다음과 같은 마르크스의 주장의 함의이다. 즉, "권리[와 정의]는 사회의 경제적 구조 그리고 이것이 결정하는 문화적 발전보다도 결코 더 높지 않다"(Marx, 1994: 321).

참고문헌

서영조. 1995. 「허위의식으로서의 정의: 마르크스의 정의 비판」. ≪한국정치학회보≫, 33, pp.49~78.

설헌영. 1995. 「분배정의의 철학적 조명: 분배정의와 마르크스주의」. ≪철학≫, 4, pp.135~152.

이진우. 1990. 마르크스의 자연개념. ≪철학≫, 34, pp.247~71.

Benton, T. 1989. Marxism and natural limits. *New Left Review*. 178. pp.51~86.

______. 1992. Ecology, socialism and the mastery of nature: A reply to Reiner Grundmann. *New Left Review*. 194. pp.55~74.

Buchanan, A. E. 1979. Exploitation, alienation, and injustices. *Canadian Journal of Philosophy*. 9(1). pp.121~139.

______. 1982. *Marx and Justice: The Radical Critique of Liberalism*. Rowman and Littlefield. Totowa. N. J.

Burkett, P. 1996. Value, capital and nature: some ecological implications of Marx's critique of political ecomony. *Science and Society*. 60(3). pp.332~359.

Cohen, M., T. Nagel, and T. Scanlon(eds.). 1980. *Marx, Justice and History*. Princeton University Press. Princeton. N. J.

Commoner, B. 1992(2nd edn.). *Marking Peace with the Planet*. The New Press. New York.

Devine, J. 1993. The law of value and Marxian political ecology, in J. Vorst, R. Dobson, and R. Fletcher(eds.). *Green and Red: Evolving Ecological Socialism*(Socialsit Studies vol.9). Fernwood Publishing. Halifax. pp.133~154.

Doyal, L. and R. Harris. 1991. A *Theory of Human Needs*. Macmillan. Basingstoke.

Eckersley, R. 1992. *Environmentalism and Political Theory: Towards an Ecocentric Approach*. State University of New York Press. New York.

Elster, J. 1985. *Making Sense of Marx*. Cambridge University Press. Cambridge.

Geras, N. 1983. *Marx and Human Nature*. New Left Books. London.

______. 1985. The controversy about Marx and justice. *New Left Review* 150. pp.47~85.

______. 1992. Bring Marx to justice: an addendum and rejoinder. *New Left Review* 195. pp.37~69.

Grundmann, R. 1991a. *Marxism and Ecology*. Clarendon Press. Oxford.

_____. 1991b. The ecological challenge to Marxism. *New Left Review*. 187. pp.103~20.

Harvey, D. 1982. *The Limit to Capital*. Oxford. Blackwell.

_____. 1996. *Justice, Nature and the Geography of Difference*. Oxford: Blackwell.

Honneth, A. 1995. *The Struggle for Recognition: The Moral Grammar of Social Conflicts*. The MIT Press. Cambridge. Massachusetts.

Husami, Z. I. 1978. Marx on distributive justice. *Philosophy and Phenomenological Research*. 8(1). reprinted in M. Cohen et al.(eds.)(1980). *Marx, Justice and History*. Princeton University Press. Princeton, N. J.. pp.42~79.

Kane, J. 1995. The end of morality? Theory, practice, and the 'realistic outlook' of Karl Marx, in I. Shapiro and J. W. Decew(eds). *Theory and Practice*(Nomos 37). New York: New York Univ. Press. pp.403~439.

Lefebvre, A. 1991. *The Production of Space*. Blackwell. London.

Leff, E. 1993. Marxism and the environmental question: from the critical theory of production to an environmental rationality for sustainable development. *Capitalism, Nature, Socialism*. 4(1). pp.44~66.

_____. 1995. *Green Production: Toward an Environmental Rationality*. Guilford. New York.

Lukes, S. 1985. *Marx and Morality*. Clarendon Press. Oxford.

Marx, K. 1967. *Capital*. vol. 3. International Publishers. New York.

_____. 1976. *Capital*. vol. 1. Penguin. Harmondsworth.

_____. 1994. *Karl Marx: Selected Writings*. Hackett Publishing. Indianapolis.

_____. 1964. *The Economic and Philosophic Manuscripts of 1844*. International Publishers. New York.

_____. 1973. *Grundrisse: Foundations of the Critique of Political Economy*. Vintage. New York.

Marx, K and F. Engels. 1970. *The German Ideology*. International Publishers. New York.

Mumford, L. 1934. *Technics and Civilisation*. vol.2; *The Future of Technics and Clvilisation*. Freedom Press. London.

Ollman, B. 1976(2nd edn.). *Alienation: Marx's Conception of Man in Capitalist Society*. Cambridge University Press. Cambridge.

Parsons, H. 1977. Introduction to *Marx and Engels on Ecology*. Paragon House.

New York.

Peffer, R. G. 1990. *Marxism, Morality, and Social Justice*. Princeton Univ. Press. Princeton. N. J.

Pepper, D. 1993. *Eco-Socialism: From Deep Ecology to Social Justice*. Routledge. London.

Pruzan, E. R. 1989. *The Concept of Justice in Marx*. Peter Lang. New York.

Schmidt, A. 1971. *The Concept of Nature in Marx*. New Left Books. London.

Smith, N. 1984. *Uneven Development: Nature, Capital and the Production of Space*. Blackwell. Oxford.

______. 1996. The production of nature. In G. Robertson, M. Mash, L. Tickner, J. Bird, B. Curtis and T. Putnam(eds.). *FutureNatural: Nature, Science, Culture*. Routledge. New York, pp.35~54.

Weiss, W. 1974. *The Domination of Nature*. Magill-Queen's University Press. Montreal & Kingston.

White, S. 1996. Needs, labour and Marx's conception of justice. *Political Studies*. 44. pp.88~101.

Winner, L. 1986. *The Whale and the Reactor*. University of Chicago Press. Chicago.

Wood, A. W. 1972. The Marxian critique of justice. *Philosophy and Public Affair*. vol. 1(3). reprinted in M. Cohen et al.(eds.). 1980. *Marx, Justice and History*. Princeton University Press. Princeton. N. J.. pp.3~41.

______. 1981. *Karl Marx*. Routledge. London.

Young, G. 1981. Doing Marx justice, in K. Nielsen and S.C. Patten(eds). *Marx and Morality*. Canadian Association for Publishing Philosophy Guelph. Ontario.

6장

자연의 지배, 탈소외, 인정[1)]

> 자연은 인간의 '비유기적 몸체' ―즉, 그 자체로 인간 신체가 아닌 한에서 자연―이다. 인간은 자연에서 '살고 있다'. 이는 자연이 그의 '몸체'이며, 그가 죽지 않는 한 계속해서 상호교환 관계에 있어야 함을 의미한다. 인간의 신체적 · 영적 생활이 자연과 연결되어 있다는 점은, 인간이 자연의 일부이기 때문에 자연이 그 자신과 연결되어 있음을 순전히 의미한다.
>
> ― 마르크스(1844)

1. 서론

오늘날 환경문제가 점점 심화되고 이 문제를 다루고자 하는 시도들이 보다 중요한 의미를 가짐에 따라, 이러한 시도의 이론적 또는 방법론적 기초를 구축하기 위하여 '생태학'에 대한 관심이 커졌으며 그 범위도 확대되었다. 즉, '생태학(ecology)'은 그 단어가 만들어진 이후 최근에 이르기까지 주로 자연 구성요소들과 그들 간의 관련체계에 관한 생물학적 개념을 함의하는 것으로 인식되었지만, 오늘날에는 인간과 자연의

1) 이 글은 ≪도시연구≫, 3(1997년), 175~222쪽에 실린 글을 수정한 것이다.

관계를 포괄하는 복합적·학제적 학문분야로 이해되고 있다. 이러한 점에서, 머천트(Merchant, 1993)가 『생태학』이라는 제목으로 편집한 책에 실린 논문들에서 알 수 있는 바와 같이, 생태학은 이제 마르크스주의, 비판이론, 심층생태학, 에코페미니즘, 환경정의론, 영적 생태학, 포스트모던 생태학 등 매우 다양한 방법론이나 이론을 포함하게 되었다.

이들 가운데 특히 마르크스의 사상은 오늘날에도 인간, 자연 그리고 이들 간의 상호관계에 관한 비판적 생태학의 새로운 주요 방법론으로 부상하고 있다(이성백, 2002). 즉, 인간이 자연을 변형시키고 또한 이를 통해 자신을 변형시킨다는 마르크스의 변증법적 유물론의 정수는 전형적으로 생태학적 차원을 개념화한 것이라고 볼 수 있다.[2)] 이러한 점에서 비록 마르크스가 자연 및 인간과 사회의 변증법적 관계에 모든 관심을 집중하여 생태학에 대한 그의 사상을 체계적으로 발전시키지 않았다고 할지라도, 마르크스(와 엥겔스)는 "독일의 동물학자, 에른스트 헤켈(Ernst Haeckel)이 1869년 생태학(Oekologie)라는 용어를 조어하기 전, 그리고 현재의 '생태학적 위기' 훨씬 이전, 생태학에의 접근에 대한 이해"를 하고 있었던 학자로 간주될 수 있다(Parsons, 1977: xi). 비록 마르크스는 오늘날 우리가 봉착한 것과 같이 심각한 자원고갈과 환경공해를 목격하지 못했다고 할지라도, 인간의 생태학적 위상에 대한 그의 설명과 생태학적 문제 및 해결 방법에 관한 그의 주장들은 오늘날 현실의 생태위기를 극복하기 위한 해결방안의 모색뿐만 아니라 철학적 및 사회이론적으로 현대 생태학의 기초를 구축하는 데 깊은 통찰력을 줄 수 있다.

2) 이러한 점에서 이진경(2006: 77)은 "마르크스의 관점에 따르면 생산력이란 투입량과 산출량의 비율이 아니라 '자연과 인간 간의 관계'다. 따라서 '공산주의'는 자본주의보다 증가된 생산성을 갖는 사회가 아니라 자연과 인간의 다른 종류의 관계를 갖는 사회다. …… 요컨대 자연과 인간의 관계는 단지 생태학의 문제가 아니라 역사유물론의 중심적인 문제라고 할 수 있다"고 주장한다.

이러한 점에서 우선 우리는 인간과 자연 간의 관계에 관한 마르크스의 변증법적 생태학의 개념화를 고찰해볼 수 있다. 자연과 인간의 변증법적 관계에 관한 마르크스의 생태학적 견해는, 한편으로 자연 세계를 인간의 자의식에 대해 외적이며 따라서 이로부터 소외된 것으로 간주하는 헤겔적 관념론에 대한 반성과, 다른 한편으로 자연을 특정하게 불변적이며, 죽은 개체들로 구성된 것으로 생각하는 포이어바흐(L. A. Feuerbach)의 원자론적 유물론의 비판에 기초하여 발달했다. 그의 변증법적 생태학은 '자연의 인간화'와 '인간의 자연화'로 요약되며, 이러한 변증법적 상호과정을 가능하게 하는 매체로서 노동을 강조한다. 그러나 마르크스의 생태학은 자연에 대한 인간의 역할을 지나치게 강조했다는 점에서, 결국 인간(또는 인류)중심주의적 생태학이라고 비판되기도 한다. 따라서 마르크스주의적 생태학의 기본과제 가운데 하나는 자연과 인간의 관계를 보다 균형되게 설정하는 것이라고 할 수 있다.

물론 마르크스의 변증법적 생태학은 인간과 자연 그리고 이들의 관계에 관한 단순한 서술이 아니라, 문제 인식과 이의 해결을 위한 처방을 내포하고 있다. 그동안 인간과 자연의 관계에 관한 마르크스주의 생태학적 고찰에서 주요하게 논의되었던 논제들은 '자연의 지배(domination)', '자연으로부터의 (탈)소외(dealienation)', '자연의 인정(recognition)'[3] 등을 포함한다. 이들은 자본주의 사회에서 왜곡된 인간-자연의 관계를 극복하고 나아가 진정한 관계를 재구성하도록 하는 이론적 및 실천적 논제들이라고 할 수 있다. 이 논제들은 마르크스의 생태학적 사고에 한정된 것이 아니라 그의 사상 일반에서 핵심적 개념들이라고 할 수

---

3) 영어 recognition은 '승인' 또는 '인지'로도 번역될 수 있지만, 이 글에서 사용하고자 하는 특정한 맥락에서는 '인정'이라고 흔히 번역된다. 사실 독일어에서 '인지(Erkennen)'와 '인정(Anerkennung)'은 구분된다. 이러한 번역과 관련하여, Habermas(1971, 1974) 참조.

있으며, 따라서 이들에 관한 재고찰은 마르크스의 변증법적 생태학을 위한 기초를 형성하고, 마르크스주의적 철학 및 사회이론 일반의 발전에 기여할 수 있을 것이다.

'자연의 지배'는 마르크스주의적 생태학에서 가장 많이 논의되고 있는 논제로서, 심각한 논쟁을 불러일으키기도 했다. 이 논제는 마르크스의 사상에 한정된 것이 아니라, 자연의 도구적 지배 또는 일방적 정복을 전제로 한 근대 물질문명의 발달과정, 나아가 이 지구상의 인류의 역사에 관한 철학 및 사회이론에서 항상 논란거리였다. 그뿐만 아니라 오늘날 환경문제의 심화는 바로 이러한 '자연의 지배'의 결과라고 할 수 있다. 그러나 마르크스는 '자연의 지배'라는 논제를 옹호한 것처럼 보인다는 점에서 심각한 비판을 받고 있다. 이러한 점에서 '자연의 지배'라는 논제가 어떤 함의를 가지고 있으며, 이에 내재된 문제성을 극복하기 위하여 어떤 측면이 강조되어야 할 것인가에 대한 고찰이 요청되고 있다.

'자연으로부터의 소외'는 자본주의 사회에서 자연의 왜곡된 지배의 결과라고 할 수 있다. 이 논제 역시 마르크스주의적 생태학에서뿐만 아니라 오늘날 다른 유형의 환경론들, 예로 심층생태학 등에서도 주요하게 부각되고 있다. 마르크스는 그의 초기 저작에서부터 자본주의 사회에서의 소외된 노동을 비판했으며, 후기 저술들에서도 이러한 사고를 반영하여 상품생산경제 또는 자본축적 과정에서의 다양한 유형의 물신성을 분석하고자 했다. 또한 그는 새로운 사회를 건설하기 위하여 이러한 소외된 노동 또는 상품의 물신성을 극복할 수 있는 사적소유제 및 노동분업의 철폐 등을 제시했다(5장 참조). 그러나 마르크스는 이러한 탈소외를 위한 전제조건들을 제대로 밝히지 못한 상태에서 계급투쟁만을 모호하게 강조했다는 점에서 비판을 받고 있다. 이러한 점에서 탈소외 일반, 특히 자연으로부터의 탈소외를 위한 전제조건들에 대한 고찰이 필요하다.

'자연의 인정'은 비판적 생태학에서 거의 다루어지지 않은 논제이다.[4)]

헤겔-마르크스주의적 전통에서 '인정'의 개념은 하버마스의 초기 저작, 예로 그의 『이론과 실천』(1963)에서 상당히 주요하게 논의되었으며, 최근 그가 퇴직한 자리를 이은 호네스에 의해 매우 유의한 논제로 부각되고 있다. 특히 이 논제는 포스트모던 정의론 또는 다문화주의(multiculturalism)와 결합되면서 큰 관심을 끌고 있다.[5] 이 논제는 헤겔의 초기(예나 시대) 저작 및 그 영향하에 있던 마르크스의 초기 저술들에서 노동의 개념과 관련하여 주요하게 다루어졌지만, 자본의 분석에 초점을 둔 마르크스의 후기 저작들에서는 포기되었다. 마르크스가 포기한 이러한 노동의 개념을 부활하는 것, 즉, 상호 인정을 전제로 한 노동의 중요성을 강조하는 것은 자연의 새로운 개념화를 위한 기초가 될 뿐만 아니라 진정한 의미에서의 자연의 지배 및 자연으로부터의 탈소외를 가능하게 할 것이다.

이와 같은 문제 인식 속에서, 이 장은 우선 마르크스의 변증법적 생태학에서 개념화된 자연과 인간 본성의 관계를 살펴보고, 마르크스주의 생태학이 단순히 인류중심주의적이지 않음을 강조하겠지만 또한 동시에 인간과 자연의 관계가 매우 애매모호하게 서술되었음을 지적하고자 한다. 그 다음, 위에서 간략하게 언급한 바와 같이 인간과 자연의 관계를 개념화하는 몇 가지 주요 논제들을 보다 심도 깊게 논의하고자 한다. 이 논제들에 관한 논의는 마르크스의 저술 및 이와 관련된 여러 주장들에 내포된 문제성들을 지적하고 이들을 개념적으로 재구성하기 위한 것이다. 물론

---

4) 이에 관해 명시적으로 부각하지는 않았지만 부분적인, 그러나 중요하게 다룬 논의로서는 사로자 선다라라잔(Saroja Sundararajan, 1996)을 참조.

5) 하버마스와 호네스의 저작들은 뒤에서 인용될 것이며, '인정'을 강조하는 포스트모던 정의론의 의의와 이에 대한 비판으로 프레이저(Fraser, 1997), 특히 이 책에 재수록된 프레이저(Fraser, 1995) 참조. 그리고 인정에 입각한 다문화주의에 관한 논의로 테일러(Taylor, 1992) 참조.

이 장에서 제시될 주장들은 결코 완전한 것이 아니지만, 해당 논제에 대한 생태학자들의 관심을 고양시키는 것만으로도 의의가 있다고 하겠다. 물론 이 장의 논의들은 4장과 5장의 연장선상에서 이해해야 할 것이다.

2. 자연과 인간 본성의 변증법적 관계

1) 자연과 인간 본성의 개념

마르크스의 저작에서 생태학적 사고는 자연, 인간, 그리고 이들의 변증법적 관계에 관한 그의 개념화로부터 도출될 수 있다. 그의 초기 저술들은 분명 '인간과 자연의 통합'이라는 관점에서 인간 및 자연의 본성 그리고 이들의 관계를 논의하고 있다. 후기 저술들로 갈수록 마르크스는 인간의 역할, 즉, 그의 필요와 목적에 따라 자연을 변환시키고자 하는 능동적이고 실천적인 역할에 점점 더 많은 강조를 두고 있는 것처럼 보인다. 그러나 그는 "이들 간의 근본적 차이", 즉, "한편으로 인간과 그의 노동, 그리고 다른 한편으로 자연과 그 물질들"의 차이를 결코 잊은 적이 없었다(Marx, 1973: 85; Marx, 1976, vol. 1: 290). 특히 마르크스는 자연에 대한 인간의 변형적 노동에 앞선 자연의 존재를 부정하지 않았다. 그의 주장에 의하면 "그 자신의 바깥에 자연을 가지지 아니하는 존재는 '자연적' 존재가 아니며, 자연의 체계에서 아무런 부분도 담당할 수 없다"(Marx, 1964: 181). 즉, 인간은 자연에 내재적이며 그의 바깥에 또는 그 위에 설 수 없다. 인간은 자연과 유기적·기능적·질적 연계를 가진다는 점에서, 자연에 속해 있다.

> 자연은 인간의 '비유기적 몸체' — 즉, 그 자체로 인간 신체가 아닌

> 한에서 자연—이다. 인간은 자연에서 '살고 있다'. 이는 자연이 그의 '몸체'이며, 그가 죽지 않는 한 계속해서 상호교환 관계에 있어야 함을 의미한다. 인간의 신체적·영적 생활이 자연과 연결되어 있다는 점은, 인간이 자연의 일부이기 때문에 자연이 그 자신과 연결되어 있음을 순전히 의미한다(Marx, 1964: 112).

마르크스에게 식물, 동물, 토양, 물, 공기, 빛 등과 같은 자연의 구성요소들은 음식, 옷, 주거, 열 및 다른 필수품을 얻기 위한, 즉, 자신의 '기본적 욕구'를 만족시키기 위한 인간의 실천적 활동에서 물질, 대상 또는 그 도구들이다. 그뿐만 아니라 이것들은 인간의 '정신적' 본성의 대상, 즉, 인간이 이를 통해 그 완전한 '자아의 실현'에 다가갈 수 있는 대상들이라고 할 수 있다. 그러므로 인간 행위 이전의 자연은 인간의 근본적 필요의 만족과 더불어 신체적 및 지적 역량의 자기 개발을 위한 자연적 가치를 인간에게 '자발적으로' 제공한다.

자연에 관한 이러한 개념과 관련하여, 초기 및 후기 저술들에서 마르크스는 그의 분석이 헤겔의 관념론과 포이어바흐의 유물론의 비판적 통합에서 도출된, '실질적'이고 '살아 있는' 인간의 개념에 입각해 있음을 강조한다. 우주와 역사의 중심에 있는 인간을 자아 창조의 과정으로서 설정하는 입장을 취하는 헤겔의 관념론에 반대하여, 마르크스는 인간 의식을 독립된 변증법적 운동이라는 점에서의 역사운동과 동일시한 점을 비판한다. 마르크스에게 인간의 역사는 절대 정신의 작업이 아니라 실제적이고 감성적인 인간 존재의 활동(즉, 노동)에 의한 것이다. 또한 인간의 감성적 본질에 초점을 두고 인간을 자연세계의 일부로 인식하면서, 모든 인간적 지식의 경험적 기초를 강조한 포이어바흐의 유물론에 반대하여 마르크스는 인간과 자연에 관한 사변적·정태적 견해를 비판한다. 마르크스에게 자연과의 관계에서 인간은 단순히 수동적이고 개인적인 존재가 아니라 능동적이고 사회적인 존재이다.

헤겔의 관념론과 포이어바흐의 유물론의 비판적 통합에 기초하여 구축된 인간 본성에 관한 마르크스의 개념은 두 가지 상호 관련된 부분들, 즉, '자연적 존재'와 '사회적 존재'로 나누어질 수 있다. 마르크스의 견해에서, "인간은 …… '생활의 자연적 힘들'을 부여받은 …… 직접적인 '자연적 존재'이다. …… 인간은 '능동적인' 자연적 존재이다. 이러한 힘들은 경향과 능력으로서 — '본능'으로서 — 인간 안에 존재한다"(Marx, 1964, 181). 즉, 본성상 인간 개인은 자연적 필요를 적절하게 만족시킬 수 있는 물질들을 얻기 위하여, 보다 정확히 말해 이들을 '생산하기' 위하여 자연에 개입하는 '자연적 힘들'을 갖추고 있다. '생산적' 활동은 인간 개인의 자연적 존재에 관한 마르크스의 사고를 정의하며, 인간 존재의 본성을 구성한다. 인간 개인은 스스로 필요의 물질을 생산하지 못하면, 특정한 존재로서의 그의 생존을 영위할 수 없게 된다. 따라서 마르크스에게 인간의 역사는 그들의 자연적 역량을 행사하여 그들의 신체적·생물적 필요를 만족시키기 위하여 노력하는 인간 개인의 생산적 활동의 역사로 이해된다.

그러나 마르크스에게 인간 본성은 일단의 주어진 기본적 필요와 이를 충족시키기 위해 그 종에 공통된 역량에만 근거하는 것이 아니다. 필요의 표현과 만족, 그리고 역량의 행사는 본연적으로 사회적 현상들이다. 이들은 여러 가지 의미에서 사회적이다. 무엇보다도 인간 개인의 생산적 활동은 단순히 본능적인 것이 아니라 계획된 활동이며, 이는 인간의 합목적성의 일반적 표현이라고 할 수 있다. 합목적성은 인간 본성을 다른 종들과 구분 짓는 특정한 인간적 역량이다.[6] 게다가 이러한 활동은 개인들의

6) 마르크스의 견해에서, "최악의 건축가를 최고의 벌들과 구분 짓는 것은, 건축가는 그가 밀납에 구멍들을 구축하기 전에 그의 마음속에 이를 건축해본다는 점이다. …… 인간은 자연의 물질들에 형태의 변화를 야기할 뿐만 아니라, 그 물질들에 자신의 목적을 실현한다"(Marx, 1976: 284).

협력 없이는 실천적으로 불가능하다. 협력을 통해 생산된 대상들은 '자연적으로' 주어진 대상이 아니라 '사회적으로' 생산된 대상이다. 따라서 마르크스에게 "인간은, 그 대상이 그를 위해 '인간적' 대상 또는 대상적 인간이 될 때만이 그의 대상 속에서 소멸되지 않는다. 이는 사회가 그를 위해 이 대상 안에 존재하게 되는 것처럼, 대상이 그를 위해 '사회적' 대상이 되고, 또한 그 자신이 자신을 위해 사회적 존재가 될 때만 가능하다"(Marx, 1964: 140).

자연과 인간 본성의 이와 같은 개념들에서 보면, '자연적 존재'로서 인간이 물질적 과정의 생산물인 것과 같이, '사회적 존재'로서 인간은 그들의 목적에 따라 자연을 변형시키기 위하여, 즉, 사회적으로 자연을 생산하기 위하여 이에 개입한다. 자연을 생산하는 것은 인간이 변증법적으로 자연을 다룸에서 이를 인간화하는 것이다. 마찬가지로 인간의 필요를 만족시키는 것은 자연이 인간과 가지는 상호관계에서 인간을 자연화시키는 것이라고 할 수 있다. 이러한 점에서, 자연은 인간 필요를 만족시키기 위한 대상을 제공하면서 인간 개인들에 외적으로 존재하는 '자연적' 세계로서 인식될 뿐만 아니라, 또한 동시에 협력하는 인간들에 의해 생산된 '인간적' 세계로 인식되어야 한다. 즉, 인간이 '자연적' 존재이며 또한 '사회적' 존재로서 인식되는 것처럼, 자연 역시 '자연적'일 뿐만 아니라 또한 '인간적' 세계로 인식되어야 한다.

> 자연의 '인간적' 정수는 우선 '사회적' 인간을 위해서만 존재한다. 왜냐하면 단지 여기서만 자연은 '인간'과의 '접합'으로서, 즉, 인간 실체의 생활 요체로서 인간을 위해 존재 — 자연을 위한 인간의 존재와 인간을 위한 자연의 존재로서 — 하기 때문이다. 또한 단지 여기서만 자연은 그 자신의 '인간적' 존재의 '근본'으로서 존재한다. 단지 여기서만 인간에게 자연적 존재가 되는 것은 그의 '인간적' 존재가 되며, 자연은 인간을

위하여 인간이 된다. 따라서 '사회'는 인간 존재와 자연의 통일체 — 진정한 자연의 부활 — 이다. 그럼으로써 인간의 자연화, 그리고 자연의 인간화 양자가 모두 완수되게 된다"(Marx, 1964: 137).

바로 이 인용문에서, 우리는 '인간의 자연화와 자연의 인간화'라는 유명한 명제를 마르크스주의적 생태학의 핵심으로 부각시킬 수 있다. 특히 이 문장은 마르크스주의적 생태학을 인류중심주의라는 비판으로부터 구원할 수 있는 증거로 제시될 수 있다. 그뿐만 아니라 이는 다음에서 논의할 '자연의 지배', '자연으로부터의 (탈)소외', '자연의 인정'이라는 사고들이 마르크스의 저작들로부터 어떻게 도출되어 논의되었는가를 추적해볼 수 있도록 하는 준거가 된다. 그러나 여기서 우리는 자연, 인간 본성 그리고 이들의 변증법적 관계에 대한 마르크스의 개념화에 관련된 몇 가지 오해들을 피하기 위하여 그의 저술들을 좀 더 살펴볼 필요가 있다.

2) 자연과 인간 본성 간의 관계

자연 세계와 인간 본성에 관한 마르크스의 개념화를 해석할 때, 이들을 매개하는 개념, 즉, '노동'이 빠진다면 이는 완전한 해석이라고 할 수 없다. 마르크스에게 자연과 인간의 상호관계는 태양과 식물의 관계에 대한 비유를 통해 일반화될 수 있다. 즉, 태양은 식물의 생명을 보장하는 반면, 식물은 태양력을 체현하여 이를 '표현'한다(Marx, 1964: 181). 『요강』과 『자본론』과 같은 후기 저작들에서, 마르크스는 이러한 관계를 지칭하기 위하여 '신진대사(Stoffwechsel 또는 영어로 metabolism)'라는 용어를 사용했다.

노동은 무엇보다도 인간과 자연 간의 과정, 즉, 인간이 그 자신의 행위들을 통해 그 자신과 자연의 신진대사를 매개하고, 조절하고, 통제하는 과정이다. 인간은 자연의 힘으로써 자연의 물질들과 마주친다. 인간은 그 자신의 필요에 적합한 형태로 자연의 물질들을 전용하기 위하여, 그 자신의 신체에 속하는 자연력들, 그의 팔, 다리, 머리, 손 등을 작동한다. 이 운동을 통해 그는 외적 자연에 행동을 가하고 이를 변화시키며, 이러한 방법에서 그는 동시에 그 자신의 본성을 변화시킨다. 인간은 자연 내에서 휴면하고 있는 잠재력을 개발하고 그 힘들의 작동을 자신의 숭고한 힘에 종속되도록 한다"(Marx, 1976: 283).

노동이 자연과 인간의 관계를 매개하고 조절하고 통제하는 역할을 담당한다는 마르크스의 설명은, 인간이 외적 자연에 행동을 가하고 이를 변형시키는 동시에 자신의 본성을 변화시킨다는 그의 변증법적 유물론에 직접적으로 기초한다. 마르크스의 변증법적 유물론이 마르크스주의적 생태학을 위하여 가지는 함의는 아주 많을 것이다. 그 가운데 하나, 특히 환경정의론을 위한 함의는 '필요'와 '노동' 양자가 모두 자연과 인간의 관계에 드러내는 상황이나 현상들이 정의롭거나 또는 그렇지 못하다는 것을 평가할 수 있는 원칙들로서 이해되어야 한다는 점이다. 여기서는 더 이상 이러한 정의의 원칙들에 관해 논의하지 않겠지만(4장 참조), 노동이 환경정의의 원칙에서 핵심적 요소가 된다는 점은 바로 이러한 매개적 역할을 담당하기 때문이라고 할 수 있다. 즉, 정의로운 노동(예, 공동적 노동)은 단순히 자연세계의 물질을 자원화하여 인간의 필요를 충족시킨다는 점에서 나아가, 자연적 인간에 내재되어 있는 역량을 실현시킴으로써 자아발전을 가능하게 한다는 점에서, 자연과 인간 본성을 가장 잘 매개할 것이라고 주장된다.

자연과 인간의 변증법적 관계에 관한 마르크스의 설명은 그의 생태학적 견해에서뿐만 아니라 그의 변증법적 유물론 일반에서도 핵심적이다.

앞의 논의에 함의된 바와 같이, 마르크스는 자연과 인간의 상호·변증법적 관계를 유지하고자 노력했다. 그러나 이 점은 양자가 그들의 관계에서 동일한 기능을 가진다고 주장하는 것은 아니다. 한편으로 마르크스는 인간을 선천적으로 조건 짓는 대상적 힘으로서의 자연의 의미, 즉, 자연에 반대됨에도 불구하고 인간은 항상 자연과 더불어 존재한다는 사실을 부정하지 않는다. 다른 한편으로 그는 자연 세계에 개입하고 전환시키는 인간 개인들의 목적성과 능동적 역할을 점차 강조한다. 그러나 마르크스의 견해를 전체적으로 보면, 자연과 인간의 관계는 '차이를 가지는 통일체(unity in difference)'로 이해될 수 있다. 이 점은 그가 인간 본성, 자연 세계, 인간 사회를 상호 관련된 전체의 부분들로 파악하고, 이러한 부분들 가운데 어떤 하나도 다른 것들에 대한 고려 없이 이해될 수 없다는 주장에서 잘 알 수 있다.[7)]

> 자연에 대한 인간의 특정한 관계는 사회의 형태에 의해 결정되며, 그 역도 성립한다. 여기서나 또 다른 곳에서도, 자연과 인간의 동일성은 자연에 대한 인간의 제한된 관계가 서로의 제한된 관계를 결정하며, 서로의 제한된 관계는 자연에 대한 인간의 제한된 관계를 결정한다(Marx and Engels, 1970: 51).

이러한 주장에서 보면, 마르크스가 자연에 대하여 인간의 능동적 역할을 일방적으로 강조한 단순한 인류중심주의자로 비난될 수 없다는 점이 분명해진다.

---

7) 이 점과 관련하여 슈미트는 '사회에 의한 자연의 매개' 및 '자연에 의한 사회의 매개'를 강조한다. 즉 그에 의하면 "모든 사회적 관계는 자연적 사물들에 의해 매개되며 그 역도 성립한다. 이들은 항상 '서로에 대한 그리고 자연에 대한' 인간의 관계들이다"(Schmidt, 1971: 69).

그러나 (마르크스주의자이든 비마르크스주의자이든지 간에) 많은 논평가는 마르크스가 자연의 변증법적 개념을 정형화함에서 인류중심주의적 자연 개념을 개발한 것으로 생각한다. 왜냐하면 그는 자연을 생산하고 역사를 창출함에서 인간의 창조적 역할을 일방적으로 강조하는 것처럼 보였기 때문이다. 예를 들어, 에커슬리(Eckersley, 1992)는 모든 유형의 마르크스주의와 생태사회주의 그리고 심지어 프랑크푸르트학파의 비판이론에 이르기까지 이들이 궁극적으로 자연의 본연적 가치보다는 그 도구적 가치에 초점을 두고 있기 때문에 인류중심주의라고 치부했다. 그녀가 지적하고자 한 마르크스의 문제성은 이러한 이론들의 도덕적 준거들이 인간이며 자연이 아니라는 점이다. 유사한 맥락에서 고트리브(R. S. Gottlieb)는 자연이 가치를 가진다는 사실을 마르크스는 이해할 수 없다고 주장한다. 그에 의하면, "인간 존재의 양식과 비인간과의 상호작용 양식 양자 모두에서 인지, 의사소통, '그렇게 둠(letting be)'은 마르크스의 창조적·충동적·성취지향적 정신과는 낯설다. 마찬가지로, 자연 — 인간성이 자유를 가지는 것과 같은 방법으로 자유를 갖지는 못하는 자연 — 이 그 자신의 가치를 가질 것이라는 사고는 마르크스가 파악할 수 있는 어떤 것이 아니다"(Gottlieb, 1997: xiv.).

이러한 반대들은 여러 가지 유형의 의문을 유발한다. 예로, 마르크스가 인간의 능동적·창조적 역할을 강조하면서 인간에 의한 자연의 '지배' 또는 '통제'에 관해 논했을 때 그는 실제로 무엇을 의미했는가? 만약 마르크스가 궁극적으로 도덕적 가치가 비인간 자연에 내재되어 있다는 점을 이해할 수 없었다면, 이와 관련된 문제는 어떻게 마르크스주의적 생태학 내에서 이해될 수 있는가? 또는 마르크스는 상호 인정 또는 의사소통 등에 대해 많은 관심을 두지 않았지만, 이와 관련하여 또는 이와는 별도로 마르크스의 사상에서 인간과 자연을 매개할 뿐만 아니라 인간 주체를 매개하는 것들은 무엇인가? 이러한 의문이 발생하는 원인은, 부분적으로는 논평가들이 마르크스의 사고들에 대한 세심한 고찰을 하지 않았기 때문이라고 할 수 있지만, 또한 부분적으로는 마르크스 자신이 그의 저술들에서 이러한 문제들을 매우 모호하게 서술하거나 또는 문제성을 남겨두고 있기 때문이다. 사실 앞의 두 의문, 즉, '자연의 지배' 그리고 '자연을 가치화하기'에 관한 의문들은 하비(Harvey, 1996. 특히 6장 및 7장 참조)에 의해 상세하고 심도 깊게 논의되고 있으며, 또한 아래에서 논의하고 있는 주요 주제들이기도 하다. 이러한 주제들을 논의하기 전에, 우선 여기서는 이러한 의문들로 인해 마르크스의 변증법적 생태학이 인류중심주의라고 비판될 수 있는가에 대해 고찰하고자 한다.

이러한 의문들을 제기하는 사람들의 관점에 의하면, 마르크스는 인간의 노동을 강조한다는 점이 부각된다. 그리고 마르크스가 그렇게 한 이유는, 그가 인간 개인들이 그들의 필요에 보다 적합한 형태로 자연 세계를 변경하고 변형시키기 위해 도구적 수단으로서 합목적적 활동을 하는 것으로 이해했기 때문이다. 그러나 여기서 인간의 목적은 좁게 그리고 경제주의적으로 이해되어서는 안 될 것이다. 마르크스가 인간과 자연 간의 노동과정에서 인간 자신의 상상, 목적, 의지 등의 역할, 그리고 가치 창출적 노동에 의해 자연에 영향을 미치는 인간의 (기술적) 힘을 강조했음은 부분적으로 사실이라고 할지라도, 자연이 그 자체로서 가치를 내재하고 있다고 주장하는 생태중심주의적 사고로 전환되어야 함을 의미하는 것은 아니다.[8] 즉, 페퍼(Pepper, 1993: 246)가 결론적으로 서술하는 바와

8) 사실, 마르크스주의적 생태학을 인류중심주의라고 반대하는 학자들의 대부분은 이와 대조되는 생태중심주의적 환경론을 대안으로 제시한다. 그러나 생태중심적 관심들이 위에서 제기된 것과 같은 의문들을 해결했다고 할 수 없으며, 또한 의문들을 해결한 것처럼 가장해서도 안 될 것이다. 하비의 연구에 따르면, "환경적 담론들과 사회정의의 원칙들의 비교는 조야하지만 일단의 짝을 이룬다". 게다가 "이와 같이 광의적인 인류중심적 이론의 입장들은 그 생태중심적 유추를 가진다"(Harvey, 1996: 397). 따라서

같이 "인류중심적이지 아니하고 '다른' 어떤 것이 되는 것은 우리들에게 불가능하다. …… 비인간 자연과 인간 본성에 같은 도덕적 가치를 부여하기를 선호하는 것은 여전히 '인간적' 선호이다".[9] 이러한 점에서 마르크스주의적 생태학 내에서 인간과 자연의 관계, 그리고 이를 매개하는 과정(특히 노동의 의미)에 대해 재고찰할 필요가 있다.

3. 자연의 지배

1) 자연의 지배의 의미와 이를 둘러싼 논쟁

어떤 유형의 생태학 또는 환경론을 인류중심주의라고 비판하는 이유들 가운데 하나는 그 속에 자연에 대한 인간의 우월성, 자연에 대한 인간의 도구적 역할의 강조, 또는 인간의 목적에 따른 자연의 통제 등과 같이 '인간에 의한 자연의 지배'를 문제시하기 때문이다. 마르크스에게 있어 자연은 인간 개인들의 기본적 필요의 충족과 창조적 자아발전을 위한 한 (또는 유일한) 근원이라는 점에서 궁극적 가치를 가진다. 자연 세계는 인간 개인이 이를 완전히 인간화시킬 때에야 비로소 이러한 가치를 진정하게 충족시킬 수 있게 된다. 즉, 이러한 충족은 자연을 지배하거나 또는

도덕적 가치들을 함의하는 환경정의이론과 같은 도덕적 이론이나 개념들을 구축하고자 하는 어떠한 시도도 인간 또는 자연과 인간의 관계에 관한 것이며, 자연 세계 그 자체에 관한 것이 아니고 또한 그렇게 될 수도 없다는 점이 주장될 수 있다.

9) 비슷한 입장에서, 하비는 이와 관련된 세가지 유형의 비유 사례들을 고찰하고, 보다 확신 있게 "만약 가치들이 자연에 내재한다면, 우리는 [인간이 부여하는] 가치들과 무관하게 이들이 무엇인가를 알 수 있는 과학적 방법이 없다. …… 가치들의 선택은 우리들의 내부에 놓여 있지, 자연에 있는 것은 아니다"(Harvey, 1996: 162~163).

그 자신을 그 속에 실현시키기 위해 자연적 물질들을 인간 의지의 기관 내로 완전히 전환시킴으로써만 이루어진다. 따라서 마르크스는 "부(富)란 무엇인가 …… ? 자연의 힘들, 인간 그 자신의 본성뿐만 아니라 이른바 자연의 힘들에 대한 인간 지배의 완전한 발전, 앞선 역사적 발전 외에는 전혀 다른 전제나 가정들 없이 그 창조적 잠재력들의 절대적 가동"이라고 주장한다(Marx, 1973: 488). 마르크스는 여기서 그리고 다른 여러 곳에서 '자연력에 대한 인간 지배의 완전한 발전' 또는 짧게 말해 '자연의 지배'를 인간의 창조적 잠재력의 실현을 위한 절대적 조건이며, 또한 인간 역사의 마지막 단계 또는 자본주의의 전환 이후 새로운 사회의 '조건'으로 이해한 것처럼 보인다.

'자연의 지배'라는 논제를 위한 또는 이에 반대하는 주장들은 마르크스의 저작에서뿐만 아니라 근대 철학의 시작 이후 데카르트, 베이컨, 스피노자, 니체 그 외 수많은 계몽사상들에서도 심도 깊게 논의되고 있다(Leiss, 1994; Merchant, 1989 등 참조). 게다가 아도르노와 호르크하이머(Adorno and Horkheimer, 1978)가 이해한 바와 같이, '자연의 지배'에 관한 개념은 인류 역사의 초창기, 고대 그리스 시대 호메로스의 「오디세이」에까지 소급된다. 게다가 자연의 지배는 프랑크푸르트학파의 비판이론에서 지속적으로 논의되었던 주제였으며, 대표적으로 루카치(G. Lukács), 호르크하이머(M. Horkheimer), 아도르노(T. Adorno) 등의 저술에서 찾아볼 수 있다(Eckersley, 1992; Vogel, 1996 등 참조). 그러나 이들의 논의는 자연에 대한 인간의 도구적 지배와 이에 의한 인간 자신의 탈자연화라는 '부정적 변증법'에 기초함으로써, 인류의 역사를 막다른 골목으로 몰고 가는 경향이 있었다(Harvey, 1996: 133~139). 생태학적 주제에 대한 비판이론적 논의는 히로시마 원폭투하 이후 마르쿠제(H. Marcuse)의 연구에서 보다 활발해졌으며, 하버마스의 저술들에도 암묵적으로 반영되어 있다(Alford, 1985). 슈미트(Schmidt, 1971)의 저작은 프랑크푸르트학파의 이론에 기초하여, 특히 자연의 지배라는 논제에 초점을 두고 자연에 관한 마르크스의 개념을 명시적으로 다루고 있다.[10] 그러나 이 논제를 고찰하고 규명하고자 하는 많은 노력들에도 불구하고, 이 논제는 마르크스주의적 생태학에서 여전히 해결되지 아니한 채 남아 있다고 할 수 있다. 그뿐만 아니라 최근에도 마르크스의 생태학, 특히 그의 저작에서 '자연의 지배'란 무엇을 의미하는가에 대한 해석을 둘러싸고 여러 차례 논쟁들이 전개됨에 따라, 자연 또는 환경을 다루는 철학 및 사회과학 관련 분야에서 이 논제는 새로운 관심을 끌게 되었다.

마르크스의 생태학 특히 '자연의 지배' 논제를 둘러싼 최근의 주요 논쟁들 가운데 하나는 ≪환경윤리(Environmental Ethics)≫라는 잡지에 발표된 일련의 논문들을 통해 이루어진 것이다. 이 논쟁은 마르크스의 생태학 일반에서 인간과 자연의 통합에 관한 상반된 해석과 더불어 특히 자연의 지배라는 논제에 초점을 둔 것으로, 리(D. C. Lee)에 의해 시발되었으며 그 이후 많은 사람들이 이에 대하여 논평하면서 확대되었다. 이 논쟁에서 리는 마르크스의 초기 저작에서 찾아볼 수 있는 인간주의, 특히 '자연으로부터의 소외'라는 개념을 강조하면서, "우리의 '몸체'로서 자연의 인식은 주체-객체 이원론에서 드러나는 자연으로부터 우리 자신의 소외를 극복할 수 있도록 할 것이다"라고 제안했다(Lee, 1980: 8. 또한 Lee, 1982 참조). 그러나 톨먼(Tolman, 1981: 72~73)의 견해에 의하면, '자연과의 조화를 다시 이룩해야 할 필요'에 관한 리의 제안은 "어떠한 장점을 가진다고 할지라도 분명 마르크스주의적이지 않다"고 지적하고, 대신 그는 "기술의 더 큰 발전, …… 자연, 생산, 사회에 관해 보다 나은 이론적 이해, 그리고 이에 따른 자연의 실질적 지배가 달성될 수 있어야 함"을 주장했다. 마르크스주의의 범위 내에서 그의 견해를 피력한 톨먼과

10) 이에 대한 부분적 비판으로 Leff(1995) 1장 참조.

는 달리, 로트리(Routley, 1981: 237)는 리의 논문에 제시된 논제들, 즉, 자연과 인간 간의 통일성, 자연의 지배 등의 논제들을 포함한 모든 마르크스적 개념화에 대하여 의문을 제기하면서, 리의 논문은 "자연의 '대상화'를 계속 외치고 있으며, 자연에 대한 인간의 관계에 대한 극히 인간중심적 견해를 함축하면서 인간의 '탐욕스러움'을 고취시킨다"고 비난했다.

수년 후 클라크(Clark, 1989: 243)는 이 논쟁에 관해 재론하면서, 리의 견해를 '비생태적 인간주의', 톨먼의 시도를 '마르크스를 탈생태화하기'라고 묘사하면서 "비록 마르크스가 진정하게 생태학적 변증법으로 향하는 방법을 여러 번 제시했지만, 그 스스로는 이 방법을 따라가지 않고 대신 기술적 해방과 자연의 정복이라는 문제성을 제시했다"고 주장한다. 이런 종류의 불만은 맥로린(A. McLaughlin)에도 반영되고 있다. 후자의 글은 ≪환경윤리≫가 아닌 다른 지면을 통해 발표되었지만, 이 글은 상호지지와 전환의 변증법적 과정에서 인간성과 자연의 관계를 이해하고자 하는 어떠한 적합한 시도도 동시에 "자연으로부터 인간성의 분리를 가정"할 수 없으며, "이 점[그렇게 하는 것]은 자연의 통제, 정복, 지배의 목적이 궁극적으로 부합하지 않음을 의미한다"고 주장한다. 맥로린의 대안적 견해는 "자연을 상호연계된 네트워크(자연의 망)로 상정하고 인간성은 단지 그 망의 한 부분"으로 간주하는 생태중심주의에 기초해 있다(McLaughlin, 1993: 177~179).

'자연의 지배' 논제에 관한 또 다른 논쟁은 ≪뉴레프트 리뷰(New Left Review)≫지에 게재된 일련의 논문들을 통해 벤튼과 그룬트만 간에 이루어진 것이다. 우선 벤튼은 우리 지구의 '생명-지지 체계'는 그 적응력에서 한정되어 있다는 '자연적 한계'를 지적하고, 유기체적 전환이 발생하는 조건들의 최적화와 유지에 우선적으로 기여하는 실천, 즉, 그가 '생태조절적' 실천이라고 명명한 것을 제안한다(Benton, 1989). 그러나 그룬트만은 벤튼이 마르크스를 "19세기 자본주의의 자발적 이데올로기의 '희생'"이라고 진단한 것과 정확히 같은 의미에서, 벤튼 유의 견해를 "20세기의 자발적 이데올로기 — 즉, 생태적 낭만주의 — 의 희생"이라고 비판했다(Grundmann, 1991a). 그룬트만은 이와 대조되는 견해로, 노동과정과 기술혁신의 중요성을 적절히 이해해야 한다고 주장한다. 그는 '생산'에 관한 심미적 개념화로서 이해될 수 있는 비유들, 예로 완전히 능수능란한 연주자에 의한 바이올린의 정복과 같은 비유를 제시하면서, 자연에 대한 '지배' 또는 '정복'이라는 논제를 생태학적으로 지혜로운 사회주의에서 긍정적으로 유지되어야 할 양상으로 옹호한다.

그룬트만에 대한 대답에서, 벤튼은 '생태중심적' 접근의 주창들 가운데 매우 공통적으로 함의된 자연에 관한 범신론적 견해에 대한 그룬트만의 거부에는 동의하지만, 그룬트만이 한편으로 인간과 자연을 구분하고 자연을 지배 또는 정복(도구적이든 심미적이든지 간에)의 외적 대상으로 인식하는 "프로메테우스적인 프로젝트와 다른 한편으로 자연에 대한 인간의 정복 또는 통제, 즉, 자연과의 상호 교환에 관하여 보다 쉽게 옹호할 수 있는 사고 간"에 혼돈을 하고 있다고 비판한다(Benton, 1992: 67). 스미스(N. Smith, 1996)가 지적한 바와 같이, 이들 간의 입장 차이에도 불구하고 기본적으로 상호 공감하고 있는 점은, 마르크스주의적 생태학에서 초점은 상호 분리된 인간이나 자연이 아니라 이들의 관계라는 점이다. 사실 이 점은 내적 자연 및 외적 자연의 미묘한 상호 작용에 대한 우리의 태도를 정당화하기 위한 벤야민(Benjamin, 1955)의 서술에 이미 반영되어 있었으며, 이를 인용하여 레이스(Leiss, 1974: 198)는 "우리는 인간 기술의 전수를 자연을 지배하기 위한 능력으로 간주해서는 안 된다. 오히려 우리는 이를 자연과 인간성 간의 관계에 대한 정복으로 이해해야 한다"고 주장한다. 많은 논평가는 서로 다른 입장이나 견해를 가진다고 할지라도, 이 점에 대해서는 대부분 동의하고 이 문장을 인용하고 있다(Grundmann, 1991a: 113; Benton, 1992: 67; Smith, 1996: 49).

2) 자연의 지배의 재해석

'자연의 지배'에 관한 이와 같은 논쟁들은 해당 논제와 관련된 문제들을 해결하기보다는 오히려 혼란스럽고 복잡하게 만든 것처럼 보이기도 한다. 예로 이러한 논쟁에서 인간과 자연 간의 조화를 위한 낭만주의적 견해의 재론은 적절하지 못하지만, 또한 마찬가지로 인간과 자연의 관계에 대한 보다 '과학적인' 이해와 기술적으로 더 큰 발전이 문제를 해결해 줄 것이라고 기대할 수도 없다. 또한 주체-객체 간의 이원론으로부터 벗어나는 것은 자연으로부터의 소외를 극복하는 것이며, 인간이 자연을 도구적으로 지배하는 것을 중단함으로써만이 오늘날 직면한 환경위기를 극복할 수 있다고 하겠지만, 이러한 점이 생태중심주의로 나아가는 것은 아닐 것이다. 이와 같은 혼란이 초래되는 것은 부분적으로 '자연의 지배'라는 용어 자체에 함의된 문제성에 기인하겠지만, 아직 인간과 자연의 관계가 어떻게 설정되어야만 하는가에 대한 진정한 합의가 없음을 반영하기도 한다. 이와 같은 점에서, '자연의 지배'에 관한 논쟁들에 대한 재고찰은 누구의 입장을 옹호하고 다른 입장들에 대해 반대하는 것이 아니라, 이러한 논쟁들을 혼란스럽게 만드는 몇 가지 주요한 이슈들을 명확히 하는 것이 일단 유의하다고 하겠다.

첫째, 인간과 자연의 상호 관계를 개념화하고자 할 때 우선 우리가 초점을 두어야 할 것은 분리된 자연이나 인간이 아니라, 이들의 관계 또는 이에 내재된 '과정(process)'이다. 특히 여기서 강조될 점은, 인간과 자연을 구성하는 관계는 변증법의 기초 위에서 이해되어야 하며, 여기서 변증법이란 무엇보다도 '사물'들을 그 자체로서가 아니라 그들의 내적 관계에서 이루어지는 '과정'으로 이해하는 것이다(Harvey, 1996, 4장 참조). 물론 내적 관계들의 힘을 탐구하는 변증법적 주장들은 아도르노와 호르크하이머의 '부정적 변증법'에서 예시된 것과 같이 막다른 골목으로 나아가서는 안 될 것이다. 하비는 내적 관계들의 변증법을 강하게 옹호하지만, "내적 관계들의 변증법의 응용에 항상 내재되어 있는 위험은, 모든 것이 다른 모든 것을 반영할 경우 급진적 변화의 여지, 즉, 지배의 과정들로부터 출구를 만들도록 하는 지렛대의 힘이 존재할 수 없게 된다"는 점을 지적한다(Harvey, 1996: 138). 따라서 인간과 자연의 상호 교환의 지배에 관해 옹호가능한 사고를 이해할 수 있는 방법을 찾아내는 것이 중요하다. 벤튼이 그룬트만에 반대하여 주장한 바와 같이 (벤튼 자신의 주장이 이러한 혼돈을 피했는지의 여부는 여전히 의문스럽지만), 이러한 사고는 물론 프로메테우스적 프로젝트와는 혼돈되어서는 안 될 것이다. 즉, 자연의 지배는 자연을 분리된 객체로 인식하고 이로부터 독립된 인간성에 의해 이루어지는 것이 아니며, 자연과 인간의 내적 관계 속에 내재된 문제성의 극복으로 이해되어야 할 것이다.

둘째, 비록 부정의 변증법이 생태적 위기를 드러내고 있는 현실 역사를 적실하게 설명한다고 할지라도, 인류의 미래를 위해서도 자연의 지배 또는 보다 포괄적으로 인간과 자연의 관계에 대한 '긍정적' 변증법이 요청된다. 사실 이러한 '긍정적' 변증법은 이미 마르크스의 저작에서 개념화된 것으로, '인간의 자연화'와 '자연의 인간화'로 대변된다. 또한 이러한 개념화에서 인간과 자연의 관계를 매개하고 조절하며 통제하는, 즉, '생산하는' 과정으로서 노동과정이 강조된다. 즉, '신진대사'라는 마르크스의 개념은 자연이 사회를 통해 매개되며 또한 사회는 자연을 통해 매개됨으로써, 자연이 인간화되고 인간은 자연화되는 과정을 의미한다. 슈미트 및 다른 학자들(예로, 그룬트만)이 해석하는 바와 같이, 노동에 관한 마르크스의 강조는 자연 그 자체에 대해서가 아니라 사회를 이해하기 위한 중심적 단서로서 인간에 의한 자연의 변형에 우리의 관심을 요청한 것이다. 인간이 노동을 통해 하는 것은 외적 자연을 변형시킴으로써 또한 동시에 그 자신의 본성을 변형시킨다는 점, 따라서 외적 자연의 새로운 변형은 인간의 내적 본성의 변형과 동시에 이루어져야 한다는 점이 강조될 수 있다. 자연의 지배에 관한 마르크스의 개념은, 인간은 그들 자신을 조절하고 통제하기 위하여 그들과 자연의 관계를 조절하고 통제할 필요가 있으며 또한 그 역도 성립한다는 점을 함의하며, 이에 의해서 인류의 역사는 부정적 변증법이 아니라 긍정적 변증법으로 발전해갈 것이다.

셋째, '자연의 지배' 논제는 '지배'라는 용어 자체에 내재된 문제성의 해소를 위해 '자연의 생산'이라는 용어로 대체될 수 있을 것이다. 앞에서 논의한 바와 같이 노동 개념의 절대적 중요성에도 불구하고, 노동과정은 흔히 경제적 과정 특히 인간의 필요를 충족시키기 위한 물질생산과정으로 좁게 이해되는 경향이 있다. 특히 이와 관련하여 '자연의 지배'에 관한 마르크스의 개념이 자연에 대한 일방적 관계 또는 기술적·도구적 용어들로 해석되는 경향이 있다(그룬트만 등이 긍정적으로 받아들이고자 했던 해석). 자연의 지배 논제에 대한 비판에서 흔히 제기되는 이러한 유의 난점 또는 관례적 불만을 피하기 위하여, 스미스(Smith, 1996)는 이 논제의 일차적인 결함을 극복할 수 있도록 '자연의 생산'이라는 사고를 제안한다(또한 Smith, 1982 참조). '자연의 생산' 논제로의 대체를 제안하면서 그는 인간과 자연의 가장 기본적인 물적 관계로서 '생산 일반', 특히 이 관계에서 위기를 초래하고 있는 현대 경제에서의 (자본주의적) '교환을 위한 생산' 양자 모두를 이해해야 한다고 주장한다. 우리는 마르크스가 '자연의 지배'라는 논제로 진정하게 무엇을 의미하고자 했는지에 대하여 명확히 이해할 필요가 있으며, 따라서 이를 다른 어떤 사고로 대체하여 이에 대한 의문을 제쳐놓거나 또는 이 의문이 풀린 것처럼 가장해서는 안 될 것이다. 그러나 스미스가 강조하는 바와 같이 생산에 관한 마르크스의 개념화에 관심의 초점을 둔다면 여러 가지 주요한 통찰력을 얻을 수 있을 것이다.[11] 특히 이 글에서 강조하고자 하는 바는 생산에 대한 마르크스의 사고가 사회정의와 환경정의이론의 정형화를 위해 필수적인 개념, 즉, '생산적 정의'의 개념을 위한 기초를 제공한다는 점이다.

넷째, 인간과 자연의 관계에 대한 진정한 지배는 단순히 물질적 생산의 통제만이 아니라 문화적 생산 또는 인식의 재구성을 요청한다. 즉, 노동 및/또는 생산의 개념들만으로 마르크스주의 생태학, 특히 환경정의이론을 위해 충분한 것으로 이해되어서는 안 될 것이며, 아래에서 논의할 바와 같이 '인정(recognition)'과 같은 규범적 개념들에 의해 보완될 필요가 있다. 스미스가 지적한 바와 같이, 자본주의의 도덕적 또는 문화적 결함들을 이겨내기 위해, 즉, "물 자체(nature-in-itself)의 강력한 물신성"을 극복하기 위해서 물려받는 자연을 변형하는 데는 가장 광의적인 의미에서의 '노동' 및 '자연의 생산'을 이해하고 개념화할 필요가 있다(Smith, 1996: 50). 비록 마르크스가 이러한 개념들을 (특히 그의 후기 저작들에서) 경제(주의)적 관점으로 점차 국한시켰지만, 이들은 경제적 과정뿐만 아니라 문화적 과정들도 포괄한다. 호네스(Honneth, 1995: 146)의 해석에 따르면, 초기 철학적 인류학에서 마르크스의 노동 개념은 "매우 규범적 의미를 가지고 있으며, 이에 따라 그는 생산 행위 자체를 상호주관적 인정의

---

11) 스미스에 의하면, '자연의 생산' 논제는 다음과 같은 여러 가지 장점을 가진다. ①"이는 '자연 자체'의 강력한 물신성을 넘어서 자연과의 사회적 관계에 초점을 두도록 하며", 자연이 "물질적 구축과 더불어 개념적 구축과 결합할 수 있도록 하는 방법으로" 고찰되도록 한다. ② 이 논제는 생태학에서의 주요 문제들 가운데 하나인 '시간적·공간적 규모에 관한 문제'를 다룰 수 있도록 한다(Harvey, 1996: 203 참조). 즉, "만약 모든 사회들이 어떤 규모에서 자연을 '생산한다'면, 자본주의적 사회는 최초로 지구적 규모로 그 위세를 가지게 되었다"고 할 수 있다. ③ 이 논제는 "여성과 자연에 대한 이데올로기적 등치에 관한 반본질주의 페미니스트적 비판을 고취"시키며, 지배라는 남성적 언어를 대체하여 여성적 언어인 자연의 생산을 논의할 수 있도록 한다. ④"자연의 '생산'이라는 사고는 대안적 자연이 어떻게, 그리고 어떠한 목적에서 생산되어야 하는가라는 의문을 둘러싼 '자연의 정치'에 초점을 둘 수 있도록 하는 정치적 이점을 가진다"(Smith, 1996: 50).

과정으로 이해할 수 있었다". 그러나 후기 저작들에서 마르크스는 이러한 상호주관적 인정의 개념을 물질적 필요의 만족이라는 사고로 환원시켰으며, 이는 인간과 자연의 관계에서 그 통일체를 강조하기보다는 노동대상으로서 자연에 대한 노동에 더 많은 관심을 두었기 때문이라고 할 수 있다.

이상의 논의를 요약하면, 자연의 지배, 보다 정확히 말하여 인간과 자연의 관계에 대한 진정한 지배는 이 관계에 내재된 과정에 관한 긍정적 변증법의 구축을 의미하며 여기서 노동과 생산의 개념이 강조된다. 이러한 개념들에 기초한 마르크스의 저작은 사회철학이나 정치학에서 뿐만 아니라 생태학, 특히 환경정의이론에서 '생산적 정의'라는 사고를 가능하게 한다. 이 사고는 단순히 주류 자유주의적 철학이나 정치학에 기초한 '분배적 정의' 패러다임의 문제점들을 비판하거나 보완하는 정도가 아니라, 완전히 새로운 차원의 (환경)정의이론을 구축할 수 있도록 할 것이다. 그러나 노동이 단지 물질적 생산이라는 점으로 이해될 경우, 인간과 자연의 관계 또는 자연의 생산에 내재된 도덕성의 문제를 개념화하기란 불가능하며, 또한 인간의 노동에 내재된 상호 주관적 관계 또는 개인들 간의 상호 인정을 이해할 수 없도록 할 것이다. 따라서 (환경)정의에 관한 적합한 이론은 분배적 정의 및 생산적 정의의 사고와 더불어, 노동과 생산의 개념에 내재되어 있지만 이러한 개념들(좁은 의미)로부터 직접 도출될 수 없는 상호주관적 승인 또는 상호 인정의 계기 및 차원, 즉, '인정적 정의'의 사고도 포괄해야 할 것이다. 뒤에서 다시 논의하겠지만 인정적 환경정의는 노동과 생산이 완전히 발전한 사회, 즉, 상호주관적 승인에 기반을 두고 자기관리적 노동(즉, 탈소외된 노동)을 통하여 공동 생산이 이루어지는 새로운 사회에서 실현될 수 있을 것이다.[12)]

12) 이러한 점에서, 자연으로부터 인간의 (탈)소외에 초점을 둔 리의 주장이나 인간과

4. 자연으로부터의 (탈)소외

1) 자본주의 사회에서의 소외

마르크스주의적 생태학에서 인간과 자연의 관계를 개념 지으며 또한 자연의 지배와 직간접적으로 밀접한 관계를 가지는 사고로서는 소외, 특히 자연으로부터의 소외를 들 수 있다. 소외의 개념은 물론 마르크스주의적 전통에만 한정되는 것이 아니며, 또한 마르크스의 생태학에 관한 논의라고 할지라도 이를 잘못 이해하면 마르크스적이라고 할 수 없다. 즉, 포겔(Vogel, 1988) 및 다른 여러 학자들에 의하면, 소외의 개념은 마르크스주의의 기초에서만 이해되는 것이 아니고 심층생태학이나 다른 유형의 생태학에서도 논의되고 있다. 예로 앞에서 인용된 바 있는 리(Lee, 1980)는 자연으로부터의 소외를 강조하고 '자연과의 조화'를 재정립할 필요성을 역설하지만, 포겔(S. Vogel)과 유사하게 톨먼(Tolman, 1981)은 이러한 역설이 어떠한 장점을 가진다고 할지라도 이러한 유의 소외의 개념은 분명히 마르크스주의적인 것이 아니라고 주장한다. 물론 마르크스의 저작들에서 상당히 추상적 수준에서 논의되고 있는 소외의 개념은 현실 속에서 보다 구체적인 양상으로 포착될 수 있다.[13] 그러나 다른

자연의 상호관계 '인정'을 강조하는 호네스의 주장에서처럼, 마르크스의 초기 저작에서 찾아볼 수 있는 인간주의적 또는 헤겔적 마르크시즘에 대해 보다 많은 관심이 요청되고 있다. 그러나 이 점은 자연의 탈소외와 자연의 새로운 인정을 위하여 자연과 인간의 내적·변증법적 관계에 대한 사고가 그 사회의 경제적·물적 토대를 벗어나서 구상될 수 있음을 의미하는 것은 결코 아니다.

13) 또한 자연으로부터의 소외는 보다 구체적으로 설정된 상황들, 예로 그들의 토지를 박탈당하거나 또는 그들의 장소로부터 쫓겨난 많은 사람들이 겪게 되는 심각한 상실감의 결과로 이해되기도 한다. 그리고 자연으로부터 소외의 경험은 지역사회의 여러 사람들 간에 상이하겠지만, 소외와 억압의 집단적 경험의 틀이 공동체적 활동주

생태학에서의 소외의 개념화와는 달리, 마르크스는 자연으로부터의 소외를 “기술을 통해 자연을 지배하고자 하는 인간의 탐욕스러운 시도의 결과”로 이해하지 않았으며, 또한 “이것이 자연과정들에 대한 대규모 개입의 억제를 위한 결정에 의해, 또는 ‘자연과의 조화’ 속에서 살아가기 위한 어떤 해답에 의해 극복될 것으로 보지도 않았다”(Vogel, 1988: 368). 포겔은 오히려 마르크스의 저술들에서 자연으로부터의 소외는 인간에 의해 생산된 자연이 인간에 의해 통제불가능한 상황의 결과로 이해되어야 한다고 주장한다.

소외에 관한 비마르크스주의적 설명들이 가지는 함의는 분명 무시될 수 없겠지만, 이에 관한 마르크스의 설명은 인간과 자연의 관계를 재고찰하고, 특히 자연과의 ‘소외된’ 관계가 어떻게 이루어졌으며, 이러한 관계가 어떻게 극복될 수 있는가에 관한 논의를 위해 매우 유의한 틀을 제공한다. 마르크스에게 소외란 단순히 그 대상들로부터 주체의 분리만을 의미하는 것이 아니라, 그들이 어떤 소원한 힘에 의해 지배되는 상황을 의미한다. 즉, 『독일 이데올로기』에서 주장된 바와 같이, 자본주의 사회에서 “인간 자신의 행위 결과는 그에 반대되는 소외된 힘이 되며, 이는 인간에 의해 통제되는 대신 인간을 노예화한다”(Marx and Engels, 1970: 55). 이러한 점에서, 자연으로부터의 소외 역시 인간과 그의 생산행위의 결과 또는 그 대상의 관계와 근본적으로 관련되어 있다. 즉, 마르크스주

의를 가동시키는 역할을 한다고 주장된다(Chiro, 1996: 313 참조). 자연으로부터의 소외에 관한 이러한 설명은 상당히 추상적 수준에서 논의되고 있는 마르크스의 소외 개념과는 다소 다르다고 할지라도, 궁극적으로 자연에 대한 통제력의 상실이라는 점에서 동일한 의미를 가진다. 사실, 마르크스가 초기 저작들에서 사용한 소외의 개념은 두 가지 상이한 의미를 가진다. 즉, 소외의 개념은 생산물이 그 생산자를 지배하게 된다는 점을 의미하지만, 때로 개인적 충족성의 결여와 관련되기도 한다. 이들 간의 관계에 관해, Schmitt(1996) 참조.

의적 생태학에서 소외는 인간 자신이 아니라 인간으로부터 소원한 어떤 것에 의한 노동과 자연의 통제를 의미한다. 자연으로부터의 소외에 관한 논의는 마르크스의 초기 저술들에서부터 찾아볼 수 있으며, 특히 『1844년 수고』에서 그는 소외에 관한 보다 광의적 배경에서 인간과 자연의 개념을 논의했다. 또한 후기 저술에서 마르크스는 자연 세계에 미치는 자본주의의 파괴적 영향을 소외 또는 물신성이라는 용어로 이해하고 있다.

마르크스의 초기 저작에서, 자연으로부터의 소외는 '소외된(estranged) 노동'에 의하여 인간이 그의 생산의 대상인 자연으로부터 분리된 결과로서 이해된다. 이 개념은 자본주의 사회에서 인간 노동과 그 대상, 즉, 자연과 생산물들이 어떻게 인간성에 대항하는 것으로 이용되며 때로 통제불가능한 것처럼 보이게 되었는가를 설명하고 있다.

> 그의 생산물에 대한 노동자의 '소외'는 그의 노동이 하나의 대상, 즉, '외적' 존재가 됨을 의미할 뿐만 아니라 이것이 그와는 소외된 어떤 것으로 그의 '외부에' 독립적으로 존재하며, 또한 이것이 그 자체로서 인간과 대적하는 힘이 된다는 점을 의미한다(Marx, 1964: 108).

마르크스에게 소외의 개념과 대상화(objectification)의 개념을 명확히 구분하는 것은 중요하다. 그에 의하면 모든 노동은 대상화하는 것이다. 즉, 대상화는 노동과정에 필수적인 것으로 이해된다. 그러나 이러한 대상화가 생산자들이 아니라 다른 어떤 것의 필요나 우선성에 의해 통제된다는 점에서 마르크스는 소외된 노동의 개념을 논의한다.

이와 같이 소외된 노동은 인간 노동의 대상들이 대부분 인간 노동의 생산물임에도 불구하고, 소외된 상황에서 이러한 대상들은 인간들 위에서 이들에 대항하는 소외되고 독립된 힘으로 바뀌며, 그 대상들이 자신들을 생산한 자들을 정복하는 것처럼 보이는 의사적(擬似的) 자기충족성과 외부성을 달성하게 된다.

> 따라서 인간으로부터 그 생산의 대상을 분리시키면서, 소외된 노동은 인간으로부터 그의 '유적 생활', 즉, 유의 구성원으로서 그의 실질적 대상성을 분리시키며, 또한 동물들에 대한 인간의 이점을 그의 비유기적 몸체, 즉, 자연이 그로부터 취하게 되는 불리점으로 바꾸어 놓는다(Marx, 1964: 114).

즉 인간은 자연에 대한 그의 진정한 노동을 통해 자신의 물질적 필요를 충족시킬 뿐만 아니라 자신의 자아실현을 위한 능력을 함양할 수 있다는 점에서 이점을 가진다. 이러한 이점은 인간을 단지 생산자의 물질적 필요만을 본능적으로 충족시키고자 하는 동물과 구분 짓는다. 그러나 자본주의 사회에서 소외된 노동은 생산자의 물질적 필요를 제대로 충족시키지 못할 뿐만 아니라 삶의 의미를 위한 자아실현과는 동떨어져 있다는 점에서, 인간의 노동은 오히려 불리점으로 바뀐다.

마르크스는 이와 같이 소외된 노동의 발생 원인으로서, 사적소유 및 노동분업에 기초한 경제체제를 지목한다. 그에 의하면, "사적소유는 …… 소외된 노동의 생산물, 즉, 자연과 그 자신에 대한 노동자의 외적 관계의 필수적 결과이다"(Marx, 1964: 117). 또한 소외는 노동의 분업(보다 정확히 말해, 현대 경제적 조건하에서 이것이 이루어지는 특정한 형태이지만)과 명시적으로 관련된다. "노동분업은 소외[의 상태]에 있는 '노동의 사회적 성격'의 경제적 표현이다"(Marx, 1964: 159). 노동자는 그의 생산물을 그 자신이나 타인들의 인간적 필요를 직접적으로 만족시키는 어떤 것으로 이해하는 대신, 이를 단지 어떤 목적을 위한 수단, 즉, 그 자신의 필요를 만족시킬 수 있도록 화폐를 얻기 위해 요청되는 필수적인 것으로 간주한다. 마르크스의 초기 저작에서, 자연으로부터의 소외는 우리들로부터 은폐된, 자본주의적 생산을 위한 분업의 사회성에 기인한다. 또한 인간들 간의 관계 — 즉, 노동의 상호성과 협력 — 는 사물들의 관계에서 볼 수 있는 특이하고 소외된 형태를 보이게 된다.

소외에 관한 마르크스의 설명은 그의 후기 저작들, 예로 『자본론』에서 그리고 이를 위해 쓰였던 『요강』에서 보다 정교한 형태를 취한다. 초기 저작에서 중심적 범주로 설정되어 강조되었던 포괄적 (또는 인류학적) 의미의 노동의 개념은 노동가치론에 기초한 그의 성숙된 경제적 저작들에서 사라지고, 대신 자본의 개념이 논의의 핵심을 형성한다. 그러나 후기 저작에서 소외의 개념이 완전히 사라진 것이 아니며 '물신성(fetishism)'의 개념으로 재강조된다.

> 상품의 사용가치의 형태에서는 …… 인간이 그의 활동을 통해 자연물질의 형태를 노동에게 유용하도록 전환시키는 것은 자명하다. …… [그러나] 종교적 세계에서는 인간 두뇌의 생산물들이 그들 자신의 생명을 가진 자율적 인물들로 등장하여, 그들 자신 그리고 인간과의 사이에서도 관계를 가지게 된다. 마찬가지로 상품세계에서는 인간의 손의 생산물들이 이와 같이 등장한다. 나는 이것을 물신성이라고 부른다(Marx, 1976: 163~165).

노동자에 의해 생산된 상품의 형태에 체현된 (죽은 노동으로서의) 자본은 생산자로부터 독립된 가치를 가지는 것처럼 신비화되고, 그들의 위에서 그들에 대항하는 소외된 힘으로 전환된다. 그러므로 포괄적 의미에서 '생산'의 대상으로서의 자연은 시장에서의 (교환)가치가 유일한 의미인 대상으로 전락하게 된다. 이와 같이 후기 저작에서 마르크스는 소외를 특정한 경제적 배경하에서 논의하면서, 자본주의 외의 다른 생산양식에 기초한 사회조직에서는 소외의 발생을 고려하지 않았다. 즉, 자본주의 사회에서 생산수단의 발달과 노동 생산성의 증대는 인간사회에서의 물질적 재화와 자원의 누적과정이라고 할 수 있지만, 이 과정은 생산된 재화가 생산자들의 직접적 통제 바깥에 있음, 즉, 이들로부터의 소외를 전제로 하며 이는 사적소유와 계급적대의 조건하에서 자본가들에 의한 노동자들의 착취를 가능하게 한다.

자본주의 사회에서 '상품의 물신성'에 관한 마르크스의 분석은 소외에 관한 그의 초기 저작들에서의 논의를 거의 대부분 반영하고 있다. 특히 그의 후기 저작들에서 자본주의는 자연의 생산물로부터 노동자의 소외, 즉, 상품의 물신성 없이는 가치를 창출할 수 없으며 자본을 축적할 수 없다는 점이 강조되고 있다. 소외는 노동자에 의해 생산된 대상이 자본가의 부를 증식시킬 수 있도록 하는 자본주의적 생산양식에 기초한다. 그러나 이러한 주장은 이미 그의 초기 저작들에서 논의되고 있다. "노동자들은 그가 생산한 부가 많아질수록, 그의 생산이 힘과 규모 면에서 강력해질수록, 점점 더 빈곤하게 된다. …… 사물 세계의 '가치 증식'에 직접 비례하여 인간 세계의 '가치 감소'가 진행된다"(Marx, 1964: 107). 이러한 점에서 그의 저작들 전반에 걸쳐, 마르크스는 자본주의적 생산과정에 의한 노동자의 소외를 분석하고 있다고 할 수 있다. 즉, 노동을 통한 작업은 근대 산업사회에서 엄청난 부를 생산할 수 있도록 했지만, 이 부는 그에게 소외되고 적대적인 힘으로 나타나게 되며 그를 억압하는 근원이 된다. 이러한 점에서, 뷰캐넌(Buchanan, 1979)은 소외(즉 물신성)의 개념이 자본주의적 착취와 억압이 발생하는 기본적 조건을 설명해주며, 따라서 자본주의 사회의 부정의와 밀접하게 관련되어 있다고 주장한다.

2) 자연으로부터의 탈소외화

소외, 특히 자연으로부터의 소외에 대한 마르크스의 설명은 자연과 인간의 관계에 내재된 여러 가지 문제성을 논의하기 위한 통찰력을 제공하고, 특히 '노동 대상'의 영역으로서 자연과의 관계에 관심을 가지도록 한다. 즉, 앞의 논의에 함의된 바와 같이 마르크스는 노동을 그의 인식론과 사회이론 모두에서 중심적 범주로 설정하면서, 주어진 '대상적 세계'인 것처럼 보이는 대부분의 것이 사실은 '인간적' 대상들의 세계, 즉, 노동을 통해 인간에 의해 생산된 대상들의 세계라는 사실에 관심을 가지도록 한다. 이러한 점에서 마르크스의 생태학에서 자연은 단순히 주어진 순수한 자연이 아니라 인간에 의해 창조된 환경이며, 현대사회에서 이러한 건조환경(built environment) — 특히 하비(Harvey, 1982, 11장 및 12장)의 의미에서 자본축적을 위해 건설된 환경 — 으로서 자연이 마치 그 자체로 존재하는 것처럼 인식되고 있다는 점에서 문제성을 가진다고 포겔(Vogel, 1988)은 주장한다. 이러한 점과 관련하여 마르크스는 소외 일반 특히 소외된 노동의 문제를 네 가지 형태, 즉, 노동 생산물로부터 노동의 소외, 생산 활동(즉, 노동 그 자체)으로부터 노동자의 소외, 유적 존재로부터 인간의 소외, 인간 자신으로부터 인간의 소외로 설명했다(Ollman, 1976). 이와 관련하여 자연으로부터 인간의 소외는 이러한 네 가지 형태의 소외와 모두 관련을 가지지만, 특히 '노동 생산물로부터 노동의 소외'와 직결되는 것으로 이해된다.

자본주의 사회에서의 이러한 소외 — 특히 자연으로부터, 타인들로부터, 그 자신의 진정한 존재로부터의 소외 — 는 그 원인의 제거, 즉, 이를 만들어낸 대립관계와 모순들의 제거에 의해 극복될 것이다. 탈소외와 관련한 신학적 이론들은 자연에서의 신성한 힘과의 통합을 강조함으로써 소외의 부분적 해결책을 찾을 것이다.[14] 그러나 마르크스의 소외의 개념은 소외의 초월, 소외의 부정(negation)이라는 개념으로서의 탈소외화(dealienation)를 요청한다. 이러한 점에서, 자연으로부터 소외의 원인 제거는 사적소유제와 노동분업의 철폐 또는 자본주의적 상품생산경제의 폐지 등과 관련된다. 그러나 다른 한편으로 마르크스의 저술들은, 일단 인간이 인간의 본성 그리고 인간(생산)행위가 진정하게 무엇을 의미하는가를 '인식'하게 되면 인간은 자연으로부터 소외된 행위를 극복할 수 있으며, 이에 따라 자연과의 새로운 관계를 만들어낼 수 있을 것이라는 점도 암묵적으로 내포하고 있다.

우선 마르크스의 초기 저작에서의 소외 및 이의 극복에 관한 분석에서, 그는 항상 사적소유제와 노동분업을 인간노동과 더불어 자연에 대한 착취 또는 자연의 탈인간화의 기원에 가장 책임 있는 요인들이라고 주장한다. 왜냐하면 이것들은 각 인간 개인을 그가 생산한 상품으로부터 분리시키고 소외시키며 불가피하게 계급적대로 유도하기 때문이다. 따라서 마르크스는 소외를 유발하는 사적소유 및 노동분업의 철폐를 통해 소외가 극복될 수 있다고 주장한다. 그러나 마르크스의 초기 저술들에서 (탈)소외와 관련된 주장들은 대체로 조야하거나 애매모호하다. 물론 사적소유제나 사회경제적 분업과 같은 자본주의적 제도들의 근본적 변화 없이는 소외의 극복은 불가능할 것이라는 점에 공감할 수 있다. 그러나 마르크스는 소외된 인간이 어떻게 스스로 소외되었다는 사실을 인식하고, 소외로부터 탈피를 위한 실천을 추구할 것인가에 대해서는 심도 있게 논의하지 않았다. 이러한 점에서 소외에 관한 마르크스의 개념화는 인간본성에

14) 이러한 점에서, 어떤 유형의 생태학은 종교적 자연관 또는 인간의 신비스러운 영적 존재에 의존하기도 한다. 그러나 마르크스에 의하면, "현실세계의 종교적 반영은 오직 인간과 인간 사이, 그리고 인간과 자연 사이의 일상생활의 현실적 관계가 투명하고 이해할 수 있는 형태로 사람들에게 나타날 때 비로소 소멸될 수 있다"(Marx, 1976: 173).

관한 연구에서 출발해야 한다고 주장되기도 한다.[15] 하지만 사적소유 및 노동분업의 철폐와 인간 본성 간에 어떤 관계가 있는가에 대해 마르크스는 논의하지 않고 있으며, 특히 이러한 경제사회적 제도들의 전환은 생산수단의 소유 문제와 관련된다는 점에서, 탈소외는 분배의 문제와 우선적으로 관련된 것처럼 보이도록 한다는 문제점을 가진다고 할 수 있다.

마르크스의 후기 저작에서 소외의 극복은 인간 본성의 회복이라기보다는, 상품 물신성의 극복을 위한 사회경제체제의 전환, 즉, 상품생산경제 또는 가치증식경제의 폐지와 더욱 밀접하게 관련된다. 즉, 노동자가 그의 노동의 생산물을 '소외된' 대상으로서 관계하게 되는 것은 상품생산 관계 또는 자본축적을 위한 가치증식 과정에 기인하며, 따라서 자본주의적 상품생산경제의 폐지는 이러한 소외를 극복할 수 있도록 한다. 특히 물신화된 상품으로서 자연은 인간 노동의 생산물로 더 이상 인식되지 않을 뿐만 아니라, 노동자들에 의해 더 이상 통제되지 않으며 신비스러운 힘을 가진 것처럼 보이는 자본에 의해 통제된다. 이러한 점에서 생산자의 총체적 소외를 초래한 상품생산관계의 폐지는 소외 일반, 특히 자연으로부터의 소외를 극복할 수 있도록 할 것이다. 상품생산(또는 가치증식)경제의 폐지는 자연이 시장에서 화폐로 교환되는 상품으로서 생산되는 것을 막기 위한 것이며, 나아가 자연이 자본의 가치 증식을 위해서가 아니라, 인간의 진정한 필요 충족과 자아실현을 위한 대상으로서 관계 재구성이 이루어짐을 의미한다.[16] 이러한 생산의 재구성, 즉,

---

15) 이러한 점에서 올만(Ollman, 1976: xi)은 "[인간] 개인에 초점을 둔 설명적 사회이론으로서의 소외에 관한 설명은 인간 본성에 관한 마르크스의 개념화에서 독창적인 것을 밝히는 것에서부터 시작해야 한다"고 주장한다.

16) 이러한 점은 물론 자연 세계와 인간 본성의 관계에 초점을 두고 (탈)소외를 이해할 수 있도록 한다. 즉, "인간의 신체적·정신적 생활이 자연과 연계되어 있다는 점은

생산의 사회성에 대한 필요성이 인식되고 명시화될 때, 인간은 자연으로부터 탈소외화될 것이다.[17)]

마르크스에 의하면 자연으로부터의 탈소외화는 사적소유제 및 노동분업의 철폐, 또는 상품생산관계나 자본축적과정의 폐지 등을 통해 달성될 수 있으며, 이들은 궁극적으로 인간과 자연의 관계를 재구성할 수 있도록 할 것이다. 그러나 마르크스의 문제성은 이러한 사회경제적 제도들의 폐지를 위한 노력이 어떠한 인정(recognition)의 기반 위에서 이루어져야 할 것인가, 또한 이러한 인정은 어떻게 이루어질 수 있는가에 대해서는 거의 언급하지 않고 있다는 점이다. 이러한 문제성은 마르크스의 소외론을 재고찰하는 많은 사람들에게 의식되지 아니한 채 그대로 반영되어 있다. 예를 들어, 포겔(Vogel, 1988: 374)은 "마르크스에게 소외는 '인간적 활동에 의해 생산된 대상들에 대하여 그 인간적 기원을 인정하지 못함'에서 발생하며", 따라서 "인간에 소외의 극복은 '이러한 인정의 달성'과 관련된다"고 주장한다. 또한 리(Lee, 1980: 7) 도 "우리의 '몸체'로서 자연의 인정"이 중요하며, 이러한 인정은 "주체-객체 이원론에서 드러난, 자연

자연이 그 자신과 연계되어 있다는 점을 의미한다. 왜냐하면 인간은 자연의 일부이기 때문이다"(Tolman, 1981). 그러나 자본주의적 상품생산경제에서, 인간은 자신이 생산한 자연으로부터 유기적 관계를 상실하고 소외되며, 이는 또한 인간으로부터 인간의 소외를 가져왔다. 따라서 이러한 점에서 탈소외란 인간 본성이 자연과 가지는 유기적 관계를 회복하는 것이라고 할 수 있다.

17) 물론 자본주의 사회에서 상품은 타인들의 필요를 만족시킬 목적으로 생산된다는 점에서, 이 사회에서도 상품을 생산하는 노동은 사회적 — 즉, 협업적 노동 — 이다. 자본주의적 생산에 함의된 상호의존성과 상호호혜성은 생산자들 자신들에 의해 결코 명시적으로 인식되지 못한다. 즉, 이들의 '공통적' 이해관계는 소외된 이해관계, 즉, 개별 생산자들로부터 분리되어 외적으로 존재하는 힘으로 존재한다. 소외의 극복은 노동분업의 폐지를 통한 생산의 사회성 철폐의 문제가 아니라, 생산에 대한 의식적인 사회적 통제를 주장함으로써 이러한 사회성을 명시적으로 인식하는 것이라고 할 수 있다.

으로부터 우리 자신들의 소외의 극복을 가져다줄 것이다. 따라서 가정된 외적 자연과 인간적 자연의 '동일성(identity)'이 이루어질 것이다"고 주장한다. 그러나 포겔이나 리는 '인간적 기원으로서 자연의 인정', '우리의 몸체로서의 자연의 인정'이 정확히 무엇을 의미하는가에 대하여 제대로 밝히지 않았다. 물론 앞에서도 강조한 바와 같이, 자연으로부터의 소외는 단순히 인정의 문제가 아니라 실질적 문제이며, 인간 자신이 아니라 어떤 소원한 것에 의해 노동과 자연의 관계가 통제됨을 의미하며, 따라서 소외의 극복은 인간과 자연 간 관계의 실질적 변화를 요청한다. 그러나 이러한 실질적 변화는 이들의 관계에 관한 인정의 재정립을 통해서만 가능하다는 점을 부정할 수 없다.

이러한 점에서, 자연으로부터의 소외의 극복은 자연을 인간의 기본적 필요 충족 및 인간의 자아발전을 위해 의도된 사회적 생산의 대상, 그리고 그 결과물로서 인정하는 것이다. 따라서 비판을 받아야 할 것은 자연에 대한 사회적 개입이 아니라 이의 불완전성, 즉, 그 개입이 충분히 사회화·인간화되지 못했다는 점이다. 자연을 '인간화시키기' 위한 인간의 행위는 복잡한 변증법 속에서 이루어진다. 『1844년 수고』에서 마르크스는 다음과 같이 적고 있다.

> 대상이 인간에게 '인간적' 대상, 즉, 대상적 인간이 될 때, 인간은 그의 대상에서 사라지지 않는다[즉, 소외를 피할 수 있다]. 이는 그 대상이 그에게 '사회적' 대상이 될 때, 즉, 한 사회가 인간을 위해 그 대상 속의 한 존재가 되는 것처럼, 인간 자신이 그 자신을 위하여 사회적 존재가 될 때에만 오직 가능하다(Marx, 1964: 140).

이 문장이 함의하는 것은, 자연이 인간에 의해 생산되어야 — 즉, 인간화되어야 — 할 뿐만 아니라, 자연을 생산하는 인간 활동이 사회적일 때에만 자연으로부터의 소외가 극복될 수 있다는 점이다. 자연·인간·사회의 이러한 복잡한 관계는 인간화의 모든 행위를 '자연의 지배'를 위한 시도들과 단순하게 등치하는 것만으로 충분히 파악되지 않는다. 자연과의 탈(또는 비)소외적 관계는 자연 세계에서 우리의 활동 변화를 요청하며, 또한 동시에 사회 전체에서 우리의 행위 변화를 요청한다. 이러한 점에서 자연과 인간을 매개하는 소외되지 아니한 노동은 또한 동시에 인간 주체들의 관계를 서로 소외되지 않도록 매개하는, 즉, 자연을 인정하면서 또한 인간 주체들을 상호 '인정'하는 활동이어야 한다는 점이 강조되어야 할 것이다.

5. 자연의 인정

1) 노동과 상호 인정

마르크스의 견해에 의하면, 자본주의 사회의 소외 극복은 이 과정을 야기하는 사회 전체의 전환을 필요로 한다. 즉, 그는 소외의 원인이라고 할 수 있는 사적소유와 노동분업 등 자본주의적 생산의 사회적 관계를 부정하고, 소외되지 아니한 새로운 사회의 건설을 위한 혁명적 실천을 강조한다. 그러나 "소외의 극복으로서 공산주의에 관한 마르크스의 사고는 모호하고 신비스러우며, 의심스럽고 선험적인 가정들에 기초해 있다. 공산주의적 미래에 관한 그의 전망은 합리적 직관의 대상이 아니라 신비스러운 신념의 대상이다"라고 비판을 받기도 한다(Churchich, 1990: 300). 이와 같은 비판은 마르크스주의에 대해 상당히 악의에 찬 것이라고 하겠지만, 여기서 문제는 소외 일반 또는 자연으로부터의 소외를 극복하고 새로운 사회-환경으로의 전환을 위한 요구가 단순히 '신비스러운 신념'이 아니라 '합리적 인정'에 근거해야 한다는 점은 분명하다는 것이다.

사실 이러한 합리적 인정의 개념은 마르크스의 저술들(특히 그의 초기 저작)에서 그 단초를 찾아볼 수 있으며, 소외에 관한 논평가들에 의해 흔히 지적되고 있는 점이다. 물론 여기서 합리적 인정이란 자연적 대상들로부터 분리된 초월적 자의식의 선험적 인지 또는 주어진 자연에 의해 규정된 주체의 수동적 승인을 의미하는 것은 아니다. 즉, 마르크스에게 소외의 극복은 대상의 사회성(즉, 자연의 인간화)을 인정하고, 이의 재조직을 통해 우리에게 나타나는 바와 같은 허위적 외부성을 폐지하는 것이다. 이러한 점에서 포겔은 자연으로부터 소외의 극복을 위해 새로운 '인정'을 강조한다.

> 여기서 '인정(recognition)'은, 단순히 어떤 수동적 승인(acknowledgement)을 지칭하여, 소외가 마치 태도의 변화에 의해 간단히 극복될 수 있을 것처럼 생각하는 것이 아니다. 우리가 생산물의 인간성을 인정한다고 말하는 것은 동시에 우리가 상이한 생산물을 생산하기 시작하며, 이 과정에서 상이한 우리 자신이 될 수 있음을 말하는 것이다(Vogel, 1988: 382).

인정에 관한 이러한 개념 정의에서, 소외란 단순히 마음 또는 인간 본성에 내재된 어떤 상태가 아니라 자연과 인간의 관계에서 발생하는 실질적인 것이며, 자연에 대한 인간의 단순한 태도 변화가 아니라 자연을 생산하는 인간의 활동(즉, 노동)에서의 실천적 변화를 요구하는 것으로 이해될 수 있다.

이러한 인정의 개념은 사실 소외의 개념과 더불어 특히 마르크스 초기 저작에서의 주요한 논제들 가운데 하나였다. 이 개념에 관한 마르크스의 논의는 헤겔의 영향에 의한 것으로, 그는 헤겔의 관념론적 변증법과 포이어바흐의 유물론을 비판적으로 종합하는 과정에서 헤겔적 인정의 개념을 '노동'의 개념과 관련시키면서 새롭게 재구성하고자 했다. 즉, 헤겔은 인정이라는 개념을 통해 소외된 상태를 극복하기 위한 방법을 제안했지만, 마르크스에 따르면 그는 추상의 영역에서 변증법적 운동을 도입함으로써 그의 부정(negation)은 실질적 소외를 부정하는 것이 될 수 없는 것으로 간주된다. 즉, "자기준거된 부정의 긍정적 의미를 파악함으로써 헤겔은 인간의 자기소외와 인간 본성의 소외, 인간의 대상성의 상실, 자기발견으로서 실현성의 상실, 그의 본성, 대상화 그리고 실현의 변화를 파악하고자 한다"고 마르크스는 지적한다(Marx, 1964: 187~188). 마르크스는 헤겔적 '지양(Aufhebung)'의 사고 또는 소외의 초월이라는 사고를 받아들이지만, 이러한 '순수한 사고'에서만 가능하다는 헤겔의 신념을 거부한다. 즉, 헤겔적 관념론을 거부하면서 앞서 논의한 바와 같이, 마르크스는 소외의 기원을 생산의 사회경제적 관계의 맥락에 두고 소외를 인간의 자유로운 노동이 소원한 외적·억압적 힘에 의해 지배됨에 따라 발생하는 현상으로 이해한다. 그러나 마르크스는 소외 극복의 전제로서 설정된 헤겔의 '절대 정신'을 거부함으로써, 소외된 노동이 어떻게 극복될 수 있는가에 대해 모호한 상태로 남겨두었다.

다른 한편, 마르크스에 따르면 '이전의 모든 유물론들'은 이들이 '혁명적 또는 실천적-비판적 활동'의 유의성을 파악하지 못했다는 점에서 거부된다. 즉, 마르크스는 추상적 또는 사색적 변증법은 비혁명적이며 따라서 비변증법적이기 때문에 이는 소외를 부수고 초월할 수 없다고 주장한다. 마르크스의 변증법적 유물론에서의 중심적 사고는 비판적 인정과 실천적 투쟁이 분리불가능한 활동들이라는 점이다. 그러나 그는 인정의 능동적 역할에 대해서는 모호하다. 그에 의하면, 노동계급은 소외를 야기하는 난점과 모순에 봉착하여 생산수단을 자유롭고 협력된 노동의 공동적 도구로 전환시키기 위한 투쟁 외에 다른 대안이 없는 것으로 간주된다.

이러한 투쟁을 통해 노동은, 모든 인간이 노동자가 되며 따라서 생산적 노동이 더 이상 어떤 한 계급의 특성이 되지 않는 방법으로 해방되게 된다. 그러나 마르크스는 여기서 인정의 개념을 모호한 상태로 남겨두었기 때문에, 노동자들이 어떻게 계급의식을 가지고 부르주아들에 대항하여 투쟁하게 되는지를 설명할 수 없었다. 이러한 점에서 인정(또는 승인) 및 이를 담지하는 개념들(즉, 노동과 언어 또는 의사소통)을 재고찰해볼 필요가 있다.

『1844년 수고』에서 '헤겔적 변증법과 철학 비판'은 한편으로 헤겔의 영향력을 인정하면서, 다른 한편으로 이로부터 독립하기 위한 선언이었다. 마르크스는 관념론적 변증법과 절대정신의 철학을 벗어나고자 했지만, "헤겔의 『현상학』에서 탁월한 점은 …… '노동'의 정수를 파악하고 대상적 인간 — 실질적이기 때문에 진정한 인간 — 을 인간 자신의 노동의 산물로 이해했다는 점"임을 인정한다(Marx, 1964: 177). 헤겔에게 있어서 이러한 생산적 활동은 두 가지 차원, 즉, 인간 주체와 사물들 간의 물질적 교환, 그리고 주체 자신들 간의 의사소통적 교환이라는 의미를 가진다. 인간의 생산적 활동은 하나가 다른 하나로 환원될 수 없는 양 차원 모두를 요구한다. 만약 우리가 물질적 교환의 과정들을 '힘'으로 범주화한다면, 의사소통의 현상은 '의미'로 범주화할 수 있다. 인간 실천은 힘과 의미 양자의 기능이다. 또한 인정은, 하버마스가 주장하는 바와 같이 흔히 후자, 즉, 언어를 통한 의사소통과정과 관련되는 것으로 알려져 있지만, 양 기능 모두에 내재되어 있는 것으로 이해해야 할 것이다. 즉, 마르크스의 초기 연구에서, 노동 역시 상호 인정을 위한 기본적 과정으로 이해되었다.

> 그의 독창적 저작의 시작에서 마르크스는 인정의 차원들을 위한 스펙트럼을 노동을 통한 자아실현의 차원으로 환원시키는 문제성 있는 경향

에 빠졌다. 그러나 마르크스는 그의 초기 철학적 인류학을 노동의 개념에 기초했으며, 이 개념은 매우 규범적인 의미를 가졌기 때문에 그는 생산행위 자체를 상호주관적 인정의 과정으로 생각할 수 있었다. …… 마르크스는 노동을 통해 경험할 수 있는 '이중적 긍정'—자신과 타인을 통해—을 언급하고 있다. 즉, 생산된 대상의 거울 속에, 사람은 특정한 능력을 소유하는 개인으로서의 자신을 경험할 뿐만 아니라, 상호행위에서 구체적 상대방의 필요를 제공할 수 있는 자가 될 수 있는 자신을 이해하게 된다(Honneth, 1995: 146).

이와 같이 마르크스의 초기 저술들에서, 완전히 통합된 노동은 예술가나 장인의 활동을 모형으로 하여 이해되는 자연의 생산과정이며 자신의 대상화 과정일 뿐만 아니라, 동시에 이러한 과정이 개인에게 상호주관적으로 매개된 자기가치의 인정을 가능하게 하는 사회적 기대의 충족 과정과 얽혀 있었다. 그러나 이러한 노동의 개념, 특히 후자의 개념은 그의 후기 저작에서 점차 사라지게 된다. 즉, 자본의 분석에서도, 마르크스는 노동이 가치의 사회적 창출뿐만 아니라 근본적 인간 에너지의 외부화를 나타낸다는 그의 초기 사고를 유지했다. 생산의 요소이며 또한 표현의 행위로서 인간의 노동 활동에 대한 개념화는 마르크스로 하여금 자본주의 사회를 사회경제적 구성체이며 또한 인간의 자아 물상화의 특정한 관계로서 이해할 수 있도록 했다. 그러나 자본주의를 분석하기 위한 길을 따라가는 과정에서, 마르크스는 탈소외된 노동이 종의 다른 구성원들의 필요의 애정 어린 긍정, 즉, 상호 '인정'으로 해석되어야 한다는(포이어바흐적) 사고를 포기해버리고, 또한 동시에 '인정을 위한 투쟁'에 관한 헤겔의 모형과도 연결될 수 있었던 근원을 포기했다(Honneth, 1995: 148~149).

2) 상호 인정의 회복

자본의 분석 과정에서 마르크스가 포기한 이러한 노동의 개념을 부활하는 것이 아마 진정한 의미에서의 자연의 지배 및 자연으로부터의 탈소외를 가능하게 할 것이다. 달리 말해서 오늘날 물신화된 자본의 지배하에 있는 인간과 자연의 관계를 전환시키기 위하여, 자연과의 관계에서 그리고 타자들과의 관계에서 상호 인정의 회복이 요청된다는 것이다. 이러한 인정 또는 승인의 개념화는 우선 헤겔의 철학에서 찾아볼 수 있다. 즉 인정은 타자와의 대상적 관계 속에서 자신의 정체성을 획득하는 상호보완적 과정이며, 자기의식은 상호 보완적 행동의 구조, 즉, 헤겔이 명명한 '인정을 위한 투쟁(struggle for recognition)'의 결과로서 이해된다(Habermas, 1974: 147). 만약 이러한 투쟁에서 상호 인정이 아니라 타자의 삶을 억누르고 거부하게 되면, 자아는 자기 삶의 불충분성, 즉, 자신으로부터의 소외를 경험하게 된다. 이러한 사고는 마르크스의 노동 개념에 암묵적으로 내재되어 있었다. 즉, 호네스가 주장하는 바와 같이, "[마르크스의] 모델에서, 생산함에서 한 사람은 그 자신을 실현할 (그 사람의 개인적 능력들을 점진적으로 대상화함에서) 뿐만 아니라 또한 동시에 그의 상호행위 상대자들 모두가 필요를 가진 공동주체(co-subject)일 것이라고 기대하기 때문에 이들을 애정 깊게 인정하게 된다"(Honneth, 1995: 147). 즉, 노동을 통한 자연의 생산은 자연의 인간화 및 인간의 자연화 과정일 뿐만 아니라, 인간 주체들의 상호 인정 과정으로 이해된다.

이러한 점에서, 노동을 매개토 한 상호 인정이라는 논제는 여러 가지 주요한 의미들을 내포한다. 첫째, 자연과 인간의 관계 뿐만 아니라 인간 주체들의 관계도 매개하고 있는 노동은 매개 대상물들의 상호 인정, 즉, 자연(특히 생명)에 대한 인간의 애정 어린 배려와 인간 상호 간의 존경 및 신뢰를 전제로 한다. 이러한 상호 인정을 전제로 한 노동은 오늘날 자본주의 사회의 인간들로 하여금 자연으로부터, 타인으로부터, 자신으로부터의 소외를 극복할 수 있도록 한다는 점에서 탈소외된 노동이라고 할 수 있다. 둘째, 진정한 자연의 지배나 자연으로부터의 탈소외를 위한 계급투쟁은 물질적 재화나 힘의 도구를 획득하기 위한 전략적 전투일 뿐만 아니라, 상호 존경과 기본적 자아신뢰 양자 모두를 위해 중요한 조건으로서 노동 '해방'을 주요 주제로 한 도덕적 투쟁으로 이해될 수 있다. 또한 상호 인정을 전제로 한 노동은 자기 긍정과 상호 연대를 가능하게 하는 의식, 즉, 계급의식의 기반을 형성할 수 있도록 한다. 셋째, 노동에 담지된 상호 인정의 의미는 생산적 정의 및 분배적 정의의 개념을 보완할 수 있는 '인정적 정의(justice of recognition)'라는 새로운 개념을 제시할 수 있도록 함으로써, 환경정의이론의 주요 부분을 형성한다.[18] 즉, 인정적 정의의 개념만으로 (환경)정의이론 전체를 대신할 수는 없지만, 그동안 정의이론에서 무시되고 있었던 사회문화적 측면에서의 정의를 위한 새로운 기초를 제공한다.

자연과 인간 그리고 인간 주체의 상호 인정을 전제로 한 탈소외된 노동은 그 자체로서 정치·경제적 측면뿐만 아니라 사회문화적 측면에도 응용된다. 그러나 이러한 함의가 회복된다고 할지라도, 노동의 개념만으로 자연과 인간의 관계, 인간 주체의 관계가 포괄된다고 하기는 어렵다.

---

18) 이에 관해 이 글에서는 더 이상 다루지 않겠지만, 다음과 같은 호네스의 저서에 대한 소개를 참조. 즉, "지난 몇 십 년간의 사회적 투쟁들이 분명히 보여 준 바와 같이, 정의는 물질적 재화의 공평한 분배 이상의 어떤 것을 요구한다. …… 호네스는 자기 보전을 위한 투쟁이 아니라 자아실현을 위한 전제조건으로서 상호 인정의 관계 수립을 위한 투쟁을 강조하는 전통 속에 그의 프로젝트를 위치짓는다"(Anderson, 1995, x). 그러나 이에 대한 비판으로 프레이저(Fraser, 1997: 1장)를 참조.

자본의 분석과정에서 마르크스는 노동에 함의된 상호 인정의 의미를 포기했을 뿐만 아니라, 언어로 매개되는 의사소통적 상호행위의 중요성도 포기했다. 따라서 자연에 대한 인간의 관계에서도 마르크스가 포기한 의사소통적 관계의 부활을 도모할 필요가 있다. 왜냐하면 언어를 통한 의사소통적 관계들은 노동을 통한 물질적 교환 관계로 환원될 수 없으며, 또한 대칭적으로 이해될 수도 없기 때문이다. 물론 "의사소통적 관계들이 물질적 교환으로 환원될 수 없다는 사실은 이들이 자연을 초월한다는 것을 의미하지 않는다. 반대로, 마르크스주의적 언어철학은 언어 그 자체는 자연적 배경을 가진다고 가정"한다(Saroja Sundararajan, 1996: 372). 여기서 언어의 배경으로서 자연은 물질적 구성이 아니라 언어적 질서의 자연적 현상을 의미한다.

이와 같은 노동과 언어를 매개로 한 인간과 자연 간의 구성적 호혜성은 마르크스의 저작에서 인간의 자연화와 자연의 인간화 간의 균형으로서 표현된다. 즉, 만약 자연이 인간 속에 들어가서 자연적으로 체현된 존재의 형태로 이를 '자연화'시킨다면, 마찬가지로 인간은 의미와 가치의 질서로 자연적인 것을 구성한다. 그러나 마르크스의 저작에서 인간의 자연화와 자연의 인간화는 흔히 비대칭적으로 이해되며, 여기서 언어적 관계는 완전히 배제되기 때문에 이로 인해 논평가들 간에 긴장과 불협화음을 드러내기도 한다. 이러한 긴장과 불협화음을 극복하기 위하여, 사로자 선다라라잔은 '구성된 자연'을 의미하는 'natura naturata(소산적 자연)'와 '구성적 자연'을 의미하는 'natura naturans(능산적 자연)'를 구분할 것을 제안한다.[19] 그의 주장에 의하면, 이러한 자연의 두 가지 의미는 사실

19) 사로자 선다라라잔(Saroja Sundararajan, 1996: 362~363)은 'natura naturans(구성적 자연)'와 'natura naturata(구성된 자연)' 간의 철학적 구분을 이용하여 마르크스주의 생태학의 인간주의적 이해, 즉, 그가 생태인간주의(eco-humanism)라고 명명한 것을 주창한다. 그에 의하면, 마르크스의 저작에서 인간과 자연 간의 구성적 호혜성

스피노자에 의해 제시된 바 있으며(7장 참조)[20] 이와 유사한 구분들이 르네상스 이후 여러 가지 철학적 목적으로 제시되었지만, 그 가운데에서도 항상적 기능은 정신과 자연의 데카르트적 분리를 극복하기 위한 것이었다. 또한 이 구분은 '인간의 비유기적 몸체'로서의 자연과 '확대된 물질'로서의 자연 간 마르크스의 구분, 그리고 '첫 번째 자연'과 '두 번째 자연' 간의 슈미트의 구분에 상응한다.

<표 6-1>에서 제시된 바와 같이, 자연의 인간화는 '구성된 자연'의 관점에서 보면 자연을 변환시키는 인간 노동(기술을 포함하여)의 영향을 의미하며, '구성적 자연'의 관점에서 보면 의미로운 질서로서 자연을 구성하는 것이다. 또한 인간의 자연화는 '구성된 자연'의 관점에서 보면 인간 종의 생물리적(bio-physical) 형성을 의미하며, '구성적 자연'의 관점에서 보면 인간 의미와 사고가 자연에 기반을 두고 있음을 인식하는 것이다. 물론 구성되는 자연과 구성하는 자연은 분리된 두 개의 자연이 아니라, 동전의 양면과 같은 하나의 통일체의 양면이다. 여기서 특히 유의한 점은 자연은 인간에게 물질을 제공할 뿐만 아니라 의미와 질서를

은 인간의 자연화와 자연의 인간화의 균형으로 표현되며, 이와 같은 인간-자연의 통일체를 구성하기 위하여 '착취적 도구성'을 '참여적 인정'으로 물리치는 것이 필요하다. 이러한 참여의 윤리는 자연 세계에 대한 인간과의 새로운 관계를 지향하고 이를 구축하기 위한 것이다. 생태인간주의는 "기본적으로 '의식'의 관점이 아니라 '생명'의 관점에서의 인간의 이해"를 추구한다. 생태인간주의의 프로젝트가 생명의 우선성과의 접합을 추구하는 한, 우리는 지구 — 코페르니쿠스적 인간이 상실했던 인간 생명의 보금자리 — 라는 사고를 회복해야 한다는 취지로 주장된다.

20) 스피노자의 자연 철학에 관한 연구에서, 'natura naturata'는 '소산적 자연', 'natura naturans'는 '능산적 자연'으로 번역되기도 한다. 예로, 한자경(1995: 101)에 의하면, "스피노자는 자연에 깃든 이 생성시키는 힘, 있는 것을 있게 하는 힘을 '능산적 자연'이라 하고, 그 힘에 의해 전개되고 발현된 자연을 '소산적 자연'이라고 구분한다.

<표 6-1> 구성된 자연과 구성적 자연의 함의

구분	자연의 인간화	인간의 자연화
natura naturata (구성된 자연)	자연에 대한 인간 노동(기술 포함)의 변환적 영향	인간 종의 생물리적 형성
natura naturans (구성적 자연)	의미로운 질서로서 자연의 구성	인간 의미와 사고의 자연적 기반에 관한 인식

자료: Saroja Sundararajan, 1996: 365.

부여하며, 또한 역으로 인간은 이러한 자연의 물질적 변환을 가져올 뿐만 아니라 자연의 상징적 의미를 전환시켜 나간다는 점이다. 즉, 이 구분은 "만약 자연이 정신으로 전환되고 자연을 구현한 존재의 형태로 이를 '인간화'한다면, …… 역으로도 인간은 의미와 가치의 질서로서 자연적인 것들을 구성한다"는 점을 내포하고 있다(Saroja Sundararajan, 1996: 362).

'구성된 자연'과 '구성적 자연'의 구분은 마르크스주의적 생태학을 위해 여러 가지로 유용한 함의를 가진다. 첫째, 우리는 자연을 두 가지 측면에서, 즉, '구성하는 것'과 '구성되는 것'으로 이해함으로써, 관념적 자연론(헤겔)과 교조적 유물론(포이어바흐)의 문제성을 동시에 극복할 수 있을 뿐만 아니라, 마르크스의 변증법적 생태학에 내재된 여러 가지 문제성들을 해소할 수 있다. 이러한 구분을 통해 인간과 자연의 통일성이 인식될 수 있으며, 어느 한쪽을 다른 한쪽으로 환원시키는 환원주의의 위험을 피할 수 있다.[21] 또한 자연과 인간의 관계를 매개하는 노동과

21) 이와 유사한 맥락에서, 박주원(2005)은 "마르크스는 '자연의 인간화'와 '인간의 자연화'가 궁극적으로 동일한 본성을 가지고 있으면서도 이를 어느 하나로 환원하지 않고 자연에 내포되어 있는 객관적 실재의 측면과 주체의 활동성이라는 측면이

언어를 강조하고 이들의 관계를 균형되게 개념화할 수 있다. 즉, 자연은 노동과정을 통해 인간에게 물질을 제공할 뿐만 아니라 언어를 매개로 의미와 질서를 형성할 수 있도록 하며, 또한 마찬가지로 그 변증법적 과정을 통해 인간은 자연을 물질적으로 변환시키고 새로운 의미를 부여하게 된다.

둘째, 이러한 구분은 마르크스주의적 생태학을 인류중심주의적이라는 비판으로부터 구제해준다. 마르크스주의적 생태학의 인류중심적·생태중심적 대립을 극복하기 위한 시도들에서 대부분의 논평가들이 공통적으로 봉착하는 문제성들 가운데 하나는 인간과 자연 간의 구성적 호혜성 또는 균형에 관한 사고로서, 이는 마르크스의 저작에서 인간의 자연화 및 자연의 인간화라는 용어로 표현되었다. 마르크스의 주장들이 인류중심적·생태중심적 대립에 대해 매우 민감했던 것은 — 마르크스가 그렇게 했을 것이라고 벤튼 등이 가정한 바와 같이 — 인간과 자연의 관계에 관한 프로메테우스적 관점 때문이 아니라, 자연의 인간화와 인간의 자연화라는 두 가지 방향 또는 운동들의 긴장과 불협화음 때문이라고 할 수 있다. '구성된 자연'과 '구성적 자연'의 구분은 이러한 긴장과 불협화음을 극복할 수 있도록 한다.

셋째, 이 구분을 통해 자연과 인간의 도구적 관계가 극복될 수 있다. 자연의 인간화는 흔히 환경에 대한 기술적 정복과 같이 퇴락한 의미를 가지는 과정으로 이해된다. 그러나 인간과 자연의 호혜적 관계의 부정은 인간적인 것에 대한 프로메테우스적인 신성화를 유도하면서, 이러한 초인류중심주의를 통해 지배와 통제에 대한 기술론적 충동을 초래하게 된다. 다른 한편 인간과 자연의 관계를 노동(좁은 의미)에 의해 매개되는 것으로 한 차원(물질적 교환)에만 좁혀버린다면, 이는 심각한

갖는 이중적인 의미를 인식하고 있었다"고 주장한다.

결함을 야기한다. 즉, 인간은 자연 세계를 변형시킴으로써 자기자신을 변형시킨다는 사실을 인정하면서, 만약 이와 같은 물질적 교환관계만 강조한다면 우리는 오늘날과 같은 도구적 자연 지배에 빠지면서, 그로 인해 자연으로부터 소외된다. 인간의 자연화 및 인간-자연 간의 매체로서 언어를 통한 의미의 변증법적 교류는 이러한 문제점을 극복할 수 있도록 한다.

넷째, 이러한 구분은 마르크스주의적 생태학에서 흔히 결여된 것으로 간주되는 '자연의 가치화' 문제를 다룰 수 있게 된다. 고트리브(Gottlieb, 1997: xiv)는 "마르크스는 인간과 자연 간의 상호 규정을 놓쳤을 뿐만 아니라, 비인간적 자연이 우리들에 의해 인간화되지 '않는' 만큼 궁극적 가치들은 비인간적 자연에 놓여 있을 가능성을 파악하지 못했다"고 주장한다. 물론 마르크스는 자연 그 자체가 내재적 가치를 가지고 있다고 생각하지 않지만, 또한 분명하게 자연을 죽은 물질이며 따라서 가치의 근원이 될 수 없다고 주장하지도 않았다. 이러한 점에서 '구성적 자연'의 개념은 자연 그 자체가 가치를 내재하지는 않지만 인간에게 어떤 가치와 질서를 부여한다는 사실을 인정하도록 한다.

끝으로, 이 구분은 환경정의론을 위해서도 직접적인 함의를 가진다. 즉, 환경정의의 이론을 위한 이의 함의들 가운데 하나는 환경정의의 이론 또는 개념이 단지 '구성된 자연'(예로, 자원고갈과 환경오염 또는 노동자나 동식물의 손상된 신체 등)과 관련될 뿐만 아니라 '구성적 자연'(예로, 인간적 의미와 가치의 자연적 기초의 파괴, 즉, 우리들에게 자연에 대해 어떤 가치를 부여하도록 하는 자연의 구성적 성격의 파괴)과도 관련되며, 특히 후자는 다시 우리들로 하여금 의미로운 질서와 인식으로서 자연의 구성을 불가능하게 한다는 점에서, 환경정의를 포함하여 환경에 관한 규범적 개념들은 이러한 문제성을 극복할 수 있어야 한다.

6. 결론: 자본주의적 인간-자연관계를 넘어서

자연과 인간의 관계를 다루는 생태학은 그 관계에 대한 단순한 (그것이 아무리 과학적이라고 할지라도) 서술만을 위한 것이 아니라, 그 관계에 대한 규범적 함의를 규정할 수 있어야 한다. 마르크스는 자본의 분석을 통해 자본주의 사회에서 자연과 인간의 관계를 왜곡시키는 과정(즉, 자연에 대한 인간의 도구적 지배 및 자연으로부터의 소외)을 과학적으로 제시했을 뿐만 아니라, 이러한 관계가 어떻게 규범적으로 재구성되어야 할 것인가에 대한 철학적·사회이론적 통찰력을 제공한다.

물론 이러한 주장은 마르크스의 저작들이 자연과 인간의 관계에 관한 규범성을 아무런 문제 없이 완전히 정형화했음을 의미하는 것은 아니다. 이는 그의 생태학적 사고가 인간중심적 또는 기술중심적 관점에서 자연에 대한 인간(기술)의 우월성을 강조하는 것처럼 보이기 때문이 아니라, 자연과 인간 간의 관계를 규범적으로 설정하는 여러 가지 개념적 논의들, 특히 자연의 지배, 자연으로부터의 (탈)소외, 자연(그리고 인간 주체들 간)의 인정 등에 관한 논의들에서 모호하고 문제성 있는 주장을 하거나 또는 주요한 개념적 요소들을 무시 또는 포기하고 있기 때문이다.

자연과 인간, 그리고 인간 주체의 관계에 관한 이러한 개념들의 재고찰은, 우선 마르크스주의적 생태학은 '인간은 자연을 변형시키면서 동시에 그 자신을 변형시킨다'는 마르크스의 주장과 '자연의 인간화' 및 '인간의 자연화'라는 그의 명제에 기초한다. 이러한 주장과 명제 위에서, 우리는 진정한 의미에서의 자연의 지배, 탈소외, 인정 등을 이론화하고 실천할 수 있다. 즉, 인간은 자연과의 관계에서 자신의 노동에 의한 생산과정을 스스로 지배할 수 있어야 하며, 그렇게 함으로써 자신의 노동 대상이며 그 생산물로서 자연에 대한 소외를 극복할 수 있을 것이고, 나아가 자연에 대해 그리고 다른 주체들에 대해 애정 어린 상호 인정을 회복할 수 있을 것이다.

이러한 점에서, 이 장은 자연과 인간 간의 관계에 관한 규범적 개념들, 즉, 자연의 지배, 탈소외, 인정 등의 사고를 철학적으로 재고찰하고 나아가 마르크스주의적 생태학 특히 환경정의론을 위한 기초를 구축하는데 기여하고자 했다. 물론 이러한 규범적 개념들의 재고찰은 단지 자연과 인간의 관계를 개념적으로 재구성하기 위한 것이 아니라, 앞 장에서 논의한 바와 같이 자본주의 사회에 만연한 사회적·환경적 부정의를 해소하고 인간과 자연 간의 진정한 관계를 회복하기 위한 실천을 위한 것이다.

참고문헌

이진경. 2006.「마르크스주의에서 생산력 개념의 문제」. ≪마르크스주의연구≫, 6, pp.77～107.

박주원. 2005.「마르크스의 자연 개념에 대한 연구: 이중적 자연개념의 의미, 그리하여 '비판적 자연관'의 정치사상에 대하여」. ≪정치사상연구≫, 11(2), pp.153～178.

Adorno, T. and M. Horkheimer. 1978[1944]. *Dialectic of Enlightenment*. Verso. London.

Alford, F. C. 1985. *Science and the Revenge on Nature: Marcuse and Habermas*. Univ. Press of Florida. Tampa.

Anderson, J. 1995. 'Translator's introduction' to Honneth, A.. 1995. *The Struggle for Recognition: The Moral Grammar of Social Conflicts*. The MIT press. Cambridge. Mass.

Benjamin, W. 1955. *Einbahnstrasse*. Frankfurt. Suhrkamp.

Benton, T. 1992. Ecology, socialism and the mastery of nature: a reply to Reiner Grundmann. *New Left Review*. 194. pp.55～74.

Benton, Ted. 1989. "Marxism and natural limits: an ecological critique and reconstruction". *New Left Review*. 178. pp.51～86.

Buchanan, A. E. 1979. "Exploitation, alienation, and injustices". *Canadian Journal of Philosophy*. 9(1). pp.121～139.

Chiro, G. D. 1996. "Nature as community: the convergence of enviroment and social justice". in William Cronon(ed). *Uncommon Ground: Rethinking the Human Palce in Nature*. Norton. New York. pp.298～320.

Churchich, N. 1990. *Marxism and Alienation*. James Clarke & co. Cambridge.

Clark, J. 1989. "Marx's inorganic body". *Environmental Ethics*. 11. pp.243～258.

Eckersley, R. 1992. *Environmentalism and Political Theory: Toward an Ecocentric Approach*. State Univ. of New York Press. New York.

Fraser, N. 1995. "From redistribution to recognition?". *New Left Review*. 1995. 212. pp.68～93.

______. 1997. *Justice Interruptus: Critical Reflections on the 'Postsocialist' Condition*. Routledge. London.

Gottlieb, R. S.(ed). 1997. 'Introduction' to *The Ecological Community*. Routledge. London.

Grundmann, R. 1991a. "The ecological challenge to Marxism". *New Left Review*. 187. pp.103～120.

______. 1991b. *Marxism and Ecology*. Oxford Univ. Press. Oxford.

Habermas, J. 1971. *Theorie und Praxis*. M. Schrkampf Verlag. Frankfurt; 1974. *Theory and Practice* (trans. by John Viertel). Heinemann. London; 홍윤기. 이정원 옮김. 1982. 『이론과 실천』. 종로서적.

Harvey, D. 1982. *The Limits to Capital*. Blackwell. London.; 최병두 역, 1995, 『자본의 한계』. 한울.

______. 1996. *Justice, Nature and the Geography of Difference*. Blackwell. London.

Honneth, A. 1995. *The Struggle for Recognition: The Moral Grammar of Social Conflicts*. The MIT press. Cambridge. Mass.

Lee, D. C. 1982. "Toward a Marxian ecological ethic: a response to two critics". *Environmental Ethics*. 4.

______. 1980. "On the Marxian view of the relationship between man and nature". *Environmental Ethics*. 2.

Leff, E. 1995. Green Production: *Toward an Environmental Rationality*. The Gulford Press. New York.

Leiss, W. 1994(2nd edn). *The Domination of Nature*. McGill-Queen's University Press. Montreal & Kingston.

Marx, K. 1976. *Capital* vol. 1. Harmondsworth: Penguin.

______. 1964. *The Economic and Philosphic Manuscripts of 1844*. International Publisher. New York.

______. 1973. *Grundrisse: Foundations of the Critique of Poltical Economy*. New York: Vintage.

Marx, K. and F. Engels. 1970. *The German Ideology*. International Publisher. New York.

McLaughlin, A. 1993. Marxism and the mastery of nature: an ecological critique, in R. S. Gottlieb(ed.). *Radical Philosophy: Tradition, Conter-tradition, Politics*, Temple Univ. Press. Philadelphia. pp.166~181.

Merchant, C.(ed). 1993. *Ecology: Key Concepts in Critical Theory*. Humanities Press. New Jersey.

______. 1989. *The Death of Nature*. HarperCollins Publishers. SanFrancisco.

Ollman, B. 1976(2nd edn.). *Alienation: Marx's Conception of Man in Capitalist Society*. Cambridge Univ. Press. Cambridge.

Parsons, H. L.(ed). 1977. *Marx and Engels in Ecology*. Greenwood Press. Westport. p.xi.

Pepper, D. 1993. *Eco-Socialism: from Deep Ecology to Social Justice*. Routledge. New York.

Routley, V. 1981. "On Karl Marx as an environmental hero". *Environmental Ethics*. 3. pp.237~244.

Saroja Sundararajan, P.T. 1996. From Marxian ecology to ecological Marxism. *Science and Society*. vol.60(3). pp.360~379 .

Schmidt, A. 1971. *The Concept of Nature in Marx*. New Left Books. London.

Schmitt, R. 1996. Marx's concept of alienation. *Topoi: An International Review of Philosophy*. 15(2). pp.163~176.

Smith, N. 1982. *Uneven Development: Nature, Capital and The Production of Space*. Blackwell. London.

______. 1996. The production of nature, in George Robertson et al(eds.). *FutureNature: Nature/Science/Culture*. Routledge. New York. pp.35~54.

Taylor, C. 1992. *Multiculturalism and 'The Politics of Recognition'*. Princeton Univ. Press. Princeton.

Tolman, C. 1981. Karl Marx, alienation, and the mastery of nature. *Environmental Ethics*. 3. pp.63~74.

Vogel, S. 1988. Marx and alienation from nature. *Social Theory and Practice*. 14(3). pp.367~387.

_____. 1996. *Against Nature: The Concept of Nature in Critical Theory*. State Univ. of New York Press. New York.

제3부 포스트모던 생태학과 환경정의

7장 스피노자의 자연철학과 환경윤리

1. 서론
2. 근대적 자연의 이해와 데카르트적 자연관 비판
3. 스피노자의 자연관과 생태학
4. 스피노자의 반도덕주의와 환경윤리
5. 스피노자의 자연철학과의 접합
6. 자연주의적 환경윤리의 딜레마
7. 결론

8장 니체의 생태학과 자연주의적 환경정의

1. 서론
2. 반자연주의에 대한 니체의 비판
3. 니체의 생태학에서 자연과 인간
4. 형이상학적 정의에서 자연주의적 정의로
5. 자연주의적 윤리에서 환경정의
6. 결론

9장 포스트모던 생태학과 환경정의

1. 서론: 탈근대적 모험으로서의 생태(철)학
2. 탈구조주의의 생태학과 환경윤리
3. 들뢰즈의 행동학과 리좀적 자연주의
4. 차이와 공생으로서의 환경정의
5. 결론

7장

스피노자의 자연철학과 환경윤리[1)]

자연의 상태에서 죄악이란 식별 불가능하다. …… 달리 말해서, 자연의 상태에서 정의와 부정의에 답할 수 있는 것은 아무것도 없다. 이러한 사고는 단지 사회적 상태에서만, 즉, 한 사람에게 속하는 것과 다른 사람에게 속하는 것에 대한 공동의 합의에 의해 결정될 경우에만 가능하다.

— 스피노자(1675)

1. 서론

근대 의식의 발달 이후 데카르트적 철학에 묻혀 있었던 스피노자가 최근 다시 학문적 관심의 초점이 되고 있다. 특히 그의 '내재성'의 철학은 니체뿐만 아니라 마르크스와도 재접목되고 있다. 또한 그의 자연주의는 심층생태학이나 포스트모던 생태학에 가장 심원한 영향을 미치고 있다. 예로, 심층생태학의 기원을 이루는 노르웨이의 생태철학자 네스는 스피노자의 사상과 심층생태학 및 이에 기초한 환경운동의 기본이념 간 연관성을 개관하면서, "스피노자만큼 기본적인 생태적 태도들을 그렇게 명료

1) 이 글은 『국토와 환경-공간계획론의 새로운 접근』, 한울, 2002년, 451~476쪽에 실린 글을 수정한 것이다.

하게 접합시킨 철학자는 없다"고 주장한다(Naess, 1977: 54). 심층생태학이 스피노자에 관심을 가지는 것은 실천적 측면이지만, 그의 철학적 내용도 전제되고 있다. 또한 심층생태학자들이 스피노자를 행위의 철학자로 해석하고자 한다는 점에서, 들뢰즈가 스피노자에게 보인 관심과 유사성을 가진다. 들뢰즈의 『스피노자: 실천철학』을 영문으로 번역한 헐리(Hurley)는 그 서문에 스피노자에 대한 관심이 들뢰즈뿐만 아니라 심층생태학자들에 의해 새롭게 제기되고 있다고 지적하고, "환경은 정보의 저수지로서 그 순환에 관한 지도화(mapping)가 필요할 뿐만 아니라, 힘의 장으로서 그 행위에 관한 경험이 필요하다"고 주장한다(Deleuze, 1988: p.ii). '정보의 저수지로서 [환경의] 순환에 관한 지도화'가 생태학의 주요 과제라면, '힘의 장'으로서 환경에서 이루어지는 행위에 관한 경험은 자연주의적 철학의 근거를 이룬다.

물론 스피노자의 철학에 함의된 생태학적 사고와 환경윤리는 현대적 의미로 재해석된 현대 환경론을 통해서 이해할 수도 있지만, 보다 중요하게는 직접 그의 자연주의 철학을 연구해볼 필요가 있다(Lloyd, 1980; Houle, 1997). 특히 그의 자연주의 철학은 도덕성 자체를 거부하는 것처럼 보임에도 불구하고, 자연주의적 도덕 또는 어떤 환경윤리를 주장하는 것으로 해석될 수 있다. 즉, "우리가 자연주의적 도덕(naturalistic morals)을 자연의 법칙에서 그 원칙을 수립하고자 하는 [도덕] 체계라고 정의하고, 이는 무엇보다도 [규범적으로] 인간의 본성이 되어야만 하는 것을 우선 고찰하는 것이 아니라 인간의 본성 자체를 고찰하는 것이라고 해석한다면, 스피노자는 자연주의적 도덕주의자라고 불릴 수 있다"(Spencer, 1931: 67). 사실, 스피노자는 다른 어떤 근대적 철학자들보다도 '환경윤리'와 긴밀하게 관련된다. 그의 사상에서 매우 탁월한 주제는 '자연을 위한 경외감(reverence for nature, Deus sive Natura)'이라고 할 수 있는 것의 함양이다. 그는 과거 종교적 교리에 의해 초월적 신에게 부여되었던 경외감, 사랑, 인간성, 자아실현[으로서의 정의]의 세계에까지 나아갔다. "인간에 관한 스피노자의 이론에는 강한 생태적 성향이 있다. 그는 인간의 자연적 모태(natural matrix)를 무시하거나 과소평가하기를 거부했다. 왜냐하면 그렇게 하는 것은 관련적 관점에서 인간적 현실에 관한 우리의 이해를 심각하게 불균형하게 하기 때문이다"(Lloyd, 1994: 279).

그러나 스피노자의 철학은 아직 우리들에게 생소하며 매우 포괄적이다. 따라서 이 장은 스피노자의 철학을 전체적이고 체계적으로 해석하기보다는 (이를 배경으로 하지만) 그의 자연주의 철학과 이에 함의된 환경윤리에 대하여 고찰하고자 한다. 우선 근대 철학의 주류를 이루는 데카르트 철학의 입장에서 본 자연관을 비판적으로 살펴보고, 스피노자의 자연주의 철학을 개관한 후 자연 및 이와 관련한 인간의 지위에 관한 생태적 사고를 고찰한다. 그리고 스피노자의 반도덕주의적 철학에 함의된 환경윤리를 특히 [환경]정의의 개념과 관련시켜 검토하며, 나아가 스피노자 철학에 대한 재인식이라는 점에서 그의 철학이 니체 및 마르크스와 어떻게 접목되고 있는가를 이해하며, 끝으로 자연주의적 환경윤리에 함의된 딜레마를 살펴보고자 한다.

2. 근대적 자연의 이해와 데카르트적 자연관 비판

서구 사회에서 근대 이전의 고·중세시대에 자연은 동양적 사고와 매우 유사하게, '스스로 그러함' 또는 '스스로 그렇게 됨'을 의미했다. 특히 이러한 개념에서 중요한 점으로, "만물이 스스로 그렇게 된다고 하는 것은 자연이 그렇게 되어야 할 바를 그 자체 내에 지니고 있다"는 뜻이다(한자경, 1995: 89). 즉, 만물은 자신의 본성을 가지고 있으며 이 본성을 추구하는 것으로 이해된다. 예로, 물, 흙, 공기, 불 등은 자연 속에서 각각 자신의 고유한 자리를 가지며, 자신의 자리를 찾아 운동하는 자연물은 그 자리에 도달하면 비로소 운동을 정지하게 된다고 생각했다. 이와 같이, 자연에서의 변화 및 진화는 스스로 자기 자리를 찾아가는 자연의 능동적 운동이며, 스스로 자신의 목적을 실현시켜가는 생성적인 운동으로 이해되었다. 이러한 자연관은 특정한 목적을 향해 운동한다는 점에서 목적론적 자연관이지만, 그 목적이 외적으로 부과되는 것이 아니라 자연 안에 본연적으로 내재된 것이라는 점에서 내재적 자연관이라고 할 수 있다.

그러나 근대사회로 들어오면서, 자연은 더 이상 자신의 본성을 향한 운동으로 이해되지 않게 되었다. 자연 속에서 사물 자체가 속해야만 하는 내재적 자기 자리라는 것은 존재하지 않으며, 따라서 자연의 운동은 이러한 사물들이 자신의 자리를 찾아가는 능동적 운동으로 간주되지 않게 된다. 이제 자연은 단지 획일적인 관성의 법칙에 따라 진행되는 기계적 작동에 불과하며, 사물은 다른 것에 의해 피동적으로 움직이도록 되어 있기 때문에 운동하는 것으로 간주되었다. 자연은 더 이상 스스로 운동하는 생동력을 가지는 것이 아니라 생명력이 없는 수동적 기계로 이해되고, 그 속의 사물들은 내재적 본성에 따른 차이가 아니라 양적 차이로 환원되었다. 이러한 자연관은 기계론적 자연관이라고 할 수 있다. 근대사회의 도래와 더불어, 내재적 자연관에서 기계론적 자연관으로의 전환을 초래한 것이 바로 데카르트적 입장에서의 자연의 이해이다.

근대 이후 서구 사회의 지배적 패러다임이 된 데카르트적 철학은 기본적으로 인간 이성에 초점을 두고, 인간과 자연 세계의 다른 것들 간 근본적 이원성에 기초하여 인간을 자연의 위에 또는 자연의 바깥에 위치짓는 경향이 있다. 이러한 철학적 논리에 의하면, 움직이게 하는 활동적인 것은 의식 작용이고, 사물은 단지 움직여지는 수동적인 물체에 불과하다는 점에서 사유 주체와 물질 객체 간의 이분법이 등장하게 된다. 이에 따라 시공간 안에서 존재하는 모든 자연물은 스스로의 활동성을 상실한 기계로 간주하는 근대적 자연관이 성립하고, 나아가 이러한 물질 객체에 대한 객관적 지식을 통하여 사유하는 주체는 자연을 지배할 수 있다는 근대적 물질문명을 촉진했다.

보다 구체적으로 데카르트는 자연을 “신 그 자체 또는 신에 의해 설정된 피창조물들의 질서화된 체계”로 이해하고(Lloyd, 1994에서 재인용), 자연 속에는 선과 악, 수혜로운 것과 해로운 것의 구분이 없다고 주장한다. 그리고 그의 철학에서, 자연의 통제라는 점에서의 자율적이고 합리적인 의지가 강조된다. 자기존중(self-esteem)에 관한 데카르트의 견해는 인간 자신을 합리적이고 자율적인 의지로 이해함에 기초한다. 이 자율성은 필수적으로 자연의 영역으로부터 인간 정신의 분리라는 점에서 파악되며, 정신과 물질의 첨예한 구분은 이러한 초월성에 관한 사고를 뒷받침한다. 정신은 이제 물질로부터 완전히 철수하고, 그 우월성은 자연의 다른 것들과의 관계에서 새로운 특혜적 위상을 가지는 기초가 된다(Lloyd, 1994: 150). 게다가 데카르트에 의하면, 인간의 도덕적 공동체 구성에서 그 배타성은 신체(그리고 물질)를 초월하는 합리적 정신의 소유에 의해 정당화된다. 비록 인간의 신체는 동물의 신체와는 달리 정신과 뒤엉켜 있지만, 동물적 신체는 기계적 자동체(automata)에 불과하며, 인간을 이러한 동물적 신체와 구분짓는 것은 이성이라고 강조된다.

데카르트의 이원론적 철학과 자연관은 그 이후 서구 근대 의식의 주류를 이루며 발달해왔다. 그러나 이러한 주류 철학에 대한 저항들이 없었던 것은 아니다. 스피노자와 라이프니츠(G. W. Leibniz)는 이러한 주류 철학에 의문을 제기하고 자신의 철학을 제시한 대표적인 철학자들이다.

> 라이프니츠와 스피노자는 사실 공동의 프로젝트를 가지고 있었다. 그들의 철학은 새로운 ‘자연주의’의 두 측면을 구성한다. 이 자연주의는 반데카르트적 반응의 진수를 제공한다. …… 데카르트는 수학적인 기계

적 과학의 모험에서 성공함으로써 17세기 전반부를 지배했으며, 이에 따른 우선적 효과는 자연으로부터 어떠한 심미성이나 잠재성, 본연적 힘, 어떠한 내재적 존재도 제거해버림으로써 자연을 탈가치화하는 것이었다. 데카르트적 형이상학은 모험을 완수했다. 왜냐하면 자연과 자연을 창조한 신을 생각하는 방식에서 그의 철학은 존재(Being)를 자연의 바깥에서 추구했기 때문이다. 반면, 반데카르트적 반응에서 주제는 힘을 부여받은 자연에 관한 주장을 재정립하는 것이었다(Deleuze, 1988: 227~228).

들뢰즈의 해석에 의하면, 이들이 데카르트적 자연관의 한계를 극복하고 자연의 이해를 재구성할 수 있었던 기본 개념은 표현(expression)의 논리이다. '표현'이란 무한한 실체가 자신을 잃지 않으면서 속성과 양태를 통해 스스로를 나타내는 방식을 말한다. 특히 스피노자는 초월적 신을 부정하고 오직 양태들에 의해서만 표현되는 것으로 위치 짓는다. 즉, 스피노자의 신은 초월적 신이 아니라 자연의 '표현'으로 이해된다. 스피노자는 (라이프니츠와 더불어, 그들의 주장은 상당히 다르지만) '철학에서 표현주의'로 이해될 수 있으며, 이러한 "스피노자의 철학적 표현주의는 …… 데카르트의 형이상학과의 대결 속에서 형성"된 것이다(박기순, 2007; 45). 즉, "이 두 철학자 [라이프니츠와 스피노자]는 서로 무관하게 데카르트주의의 난점을 극복하고 자연의 철학을 복원하기 위하여 표현이라는 사고에 의존하고 있다"(Deleuze, 1988: 17).

위에서 언급한 바와 같이, 데카르트적 형이상학은 자연으로부터 그 본연적 힘을 박탈하고 이를 초월적 신의 창조물로 만들며 자연의 바깥에 생각하는 주체[즉, 인간]를 위치 지음으로써 자연을 탈가치화했다. 반면 스피노자의 자연주의는 자연을 긍정적이고 생산적인 힘으로 특징 짓는다 (Allen, 1976). 데카르트 이후 오늘날의 주류 윤리학은 흔히 자연 필연성과 자유 의지를 이원적으로 구분하고, 윤리는 자유 의지의 영역에 속하는 것으로 간주한다. 그러나 자연 철학에 기초한 스피노자의 윤리학은 "감성과 지성, 자유와 필연, 역사와 이성의 관계를 균형 짓기 위한 것이었다"(Negri, 1997: 1). 들뢰즈에 의하면 이러한 스피노자의 자연주의를 새롭게 만드는 가장 중요한 요인들 가운데 하나는, 자연은 역동적(즉, 표현적)이라는 점을 부각시키는 한편 자연이 목적론적이라는 점을 부정했다는 점이다. 자연은 사전 결정된 어떠한 목적도 가지지 않은 복합적 과정이며, 자연주의는 이 과정을 설명하기 위하여 보다 근본적인 영역의 존재를 전제함으로써 이 운동을 설명할 필요가 없게 된다(Deleuze, 1992: 227~232). 대신 스피노자에 의하면, 자연주의의 기초를 이루는 '직관적 지식(intuitive knowledge)'은 자연의 법칙에 관한 지식과 어떤 관련을 가지지만, 과학적 법칙을 능가하여 즉각적이고 공감적으로 속성들(attributes)의 '정체성'을 개별적 존재 양태에 따라 발생하는 것으로 파악하고자 한다(박삼열, 2001 참조).

3. 스피노자의 자연관과 생태학

스피노자는 다양한 철학적 주제를 다루었지만, 자연은 그의 철학에서 가장 중요한 주제들 가운데 하나이다. 스피노자의 철학에서 자연은 활동성이 없는 수동적인 죽은 기계가 아니라, 그 자체로서 살아 생동하는 것으로 이해된다. 특히 그의 철학에서 자연은 신을 통해 활동성을 갖는 무한한 힘으로 간주된다. 물론 스피노자에게 신과 자연, 그리고 이들의 관계는 중세의 종교적 신, 즉, 자연을 창조한 초월적 존재에 더 이상 바탕을 두지 않는다. 이에 대한 스피노자의 비판은 두 가지 사항에 초점을 둔다. 과거의 전통적 사고에 의하면, 첫째, 자연에는 아무런 것도 가능하지 않다.

즉, 비존재적 양식의 본질은 신성한 법적 질서에서 어떤 모형이나 가능성이 아니다. 둘째, 자연에서는 어떠한 것도 개연적이지 않다. 즉, 존재는 상이한 세계에서 상이한 법칙들에 따라 선택될 수 있는 신성한 의지의 행위를 통해 생산되지 않는다(Deleuze, 1988: 94). 대신 스피노자에게 신이란 절대적인 무한자, 즉, 속성들의 무한성을 구성하는 본질이며, 속성들 각각은 영원하고 무한한 본질을 표현하는 것으로 이해된다. 이러한 점에서 신은 신중하게 선정된 자연이다. "자연은 각 사물에 명시적으로 또는 암묵적으로 존재하는 모든 것을 포괄하며 포함한다"(Deleauze, 1992: 16~17). 자연의 전체 질서는 무한성을 구현한 것이지만 자연적 법칙은 강제적·필연적·명령적인 것이 아니라 역동적·개연적·표현적이다.

자연에 대한 스피노자의 지대한 관심은 『윤리학(Ethics, 이하 Ethics로 인용)』을 포함하여 그의 저작들 전반에서 가장 공통적으로 확인될 수 있는 '신 또는 자연'이라는 문구에서도 확인된다. 여기서 '신 또는 자연'은 독특한 등가성, 즉, 신의 실체와 자연의 실체 간 동일성을 단언한다. 그리고 흔히 두 가지 단어, 즉, '능산적 자연 또는 구성적 자연(Natura Naturans, naturing nature)'과 '소산적 자연 또는 구성된 자연(Natura Naturata, natured nature)'이 부가된다. 스피노자는 자연에 내재하는 생성적 힘, 즉, 있는 것을 있도록 하는 힘을 '능산적 자연'이라 하고, 그 힘에 의해 전개되고 표현된 자연을 '소산적 자연'이라고 구분한다. 원인으로서, 능산적 자연으로서 신은 그 효과의 총체성 또는 소산적 자연의 총체성과 상응한다(Ethics, I. P.29, Sch). 그렇지만 이 점은 신을 자연의 모든 유의하고 중요한 의미와 등치시키는 것에 대한 스피노자의 경고를 안이하게 저버리는 것은 아니다. 신 또는 자연은 영구적·불가분적이고, 완전함(없는 것이 없음)이라는 점에서 완성적이며, 목적론적 목적이나 그 자체를 위한 방향성을 가지지 않는다. "신/자연은 그의 수정 또는 종속적 존재를 가지는 것으로 정의되는 양태들(modes)을 통해 그 자신을 표현한다. 모든 특정한 또는 개별적인 사물 또는 실체, 예로 인간, 침팬지, 나무, 돌, 원자 등은 '일시적' 양태 또는 그 본질의 수정"으로 이해된다(Sessions, 1977: 500).

이러한 스피노자의 자연관에 관한 네스(Naess, 1977)의 해석은 두 가지 측면을 강조하고 있다. 우선 스피노자의 견해에 의하면, 자연은 기계주의적 과학에서 간주되는 것처럼 그렇게 무력하거나 수동적 또는 가치중립적인 것이 아니다. 자연은 모든 것을 포괄하고 창조적이며(능산적 자연으로서), 무한히 다양하고 살아 있으며, 또한 구조, 즉, 자연의 법칙을 구현한다. 특히 자연(대문자 N으로 시작하는 Nature)은 직관적으로 완전한 것으로 인식된다. 이는 좁은 의미로 도덕적이거나 실용적 또는 심미적 완성이 아니다. 자연은 '그 자체로서' 완전하다. 스피노자에 의하면, 자연은 절대적으로 모든 것을 포괄하는 실체이며 어떠한 목적이나 목표도 가지지 않는다. 만약 자연이 어떤 목적을 가진다면, 이는 어떤 더 큰 것의 일부이어야 한다. 따라서 전체로서 자연은 시간과 관련된 어떤 목적이나 목표를 가질 수 없다. 자연의 두 가지 측면, 즉, 연장(extension)과 사유(thought, 또는 비연장 non-extension)는 하나의 유일 실체의 완전한 양면이며, 완성은 양 측면을 특징짓기 때문에 스피노자에게 가치이원론, 즉, 정신과 물질, 심상과 신체의 구분은 부정된다.

또한 네스의 해석에 의하면, 모든 것은 다른 모든 것들과 연계되어 있다. 모든 것을 다른 모든 것들과 연계시키는 인과관계의 네트워크가 존재한다. 인과적으로 능동적이지 않은 것은 없으며, 원인이 됨을 통해 표현하는 본질이 없는 전체적인 것은 없다. 이러한 점에서, 코모너(Commoner, 1992: 8)는 '모든 것은 연계되어 있다'는 점을 생태계의 제1원칙으로 삼았다. 특히 외적 관계가 아니라 내적 관계라는 의미에서의 본연적 내적 연계성은 생태적 존재론을 특징지으며 이러한 점에서 생태적 인식론이 의미를 가진다. 즉, 사물들을 상호 연계시키는 것과 사물들을 이해하는 것은 분리될 수 없다. 이해의 단위는 명제가 아니라 행동이다. 스피노자의 사상체계에서 '이해함(intelligere)'의 기본 위상은 '원인이 됨(causing)'과 본연적인 관계 속에서 파악된다(박삼열, 2001 참조). 어떤 것이 다른 어떤 것에 의해 적절하게 원인 지어진다면, 이는 이 어떤 것을 통해 적절하게 이해되게 되며 그 역도 성립한다. 능동성(activeness)은 이해와 내적으로 관련된다. 왜냐하면 이해함은 정신의 특정한 능동성이기 때문이다. 능동성의 증대가 힘과 자유의 증대와 내적으로 관련된다는 점에서, 이는 또한 힘과 자유와도 관련된다.

이러한 스피노자의 자연관 그리고 이에 대한 심층생태학적 해석의 이해를 위하여, 스피노자의 내재성의 철학을 이해할 필요가 있다. 즉, 들뢰즈(Deleuze, 1988: 122)가 주장한 바와 같이, 스피노자의 자연관을 이해하기 위해서는 "모든 신체, 모든 정신, 모든 개체가 위치 지어지는 '내재성의 공동 평면(common plane of immanence)'"이라는 스피노자의 개념화가 강조된다. 절대적으로 무한한 실체는 각각 영원하고 무한한 어떤 본질을 표현하는 무한한 속성들로 이루어져 있다. 그리고 실체는 속성의 작용을 통해 다양하지만 유한한 양태들을 생성한다. 이렇게 생성된 양태들이 만들어진 자연, 즉, 소산적 자연(natura naturata)을 이룬다면, 이러한 자연을 생성하는 실체는 생산하는 자연, 즉, 능산적 자연(natura naturans)을 이룬다. 말하자면 스피노자에게는 실체·속성·양태가 모두 하나의 평면에 내재하는 것이며, 이를 내재성의 공동(또는 동일) 평면이라고 부른다. 이러한 내재성의 공동 평면이라는 개념은 자연에 그대로 적용된다. 즉, 스피노자에 의하면 '하나의 자연'은 모든 사물들에 공통적으로 적용된다. 왜냐하면 바로 이 점에서 생존의 다양한 방법들이 동시적으로 구성되기 때문이다. 즉, "자연은 생명의 내재적 평면, 즉, 그 위에서 모든 사물이 그 자신의 독특한 구성, 그리고 다른 구성과 '일정하게 상호 연계된 관계'의 다양성을 가지게 되는 평면으로 이해된다. 사실, 지구는 근본적이지만 결코 고정되지 않은 내재적 평면, 즉, 그 위에서 다중적인 것들의 구성이 이루어지는 평면으로 고찰될 수 있다"(Hayden, 1997: 195).

이러한 점에서 '하나의 자연'이 무한한 질의 다양성을 어떻게 드러내는가에 관한 의문에서, 개체와 총체성 간의 내재적 관련성이 이해된다. 즉, 자연 또는 완성체가 본질의 실질적인 다양성을 보여주지 않는다면, 우리는 자연에서 본질의 다양성이 존재하는가 또는 그렇지 않은가를 어떻게 알 수 있는가? 스피노자의 대답은 다음과 같은 명제로 주어진다. "자연에서는 단지 하나의 본질이 존재하며, 이는 절대적으로 무한하다. 본질의 다양성에 관한 징조를 추구하는 것은 헛될 것이다"(Ethics, I: 10, Sch). 그러나 이러한 완성체 또는 실체는, '무한한 자연' 또는 속성들로 구성된다. 즉, 무한한 실체의 독특하게 차별화된 수정은 형식적으로 (양적으로) 특이하지만 존재론적으로 동일한 속성의 표현이다. 이러한 점에서, 내재성의 공동 평면에서 차이가 강조된다. "모든 것들은 어떤 방식에서든 차별적이다. 그렇지만 이들은 창조적 자연으로부터 동일하게 창출되었으며, 계층 질서나 동일함으로 환원됨 없이 차이의 평등성에 관한 논의를 가능하게 한다고 천명할 수 있다"(Hayden, 1997: 190).

이와 같은 주장에 의하면, 자연은 무한한 실체이지만 또한 동시에 다양한 양태들로서 그 속성을 드러내게 된다. 자연의 개체들은 전체 자연에 속하는 속성이 전개되어 나타난 결과의 모습과 양태, 즉, 속성의 '표현'이다. 이러한 점에서, "자연에서 차이와 특성은 자연의 통일성에 모순을 드러내는 것이 아니라 그 통일성의 '필수적인' 표현이다"는 점이 강조된다(Duff, 1993: 48). 그러나 여기서 실체의 속성과 그 표현 양태로서 개체들의 관계는 이원론적인 것이 아니다. 오히려 모든 개체는 "그 모든 부분의 본질적으로 '일관되며' 또한 '연쇄된' 전체를 구성한다. 그러나 이들은 전체의 부분이 됨에서 그들의 질과 힘, 실체의 정도에서 상이해야만 한다. 동일한 부분의 통일체는 심지어 신이 생각하거나 또는 그렇게 하기에도 불가능하다"(Duff, 1993: 59). 필수적으로 차이 속에서 그 자신을 표현한다는 통일체에 관한 일반적 사고에 대해, 스피노자는 단지 한두 문장에서만 다루었을 뿐 상술하지는 않았다고 한다. 그러나 개체와 이를 둘러싼 존재의 총체성 간 통합을 본질적으로 요구한다는 점에서, 생태학과 인간 본성에 대한 스피노자의 개념화는 개체성에 관한 그의 연구에 의해 재강화된다(Lloyd, 1980: 293). 특히 이 점은 특정 사물과 그 배경을 초월하는 불가분의 전체 또는 총체성이 아니라, 지구상에 펼쳐져 있는 모든 공생적 상호연계를 특징짓는 구성물들의 복합성과 차이를 (인간적인 것과 비인간적인 것 간의 이원론에 빠지지 아니하고) 강조하고 있다.

스피노자의 이러한 자연관에서, 전체로서의 자연과 인간의 관계가 이해된다. 그에 의하면, 인간이 자연의 일부가 되지 않는 것은 불가능하다. 그 자신의 속성만을 통해 이해될 수 있는 것들 그리고 그 자체가 적절한 원인인 경우를 제외하고 영향을 받지 않는 것은 없다. "우리가 자연의 일부인 한, 우리는 영향을 받게 된다. …… 그 한 부분은 다른 부분들과는 분리되어 그 자체로서 생각될 수 없다"(Ethics, IV: 2, 4). 스피노자에 의하면, 인간의 자연적 상태는 두 가지 방법으로 결정된다. 첫째는 사회 바깥에서의 야수적인 존재로서, 둘째는 개인들이 사회 속에서 그 자신의 진정한 본성을 실현시킬 수 있는 합리적 상태로서 존재한다. 첫 번째 개념에서, 코나투스는 자연적 충동으로, 개인들은 경쟁적이고 공격적인 욕망의 자연주의적 수준에서 살아간다. 그는 지혜를 이루지 못하고, '당위(the ought)'는 그에게 아무런 의미가 없다. 하지만 두 번째의 이성적 인간에게 '당위'는 어떤 유의성을 가진다. 그러나 스피노자는 대부분의 사람들은 지혜와 덕목을 부여받지 못했다고 말한다. 이는 단지 소수의 사람만이 어떤 의미에서 '당위'를 가짐을 뜻한다. 대부분의 사람들은 '소망의 자체 충동'에 의해 그들이 할 수 있는 한 최대로 그들 자신을 유도해야 한다. 왜냐하면 "자연은 그들에게 아무런 지침을 주지 않았으며, 그들이 이성에 따라 살아갈 수 있는 현재의 힘을 부정했기 때문이다"(Spinoza, 1951, TPT, ch.16). 요컨대 스피노자에 의하면 진정한 '자연적' 인간, 그 자신의 본성, 즉, 이성에 따라 살아가며 도덕적 의무가 의미를 가지는 사람은 매우 드물다. 대부분의 사람들은 '비자연적' 상태에 있다(Spencer, 1931: 69).

그러나 자연에서 이러한 인간의 특성과 관련하여 스피노자의 철학에서 문제성을 가진 주장들 가운데 하나는 인간과 그보다 낮은 동물들의 차이에 관한 것이다. 스피노자에게는 인간뿐만 아니라 동물도 자동 기계가 아니며 보다 하등 동물도 감정을 가진다(Ethics, IV: 37, S1). 하지만 다른 한편 스피노자는 동물이 힘과 즐거움을 가지지만 우리 인간과는 다르다는 점을 인정한다. 즉, 인간에게 이성의 함양은 자연의 다른 부분을 지배하기 위한 것이 아니라, '전체의 부분'으로서 우리 자신의 지위를 파악하기 위한 것이다. 이러한 점에서 스피노자의 고찰에서 인간과 동물의 관계는 이중적 의미를 가진다. 가장 엄격한 의미에서, 우리들에게 유용한 것을 찾고자 하는 인지적 원칙은 야수 또는 인간 본성과는 다른 어떤 사물과의 관계가 아니라, 인간 간에 긴밀한 관계를 가지도록 하는 것이다. 따라서 어떤 사회가 조화롭고 우애가 깊다면 이는 단지 인간들 간에서만 가능하다. 그러나 이 점은 동물이 감정이 없음을 의미하는 것은 아니다. 스피노자는 동물이 감정을 느낀다는 점과 더불어 우리가 우리 자신을 위하여 이들을 이용할 수 있다는 점을 동시에 인정하고 있다(Lloyd, 1994: 247~248).

분명 인간이 자연에서 어떠한 특권적 지위에 있지 않다는 스피노자의 항상적인 주장은 환경윤리의 발달에 기여한다. "다른 종들에 대한 우리의 '권리'는 자연에 대한 인간의 어떤 특권적 지위가 아니라 이성에 근거를 둔다. 인간 이성의 함양은 인간을 위해 결정적인 유의성을 가지지만, 이는 우리에게 형이상학적으로 특권화된 지위를 부여하지는 않는다"(Lloyd, 1994: 158). 그러나 이 점이 바로 우리의 도덕적 관심, 우리의 도덕적 공동체에서 동물들의 배제를 정당화하는 차이가 된다. 우리의 본성과 조화를 이루는 것보다도 더 훌륭한 것은 없다. 그리고 우리에게 가장 유용한 것은 이성의 안내에 따라 살아가는 다른 인간들이다. 인간 자신의 이점을 추구하는 합리적 원칙은 인간이 서로 간에 힘을 합치도록 요구하지만, 본성과 감정이 우리와는 다른 하등 동물은 제외된다(Ethics, IV: 37, S1). 이러한 스피노자 철학에 함의된 생태학적 긴장은 최근의 심층생태학에까지 반영된다. 스피노자에 따르면, 우리는 동물과 친구가 될 수 없거나 또는 이들을 우리의 사회에 포함시킬 수 없다. 단지 인간은 인간과 친구가 될 수 있으며 우리 사회의 구성원이 될 수 있다. 그리고 우리는 동물보다 더 강력하기 때문에 더 많은 권리를 가진다(Naess, 1977: 49~50n).

4. 스피노자의 반도덕주의와 환경윤리

도덕성 또는 윤리에 대한 스피노자의 입장은 매우 모호한 것처럼 보인다. 이에 따라 많은 논평들에 의하면 스피노자는 윤리적 자연주의(ethical naturalism)의 한 형태를 제공했다고 주장되지만, 다른 사람들은 스피노자가 윤리적 자연주의자였다는 점에 대해 의문을 제기하고 있다. 예로, 아이센버그(Eisenberg, 1977: 116)는 “어떠한 형태든 윤리적 자연주의는 원칙적으로 잘못된 것이며” 또한 “스피노자는 분명 윤리적 자연주의자가 아니다”라고 주장한다. 그러나 로이드(Lloyd, 1994)에 의하면, 스피노자의 진술에서 있어 가장 ‘자연적인’ 해석은 그가 윤리적 자연주의의 한 형태를 제공하고 있다는 점이다. 분명, 스피노자에게서 자연 상태에서의 도덕성은 부정된다. 그러나 『윤리학』은 스피노자가 ‘모호한 경험’의 관점이라고 폐기하고자 했던 열등한 관점에서가 아니라, 그가 ‘이성’(또는

'직관적 과학')이라고 칭한 것의 관점에서 서술되고 있다(Ethics, Part.II, Prop.XL, Sch.2).

스피노자에 의하면, 우선 자연 일반에는 절대적 선이나 악은 존재하지 않으며, 대신 각 존재 양태로서 좋음과 나쁨, 유용함과 해로움이 있을 뿐이다. 즉, 악이란 이런 또는 저런 양태의 관점에서 나쁜 것이다. 예로, 우리는 우리 자신이 인간이 됨으로써 스스로의 관점에서 악을 판단한다. 따라서 예로 우리가 어떤 동물이 우리 자신에게 영양분을 공급하기 위하여 존재하는 관계를 파괴한다고 해서 우리는 이를 악이라고 말할 수 없다(Deleauze, 1991: 247). 스피노자는 그가 단지 인간의 목적과 관련하여 좋음과 나쁨을 말한다는 점을 여러 차례 상기시키고 있다.

> 우리가 자연 상태에서 보편적 합의에 따라 좋다 나쁘다고 할 수 있는 것은 아무것도 없다. 왜냐하면 자연의 상태에서 모든 것은 그 자신만의 이점을 생각하며, 그 자신의 의도에 따라 (그 자신을 제외한 다른 누구와도 연관됨 없이) 그의 개별적 이점과 관련하여 무엇이 좋고 나쁜가를 결정한다. 따라서 자연의 상태에서 죄악이란 식별 불가능하다. …… 달리 말해서, 자연의 상태에서 정의와 부정의에 답할 수 있는 것은 아무것도 없다. 이러한 사고는 단지 사회적 상태에서만, 즉, 한 사람에게 속하는 것과 다른 사람에게 속하는 것에 대한 공동의 합의에 의해 결정될 경우에만 가능하다(Ethics, Note II, Prop.37, Pt.4: 214~215).

스피노자는 이와 같이 자연 상태와 사회적 상태를 구분하고, 자연 상태에서는 "절대적 선이나 악은 없으며 도덕적 대립도 없고", 단지 사회적 상태에서 "윤리적 차이가 있을 뿐이다. 이 윤리적 차이는 다양한 대응적 형태, 예로 합리적 인간과 우둔한 인간, 현명한 자와 무지한 자, 자유인과 노예, 강자와 약자 등으로 나타난다"(Deleuze, 1992: 261).

자연 상태의 비(또는 무)도덕성에 관한 스피노자의 서술은 『신학정치론(Tractatus Theologico - Politicus, 이하 TPT로 인용)』에서 보다 명시적으로 제시된다. 홉스와 마찬가지로 스피노자는 도덕성의 기초로서 '자연의 율법' 또는 '자연적 권리'에 관한 개념들을 거부했다. 대신 "자연의 권리나 율법으로, 나는 우리가 모든 개체가 자연에 의해 조건 지어져서 살아가고 행동하는 것으로 간주할 수 있는 어떤 자연적 법칙들을 의미한다. 예로, 물고기는 헤엄치도록 자연적으로 조건 지어지며, 보다 강한 것이 보다 약한 것을 잡아먹도록 자연적으로 조건 지어진다. 따라서 고기는 물을 즐기며, 강자는 존엄한 자연적 권리에 따라 약자를 잡아먹는다. …… 이제 각 개체가 그 자신을 제외한 다른 것과는 무관하게 자신을 보존하도록 노력하는 것은 존엄한 자연의 법칙이며 권리이다. 따라서 이 존엄한 법칙과 권리는 그 자신의 자연적 조건에 따라 존재하고 행동할 수 있는 각 개체들에 속한다"(TPT: 200~201). 이러한 자연적 상태에서, 모든 존재는 그 자신의 힘으로 될 수 있는 것을 할 수 있는 권리를 가진다. 자연 상태의 인간과 그 외 모든 사물은 자연적 조건이 허용하는 것만큼 분명하고 광범위하게 그 자신의 본성을 표현할 수 있는 '권리'를 가진다. 그러나 그 권리는 차별적이다. "모든 것의 권리는 그 자신의 덕목 또는 힘에 의해 결정되는 것처럼, 인간은 야수들에 대해 야수들이 인간에 대해 가지는 것보다 훨씬 큰 권리를 가진다"(Ethics, Note I, Prop.37, Pt. IV; 213).

이와 같이 스피노자에 따르면, 자연적 상태에서 볼 때 "정의로움과 부정의함, 형벌과 공과는 외래적 사고로 심상의 본성을 표현하는 속성이 아니다"라고 서술된다(Ethics, IV, 37, sch11). 정의와 부정의, 좋음과 나쁨, 범죄와 공과 등은 어떤 특수한 힘이나 에너지, 또는 신이 인간 본성의 구성에 만들어넣은 존재의 법칙 내에서 그리고 이로부터 파생된 구분이다. 따라서 "우리는 신이 정의와 평등에 따라 인간을 지배하며 인간 만사를 지도한다고 생각할 수 없다 (시민적 통치자들을 매개로 할 경우는 제외하고). 이 점은 단지 경험에 의해서만 확인된다. 왜냐하면 정의로운 자가 지배한 곳을 제외하고는 성스러운 정의에 대한 흔적조차 찾아볼 수 없기 때문이다. 그 외 모든 곳에서 우리는 부정의한 것, 불순한 것이 발생할 기회는 정의로운 것, 순수한 것이 발생할 기회와 동일함으로 보게 된다. [이는] 신이 인간들을 직접 지배하며 인간들의 이익을 위하여 자연의 전체를 지도한다고 생각하는 많은 사람을 신의 섭리에 대해 전적으로 의문을 가지도록 하는 문제의 상태[이다]"(TPT: ch.19). 그러나 스피노자에게 이는 단순한 문제 상태로 방치되지 않는다. 말하자면 정당함, 정의, 사랑으로 인간을 통치하는 신의 유일한 방법, 인간들을 이에 따르도록 하는 방법은 그들 각자에게 가능한, 그리고 그들 각자에 의해 요구되는 조화롭고 강인한 존재가 되도록 하여 인간으로 하여금 그들 자신을 위하여 그러한 생활조건과 행위 규제를 달성하도록 함양하고 촉진하는 것이다. 정당함, 정의, 사랑과 같은 것은 인간에게 주어질 수 없으며 인간에게 외적으로 부여될 수 없는 것들이다.

이러한 점에서, 스피노자의 철학에서의 (환경)정의나 (환경)윤리는 완전히 기각되기보다는 새로운 의미를 가진다고 주장될 수 있다. 즉, 그 시대 사람들에게 그러했던 것처럼, 스피노자에게 윤리는 덕목이나 자기완성의 추구와 우선적으로 관련을 가졌으며, 이러한 덕목이나 자기완성은 또한 타인들에게도 좋음을 의미하는 것으로 규범적으로 생각되었다. 큰 문제는 이러한 환경윤리 또는 보다 구체적으로 자아실현이 스피노자의 자연-인간에 관한 생태학적 견해인 "인간은 자연의 일부가 되지 않는 것, 즉, 자연의 공동의 질서를 따르지 않는 것이 불가능하다"(Ethics, IV, App.7)는 견해에서 어떻게 가능한가라는 점이다. 스피노자의 철학에서, 자연의 일부가 되지 않을 수 없음은 열정(passion)으로부터 자유로울 수 없음을 의미한다. 따라서 스피노자적 윤리는 열정과 관련하여 자유 대(對) 예속이라는 주제, 그리고 이성의 지시에 따르거나 또는 열정에 대한 치유책을 발견함으로써 예속으로부터 탈피하여 진정한 자유에 도달하는 수단에 초점을 두게 된다(De Dijn, 1996: 246). 스피노자는 자유의지로서의 이성에 관한 사고를 부정하기 때문에, 그의 윤리는 책임성이나 의무가 아니라 자아실현이라는 점에서 자유에 관한 윤리이다. 달리 말해, 그에게 좋고 나쁨은 그 자체적으로 좋고 나쁨과 관련되는 것이 아니라, 진정한 자유에 도달할 수 있는 수단과 관련된다(Ethics, IV, Def.1,2).

스피노자에 의하면, 『지성개선론(On the Improvement of the Understanding, 이하 TU로 인용)』에서 표현되어 있는 것처럼, 모든 존재는 자아실현의 독특한 방향성, 그 자신의 특정한 본질을 가진다. 그러나 '최고의 선'은 "우리의 정신과 전체 자연과의 통일의 실현"으로 이해된다(TU: 13~14). 전체 자연과의 통일은 특정 사물들을 자연(즉, 신)의 표현 또는 현시(manifestation)의 다중성으로 이해함으로써 실현된다. 그러나 자연 또는 신은 표현으로부터 분리될 수 없다. "우리가 특정 사물들을 더 잘 이해할수록, 우리는 신을 더 잘 이해할 수 있다"(Ethics, Prop.24, Pt.5). 스피노자는 『윤리학』과 『신학정치론』에서도 분명하게 최고의 선은 '완전한' 인간 본성의 즐거움, 즉, 알고자 하는 인간 능력의 실현으로 이해된다고 서술하고 있다. 이 지식은 자신과 자연(Nature)과의 자의식적인 관계 지음에 기초한다. '합리성'은 이러한 자아실현을 최대화하는 현명한 행동이다. 이는 완전, 덕목, 자유 등으로부터 분리될 수 없다. "이성은 자연과 대립되는 어떠한 것도 요구하지 않기 때문에, 이성은 모든 사람이 그 자신을 사랑하고 무엇이 유용한가를 살피며 인간이 보다 위대한 완전함이 실질적으로 유도하는 모든 것을 획득하기 위해 노력하도록 요구한다"(Ethics, Note, Prop.18, Pt.4)

요컨대 스피노자에게 기본적인 '윤리적' 주제는 좋음과 나쁨 그 자체가 아니라 자아실현, 즉, 인간이나 사물의 본성에 의한 자연 또는 완전체와의 관계 실현이며, 이러한 점에서 스피노자의 환경윤리가 이해된다. 스피노자에 따르면(Ethics, Def. 1 of Pt.IV), "좋음으로 나는 우리가 분명 알고 있는 어떤 것이 우리들에게 '유용하다'는 것을 의미한다". 여기서 '유용한(useful)' 것은 비규범적 용어로 설정된다. 즉, 『윤리학』 제4부 서문에서 적고 있는 바와 같이, "좋음으로, 나는 다음에서 우리가 확신할 수 있는 모든 것들이 우리가 우리 앞에 설정된 인간 본성의 모형에 가까이 갈 수 있는 수단이 됨을 의미한다"(Eisenberg, 1977 참조). 이와 같이 스피노자에게 좋음과 나쁨은 어떤 것이 좋은가 또는 나쁜가, 유용한가 또는 해로운가를 평가할 수 있는 존재와의 관계 속에서만 결정될 수 있다. 이 점은 심층생태학에도 반영된다. 네스에 의하면, '내적인 관점에서' 각 문화에 대한 이러한 이해는 특정한 (특히 산업) 사회 내에서 지배적인 절대적 가치 규율에 기초한 설명이나 도덕화와는 대조된다. 즉, 스피노자에게 "기존에 설정된 세계질서란 존재하지 않는다. 인간적 정의는 자연의 법칙이 아니다. 다른 한편, 자유로운 인간의 사회에서 인식될 수 있는 것처럼 정의의 영역을 확대시키려는 노력을 제한하고자 하는 자연적 법칙은 존재하지 않는다". 네스는 계속해서, "이러한 스피노자적 사상은 모든 유형의 생존투쟁에 대해 순종적이며 비도덕적인 태도, 그리고 협소한 도덕주의적, 대립적 태도의 균형을 강조한다는 점에서 중요하다. 생태적 균형을 갖춘 미래의 사회들은 이러한 제3의 방법을 전제로 한다"고 주장한다(Naess, 1977: 47~48).

또한 네스와 그 외 학자들의 심층생태학은 나아가 스피노자의 자아실현 개념을 따른다. 즉, 네스(Naess, 1977. 또한 1980 참조)의 해석에 의하면, 자연 속에서 일반적·기본적인 노력은 외부로부터의 자극에 적응하고자 하는 단순한 노력이 아니라, 환경을 능동적으로 형성하고자 하는 노력이다. 성공적인 행위는 유기체-환경의 새롭고 보다 넓은 단위를 창조하는 것이다. 기본적인 충동은 자기-기인(self-causing)의 정도와 집약도를 획득하는 것이다. 따라서 '자아실현'이라는 용어가 '자아보전'이라는 것보다도 더 좋은 것으로 간주된다. 왜냐하면 자아실현은 능동성과 창조성을 제시하지만, 자아보전은 수동적인 보호 또는 방어적 태도를 나타내기 때문이다. 이러한 자아실현과 관련하여 "스피노자의 용어에서 인간의 힘은 그의 불굴의 소망이 충족되는 정도로서 이해된다. …… 즉, 그는 '외적' 자연환경에 대한 힘이 아니라 '내적' 자아실현으로서 인간 행위와 힘을 강조했다(Sessions, 1977: 503). 스피노자에 의하면, '잠재적 힘(power potentia)'은 어떤 것의 본성 또는 본질을 드러내도록 하는 능력을 위한 또 다른 이름이다. 모든 존재는 힘을 유지하고 획득하기 위하여 분투한다. 이는 지배하고 종속시키고 또는 영토화하고자 하는 노력은 전혀 아니다. 자멸적 경쟁이 아니라 공생, 즉, '더불어 삶'의 달성은 힘의 획득을 의미한다. 자아실현의 보다 높은 단계에서 자아는 공생의 집약도와 범위를 증대시키는 상태로 타자를 포용하며, 개인의 자유는 궁극적으로 집단의 자유를 요청한다. 요컨대 스피노자의 환경윤리는 자유와 힘(능력)의 획득을 통한 자아실현과 공생을 추구하는 것으로 해석될 수 있다.

5. 스피노자의 자연철학과의 접합

1) 스피노자와 니체

한 논평가는 스피노자와 니체만큼 서로 닮은 철학자도 없지만, 이들만큼 서로 상이한 철학자도 없다고 주장한다(Yovel, 1989: 104). 사실 니체는 스피노자에게 많은 것을 배웠으며, 그의 철학의 역사적 계보성을 명시적으로 인정한다. 그의 선학들을 언급하면서 니체는 여러 차례에 걸쳐 명단들을 열거했지만, 그는 스피노자와 괴테(J. W. Goethe)를 항상 언급 — 그리고 항상 짝으로 — 했다. 이 점은 우연이 아니다. 왜냐하면 니체는 괴테가 스피노자를 구체화하고 그 자신의 '디오니시안'적 이상을 구현하는 사람으로 이해했기 때문이다. 니체에 의하면, 괴테(그리고 그에 앞서 스피노자)는 '자연으로의 회귀를 통해 18세기를 극복하고자 하는 위대한 시도'라고 말한다. 그러나 니체는 때로 그 자신과 스피노자의 차별성을 최소화하고자 했지만, 다른 경우에는 스피노자를 매우 맹렬히 논박했다. "니체의 열정을 자극한 것은 스피노자의 엄격한 자연주의와 많은 파생물들, 즉, 선과 악의 폐지, 기성의 도덕적 세계질서에 대한 부정, 생활의 기반이며 윤리적 향상을 위한 지렛대로서 자기-이해관계와 권력에 대한 강조 등을 포함한다"(Yovel, 1989: 106).

스피노자와 니체를 비교하면, 이들의 현격한 기질적인 차이(그리고 이들이 살았던 시대적 상황의 차이)는 이들의 사상 간 현저한 유사성을 모호하게 하는 경향이 있다. 분명 양자는 자연주의적 도덕주의자라고 불릴 수 있다.[2)] 여기서 "자연주의적 도덕이란 자연의 법칙에서 그 원칙을 수립하고자 하는 [도덕]체계를 의미하며, 이는 무엇보다도 우선 인간의 본성이 되어야만 하는 것을 고찰하는 것이 아니라, 인간의 본성 자체를 고찰하는 것"을 의미한다(Spencer, 1931: 67). 서구의 전통에서 관념적 윤리가 지배적인 상황하에, 스피노자와 니체 양자는 자연주의적 윤리에서 자신들의 입장을 찾고자 했다. 자연주의적 윤리체계에서, 개인의 소망

2) 이러한 점에서, 박삼열(2006: 39)의 주장에 따르면 "스피노자와 니체 모두 목적론적 세계관과 이원론적 세계관을 폐기하고, 일원론적 세계관을 정립했다. 이처럼 스피노자의 자연이나 니체의 대지 모두 ① 지향하는 목적이나 의도 없이 무한히 생성, 변화하고, ② 현실 세계 이외의 다른 초월적 세계를 인정하지 않으며, ③ 기계적 자연이 아닌 생물학적 현상이 있는 자연이다. …… 또한 스피노자의 자유인과 니체의 초인은 모두 용기, 관대함, 우정, 고결한 정신 등의 공통된 덕목을 가지고 있다. …… 자유인과 초인이 가지는 덕목이 거의 동일하다는 점, 또한 그들 모두 자연의 끊임없이 반복되는 생성과 변화의 방식을 자신의 운명으로 받아들여 사랑한다는 점은 자유인이 초인의 선구자가 될 수 있는 근거가 될 수 있다".

과 복리에 반대되는 경향이 있는 도덕적 의무는 아무런 의미가 없기 때문에 그 대안을 찾기 위한 난관에 봉착하게 된다. 달리 말해서 "자연주의가 추구하는 윤리는 개인에게 적합한 윤리이지, 개인이 순응해야 하는 윤리는 아니다. 그렇지만 스피노자와 니체는 인간을 인간 그 자체로 버려두지 않았다. 이들은 홉스의 의미에서 자연적 인간에서 벗어나, 그들 자신의 관점에서 진정하게 '자연적'이라고 할 수 있는 이상적 개인을 추구하고자 했다"(Spencer, 1931: 67).

이러한 스피노자와 니체의 자연주의 철학에서 서로 대조될 수 있는 점들로서 다음과 같은 사항들이 확인될 수 있다(니체에 관해 8장 참조). 우선 지적될 수 있는 점으로, "니체와 스피노자는 동일한 근본적 개념화, 즉, 전체적 내재성(immanence)에 관한 철학 내에서 두 가지 경쟁적인 견해를 제시한다"(Yovel, 1989: 107). 양자는 초월적 신의 '죽음'을 선언하며, 모든 것이 존재하는 바와 같이 내재성 안에서 존재하고 생성되는 것으로 이해한다. 인간 자신은 완전히 내재적 (또는 스피노자의 용어로 '자연적') 존재이며, 어떠한 초자연적 선물, 의무 또는 결함을 가지지 않는다. 그러나 니체와 스피노자는 갈등적 관계에 있으며, 내재성의 경험에 관하여 완전히 상이한 주장을 제시했다. 스피노자에게 내재적 세계는 신성한 지위와 현존하지 않는 초월적 신의 속성들 가운데 많은 것을 여전히 물려받고 있다. 즉, 자기-기인적이며 자기-정당화됨으로써, 이 내재적 세계는 정량적인 측면뿐만 아니라 그 완전함에서 영원하며 무한한 것으로 간주되고, 인간은 신 [즉, 자연] 속에 존재하며, 그의 유한성을 능가하여 시[공]간적 존재 내에서 영원성을 실현할 수 있는 동일한 보편적 합리성을 공유한다. 대조적으로 내재성에 관한 니체의 경험은 질서, 영속성, 고정된 법칙, 본연적 합리성 또는 진리를 위한 여지를 남겨두지 않는다. 이는 단지 신뿐만 아니라 (니체가 그렇게 표현한 바와 같이) '신의 그림자'조차 제거되는 존재 양식을 전제로 한다. 인간은 구원(redemption)

이나 고정된 진리 없이 (우주적) '힘에의 의지'의 끊임없이 변화하는 요동 내에서 존재한다(Yovel, 1989: 107). 즉, 스피노자가 질서, 영속성, 그리고 심지어 우주적 의미, 과거 종교에 의해 제시된 구원처의 의미까지 구제하고자 했다면, 니체는 인간을 형이상학적으로 황폐한 황무지, 합리성의 범주로서 포착될 수 없는 갈등과 무상(transience)의 세계에 버려두었다고 할 수 있다.

니체와 스피노자의 철학이 대조될 수 있는 또 다른 점으로, 양자는 모두 선과 악의 개념을 거부하지만, 또한 동시에 심원한 도덕적 철학자 또는 윤리적 자연주의자라는 사실이다. 앞서 언급한 바와 같이 스피노자에게 절대적 선이나 악은 없으며, 단지 개체별 유용성에 따라 좋고 나쁨이 있을 뿐이다. 이 점은 니체의 철학에도 그대로 반영된다. 한 개인은 그 자신의 본성에 상응하도록 노력한다면 '좋다'(또는 자유롭다, 합리적이다, 강하다)고 할 수 있으며, 반면 한 개인이 아무렇게나 살아간다면 '나쁘다'(또는 예속적이다, 약하다, 우둔하다)고 할 수 있다. 이러한 점에서, 존재의 내재적 양식의 유형학으로서 윤리는 절대적 선의 판단과 같이 존재를 초월적 가치와 항상 관련시키는 도덕성을 대체하게 된다. 즉, 가치의 대립(절대적 선과 악, Good-Evil)은 존재 양태의 차이(좋음과 나쁨, good-bad)로 대체된다.

또한 이들을 도덕적 철학자라고 하는 것은 사전적으로 부여된 의무(duty)나 도덕적 의무(obligation)라는 점에서가 아니라, 인간의 세력성과 완전성의 관점에서 그리고 독자들로 하여금 이를 지향하도록 유인하고자 한다는 점에서 그러하다(Yovel, 1989: 108). 특히 니체와 스피노자는 선과 악을 자연에 근거한 가치로서 이해하는 것 또는 자연에 이러한 것들을 선험적으로 부여하는 것을 거부하지만, 이들은 인간의 완전성을 강조한다는 점에서 도덕철학자들이다. 이들에게 윤리는 초월적 신을 대체하기 위하여 초자연적 힘, 규범, 범주, 초월적 계율 등과 같은 것에 기초하지 않는다. 그뿐만 아니라 도덕적 의무를 위한 지침으로써 사물들에 부여된 도덕적 질서가 마치 존재하는 것처럼, 윤리가 우주의 어떤 잠재적 구조로부터 그 단초를 얻을 수 있는 것도 아니다. 도덕적 의무의 사고 자체는 엄격한 내재성의 체계에서는 의미를 가지지 않는다. 대신 스피노자와 니체에 윤리적 개념의 기본으로서 '자기 극복(self-overcoming)' 또는 자아 실현에 초점을 두도록 한다.

> 윤리적 달성은 그 유일한 근원·토대·원칙으로서 자연을 기초로 한다. 스피노자와 니체 양자에서 엄정한 자연주의는 강력한 윤리적 프로젝트를 동반함으로써, 후자[즉, 윤리적 프로젝트]는 자기극복의 윤리로 구축되게 된다. 이 윤리에 의해 내재적인 자연적 원칙(스피노자에게 코나투스, 니체에게 힘에의 의지)은 어떤 가치, 즉, 자연과 갈등을 일으키지 않는다. 또한 초자연적 규범을 향해 자연을 초월하지도 않지만 동일한 자연적 원칙의 새로운 조직과 성질 그리고 이에 의해 탄생하게 되는 생활양식에 존재하는 어떤 가치를 생산함으로써, 그 자신을 보다 높은 어떤 것으로 형성해 나간다(Yovel, 1989: 113~114).

이와 같이, 니체와 스피노자가 공유하는 내재성의 윤리는 이타주의가 아닐 뿐만 아니라 자기부정, 동정 또는 죄의식과 같은 도덕성을 받아들이지도 않는다. 그러나 이들 간에는 중요한 차이가 있다. 스피노자에게 정서의 승화는 이성과 객관적인 과학적 지식에 의해 유도되며, 따라서 이는 일정한 법칙과 보편적 유형을 따른다. 그러나 니체는 그의 초인(Übermensch)의 생활을 열린 존재적 실험으로 간주하고, 객관적 지식이 아니라 관점적 해석만이 존재한다고 주장한다(Yovel, 1989: 114).

스피노자와 니체가 공유하고 있지만 또한 대조될 수 있는 점은 자연주의적 일원론과 관련된 자기보전의 개념이다. 니체가 스피노자와 공유한 내재성의 철학의 필연적 결과는 엄격한 자연주의적 일원론(monism)이다. 즉, 양 철학자에게는 인간에게 작동하여 그 개별적 존재를 구성하는 유일한 자연적 원칙이 있다. 스피노자는 이를 '코나투스'라고 불렀으며, 니체는 '힘에의 의지'라고 불렀다. 스피노자에게 '코나투스'는 기본적으로 자기보전을 위한 투쟁이다. "모든 것은 …… 그 존재 내에서 존속하기 위하여 노력한다"(Ethics, pt.3: 6)는 원칙은 그 외 다른 것들이 도출되며, 모든 인간적 정서들(affects)을 포괄하는 첫 번째 원칙이다. 이 일원론은 물론 스피노자의 엄격한 자연주의 또는 내재성의 원칙의 필수적 결과이다. 초월적 세계, 도덕적 세계질서, 선험적 규범과 의무, 우주의 합목적적 조직 등은 존재하지 않기 때문에, 개인의 총체적 생활은 그 개인을 단일한 자연적 실체로 개체화시키는 소망의 엄정한 자연적 원칙에 의해 설명되고 또한 이 원칙에 바탕을 둔다. 이 일원론은 비슷한 이유에서 니체에 의해서도 합의된다. 스피노자의 코나투스와 마찬가지로 이를 대체한 니체의 '힘에의 의지'는 "다른 모든 정서들이 이로부터 발달하게 되는 정서의 원초적 형태"로 간주된다. 그러나 여기서 니체는 다시 스피노자와 대조된다. "살아 있는 모든 것은 그 자체를 보전하는 것이 아니라 '더 큰' 것이 되기 위하여 모든 것을 한다"(Nietzsche, 1968, WP. 688). 스피노자 역시 그 목적으로 존재(그리고 행동)의 힘의 향상에 관하여 서술한다(Ethics, III: 13). 존재 및 행동의 힘의 향상은 바람직하다. 왜냐하면 이는 자기보전의 전망을 증대시키기 때문이다. 그러나 니체에게 힘은 생활의 도구가 아니라, 생활을 규정하고 포괄하는 것이다. 따라서 힘에의 의지는 모든 인간(그리고 모든 다른 존재)에게 자연적인 [즉, 당연한] 자기초월을 향한 충동이다(Yovel, 1989: 112)

2) 스피노자와 마르크스

구조주의적 마르크스주의자로 알려진 알튀세(L. Althusser)에 의하면, "철학적 관점에서 스피노자는 마르크스의 유일한 직접적 선조"로 간주된다. 왜냐하면 스피노자는 목적론에 빠지지 않고 '실천(praxis)'에 관하여 절대적으로 독창적인 개념을 설정했으며, 그는 효과에서 원인의 표현 그리고 그 효과 및 표현에서 구조의 존재를 생각했기 때문이다(Althusser, 1970: 102, 189). 앞서 논의한 바와 같이, 스피노자에게 유일한 신 또는 자연은 그 자체로서 존재하는 것이 아니라 그 속성을 드러내는 개체들의 양태들에 의해서만 확인될 수 있다. 이러한 점에서 원인과 효과는 서로 상응해야 한다. 특히 신/자연에 의해 즉각적으로 생산된 사물 또는 양식들은 유한하지 않으며 무한하다. 무한한 원인은 다른 어떤 것이 아니라 특정한 하나의 효과를 산출하도록 결정될 수 없다. 따라서 원인은 효과에 의해서만 드러난다(Ethics, I.P.21 and Dem).

스피노자의 내재성의 철학은 실천에 대한 독창적인 개념을 제시하게 한다. 즉, 스피노자에게 인간은 자연 속에 있는 모든 것과 마찬가지로 객관적인 실체의 결정적 양태이며, 그가 '코나투스'라고 부르는 원리에 따라서 자신의 역량을 최대한으로 발전시키기 위해 실천하는 경향이 있다. 인간을 다른 동물로부터 구별시켜주는 것은, 사유(thought)의 양태와 연장(extension)의 양태 속에서 행위함으로써 인간이 자연의 힘들을 이해하고 그것에 복종·참여하고, 따라서 고양시킬 수 있다는 점이다. 여기서 더욱 강조될 수 있는 점으로, 그럼에도 불구하고 인간은 여전히 자연의 일부로서 남아 있다는 점이다. "자연 안에서, 그리고 자연의 일부로서 인류가 어떤 상황에 처해 있다고 하는 주장은 — 데카르트적인 주체-객체 이원론에 대한 비판 및 이에 대한 그의 '일원론적' 대안과 더불어서 — 스피노자를 근대적인 환경론자로 추앙받게 하고 있다"(Holland, 1998).

이러한 점은 스피노자로부터 직접 영향을 받은 심층생태학뿐만 아니라, 정신-이성-인간에 관해 신체-감정-자연 등에 우선적인 관심을 두고자 하는 많은 연구들에서 찾아볼 수 있다(Collier, 1991). 그뿐만 아니라 바로 이러한 점에서 스피노자의 내재성의 철학이 형성되게 된다. 스피노자에 의하면, 인간은 단지 주체중심적 상상력의 착각을 삼가고 더욱 '적합한' 지식, 즉, 가장 높은 수준의 지식으로서 직관적 지식을 발전시킬 수 있는 가능성 또는 역량을 가진다. 여기서 적합성의 일차적 척도는 정신과 물질의 궁극적인 화해 여부, 즉, 인간의 역량이 실현되고 증가되는 수준이다. 주체중심적 상상력과 달리 적합한 지식은 인간-자연의 발전을 방해하기보다는 더욱 촉진되도록 한다.

이와 같이 스피노자의 자연주의가 마르크스의 유물론과 접합될 수 있는 것은 마르크스가 직접 스피노자로부터 영향을 받았다는 점뿐만 아니라 마르크스에게 또 다른 지대한 영향을 미쳤던 헤겔이 스피노자와 철학적 기초 원리를 공유하고 있기 때문이다. 스피노자와 헤겔이 공유하고 있는 기초 원리는, 사유와 물질이 '궁극적으로는' 동일하다는 점, 즉, 동일성의 철학이다. 그러나 이들이 주장하는 동일성의 형태는 매우 다르다. 헤겔의 관념론은 부정의 부정을 경유해서 물질을 사유에 종속시키는 반면, 스피노자는 비록 유물론자가 아니라고 할지라도 분명 반(反)관념론적 입장을 취하고 있다. 즉, 스피노자는 "물질에 비해 사유를 치켜세우기보다는(또는 관념론에 대한 단순한 '유물론적' 전도의 경우에서처럼 사유에 비해 질료를 치켜세우기보다는) 사유와 물질이 절대적으로 상호-동등(co-equal)하다고 생각한다. 즉, 사유(thought)와 연장(extension)은 실체의 '상이하지만 대립되지 않는(non opposita sed diversa)' 속성들이라는 것이다. 그리고 이것들은 똑같이 단일한 실체의 속성들이라고 하는 동일성이 제시된다"(Holland, 1998). 이러한 점에서 헤겔이 물질이 사유에 종속되며 이들은 단지 역사의 종말에서만 그 동일성이 성취된다고 주장한다는 점에서 '초월적 주관주의자'라고 한다면, 스피노자는 사유란 실체의 특성이지 주체의 특성이 아니라고 주장한다는 점에서 일종의 '내재적 객관주의'자라고 할 수 있다.

마르크스의 유물론적 변증법은 스피노자의 내재적 객관주의와 자연관 그리고 헤겔의 초월적 주관주의와 변증법이 결합된 것으로 이해될 수 있으며, 이로 인해 마르크스의 역사철학은 문제성을 내포하게 된다. 이러한 문제성의 대표적인 사례는 마르크스가 '역사의 동력'으로 어떤 경우에는 지배/피지배계급 간 계급투쟁을 강조하지만, 다른 경우에는 생산력과 생산관계의 변증법을 '역사의 동력'으로 설정한다는 점이다. 이러한 생산력과 생산관계의 변증법은 계급투쟁 모델의 초월적 주관주의를 피하고자 한다는 점에서, 마르크스의 역사철학에서 가장 덜 헤겔적인 부분이라고 할 수 있다. 그러나 마르크스는 한편으로 계급적 경계를 넘어서는 두 가지 구조적 요인들, 즉 생산력과 생산관계의 모순을, 다른 한편으로는 여전히 계급투쟁을 통해 무계급 사회라는 종합으로 나아가는 안티테제적인 계급주체들 간의 모순과 결합시키고자 하지만, 마르크스의 이론은 이를 성공적으로 결합시키지 못했다.

특히 스피노자적 관점에서 보면, 이러한 마르크스적 이론은 여전히 목적론적 요소를 포함하고 있다. 즉, 마르크스에 의하면 역사적 발전단계의 각 단계에서 형성되는 일정한 생산관계는 '그럼에도 불구하고 계속 발전한다'고 가정되는 생산력과 어떤 시점에서 필연적으로 갈등에 처하게 되고, 이러한 생산력은 결국 낡은 관계들을 혁명을 통해 제거하게 됨에 따라 계속해서 더욱 발전하게 된다. 이러한 역사발전의 모형은 분명 목적론적이며 인간중심적이다. 물론 마르크스는 여기서도 생산력의 발전을 그 자체로서 어떤 목적으로 간주하기보다는 '유적 존재'로서 인간의 자아실현을 전제로 한다는 점에서 스피노자의 철학을 반영하고 있다. 그러나 마르크스의 사상에서 생산력의 발전이 자아실현과 어떤 관계가 있는지에 대해서는 여전히 의문으로 남아 있다. 결국 마르크스는 초월적 주체로서의 계급과 더불어 인간중심적 생산력의 발전을 가정함으로써 주관주의를 완전히 극복하지 못했다고 할 수 있다.

스피노자의 자연주의는 두 가지 측면에서 마르크스의 역사철학에 내포된 이러한 문제성들을 제거할 수 있다(Holland, 1998). 첫째, 스피노자의 관점에서 보면 역사에서 쟁점인 '생산력'은 인류의 생산력을 배제하거나 또는 이를 우선시하는 것이 아니라, 전체로서의 자연의 생산력(즉, 인류를 포함하지만 인류에게만 한정되는 것이 아닌 생산력)이며, 여기서 인류는 단지 자연의 통합적 일부일 뿐이다. 마르크스의 천재성은 헤겔의 주인/노예 관계라는 주객변증법을 변혁적 인간노동과 자연환경의 변증법으로 대체했다는 데 있다. 그리고 초기 저술들에서 마르크스는 흔히 '인간은 자연의 일부'라고 주장하거나 '가치는 인간노동력은 물론이고 자연으로부터 도출된다'고 주장한다. 그러나 마르크스는 인류중심적인 생산력에 초점을 맞추는 '생산력주의'를 완전히 벗어나지는 못했다. 스피노자는 인류를 포함한 자연 전체의 생산력을 전제로 함으로써 마르크스주의가 생산력주의라는 비판으로부터 벗어날 수 있도록 해준다(Holland, 1998). 또한 바로 이러한 점에서, 들뢰즈와 가타리(Deleuze and Guattari, 1983: 25)는 인간과 자연의 분리불가능성을 강조하면서 "자연=산업, 자연=역사"라고 서술하고 있다.

둘째, 스피노자적 자연주의는 포괄적 의미로서 자연의 생산력 개념을 전제로 하면서 목적론적 역사관, 즉, 혁명의 불가피성과 역사적 과정 자체의 진보주의를 탈피하고자 한다. 위에서 지적한 바와 같이 역사발전의 기본동력인 생산력과 생산관계의 변증법은 비록 스피노자적 철학을 이어받은 것처럼 보인다고 할지라도, 생산력의 발전이 필연적으로 생산관계의 족쇄를 부숴버릴 것이라는 어떠한 보증도 없으며, 심지어 넓은 의미에서 생산력의 지속적인 발전에 대한 아무런 보장도 없다. 스피노자의 비목적론적인 자연주의에 의하면, 결국 현재의 생산관계는 생산력의 발전보다는 파괴를 촉진시킬 가능성에 직면하게 된다. 여기서 생산력의 파괴란 좁은 의미(즉, 고전적인 마르크스주의적 관점)에서 보면 인간노동의 생산적 잠재력 감소, 인종 및 성 차별, 기아, 불완전고용과 실업 등을 포함한다. 이를 보다 넓은 의미(즉, 스피노자적 관점)에서 보면 생산력의 파괴는 전체로서의 자연의 생산적 잠재력 감소, 환경의 퇴보, 거주지 상실, 종의 고갈 등이 널리 퍼져 있는 상황을 말한다. 이 두 가지 경우 모두에서 스피노자적 마르크스주의는 두 가지 방식으로 생산력/생산관계 모델에서 목적론을 제거할 것이다. 즉, 생산력들이 제한적이거나 파괴적인 생산관계에 직면해서도 계속 발전할 것이라는 보장이 없으며, 설령 그렇게 발전한다고 하더라도 그러한 발전이 인간의 자유를 증진시키는 것으로 귀결될 것이라는 보장도 없다는 점이 강조될 수 있다.

6. 자연주의적 환경윤리의 딜레마

데카르트적 자연관—즉, 자연과 인간의 이분법적 분리에 근거를 둔 자연관—과는 달리 스피노자의 자연철학과 환경윤리는 자연의 일부로서 인간을 이해하고 인간과 자연의 관계를 통일적으로 이해하고자 한다는 점에서 그 첫 번째 특징을 가진다. '자연의 일부로서 인간'이라는 사고는 서구 근대 의식의 다양한, 때로는 갈등적인 전통 속에 혼재되어 있다(Lloyd, 1994: 1). 예로, 낭만주의적 전통은 타락하지 않은 경험, 상실된 열정과 이성 간 통일성의 회복, 전체를 이루는 세계에 자발적으로 반응하는 통합적 (즉, 이분화되지 않은) 인간의 본성 등에 대한 향수를 고취시킨다. 그러나 다른 한편으로, 현대적 의식에서 실증주의적 철학은 인간 역시 자연의 다른 것들과 마찬가지로 객관적이고 과학적인 방법을 통해 분석될 수 있다는 사고를 고취시키고 있다. 이러한 실증주의적 사고는 낭만주의와는 전적으로 반대되는 입장에서 인간이 자연의 일부라고 강조함으로써 오래된 합리주의적 이상을 실현시키고자 한다. 이러한 (명백히 상이한) 두 가지 경향 사이의 연계, 즉, 인간은 자연의 일부라는 사고에 관한 통합적 탐구에서 스피노자에 관한 연구는 매우 중요하다.

그러나 스피노자의 철학이 자연과 인간의 관계를 어느 정도 성공적으로 통합시켰는가에 대해서는 여전히 논란의 여지가 있다. 한편으로 스피노자에 의하면, 자연은 인간 본성의 법칙에 의해 제약되지 않는다. "인간성은 '자연의 영원한 질서'에 준거하는 무한하게 넓은 한계 내에서의 '단지 한 점'에 불과"하다(TPT: 202). 그리고 그는 인간뿐만 아니라 자연의 모든 사물의 완전성의 정도에 계층은 존재하지 않는다고 강조한다. 사물의 완전성은 단지 그 자신의 본성과 힘에 의해서만 평가된다. 그러나 다른 한편으로 스피노자는 "그럼에도 불구하고, 우리들이 이성의 법과 확고한 지시에 따라 살아가는 것이 훨씬 더 좋다는 점에 대해 아무도 의심할 수 없다. 왜냐하면 …… 이성의 지시는 인간들의 본성을 위해 진정한 좋음을 지향하기 때문이다"라고 주장한다(TPT: 202~203). 즉, 한편으로 스피노자는 자연에서 인간의 특권적 지위를 강조하는 데카르트적 철학이나 또는 이와 관련된 유대-기독교적 교리를 부정하고, 자연의 내재적 평면상에 표현되는 양태의 차이와 더불어 이에 의해 표현되는 속성의 동일에 대해 강조한다. 그러나 다른 한편으로 스피노자는 (데카르트와는 전혀 다른 방법이긴 하지만) 인간의 이성을 동물과 구분하는 주요 근거로 제시하면서, 인간 본성의 추구를 위한 우월한 힘으로 서술하고 있다.

이러한 문제성은 스피노자의 철학, 더 나아가 자연주의 철학 일반(예로 라이프니츠나 니체의 철학을 포함하여)에서 윤리적 관점을 도입하게 될 때 발생하게 된다. 왜냐하면 자연주의 철학에서는 기본적으로 인간의 이성이 배제되거나 또는 우월한 지위를 가지지 않는 것으로 강조되는 반면, 전통적으로 윤리는 이성의 영역에 속하는 것으로 간주되기 때문이다. 이러한 점에서 자연주의적 환경윤리의 딜레마가 제기된다. 즉, 스피노자가 제시하는 철학적 견해는 자연주의적 철학 내에서 도입된 윤리적 관점이라는 점에서 역설적이라고 할 수 있다. 긍정적인 측면에서 본다면 이러한 점은 스피노자의 철학에서 이미 극복된 것으로 이해될 수 있다. "그의 철학은 새로운 유형의 인간주의, 즉, '자연화된 인간주의(naturalized humanism)'를 구성하며, 이는 기독교적 인간주의뿐만 아니라 오늘날 일반적인 계몽적 인간주의의 인류중심적 사고를 벗어나게 한다고 주장된다. 이러한 철학적 견해는 자연주의적 철학과 혼합된 일종의 인간주의라고 할 수 있다. 인간은 궁극적으로 자연의 한 요소이며, 자연 그 자체는 인간의 관점에서 어떠한 목적, 특히 인류의 행복이라는 목적을 가지지 않는다. 그럼에도 불구하고 인간은 '자연의 표현'이며 그 자체로서 인간에 본연적인 코나투스로 존재함으로써, 우리는 실질적인 행복을 즐길 수 있는 생활방식에 도달할 수 있다"(De Dijn, 1996: 36).

그러나 만약 비판적인 관점에서 본다면, 이러한 딜레마는 자연주의적 환경윤리에 한계가 있음을 보여주는 것이라고 할 수 있다. 이 점은 예로 로이드(Lloyd, 1980)가 주장하는 바와 같이 "스피노자의 사상에서 자연의 일부로서 인간을 다룬 부분은 인간을 위해 '좋은' 것에 의해 제한된 도덕성을 다룬 부분과 명백한 긴장"을 드러낸다. 특히 스피노자의 사상에서 명백한 긴장은 동물의 권리에 대해서는 부정하면서도, 인간에게서 이성[자유, 진리, 그리고 권력]의 중요성을 다루고 있다는 점에서 보다 확실해진다고 주장된다. 사실 스피노자는 자연과 비교하여 인간에게 어떠한 특권적 지위도 인정하지 않으며, 자연의 일부로서 인간에 대한 인식 그 자체는 환경윤리를 위한 기반으로서 탁월한 것처럼 보인다. 그러나 스피노자에게 환경윤리는 다른 종들에 대한 착취의 이성적 허용과 병존한다고 주장된다. 즉, 로이드(Lloyd, 1980: 294)에 의하면 "스피노자는, 도덕성은 전적으로 인간에게 한정되고 이는 '인간'의 자기보전을 위한 충동에 뒤얽혀 있으며, 다른 종들은 인간의 목적을 위하여 무정하게 착취될 수 있는 것으로 주장한다".

스피노자에 대한 이러한 비판적 해석은 그가 어떠한 형태든 도덕성을 인정하지 않는다는 다른 논평가들의 주장과는 대립된다. 즉, 스피노자의 윤리는 도덕성에 대한 대안적 견해가 아니라 도덕성에 대한 강력하고 진보적인 반대로 이해될 수 있으며, 이러한 점에서 일부 현대적 해석가들은 스피노자를 반(反)도덕주의자라고 즐겁게 선언하고 있다(Negri, 1997). 그러나 다른 한편 스피노자의 철학은 자연 상태에서의 절대적 선과 악이 없는 무(無)도덕성(amorality)을 함의한다고 주장될 수 있다. 또한 이러한 점에서 "우리는 오늘날 비인간세계에 대한 인간의 관계는 '비도덕적'이라고 말할 필요가 없다"고 주장될 수 있다(Naess, 1980: 323). 자연 상태의 무도덕성에 관한 강조는 당시 만연한 이성 개념에 대한 스피노자의 거부와 연관되어 있다. 홉스와 마찬가지로(Ewin, 1991), 그는 이성의 법이 자연 전체를 지배하는 것으로 이해하거나, 인간이 이러한 법들의 선천적인 파악을 통해 자연의 여타 부분과는 분리되는 것으로 이해하기를 거부했다. 자연 상태의 인간은 "계몽된 정신의 지시에 따라 살아가도록 되어 있지 않으며, 이는 고양이가 사자의 본성의 법칙에 의해 살아가도록 되어 있지 않는 것과 같다"(TPT, Ch.16: 201). 여기서 우리는 스피노자의 인류중심적 도덕성과 자연의 일부로서 인간이라는 견해의 상호연계성을 이해하게 된다. 스피노자에 의하면, 모든 것이 인간 이성의 지시에 따라 배치되어 있다고 생각하는 것은 근본적인 환상이다. 이성은 단지 인간을 위해 좋은 것을 달성할 수 있는 수단일 뿐이고, 이성은 자연의 다른 부분을 위하여 좋은 것과는 아무런 관계가 없다고 할 수 있다(Lloyd, 1980: 298).

스피노자는 비록 인간적 좋음을 위한 이성의 지시의 중요성을 강조하지만, 스피노자의 이성은 자연의 상태를 지배하거나 초월하지 않는다.

이러한 점에서 스피노자에게 전통적 의미의 도덕적 권리는 인정되지 않지만 자연적 권리는 매우 중요한 의미를 가진다. 특히 자연적 권리는 자연적 사물의 일부에 대한 본성을 표현하기 위하여 행동하는 힘과 범위를 유의하게 한다. 즉, "인간의 자연적 권리는 그의 힘과 소망에 의해 정해지며, 이들의 범위만큼 확대된다. …… 그렇지만 인간은 그 자신의 힘과 소망에 따라 행동하지만, 단지 이들에 따라서만 행동하는 것은 아니다. …… 인간은 전체 자연의 일부로서, 행동하는 그의 힘은 행동하는 자연의 전체 힘의 일부이다". 이러한 해석에 의하면, 인간의 이성은 자연의 전체 힘의 일부로서 인간의 자연적 본성을 실현시키기 위한 힘으로 이해된다. 따라서 만약 인간이 자연 전체와 자신과의 이러한 부분적 관련성을 맺을 수 없다면, 그는 자기충족적인 무한한 힘 또는 자연적 권리를 행사할 수 없다. 즉, 이성을 자연의 바깥에 있는 것처럼 생각하는 "프로메테우스적 주장은 능산적 자연의 질서 소유자, 전체로서 자연의 능동적 질서와 권리, 그리고 이에 대한 인간의 자연적 권리의 근본적 복종을 소거할 수 없다"(Lloyd, 1994: 251).

자연의 상태 내에서 작동하는 이러한 이성의 개념은 환경윤리 또는 보다 특정적으로 동물의 권리나 환경정의에 관한 스피노자의 입장에 대한 이해에서 보다 중요하다고 할 수 있다. 스피노자에 의하면, 자연의 상태에서조차 인간의 권리는 다른 동물에 비해 강하며, 인간의 협력 또는 공동체는 동물을 배제하는 것으로 해석될 수 있다. 스피노자에게 인간의 종 내적 협력의 합리적 추구는 인간이 본성적으로 사회적 동물이라는 아리스토텔레스의 개념에 의존하지 않는다. 그는 오히려 개체적 자기보전을 향한 홉스적 충동의 자연적 연장으로 이를 이해한다(Lloyd, 1980: 298). 즉, 스피노자의 주장에는 모든 사람은 그 자신에게 유용한 것을 찾고자 한다는 홉스적 원칙이 반영되어 있다. "인간은 이성에 순종하여 살아갈 때 대체로 자연적 조화를 이루게 된다. …… 따라서 각자가 그에게 유용한 것을 찾게 될 때, 인간은 서로에게 가장 유용하게 된다"(Ethics, Note 2, Prop.35, Pt.4)

이러한 점에서 스피노자 철학의 '이성의 상태'와 '자연의 상태'를 구분하고 이를 대비시키는 것(Lloyd, 1980)은 의미가 없다고 할 수 있다. 그뿐만 아니라 이와 관련하여 "도덕적 권리와 자연적 권리의 구분은 스피노자에게서는 찾아볼 수 없다"고 주장될 수 있다(Naess, 1980: 315). 그러나 분명 스피노자의 주장에서는 이러한 두 가지 상태 또는 두 가지 권리가 계층화 또는 차별화되고 있다. 스피노자에게 강자(더 많은 것을 할 수 있고, 더 많은 힘을 가진 자)는 약자에 비해 더 많은 권리를 가진다. 그리고 이러한 점에서 그는 우리가 동물에 비해 더 많은 권리를 가진다고 말한다. 즉, 우리는 동물에 비해 더 많은 힘을 가지며 더 많은 것을 할 수 있다는 사실 덕택에, 우리는 동물에 비해 더 많은 권리를 가진다. 이러한 자연생태계 내에서의 계층성은 심층생태학에도 그대로 반영된다. 그러나 이러한 계층성은 배타적 범주로서 이해되기보다는 내재적 포섭관계로 이해될 필요가 있다.

스피노자에 의하면 동물도 분명 자연적 권리를 가진다. 그러나 로크와는 달리 스피노자에게 '자연적 권리'는 도덕적 의미를 가지지 않는다(Hoffheimer, 1986). 이러한 점에서 동물이 권리를 가진다고 함은 이들이 도덕적 공동체의 구성원이 될 수 있음을 뜻하는 것이 아니다. "우리에게 무엇이 유용한가에 관한 합리적 의문은, 야수 또는 우리와는 다른 본성을 가진 사물과 결합할 것이 아니라, 우리의 동료들과 결합해야할 필요성을 가르쳐준다"(Ethics, Note I, Prop.37, Pt. IV; p.213). 이러한 스피노자의 주장은 자연 속에서 공동체가 다양한 유형으로 계층적 구성이 이루어짐을 의미한다(<그림 1> 참조). 즉, 스피노자의 주장에 관한 콜린스(Collins, 1984: 254)의 해석에 의하면, "[C]양태들 간의 공동체는 [D]인간의 사회, 그리고 [E]인간 사회와 비인간적 양태들의 세계 양자 모두를 포함한다.

<그림 1> 스피노자의 공동체의 유형화

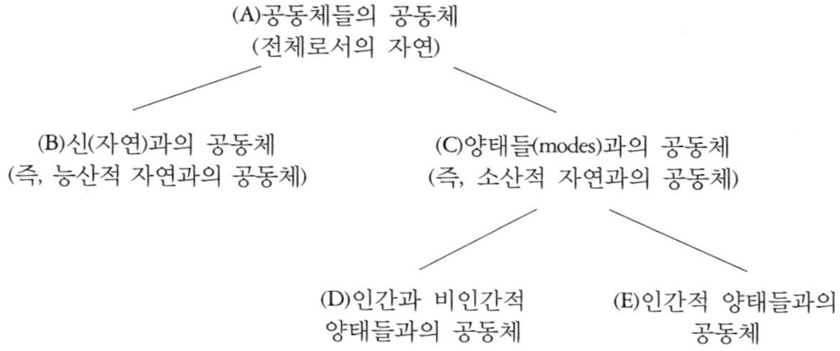

우리의 성찰적이고 노력하는 정신은 또한 자연의 영원한 질서 내에서 모든 양태적 유형의 공동체를 이해하고, 이에 따라 [B]신(또는 능산적 자연)과의 공동체를 접합할 수 있게 한다. 이러한 준거들 모두에서 내재적인 응집력을 가져오기 위하여, 우리는 [A]공동체들의 공동체에 매개적 참여로서 자연 전체와 정신의 통일을 이해하게 된다". 요컨대 스피노자에게서 고려될 수 있는 공동체는 내재적으로 계층화되어 포섭되는 것으로 이해될 수 있다.

7. 결론

하버마스의 주장에 의하면 진리·자유·정의에 대한 근대적 인간성의 관심은 탈구조주의자들에 의해 훼손되고 있다. 스피노자와 니체 등은 이러한 탈구조주의자들의 선조들이다. 그러나 이들은 사실 자유나 정의를 부정하는 것이 아니라 다른 방법으로 이해하고 있다. 즉, 스피노자의 철학은 관념주의적 윤리 체계를 자연주의적 원칙들과 결합시키고자 하는 새로운 시도로 이해된다.

이러한 스피노자의 시도는 오늘날 생태담론에서 심층생태학에 어느 정도 반영되어 있다. "모든 존재는 다양한 양태들을 가지지만, 그 특이한 본성을 유지하고 개발하고자 노력한다. 이러한 점에서 모든 본질은 신 또는 자연의 구현이다. 따라서 자연이 그 자체를 표현하는 방법은 매우 다양하다. 즉, 신 또는 자연을 표현하는 존재[양태들]의 종류는 무한하다"(Naess, 1977: 48). 이러한 점에서 심층생태학자 네스는 자연의 내적 관계를 강조하는 한편, 완성체 자연으로서의 자아실현을 강조한다.

물론 스피노자에 대한 심층생태학의 해석보다는 들뢰즈의 해석이 보다 독창적이라고 할 수 있다. "자연은 우리의 관례를 위해 구축되는 것이 아니라 자연의 일부로서 인간이 따르게 되는 '공동의 질서'에서 구축된다"(Deleuze, 1992: 245). 즉, 자연의 영원한 법칙에 따라 그들의 특정한 질서를 구성하는 관계들이 항상 존재한다. 이러한 관계와 관련하여, 자연에서 각 사물의 완전함은 전체 속에서 그의 장소에 달려 있으며, 그 자신의 한정적이고 특이한 능력을 가지는 자연의 통일성을 통해 결정된다. 자아실현은 이러한 자연의 통일성을 지향하는 것이다.

따라서 자연의 통일성을 실현할 수 있는 능력 또는 힘이 강조된다. 스피노자의 사상체계에서, '힘(power)'이라는 용어는 하나의 본성이나 본질 자체로부터 행동할 수 있는 능력을 표현한다. 그리고 각자의 권리는 그의 힘의 덕목으로 정의된다. 한 행위자가 보다 강력하면 자신의 본성을 드러낼 수 있는 자아실현의 기회가 확대되는 반면, 최소한 증오, 질투 그리고 다른 부정적 효과로 인한 반작용의 기회는 줄어든다. '보다 완전함'은 '보다 강력함'과 의미상 분리될 수 없다.

완전(신 또는 자연)을 지향하는 인간의 소망은 스피노자의 코나투스의 개념으로, 니체에게는 '힘에의 의지'로 표현된다. 스피노자는 여전히 전통적 종교의 신성과 더불어 데카르트적 이성에 부분적으로 (암묵적으로)

의존한다. 그러나 니체는 '신의 그림자'조차 벗어나고자 할 뿐만 아니라 인간의 모든 이성을 소거시키고자 한다. 스피노자 또는 니체에 대한 선택은 이론적이라고 할 수 없지만, 스피노자는 마르크스의 유물론이 가지는 한계를 이론적으로 보완할 수 있는 것처럼 보인다는 점에서 또 다른 유의성을 가진다.

그러나 스피노자의 자연주의적 환경윤리는 어떤 딜레마를 여전히 안고 있다. 비록 스피노자에게 자연과 이성은 결코 분리되지 않지만, 인간은 본성에 따라 행동할 수 있는 능력으로서 이성을 가지며 이에 따라 동물과는 구분된다. 즉, 자연 상태에서 인간과 동물 그리고 모든 사물에게 응용가능한 자연적 권리와 인간의 자아실현을 위한 협력을 위한 도덕적 권리가 차별적으로 서술되고 있다. 내재성의 공동 평면으로서 자연은 분명 그 속의 모든 양태로 표현되지만, 이 양태들 간의 차이와 상이한 양태들 간의 관계는 아직 적합하게 생태학적으로 이론화되지 않고 있다.

참고문헌

박기순. 2007. 「들뢰즈와 스피노자 - 무한의 사유」. ≪진보평론≫, 31, pp.41~64

박삼열. 2001. 「스피노자의 속성 개념 - 주관적 해석과 객관적 해석」. ≪철학연구≫, 55, pp.91~107.

_____. 2006. 「스피노자와 니체 비교 - 니체의 선구자로서의 스피노자」. ≪철학탐구≫, 20, pp.39~66.

한자경. 1995. 「스피노자의 자연 개념. 계명대학교 철학연구소 편」. 『인간과 자연』, 서광사, pp.87~108.

Allen, H. J. 1976. Spinoza's naturalism and our contemporary neo-Cartesians, in J. B. Wilbur(ed). *Spinoza's Metaphysics: Essays in Critical Appreciation*. Van Gorcum. Amsterdam.

Althusser, L. 1970. *Reading Capital*. Pantheon. New York.

Collier, A. 1991. "The Inorganic Body and the Ambiguity of Freedom". *Radical Philosophy* 57(Spring). pp.3~9.

Collins, J. 1984. *Spinoza on Nature*. Southern Illinois University Press. Carbondale and Edwardsville.

Commoner, B. 1992. *Making Peace with the Planet*. The New Press. New York.

De Dijn, H. 1996. *Spinoza: The Way to Wisdom*. Purdue University Press. Indiana.

Deleuze, Gilles, 1988. *Spinoza: Practical Philosophy*. City Lights Books. San Francisco.

Deleuze, G. 1992. *Expressionism in Philosophy: Spinoza*. Zone Books. New York.

Deleuze, G. and F. Guattari. 1983. *Anti-Oedipus: Capitalism and Schizophrenia*. The Univ. of Minnesota Press.

Eisenberg, P. D. 1977. Is Spinoza an ethical naturalist?. *Philosophia*. vol.7(1). pp.107~133.

Ewin, R. E. 1991. *Virtues and Rights: The Moral Philospby of Thomas Hobbes*. Westview Press. Boulder.

Hayden, P. 1997. Gilles Deleuze and naturalism: a convergence with ecological theory and politics. *Environmental Ethics*. 19(2). pp.185~204.

Hoffheimer, M. H. 1986. Locke, Spinoza, and the idea of political equality. *History of Political Thought*. vol.7(2). pp.341~360.

Holland, E. 1998. Spinoza and Marx. *Cultural Logic*. 2(1). http://eserver.org/clogic/2-1/holland.html.

Houle, K. L. F. 1997. Spinoza and ecology revisited. *Environmental Ethics*. 19(4). pp.417~431.

Lloyd, G. 1980. Spinoza's environmental ethics. *Inquiry*. 23. pp.293~311.

_____. 1994. *Part of Nature: Self-Knowledge in Spinoza's Ethics*. Cornell University Press. Ithaca and London.

Naess, A. 1977. Spinoza and ecology. *Philosophia*. 7(1). pp.45~54.

_____. 1980. Environmental Ethics and Spinoza's ethics: comments on Genevieve Lloyd's article. *Inquiry*. 23. pp.313~25.

Negri, A. 1997. Spinoza's anti-modernity. *Graduate Faculty Philosophy Journal*. vol. 18(2). pp.1~16.

Nietzsche, F. 1968. *The Will to Power trans,* edited by W Kaufman. Vintage Books. New York.

_____. 1992. *Beyond Good and Evil, in Basic Writings of Nietzsche*, trans. and edited

by Walter Kaufmann. The Modern Library. New York.
Sessions, G. 1977. Spinoza and Jeffers on Man in Nature. *Inquire*. 20.
Spencer, M. E. N. 1931. Spinoza and Nietzsche - a comparison. *The Monist*. 41(Jan). pp.67~90.
Spinoza, B. de. 1951. *A Theologico-Political Treatise in Works of Spinoza*. vol I. Dover Publications. New York.
______. 1955. *On the Improvement of the Understanding in Works of Spinoza*. vol II. Dover Publications. New York.
______. 1955. *The Ethics in Works of Spinoza*. vol II. Dover Publications. New York.
Yovel, Y. 1989. *Spinoza and other Heretics: the Adventures of Immanence*. Princeton University Press. Princeton N. J.

8장

니체의 생태학과 자연주의적 환경정의[1)]

> 인간을 자연으로 되돌려보내기; 인간 본성의 영원한 기본 교과서 위에 여태까지 낙서를 하고 그림을 그리는 것에 불과했던 그 많은 헛된 그리고 겉으로 열광적인 해석과 함축을 극복하기; 심지어 오늘날에도 과학 훈련으로 강화된 인간이 자연의 다른 부분들 앞에 서 있는 것처럼, 이제부터 자연이 인간 앞에 서 있는 것을 이해하기.
>
> — 니체(1886)

1. 서론

니체의 철학은 근대성에서 탈근대성으로의 전환이 어떤 유의성을 가지는가에 대한 논쟁에서 핵심적 역할을 하게 되었다. 근대성이란 계몽의 전통, 즉, '신세계'의 발견과 더불어 르네상스와 개혁에 의해 시작되었다. 이는 계몽의 사상가들, 데카르트에서 칸트, 그리고 헤겔의 형이상학에서 정점을 이루었던 서구적 전통하에서의 자연 속에 있는 인간 주체의 보다 위대한 합리성과 자유를 향한 진보를 위해 이루어진 프로젝트로 이해될 수 있을 것이다(Gare, 1995: 46~50; Dallmayr, 1997). 그러나 이러한 진보

1) 이 글은 ≪대한지리학회지≫, 33(3)(1998년), 411~434쪽에 실린 글을 수정한 것이다.

를 허무주의로 특징지었던 니체의 철학은 이 프로젝트를 깨뜨리기 위한 결정적 계기, 즉, 탈근대성으로의 전환점을 제공했다. 이 점과 관련하여, 하비(Harvey, 1989: 18)는 "특히 니체의 개입 이후, 인간 본성의 영원불변한 본질을 정의하는 데 계몽적 이성을 특권적 지위에 올리는 것이 더 이상 불가능하게 되었다"고 서술한다.

바로 이러한 점에서 니체는 자신의 입장을 서구 근대성에 의해 형성·지지되었던 "모든 철학적·도덕적 우주론과 신정론(神正論, theodicies)에 대한 나의 기본적 반론"으로 규정한다(WP: 707).[2] 그렇지만 그의 철학은 단순히 파괴적인 것이 아니라 동시에 재구성적이다. 그의 사상은 "허무주의적으로 평가절하된 근대성의 완전한 부정"으로 이해될 수 있지만, 또한 동시에 오늘날 데리다, 푸코, 들뢰즈 등과 같은 탈근대주의자들에 의해 찬양된 "새로운 탈근대적 철학을 위한 기반"으로 이해될 수 있다. 반면 하버마스(Habermas, 1987: 4장 참조)에 의하면, 일단 합리적 기반에서 벗어난 니체의 견해는 궁극적으로 그 자체를 정당화할 수 없게 되었고, 그 결과 '힘에의 의지'에 관한 형이상학(또는 미학)은 철학적 타당성을 결하게 되었다고 비판된다. 즉, 니체는 힘에 초점을 두고 근대성을 개념화

---

2) 여기서 숫자는 쪽수가 아니라 문단의 절 번호를 나타내며, 니체의 저작들은 다음과 같이 인용된다. AC=The Antichrist(안티크리스트); BGE=Beyond Good and Evil(선악의 저편); BT=The Birth of Tragedy(비극의 탄생); AS=Attempt at a Self-Criticism(자아비판의 시도); EH=Ecole Homo(이 사람을 보라); GM=On the Genealogy of Morals(도덕의 계보); GS=The Gay Science(즐거운 학문); HAH=Human All Too Human(인간적인 너무나 인간적인); SE=Schopenhauer as Educator(교육자로서의 쇼펜하우어); TI=Twilight of the Idols(우상의 황혼); WP=The Will to Power(힘에의 의지); Za=Thus Spoke Zarathustra(자라투스트라는 이렇게 말했다)(P: Prologue)(후기); 이 논문에서 AC, TI, Za의 편집과 영어 번역은 Portable Nietzsche를 이용했고 BGE, BT, EH, GM의 편집과 영어 번역은 Basic Writings of Nietzsche를 이용했다. 이 논문은 니체 저작들의 영역본을 기초로 하고 있기 때문에 생길 수 있는 오류의 가능성을 전제로 하고 있다.

하면서, 이성의 지평 바깥에서 이성에 대한 부정을 제기했기 때문에, 그는 미적 판단의 기준을 정당화할 수 없었다.

니체에 관한 이 장의 연구는 그의 철학을 체계적으로 재현하거나 니체 철학에 관한 탈근대주의자들과 하버마스 간의 논쟁을 검토하기 위한 것이 아니다. 그러나 니체는 근대 주체적 합리성으로부터 탈출구를 찾기 위하여 '자연으로의 회귀', 즉 자연, 인간, 대지(또는 이 땅), 윤리에 관한 자연주의적 개념화에 관심의 초점을 두고자 했음은 분명하다.[3] 자연주의는 일반적으로 사건의 자연적 원인(natural causes)을 연구하고, 자연(nature) 또는 인간 본성(human nature)으로부터 도덕성을 설명하거나 정당화하기를 원하는 철학적 믿음이나 전통으로 이해될 수 있다. 물론 이러한 자연주의는 설명을 위하여 자연(또는 이 땅)을 능가하거나 자연 밖으로 나가고자 하는 초자연주의를 부정한다. 다윈(C. Darwin) 이래 일부 자연주의자들은 초자연적 개입 (즉, 신) 없이 보다 낮은 삶의 형태로부터 보다 높은 형태로의 진화를 특히 강조한다. 이러한 의미의 자연주의는 니체가 살았던 19세기 중반에 탁월했으며, 이에 따라 초자연주의에 대한 자연주의적 반대와 자연사(주로 생물학)에 관한 연구가 널리 이루어졌다.

3) 이러한 점에서 "니체의 이성 비판, 전통 형이상학 비판은 자연에 대한 인간의 인간중심주의 및 인간의 탈자연화에 대한 비판과 같은 함의를 가진다"(홍사현, 2008: 197). 즉, 니체의 자연 개념은 분명 자연지배의 도구로 사용되어온 합리적 이성에 대한 전복적인 비판과 함께 자연에 대한 인간의 태도에 대한 근본적인 인식의 전환을 요구하고 있다. 물론 "니체의 자연 개념은 그의 주요 철학 개념들에서 비교적 불분명하게 규정되어 있는 것들 중의 하나다. [그러나] 자연이라는 단어가 상대적으로 그렇게 자주 언급되지 않는다 하더라도 자연이 니체 사상의 발전과정에서 부차적인 문제에 해당되는 것은 결코 아니다. 니체가 거쳐온 사유의 과정을 조금만 주의 깊게 들여다본다면, 니체의 자연관은 여러 번 관점주의적 변화를 겪으면서 초기부터 항상 그의 사상의 중심적 모티브로 자리 잡고 있었음을 쉽게 인식할 수 있기 때문이다"(김미기, 2004: 101).

이러한 역사적 배경에서, 램퍼트(Lampert, 1993: 11)는 "니체가 발전시킨 과학은 앞선 두 가지 거대한 전통들, 즉, 플라톤(Platon)적 자연초월적 과학과 데카르트적 자연지배적 과학 양자 모두로부터 벗어난 탐구"라고 주장했다. 샤츠키(Schatzki, 1994)와 같은 많은 논평가는 니체의 철학에 관한 현대적 해석들이 자연에 대한 그의 개념화(Moles, 1990 참조) 또는 그의 자연주의적 윤리(Conway, 1995)에 거의 관심을 두지 않았음에 대해 불만을 제기하는 한편, 그의 자연주의적 견해, 특히 자연의 자연화, 자연 속에 인간을 다시 위치짓기, 그리고 이에 따른 전통적 가치의 재평가 등의 유의성을 강조하고자 한다. 또한 예로 카울바흐(Kaulbach, 1982)가 '자연으로의 복귀'를 위한 그의 프로젝트를 자연으로부터 근대인의 소외 — 서구 세계에서 근대 사상이 인간을 단순 객체로서의 자연에 대항하는 주체로 설정함에 따라 시작된 현상 — 에 대한 반작용으로 해석한 것처럼, 니체의 철학은 현대 생태학을 위한 중요한 함의들을 가진다.[4)]

이 장은 니체가 반자연주의적 철학들을 비판하면서 자연의 개념과 자연 속에서의 인간이라는 개념을 어떻게 재구성했으며, 그의 자연주의적 윤리 속에서 이들을 어떻게 재평가했는가를 고찰하고자 한다. 특히 자연을 자연화하며, 인간을 자연 속에 위치 짓고자 하는 그의 자연주의적 윤리의 과제, 그리고 형이상학적 영역에서 자연주의적 영역으로 정의의 개념을 이전시키고자 하는 그의 시도를 조명하고자 한다. 니체의 연구에 관한 이러한 생태적 해석은 새로운 것은 아니다. 예로 홀만(Hallman, 1991)은

---

4) 이러한 점에서 예로 양해림(2001: 290)은, 니체는 그 당시 황폐화되어 가고 있는 인간 이성과 자본주의를 비판하고 그 대안으로 자연의 탈인간화와 인간의 자연화를 주장했으며, "니체의 이러한 사유는 …… 생태학적 및 환경의식의 사유로 전환하여 고찰할 수 있다"고 주장한다. 또한 니체의 자연관 일반에 관한 소개 및 에코페미니즘이나 생명공학에 대한 비판으로 비교 또는 원용될 수 있는 가능성에 대해 각각 김정현(2006), 홍일희(2004), 권의섭(2007) 등 참조.

환경윤리를 위하여 니체의 자연주의적 철학의 중요성을 강조하면서 "니체를 심층생태학의 선구자로 간주하고자"한다.[5] 니체의 언어와 주제는 심층생태학의 또 다른 선구자로 명시적으로 인정되고 있는 레오폴드(Leopold, 1949)나 자연 속의 인간 종을 보다 고결하게 하고자 하는 새로운 시도라는 점에서 니체와 비교되는 하라웨이(Conway, 1997: 134~139)와 같은 사상가들과는 매우 다르다. 그럼에도 불구하고 램퍼트(Lampert, 1993: 279)가 "니체는 이 땅(the earth)의 사랑을 위하여 존재론과 역사, 존재와 시간을 위한 포괄적 기반을 제공한다"고 주장한 바와 같이, 니체는 위대한 비판적 생태학자이자 환경정의의 주창자로 이해될 수 있다.

그러나 이 장에서의 연구는 니체의 자연주의적 철학이 아무런 문제없이 현대 생태학과 환경정의론으로 전환될 수 있음을 의미하는 것은 아니다. 환경정의는 단지 자연에 관한 것만이 아니라 인간 사회에서의 삶의 총체적 조건에 관한 것이다. 그러나 니체의 자연주의적 정의 개념은 환경정의와 사회정의를 적절하게 연결시키지는 않았다. 따라서 자연주의적 정의 개념이 도시와 같이 구체적인 환경 상황에서 어떻게 적용될 수 있는가를 이해하기가 매우 어렵다.[6] 그뿐만 아니라 니체를 생태학자로, 그리고 그의 철학을 환경윤리, 특히 환경정의의 관점에서 해석하기란

---

5) 그러나 심층생태학자들은 그들의 철학이 니체의 사상과 유사하다는 점을 부정한다. 이들은 자신들을 "'산'에 비유하기를 원하지만, 이는 니체의 위버멘쉬(Übermensch)와 같이 가능한 인간성을 위한 호화로운 은유를 의미하는 것이 아니라 …… 이는 실제적이고 살아 있는 산을 의미한다"(Naess, 1989: 3). 그렇지만 이들은 니체의 자연주의적 윤리와 유사성을 가지는 스피노자의 자연주의적 윤리는 존경한다. 스피노자와 니체의 긴밀한 관계에 관한 논의로, Spencer(1931), Yovel(1986), Schacht(1995: 167, 186) 등 참조.

6) 이 점은 다른 유형의 현대적 환경론들에서도 마찬가지로, 이러한 점에서 하비(Harvey, 1996: 391)는 "인구의 정점과 지구의 약탈이 일반적으로 묘사되지만, 도시는 심층생태학 문헌에서 무시되거나 훼손되고 있다"고 지적한다.

쉽지 않다. 이러한 점에서, 아캄포라(Acampora, 1994: 187)는 홀만의 주장에 반대하여 "니체를 심층생태학적 유형의 환경론자"로 표현하는 것은 부적절하다고 제안하지만, 분명 그는 니체의 저작들로부터 환경윤리를 위한 새로운 측면들을 이해하고자 한다. 사실 세지윅(Sedgwick, 1995)이 그의 편저 서문에서 서술한 바와 같이, "니체 읽기는 그의 산문에서 나타나는 비틀기와 뒤집기에 의해 그리고 그의 악명 높고 쉴 새 없는 회의론에 의해 문제성을 드러내는 과정"이라고 할 수 있다.

그러나 이런 어려움은 전적으로 상이한 해석들에 의해 야기되는 문제라고 치부해버릴 수는 없으며, 니체의 저술들에 내재적인 것으로 이해될 수 있다. 즉, 베르코위츠(Berkowitz, 1995)가 지적한 바와 같이, "니체는 도덕성을 욕망과 의지의 부산물 또는 투사체라고 주장하지만, 그는 또한 정의를 가장 진기한 덕목, 즉, 진리의 봉사, …… 그리고 유의한 정당화 등을 통제하는 것으로 고취했다. 그는 일관되게 자연은 비도덕적·혼돈적·무감성적이라고 단언하지만, 그는 또한 도덕적 또는 윤리적 기준으로 자연에 의존했다". 정의나 자연 등에 관한 이러한 이중적 태도 때문에, 니체는 흔히 그의 자연에 관한 이해와 인간에 관한 이해 간에 긴장이 만연해 있다고 비난받기도 한다. 이에 콘웨이(Conway, 1995: 49)는 "한 철학자의 경력 내에서 어떤 계기로 본다면, 니체의 '자연 회귀'는 실패했다. 설명에 관한 형이상학적 원칙들 없이도 이루어낸 그의 수많은 성공에도 불구하고, 그는 궁극적으로 다른 철학자들에게 단호하게 적용하고자 했던 자연주의적 범주에 그 자신을 적응시키지는 못했다"고 주장한다.

이러한 입장에서 이 장은 비판적 생태학과 환경정의이론을 위하여 니체의 자연주의적 윤리의 함의와 한계를 고찰하고자 한다.[7] 우선 다음

7) 이 장은 1998년 영어로 발표한 논문을 번역하여 게재하기 때문에, 영어 번역 문장체로 되어 있고, 또한 영어 참고문헌들도 이 시기에까지 발표된 것들로 한정된다. 니체의

절에서 니체의 반자연주의에 대한 서구 전통 비판과 자연주의적 윤리를 위해 그의 주장에 함의된 과제들을 살펴보고, 또한 니체가 자연주의적 입장에서 개념화한 인간과 자연의 생태학을 고찰한 다음, 그의 사상에 제시된 형이상학적 정의관에서 자연주의적 정의관으로의 전환 과정을 이해하는 한편, 이에 내재된 문제성이나 한계를 논의하고자 한다.

2. 반자연주의에 대한 니체의 비판

자연주의 또는 자연주의적 윤리는 "자연의 법에 근거하여 원칙들을 세우고자 하는 [이념] 체계, 즉, 인간의 본성이 어떠해야만 하는가가 아니라 인간의 본성은 어떠한가를 우선 고찰하고자 하는 체계"로 이해될 수 있다(Spencer, 1931: 67). 또는 자연주의는 "전체로서의 자연을 초월하는 것 또는 어떻게 해서든 초자연적이거나 신비적인 것에 대한 호소에 반대하여, 설명에서 자연적인 것 또는 규범적인 것에 그 자신을 한정시키고자 하는 견해"라고 규정된다(Kaufmann, 1950: 81). 이러한 관점에서, 니체의 철학은 칸트나 헤겔과는 매우 다른 자연주의적 철학이라고 분명 규정할 수 있다. 사실, 비관주의에서 허무주의로의 발전을 '가치의 탈자연화'로 특징지으면서(WP: 37), 니체는 이러한 영역에서 자신의 근본적인 혁신이 "도덕성의 자연화"(WP: 462) 또는 "인간성의 자연화"(GS: 109)라고 단언한다. 사실 니체의 저작 전체를 통해 설정되었던 과제는 가치에 관한 포괄적인 자연주의적 개념을 개발하고, 이러한 관점에서 모든 기존 가치들을 재평가하는 것이었다고 할 수 있다. 이러한 그의 과제는 이른바 탈근대적 생태학을 위한 새로운 기반을 정형화하기 위한 것으로 이해되고

자연관에 관한 한글 논문들은 대체로 2008년 전반부까지 발표된 것을 참고로 했다.

있다(Gare, 1995; Conley, 1997 참조).

니체의 자연주의적 철학은 그가 비판하고자 했던 세 가지 사상적 배경인 기독교 사상(Christianity), 데카르트적 철학과 근대 물리학, 자연주의적 철학 그 자체의 전통을 배경으로 발전했다. 니체는 기독교 사상이 인간 존재를 자연세계로부터, 정신이나 영혼을 신체나 육신으로부터 근본적으로 분리시키고 후자를 경멸했다고 비난했다. 그는 기독교적 도덕성에는 "자연이 결여되어 있다. 반자연(antinature) 그 자체가 최고의 명예를 얻었고, 법과 범주적 규정력으로 인간성 위에 군림한다"고 지적하면서 이를 "매우 터무니없는 사실"이라고 비난한다(EH, "Why I am destiny": 7). 기독교적 도덕성이 자연을 과소평가하거나 또는 결여한 점 그리고 반자연을 최고의 가치로 설정한 점은 "삶이 고통스럽다는 사실은 삶이 정의롭지 못하며, 심지어 본질적으로 부정의하다는 점을 우선적으로 의미한다"라는 기독교적 교리를 유도하며(Deleuze, 1983: 15), 이에 따라 영구불멸의 삶을 위하여 반자연적인 또는 '다른 세계적'(otherworldly) 정의를 필요로 한다고 주장될 수 있다(GM: 1 14~115). 이러한 배경에서, 니체는 다음과 같은 의문들을 제기한다,."하느님의 이러한 모든 그림자가 우리의 마음을 어둡게 하는 것을 언제 멈출 것인가? 언제 우리는 자연에 관한 우리의 탈신격화를 완수할 수 있을 것인가? 언제 우리는 순수하고, 새롭게 발견되며, 새롭게 회복된 자연이라는 점에서 인간성을 '자연화하게' 될 것인가?"(GS: 109)

니체의 자연주의의 또 다른 근원은 자연과 인간성 간의 데카르트적 이분법과 근대 물리학에 대한 그의 비판이다. 객체와 주체, 자연과 문화, 신체와 정신, 동물과 인간 등의 이분법을 의미하는 '허무주의'의 계보학을 이해하기 위하여, 니체는 흔히 헤겔과 칸트를 거쳐 플라톤과 소크라테스(Socrates)에까지 비판적으로 거슬러 올라간다. 그러나 가장 일반적 측면에서 자연은 신 자체 또는 신에 의해 창조된 사물들의 질서화된 체계를 의미하며, 그 속에는 선과 악, 유익한 것과 해로운 것의 구분이 없다고 말한 사람은 바로 데카르트이다.[8] 여기서 자연에 관한 니체의 과제는 자연 지배의 이상과는 대립되는 것처럼 보이는 정신의 수동성을 고취시키는 것이었다. 즉, 니체의 입장에서 보면, "사회의 모든 계층에 만연한 허무주의의 문제가, 자연의 지배를 통해 인간성의 돌봄을 수행할 수 있다고 믿는 근대 [데카르트적] 혼합주의적(syncretic) 철학의 실패라는 점에서 인식되지 않는다면, 이 문제는 올바르게 진술될 수 없을 것이다"(Kennington, 1978: 223).[9]

니체는 데카르트 철학으로부터 영향을 받았던 근대 물리학과 정치학에 더 적대적이었다. 램퍼트(Lampert, 1993: 414)에 의하면, "자연에 대한 공경을 결한 채, 근대 물리학은 근대 정치학에 봉사하고 있다. …… 근대 민주주의적 인간주의는 자연을 모욕함으로써 인간을 고양시키고, 이에 어울리는 세계-해석을 제시하기 위하여 물리학의 도움을 받았다". 근대 물리학자들은 "법칙에 대한 자연의 순응"을 자랑스럽게 말한다. 또한 근대 정치학자들은 "근대 정신의 민주주의적 본능"이 "어디에서나 법 앞에서의 평등"을 원하며, "자연은 우리보다 더 나은 것이 없다"고 뻔뻔스럽게 주장한다(BGE: 22). 따라서 니체의 자연주의의 목적은 "인간을 자연으로 되돌려 보내기, 인간 본성(homo natura)의 영원한 기본 교과서 위에 여태까지 낙서

---

8) 즉, "…… 기계론적 세계관을 가진 데카르트는 목적이 없는 자연이라는 기계에 정신을 포함시킬 수 없었다. 그래서 자연에서 정신을 떼어내어 인간에게 귀속시킴으로써 인간은 자연의 물리적 법칙을 따르는 것이 아니라 정신의 자유의지에 따라 행동하는 것으로" 이해하게 된다(박삼열, 2006: 47).

9) 그러나 일반적으로 자연의 지배라는 개념의 창시자는 데카르트가 아니라 베이컨으로 이해되고 있다. 예로 케닝턴(Kennington, 1978: 201)에 의하면, "공통의 판단으로는, 베이컨(Francis Bacon)이 금세기 기술적 [및 환경적] 위기와 불가피하게 결부되어 있는 '자연의 지배(mastery of nature)' 개념의 창시자이다". 레이스(1994: 3장) 역시 자연 지배(domination of nature)라는 논제를 데카르트보다는 베이컨과 우선적으로 결부시키고 있으며, 듀이도 이 논제를 데카르트를 지나쳐 베이컨에게 소급하고 있다.

를 하고 그림을 그리는 것에 불과했던 그 많은 헛된 그리고 겉으로 열광적인 해석과 함축을 극복하기, 심지어 오늘날에도 과학 훈련으로 강화된 인간이 자연의 다른 부분들 앞에 서 있는 것처럼 이제부터 자연이 인간 앞에 서 있는 것을 이해하기"라고 할 수 있다(BGE: 230).

니체는 또한 고대 그리스의 스토아학파에서부터 루소의 자연주의적 정치이론에 이르는 자연주의적 철학 전통의 어떤 측면들에 대해 비판적이었다. 스토아학파와 니체는 공통적으로 자연에 따르는 것 또는 자연적 사물 상태를 가져오는 것이 가치를 가진다고 생각한다. 그러나 스토아학파는 자연의 본질을 실체의 구조로 간주하는 합리성, 즉, 신으로 인식했으며, 선한 또는 완전한 삶은 이러한 구조에 순응하는 삶이라고 생각했다. 그러나 니체는 자연의 본질이 '힘에의 의지'라고 생각하고, 자연에 그들의 이상, 즉, 이성을 부여했다고 스토아학파를 비난했다. 따라서 니체는 "당신들은 자연에 따라 살기를 원하는가? 고귀한 스토아학파여, 이는 얼마나 기만적인 세계인가! 나는 자연과 같은 어떤 존재, 무한히 황폐하고 무한히 냉엄하며, 목적도 고려도 없고, 자비도 정의도 없으며, 풍요롭지만 동시에 황량하고 불확실한 어떤 존재를 상상한다"고 서술한다(BGE: 9). 니체는 또한 '자연 회귀'에 대한 루소의 갈망을 '인간을 자연으로 되돌려 놓기'를 위한 그의 목적과 대치한다. 니체의 견해에 의하면, 루소의 자연관은 "'자연'이 마치 자유·선·정직·공정·정의·목가(idylls)인 것처럼 …… 자연 속에서 도덕적인 기독교적 '인간성'을 읽어내기를 위한 시도"로 이해된다(WP: 340). 자연에 관한 루소의 개념은 이상적인 기독교적 사물 상태를 회복하기를 원했던 것이지만,[10] 니체가 인간을 되돌려 보내고자

10) 그러나 루크의 해석에 의하면, "그의 모든 동시대 학자들과는 달리, 루소(Rousseau)는 자연이 죽은 객체, 합리적 원칙들의 복잡한 덩어리, 인간 생산을 위한 원료의 수동적 창고에 불과하다는 점을 부정한다. 루소에게 자연은 그 자체로서 활동적인 주체 — 이는 자유이며 필연, 생산자이며 생산물, 주체이며 객체 — 이다"(Luke,

하는 자연의 개념은 이러한 특성들과는 아무런 관계가 없다.

따라서 이러한 측면의 자연주의적 전통에 대한 비판에서, 니체는 "나의 사명: 자연의 탈인간화, 그런 다음 자연의 순수한 개념을 얻을 수 있도록 인간의 자연화"라고 선언한다(Lampert, 1993: 278). 자연과 인간에 대한 니체의 개념화는 자연의 인간화 — 즉, 죽은 신들의 그림자 그리고 근대 철학·물리학·정치학의 규정력의 결과 — 를 파괴하고, 이를 통해 자연(그리고 인간)의 (재)자연화를 위한 기반을 제공하기 위한 시도로 이해될 수 있다. 니체의 파괴적 (또는 해체) 작업은 또 다른 작업, 즉, 재구성 작업에 비해 훨씬 더 잘 알려져 있다. 그는 이러한 재구성 작업을 현대 포스트모던 철학자들을 위한 위대한 유산으로 남겨놓았다고 할 수 있다. 오늘날 니체의 사상은 "탈-베이컨적 자연주의, 자연질서를 긍정하는 완전한 내재주의(immanentism), 니체 자신에 의해 '즐거운 과학(joyous science)'이라고 불리게 된 생태적 철학"으로 이해될 수 있다(Lampert, 1993: 278). 그러나 자연질서의 긍정적 철학을 위한 기반을 만들고자 했던 그의 노력이 성공적이었는가의 여부는 아직 의문으로 남아 있다.

3. 니체의 생태학에서 자연과 인간

1) 자연의 자연화

우리가 일반적으로 그렇게 하듯이, 니체도 자연이라는 용어를 살아 있는

1894: 224). 루크의 견해에서, 이러한 자연의 개념은 그의 정치철학 — 즉, 실증주의 과학, 경제학적 효용론, 상품 물신성, 그리고 부르주아적 생활세계에 의해 위기에 처하게 된 개인적 소외에 대한 비판 — 과 조응한다(Luke, 1894: 239).

창조물 및 기타 자연적 요소의 영역과 관련되는 것으로 사용했다. 예로 니체가 근대 사상이 인간에게 "동물과 자연의 관계에서 잘못된 순위 질서"를 부여했다고 주장할 때(GS: 115), 그는 우선적으로 인간을 다른 살아 있는 창조물, 본질적으로 다른 창조물과 같은 존재로 이해했다. 그러나 니체는 또한 이 용어를 자연의 추상적 성격과 관련되는 어떤 것으로 고려되는 보다 넓은 맥락에서 사용했다. 예로 그가 '자연에 따르라'라는 스토아학파의 교리를 비판했을 때, 그는 스토아학파가 자연에 부여한 도덕성을 의미했다(BGE: 9). 유사한 맥락에서, 니체 자신은 자연에게 새로운 의미를 부여하는 것처럼 보인다. 예로 우리를 가르치고자 할 때, 그는 "당신의 의지가 말하도록 하자. 초인(overman)은 이 땅의 의미가 될 것이다. 나는 당신들, 나의 형제들에게 간절히 호소한다. 이 땅에 충실하라. 당신들에게 다른 세상의 희망을 말하는 사람들을 믿지 말라"(Za P)고 했다.[11)]

자연에 관한 양 개념이 니체의 자연주의에 중요하면서도 모호하게 혼합되어 있지만, 우리는 자연을 자연화하기 위한 요구에 부응하기 위하여 니체가 그의 저술들에서 강조하고자 했던 어떤 주요 측면들을 이해할 필요가 있다. 그의 초기 저작들, 예로 『교육자로서의 쇼펜하우어(Schopenhauer as Educator)』에서 서술한 것처럼, 니체는 모범적 인간으로서의 철학자와 예술가가 시의적절한 생산을 관장하도록 하기 위해 자연을 '보편적 효용성'으로 작동시키기를 기대했다. 예로 그는 "[우리는] 자연이 항상 보편적 효용성이기를 원하지만, 이러한 목적을 위한 가장 훌륭하고 적합한 수단과 도구를 어떻게 찾을 것인가를 알지 못한다. …… 자연이 그 존재를 철학자와 예술가의 생산을 통해 인간에게 납득할 수 있고 유의

11) '이 땅'이라는 용어에 함의된 자연의 개념은 자연의 첫 번째 개념을 함의하고 있으며, '자연'이라는 표현의 주어진 사용이 이러한 자연의 개념들 가운데 하나 또는 모두를 의미하는가의 여부는 특정한 맥락에 좌우된다(Schatzki, 1994: 154).

한 것으로 만들고자 한다는 점은 구원과 확신을 위해 주어진 자연 그 자체의 욕망이다"(SE: 7)라고 서술한다. 그러나 니체의 견해에서, 그가 계속해서 서술한 바와 같이 자연은 그렇게 하지 못한다. "그렇지만 자연이 철학자와 예술가와 더불어 일반적으로 달성한 효과는 얼마나 불확실하고 지루하며 나약한가!" 그에 의하면, 이는 자연이 경제의 영역에서처럼 "문화의 영역에서도 함부로" 사용됨으로써, 너무 많은 에너지를 희생시키고 이로 인해 '나쁜 경제인'이 되었기 때문이다(SE: 7).

이러한 저술들에서, 니체는 이중적 견해를 가지는 실용적 관점에서 자연을 이해했다. 한 견해에서, 자연은 '유용한' 인간의 근원 또는 생산자로 이해된다. 예로, 니체는 그의 처녀작인 『비극의 탄생(The Birth of Tragedy)』에서, "디오니소스적 예술[은] 아폴론적 창조물로서의 문명 너머에 있는 자연을 삶[즉, 생명]을 구원하는 창조적 힘들의 원천으로 제시함으로써 삶에 기여한다고 말한다"(김주휘, 2008: 95). 그러나 "자연은 그 목적을 달성하지 못하고, 대부분의 철학자는 보편적으로 유용한 것을 만들지 못했다"(SE: 7). 다른 견해에서 자연은 경제적 및 문화적 발전의 수단 또는 도구로서 사용될 수 있는 것으로 간주된다. 니체에 따르면, 이러한 두 가지 종류는 상호 배타적이며 심지어 모순적이다(Conway, 1997: 13~14). 이러한 이중적 견해는 모두 '효용'에 관한 스펜서(M. E. N. Spencer)의 개념과 관련을 가지며, 마치 선의 개념이 근본적으로 유용함이나 실용성의 개념과 동일한 것처럼 이해한다(GM: 1, 3).

니체의 자연에 대한 개념과 자연의 자연화에 관한 설명은 그의 후기 저작들, 즉, 『자라투스트라(Zarathustra)』 이후의 저작들에서 훨씬 더 복잡해지며, 이로 인해 이 점은 매우 상이하고 모순적인 해석들을 유도한다. 예로, 홀만(Hallman, 1991: 130~111)은 니체를 심층생태학자의 원형으로 이해하면서, "인간성과 자연의 적절한 관계에 대한 니체의 초기 관점들은 비록 아주 명확하지는 않지만 매우 충분하게 서술된다.

…… 그러나 그의 후기 저작들에서 니체는 심층생태학의 입장과 결정적으로 가깝게 이동한다"고 주장한다. 그러나 홀만의 해석에 대한 비판에서, 아캄포라(Acampora, 1994: 188)는 "니체는 생물영역의 호혜론자가 아니며, 오히려 귀족적으로 개인주의적인 초인간주의자이며 …… [특히] 니체의 후기 저술들(예로 『자라투스트라』와 그 이후)에서의 초인에 관한 묘사적 우월성은 …… 그를 생물영역의 호혜론자로 보는 것을 넘어서 이에 반대하여 니체를 귀족적인 개인주의자로 보는 것을 더 신뢰하도록 한다"고 주장한다.

어떤 해석이 니체를 위하여 옳고 그른가를 판단하기란 쉽지 않다. 그러나 샤츠키(Schatzki, 1994: 151), 베르코위츠(Berkowitz, 1995: 4) 등이 지적한 바와 같이, 자연과 인간성에 관한 니체의 개념에는 어떤 모호함이 있으며 이로 인해 이들 간에 긴장이 내재되어 있다. 특히 콘웨이(Conway, 1995: 32)의 해석에 의하면, "그의 『자라투스트라』 이후의 저술들에서, 니체는 생명과 자연 간의 (가시적) 긴장을 탐구하고, 자연주의적 관점에서 아폴론(Apollon)와 디오니소스(Dionysus) 간 기원적 대립을 재구성하고 있다. 『비극의 탄생』에서 '예술가의 메타포'를 포기하면서, 그는 디오니소스 및 아폴론의 이름과 연계된 미학적 범주들을 각각 자연과 생명의 경제적 원칙들로 전환시킨다".[12] 그럼에도 불구하고 니체는 그의 후기 저작들에서도 이들 간의 긴장을 해결할 수 없었다. 이러한 결론에 도달하기 전에 우리는 니체가 자연을 어떻게 탈인간화 또는 (재)자연화하고자 했는가 그리고 인간을 어떻게 자연화, 즉, 이러한 자연으로 되돌려 놓고자

12) 니체의 영역본 저작들에서 영어로 life는 문맥에 따라 '생명' 또는 '삶'으로 번역될 수 있는 것처럼 보인다. 이 때 생명은 "인간 이성을 넘어선 자연성에 입각한 모든 생명체가 근본적 사유의 대상이 되고 중심에 놓여진다"고 주장된다 (홍일희, 2003: 134). 그러나 생명을 이와 같이 모든 생명체, 나아가 자연과 동일시하는 것은 니체의 저술들에서 함의된 생명과 자연 간의 긴장을 모호하게 하는 것처럼 보인다.

했는가를 이해할 필요가 있다.

자연을 자연화하기 위하여, 니체는 우선 기독교 사상·근대 철학·물리학·정치학에 의해 부여된 초자연적이고 도덕적인 특징들을 자연으로부터 제거하고자 했다. 그의 『자라투스트라』 이후 저술들에서, 니체는 인간성과 자연 간 이원론을 보다 명시적으로 거부하고, 서구 철학과 종교가 자연을 인류중심주의적으로 만들면서 탈자연화시켰다고 비판한다. 대신 니체는 자연화된 자연, 탈물신화된(de-deified) 자연, 신이나 이성이 조직한 것이 아닌, 어떤 목적을 추구하지 않으며 그 자체로서 도덕성이 없는 자연을 제안한다(GS: 344, 363). 자연은 무한하며, 인간 생활의 특정한 필요나 요구와는 독립적이며 무관하다. 따라서 자연은 특정한 형태의 인간 생활을 선호하거나 좌절시키는 초자연적 법칙들에 따라 그 자신을 규제할 필요도 없으며 또 그렇게 하지도 않는다. "자연은 덕을 열망하지 않으며 이 때문에 우리는 자연을 존경한다"는 점에서, 인간 생활은 "좀 더 자연적"이어야 한다(WP: 120).

일단 도덕적 또는 초자연적 성격들이 제거되면, 자연은 그 자체로서 완전한 힘, 즉, 니체가 명명한 '힘에의 의지'로서 완전한 전체로 이해된다. 예로 그의 비교적 초기 저술인 『교육자로서의 쇼펜하우어』에서 니체는 "문화의 근본적 사고는 우리 내에서 그리고 우리 바깥에서 철학자·예술가·성인의 등장을 촉진하는 것, 이에 따라 자연의 완전함을 만들어내는 것이다"고 서술한다(SE: 5). 여기서 니체는 자연의 완전함을 만들기 위하여, 문화는 위대한 인간의 등장을 위한 조건들을 보장해야 한다고 주장하는 것처럼 보인다. 그러나 그의 후기 저술들에서 니체는 이와 같은 그의 초기 저술들에 나오는 인류중심주의적 주장을 극복하기 위하여 노력한다. 따라서 『선악의 저편(Beyond Good and Evil)』에서 도덕성을 재현하는 와중에 니체는 자연에 관한 그 자신의 견해를 '힘에의 의지'로 표현한다(BGE: 9).

힘에의 의지로서 자연의 표현은 우주 또는 자연에 관한 니체의 원리, 즉, 그가 '영원 회귀(eternal return)'라고 부른 것과 관련성을 가진다. 들뢰즈(Deleuze, 1983: 47~48)에 의하면, 우리는 영원 회귀를 "우주[또는 자연]의 필수성에 대한 긍정", "[자연의] 다양성과 그 재생산에 관한 설명, [자연 내에서] 차이와 그 반복으로 작동하는 원칙의 표현"으로 이해할 수 있다. 여기서 '회귀'란 생성되는 것의 존재를 의미한다. "모든 것이 회귀한다는 것은 존재의 세계에 대한 생성의 세계의 극한적 근접 — 명상(meditation)의 절정 — 이다"(WP: 617). 영원 회귀에 관한 니체의 설명은 자연의 최종적 또는 균형적 상태를 부정하며, 동일한 어떤 것이 회귀하는 것이 아니라 회귀하기 그 자체가 다양성과 다중성을 인정하는 하나의 현상으로 파악된다. 만약 '인간을 자연으로 되돌려보내기'에 관한 니체의 과제 또는 '자연으로 돌아가기'에 관한 그의 서술이 '힘에의 의지' 및 '영원 회귀'에 관한 그의 설명과 관련시켜 해석될 수 있다면, 인간은 다양한 힘들의 종합으로서 자연으로 '영원히 돌아가기'를 필요로 한다고 말할 수 있다.

자연의 자연화를 위한 니체의 시도에 대한 해석으로부터, 현대 생태학을 위한 몇 가지 심원한 통찰력이 도출될 수 있다(Hallmen, 1991: 100~101). 첫째, 서구의 종교와 근대 철학·물리학·정치학에 의해 부여된 초자연적 (즉, 자연을 능가한) 또는 도덕적 (즉, 반자연적) 특성들은 자연으로부터 제거되어야 한다. 둘째, 대신 자연은 그 자체로서 완전한 전체 또는 완결된 힘, 즉, 니체가 차연적(differential)이며 발생적인 계보적 전체 또는 힘들의 종합으로서 '힘에의 의지'라고 지칭한 것으로 이해될 수 있다. 셋째, 자연(또는 우주)은 다양성·재생산·차이와 반복에 관한 설명에 기여하는 '영원 회귀'라는 표현으로 이해될 수 있으며, 인간은 다양한 힘들의 종합으로서 자연으로의 영원한 회귀를 필요로 한다.

그렇지만 자연을 자연화하고자 하는 이러한 시도에서 문제점은, 일단 자연으로부터 신과 인간의 합리성을 제거한 다음, 니체 자신은 자연을 재평가하고자 했다는 점이다. "나 역시 '자연으로의 회귀'를 말하고자 한다. 비록 이것이 실제 되돌아가기가 아니지만 상승하기(ascent), 높고 자유로우며 심지어 무시무시한 자연과 자연성(naturalness)으로 올라가기, 여기서 위대한 과업은 솟아오르기 또는 솟아오르도록 하기이다"(TI, "Skirmishes of an untimely man": 48). 게다가 상승하기로서 '자연으로의 회귀'에 관한 니체의 언술은 그가 초인(overman)이라고 한 것과 밀접한 관계를 가진다. 니체가 자라투스트라로 하여금 거듭 말하도록 한 것은 "보라, 나는 너희들에게 초인을 가르친다. 초인은 이 땅의 의미이다"(Za: P). 이 책의 머리말에 처음 나오는 이 경구는 전통적 서구 사상들이 반자연적이며, "이 땅에 충성스럽게 남기"를 실패했다는 점에서 이들을 비판하고자 하는 맥락 속에서 이해될 수 있다.

그러나 여기서 우리는 니체에 대항하여 다음과 같이 물을 수 있다. 왜 어떻게 우리는 이 땅에 충성스럽게 남아야 하는가? 사실 스토아학파가 [자연에게] 그들의 이상, 즉 이성을 부여했다고 비난하지만, 니체 자신도 자연에게 새로운 의미들(즉, 힘에의 의지, 영원 회귀 등)을 부여하고자 한다. 자연에 관한 니체 자신의 설명은 "가장 정신적인 힘에의 의지"의 행동으로 이해될 수 있다(BGE: 9). 그러나 이러한 행동은 어떻게 정당화될 수 있는가? 게다가 니체에게 "이 땅에 충성스럽게 남기" 또는 "자연으로 돌아가기"는 나폴레옹이나 괴테와 같은 초인을 위해서만 가능한 것처럼 보인다. 일반인, 니체가 '너무나 인간적'이라고 지칭한 일반 인간의 노력은 자연으로 회귀하기, 그리하여 자연과 종의 미래를 보장하기에 왜 불충분한가?

2) 인간을 자연에 되돌려 보내기

니체의 자연주의에서 가장 중요한 함의들 가운데 하나는 인간을 자연으로 되돌려 보내고자 한다는 점이다. 니체에 따르면, 그리스 사상은 인간에게 이성을 부여하는 반면 동물로부터 이를 회수함으로써 인간과 동물을 분리시켰다. 또한 기독교 사상은 인간에게 영혼과 자유의지를 부여함으로써 야수로부터 분리시키는 동일한 결과를 초래했다. 니체의 눈에는 양 견해 모두 인간에게 "동물과 자연의 관계에서 잘못된 순위 질서"를 부여했다(GS: 115). 영혼이나 자유의지는 인간을 동물 위에, 자연의 다른 부분들 위에 올려놓을 수 없다. 왜냐하면 이러한 속성들은 존재하지 않으며, 이성이란 동물의 능력과 마찬가지로 진화의 산물이기 때문이다. 따라서 니체는 인간을 자연으로 되돌려 보내기 위한 후기 저작들에서, 자연 속에서의 인간의 장소에 관해 서술했다. "인간, 동물들 가운데 작고 괴상한 종이 (다행스럽게) 전성기를 맞고 있다. 이 땅의 모든 것은 단지 한순간이며 우발적이고 아무런 결과도 없는 예외이며, 이 땅의 일반적 성격으로 보면 전혀 중요하지 않는 어떤 것이다"(WP: 303).

인간의 이러한 상황을 극복하기 위하여, 니체는 그의 후기 저술들에서 중요하게 묘사되는 두 가지 사고, 즉, 힘에의 의지와 초인을 제시한다. 즉, 인간을 자연화된 자연으로 되돌려 보내기 위한 니체의 자연주의는 기본적으로 힘에의 의지, 힘을 위한 투쟁으로 해석된다. 적절하게 이해될 수 있다면, 힘에의 의지는 이 땅에 창조적으로 전환적인 결과를 가져올 수 있는 기질이다. 니체에게 초인은 이러한 근본적 기질을 신성화한 것이다. 우리는 먼저 니체가 살아 있는 창조물 가운데, 동물과의 관계 속에서 인간을 어떻게 이해하고 특징지었는가를 알아보고, 다음으로 힘에의 의지와 초인이라는 점에서 인간성에 관한 니체의 개념을 이해하고자 한다. 그렇게 하여, 우리는 인간을 자연으로 되돌려 보내고자 하는 그의 시도에서의 어떤 한계들을 지적하고자 한다.

초기 저작에서 동물들에 대한 니체의 태도는 동정적인 것처럼 보인다. 그의 서술에 의하면 "보다 깊게 느끼는 사람은 항상 동물들에게 동정을 느낀다. 왜냐하면 이들은 생명의 고통을 받지만, 그들 자신에 반대되도록 삶의 목표를 바꾸어놓을 힘을 가지고 있지 않기 ……때문이다. 사실 무감각한 고통을 보게 되면, 사람들은 깊게 분노한다"(SE: 5). 이와 같이 동물의 무감각한 고통으로 인해, 그 신체는 죄의 짐을 진 인간 영혼의 담지자로 흔히 인식되며, 이는 "영원한 정의(eternal justice)의 자리 앞에서 처벌과 보상으로 의미와 유의성을 획득하게" 된다. 그렇지만 우리가 자신을 반성해보면, "어디에서 동물이 끝나고 어디에서 인간이 시작되는가?", 우리는 "보통 동물성에서 벗어나지 못하며 우리 자신은 고통이 무감각하게 보이는 동물이 된다"(SE: 5).

그러나 니체는 "우리는 우리가 이 점[동물성으로부터의 벗어남]을 깨닫게 되는 계기들이 있다"고 계속 서술한다. 니체에게 인간과 동물의 차이는 단순히 반성, 자의식, 이성 등의 차이로 구성되는 것이 아니라, 차이가 이해되고 인간이 보다 높게 설 수 있는 어떤 것이 되는 계기들에서 그렇게 된다. 게다가 이러한 차이의 계기들은 "진정한 인간, 더 이상 동물이 아닌 사람, 철학자, 예술가 그리고 성자들의 도움에 의해서만 가능하다"(SE: 5). 의심할 바 없이, 초기 저술에서부터 니체는 인간을 동물과는 다르게 만드는 인간성의 어떤 능력에 관심을 가졌다. 그는 결코 이 세계의 인간을 자연의 영역에서 제거하지 않았으며 또한 인간의 동물성을 부정하지도 않았지만, 그는 인간이 동물과 달리 "그 자신들에 반대되게 삶의 목표를 바꾸는 힘을 가지고, 그들의 존재를 형이상학적으로 이해하는" 능력이 있음을 인정하고 긍정적으로 평가했다.

그의 후기 저작에서 니체는 동물과의 관계에서 인간성을 보다 심각하게 설명하고자 한다. 예로 그는 『도덕의 계보학(Genealogy of Morals)』의 두 번째 장을 다음과 같은 의문으로 시작한다. "약속할 수 있는 동물을 기르는 것—이는 자연이 스스로 인간에게 부여한 바로 그 역설적 과제이지 않은가? 이는 인간에 관한 실질적 문제이지 않은가?"(GM: II, 1). 이 의문에 답하기 위한 약속하기, 처벌, 나쁜 의식 등에 관한 그의 논의는 인간을 단순한 짐승과는 구분하는 우리 자신의 모습에 관한 자연주의적 설명처럼 보인다. 니체는 여기서 인간이 기본적으로 짐승과는 다르다는 전통적 사고[의 문제점]를 폭로할 수도 있었을 것이다. 그러나 다른 한편 니체는 이 장에서 그가 생각하는 우리 인간이라는 종류의 생명체를 명확히 하고자 했으며, 그의 추정에 의하면 결국 인간은 다른 짐승과는 매우 다르다는 것이다.

따라서 니체는 같은 장에서 "만약 우리가 거대한 과정의 끝, 즉, 나무가 마침내 열매를 맺고, 사회와 관습의 도덕성이 단지 무엇을 위한 수단에 불과했음을 마침내 드러내는 상황에 달하면, 가장 잘 익은 열매는 관습의 도덕성으로부터 자유롭게 되고, 자율적이며 무도덕적인 자주적 개인이라는 점을 우리는 발견하게 된다"(GM: II, 2). 여기서 니체가 표현하고자 한 것은 인간을 동물과 구분하는 것, 즉, "약속할 수 있는 자기 자신의 자율적이고 오래된 의지를 지닌 인간"으로 만드는 것은 '이성'이라는 점이다. 아바스(Havas, 1995: 195)가 이 표현과 관련하여 이해한 바와 같이, "다른 동물들과는 분리되도록 우리를 설정하는 것 — 즉, 우리의 이성 — 은 사실 단지 우리 자신의 동물성의 한 양상이지만 …… 니체는 이성이 그럼에도 불구하고 우리를 네발 달린 친척들과는 구분하는 — 또는 어떻게 해서든 그렇게 해야 하는 — 것이라는 점을 강조하고자 한다".

니체는 이성과의 관계 속에서 인간 본성을 주장하기를 가장 싫어하는 사람들 가운데 하나일 것이다. 전통적으로 인간 본성은 인간의 합리성과 도덕적 행위 능력이라는 점에서 이해된다.[13] 그러나 니체에게 인간의

13) 니체에게 자연(nature)과 인간 본성(human nature)은 흔히 같은 차원에서 이해된다. 정동호(1995: 2)에 의하면 "전통적으로 자연은 …… 두 가지 의미로 해석되어왔다. 하나는 말 그대로의 자연, 존재하는 것의 총체로서의 대자연이요, 다른 하나는 인간의 타고난 성품, 달리 말하여 본성이다. …… 타고난 성품이란 자연적 성품을 가리키

본질로 서술되는 것은 실제 힘에의 의지이다. 힘에의 의지로 인간 본성을 개념화하는 것은 니체로 하여금 자연적인 인간 조건은 갈등, '만인에 대한 만인의 투쟁'이라는 홉스나 다윈의 견해에 공감하도록 한다. 그러나 이러한 견해와는 달리, 니체는 원초적 조건이 어떤 자연적 또는 신성한 법 — 인간에게 무엇이 옳고 정의로운가를 지시하는 법 — 에 의해 지배된다고 생각하지는 않는다.[14] 반대로 자연적 조건 속에 있는 인간은, 그가 추구해야 할 특정한 목적을 지시하지 않을 뿐만 아니라 자연이 미리 정해진 목적을 충족시키도록 인간을 제약하지도 않는다는 점에서 '자생적이고 자유로우며 배회하는 동물'이다. 인간은 본성상 자기결정적 동물, 그러나 '아직 결정되지 않은 동물'이다. 하지만 니체의 저작에서 힘에의 의지와 초인이 실제, 특히 이들이 인간성과 관련될 때 무엇을 의미하는가?

『비극의 탄생』이나 『교육자로서의 쇼펜하우어』와 같이 그의 초기 저술에서는 '힘에의 의지'나 '초인'은 나타나지 않는다. 자연과 생명의 관계는 다른 미학적 용어들, 특히 '예술가'(생명) 그리고 '예술작품'(또는 자연)

는 것으로서 모태인 대자연의 질서 속에서나 생각할 수 있는 것이요, 대자연이라고 하지만 그것도 결국 그 속에 인간의 자기 이해가 투사되어 있는, 바로 인간이 관계하고 있는 세계이기 때문이다".

14) 이러한 의미에서, 니체의 자연주의는 다윈의 진화론적 생물학 및 생리학과 타협하기도 하고 또한 비판적이기도 하다. 그러나 "노예와 고귀한 도덕성 간 니체의 구분은 강한 것과 약한 것, 올라가기와 내려가기, 삶의 건강한 형태와 건강하지 못한 형태 간의 상호관련적 구분과 마찬가지로 생리학적 고려에 근거를 두고 있다"(Schatzki, 1994: 148). 이러한 의미에서 Conway(1995: 34)는 "사실 우리는 『비극의 탄생』의 복권을 위한 1886년 서문을 자연주의 선언(naturalist manifest)으로 특징지을 수 있다"고 주장한다. 그렇지만 들뢰즈는 "세력(force)과 의지를 혼돈하는 것은 더욱 위험하다. …… 세력이란 무엇을 할 수 있는가에 관한 것이라면, 힘에의 의지는 무엇이 될 것인가에 관한 것이다. 이 주장에서 보면, 힘에의 의지는 생성 또는 영원회귀 속에서만 긍정될 수 있는 형이상학적 존재의 한 변형으로 이해된다"고 한다.

을 각각 의미하는 아폴론과 디오니소스라는 용어들로 서술되었다. 그러나 니체는 항상 '예술가적'으로 자연을 고려했으며, 아폴론적 경향과 디오니소스적 경향 모두를 자연의 '예술적 충동'이라고 지칭했다(Schacht, 1995: 133~135). 그렇지만 콘웨이가 주장한 바와 같이, 아폴론과 디오니소스 간, 생명과 자연 간에 긴장이 있다. 즉, "디오니소스는 …… 생명의 파괴불가능성을 나타내지만, 생명은 자연의 무한한 경제 내에서 일시적인 하위체계로서만 파괴불가능하다. 따라서 디오니소스의 제자가 되는 것은 엄격하고 철저한 자연주의를 추구하도록 요구하는 것이다. 인간 존재를 진정하게 정당화하기 위해 …… 생명을 있는 그대로, 완전히 자연적인 것으로, 즉, 어떠한 초월적 의미나 영구적인 아름다움을 담지하지 않는 것으로 간주해야만 한다"(Conway, 1995: 35~37). 그러나 니체의 저작에서 "아폴론과 생명은 각각 디오니소스와 자연과는 독립적인 힘들을 구성하는 것처럼 보이지만", "후자, 즉 일원론적 힘들로부터 이들을 독립시키는 것은 단지 환상"에 불과하다는 점이 지적된다.

『교육자로서의 쇼펜하우어』에서 힘에의 의지에 관한 니체의 사고는 두 가지 방법들 가운데 하나로 해석될 수 있다. 첫째, 힘에의 의지는 생물학적 측면, 즉, 동물적 힘이라는 점에서 해석될 수 있다. 둘째, 힘에의 의지는 형이상학적인 측면과 삶의 목적을 통제하는 힘, 즉, 예술가들이 가지는 힘이라는 점에서 해석될 수 있다. 위에서 언급한 바와 같이 니체는 이러한 두 가지 견해 사이에서 흔들렸다. 즉, 니체에게 인간을 자연으로 되돌려놓음은 인간이 자연에서, 특히 동물과 비교하여 특권적인 지위 — 인간의 오만, 즉, 인위적 이성에서 연유하는 — 를 차지한다는 믿음을 거부하는 것이다. 그러나 다른 한편, 니체는 세계 속의 인간을 자연 영역으로부터 제거하지 않았을 뿐만 아니라 인간의 동물성을 평가절하하지도 않았다고 할지라도, 그의 초기 저작에서부터 인간성을 인정하고 긍정적으로 평가했다. 니체는 이러한 인간성이 예술가·철학자·성자들에게 있다고 생각한다.

니체는 후기 저작에서, 더 이상 명시적으로 자연과 생명을 각각 디오니소스와 아폴론에 연관시켰던 심미적 원칙이나 정당화를 추구하지 않는다. 니체는 이제 자연주의적 기반에서 그 기반과 전적으로 조화를 이루지 않는 힘에의 의지를 해석하고자 한다. 허무주의의 전통에서 자연에 대한 인간의 활동에 관한 니체의 비판은 보다 가혹해진다. 니체는 분개와 나쁜 의식이 사람의 인간성 내에 내재된 것으로 표현하고, 이에 따라 허무주의는 인간의 보편적 역사에서 선험적으로 주어진 개념으로 처리한다. 허무주의 또는 근대성에 대한 니체의 비판은 인간의 유연적 속성에 반대되는 것이 아니라 인간의 근본적 본질에 대한 성찰이다. 인간과 인간에 의해 점거된 세계의 본질은 모든 힘에 반작용적인 것, 즉, 허무주의이다(Deleuze, 1983: 166~167). 인간과 그의 종적(generic) 활동은 이 지구의 피부 질병으로 이해된다. "이 지구는 …… 피부를 가지며, 이 피부는 질병을 지니고 있다. 예로 이러한 질병들 가운데 하나는 '인간'이라"고 불린다(Za: II, "On great events").

허무주의라는 언명에 대한 니체의 제안은 "모든 것은 의미를 결하고 있다"는 점이다(WP: 1). 그러나 이 언명과 관련하여 니체 자신은 '모든 것이 의미를 결하고' 있는 것은 아니라고 생각하는 것처럼 보인다. 즉, "이제 [전통적] 가치의 비천한 기원은 명확해진다"고 그는 말하고, "모든 것[즉, 자연]은 가치를 잃어버리고, '무의미한' 것처럼 보인다"고 서술한다. 그러나 그는 이어서 "이는 단지 임시적 상태에 지나지 않는다"고 한다(WP: 7). 자라투스트라에 의해 말해진 그 자신의 판결 역시 매우 다르다. "보라, 나는 너희에게 초인을 가르친다. 초인은 이 땅의 의미이다"(Za: P). 니체에게 이 땅은 어떤 의미, 즉, "정신적 우월성과 복리(well-being) 및 강인함의 결합체"(Schacht, 1995: 53)로서 초인의 이상 또는 상징의 실현과 관련시켜 그가 취했던 가치에서 도출되는 의미를 가진다. 나아가 이제 이 땅처럼 이 땅의 인간도 역시 의미를 가지게 된다. 초인은 자기 긍정적 투쟁이 창조성으로 승화되는 예술의 차원까지 고양된 인간 생명의 상징으로 해석된다. 니체는 또한 초인의 이상에 근접한 인간으로, 새로운 '예술적' 인간성의 등장을 나타내는 하이어맨(higher man)에 관해서도 말한다. 초인과 하이어맨 양자 모두는 예술과 더불어 이 땅을 지향하는 인간성의 의미를 특징짓는 것으로 이해될 수 있다.

앞선 고찰에서 제시된 바와 같이, 니체에게 힘에의 의지는 인간의 의지나 이성과는 독립된 특정한 내용을 전제할 수 없음이 명백하다. 물론 힘에의 의지는 가치의 관점적(perspectival) 규정에 따른 행동의 성향, 그리고 창조적으로 전환적인 자기극복에 영향을 미치는 성향, 즉, 니체가 초인에게 부여했던 성향으로 인식될 때만 적절히 이해된다. 니체는 전통적인 이성의 개념을 제거하기 위하여, 초인의 창조성을 '인간적인 너무나 인간적인' 것에 더 이상 종속되는 것으로 생각하지 않는다. 그러나 니체 역시 인간성과 그 의미의 능력을 고려하기 위하여 초인이나 하이어맨에 관하여 말하고자 한다. 더욱이나 우리가 뒤에서 논의할 것처럼, 하이어맨이 노예나 약자를 반대할 수 있는 주인 또는 강자로 특징지어지는 것처럼, 힘에의 의지는 강하고 용감한 개인 속에서 가장 잘 나타난다. 그렇지만 이러한 유형의 윤리, 즉, 강자의 윤리가 "생명, 영원한 생명"을 요구한다는 니체적 의미는 일반적으로 자연주의적 윤리가 추구하는 의미와는 분명 다르다고 할 수 있다.

4. 형이상학적 정의에서 자연주의적 정의로

니체의 자연주의는 서구적 도덕성의 계보(소크라테스와 플라톤에까지 그리고 그리스의 신들에까지 소급되는)를 추적하고 그 한계를 넘어서기, 즉, '선과 악'을 넘어서기 위한 시도로 이해될 수 있다. 이러한 의미에서 니체는 자신이 '문제로서 도덕성'을 다룬 첫 번째 철학자라고 주장한다. 니체에 의하면, 모든 규범 체계는 가치의 내용이나 성격과는 무관하게 지배체계가 되고자 한다. 즉, 마르크스와 유사하게 니체는 정치적 정당성이 도덕성이나 정의의 원칙에의 순응이 아니라 지배적 권력이라는 점에서만 이해될 수 있는 것으로 생각한다(Love, 1987: 10). 그렇지만 니체는 도덕성이라는 사고를 마르크스보다 더 광의적으로 이해한다. 즉, 니체에게 도덕성이란 어떤 주장이나 의미에게 이성에 대한 철학적 요구를 부여하는 모든 것으로 이해된다. 이러한 의미에서 도덕성에 대한 그의 공격은 우리의 도덕적 가치가 이 세계에 대해 아무런 답을 할 수 없으며, 오히려 우리 자신의 '인간적인 너무나 인간적인' 것을 반영하고자 함을 보이고자 한다. 그러나 다른 한편 니체는 특정한 유형의 도덕성을 방어하거나 또는 전제하고 있다. 예로 니체는 "단지 심미적 현상으로서만이 존재와 이 세계는 영원히 정당화된다"고 주장한다(BT: 5, 24). 니체는 '심미적 정당화(aesthetic justification)'가 이성과 권위에 기반한 소크라테스적 또는 '형이상학적' 정당화와 어떻게든 겨룰 수 있는 것이라고 명시적으로 제시하지는 않았지만, 심미적 정당화에 관한 그의 이해는 분명 이 땅의 윤리 또는 자연주의적 윤리를 함의하고 있다.

이러한 니체의 자연주의적 윤리에서 그가 '문제로서 도덕성'을 다룬 방식을 고찰함으로써, 우리는 형이상학적 정의에서 벗어나 자연주의적 정의의 개념을 논의할 수 있다. 전통적 도덕성과 정의에 대한 니체의 비판 그리고 자연주의적 윤리 특히 정의에 관한 자연주의적 개념을 지향하는 그의 방법은 우리가 환경정의를 이론화할 수 있는 새로운 바탕을 제공할 수도 있을 것이다. 환경정의이론은 자유주의적 관점(Wenz, 1989)이나 마르크스주의 관점(Harvey, 1996) 양자 모두에서, 최근 환경위기에 대한 지적·실천적 성찰의 중요한 이슈가 되었다. 니체의 자연주의적 윤리에서 도출된 환경정의이론은 인간과 자연 모두에게 우리의 환경적 태도를 변화시키는 데 강력한 영향력을 가질 수 있는 제3의 대안적 견해로 이해될 수 있다.

그러나 자연과 인간성에 대한 그의 논의와 마찬가지로 정의에 관한 그의 논의는 양면성을 가진다. "존재하는 모든 것은 정의롭고 또한 부정의하며, 동일하게 양면적으로 정당화된다. 이것이 너희들의 세계이다! 세계 그 자체이다!"(BT: 9). 사실 정의에 관한 니체의 주장에 관심을 가지는 일부 해설자들은 "정의는 비난과 처벌 이상의 것으로 니체 저작의 핵심에 놓여 있다. 정의는 사물들을 정당하게 다루는 것이다"라고 말한다 (Lampert, 1993: 289). 앤드류(Andrew, 1995: 160~161)에 의하면, "니체의 이론에서 정의에 관한 요구란 보통 강자에 대한 굴욕적 분개의 표현에 불과하다고 알려져 있지만, 그는 또한 정의를 덜 부정적인 것으로, 즉, 선과 악의 굴욕적 지평을 넘어서는 광의의 종합적 관점으로 인식한다". 우리는 먼저 정의에 관한 형이상학적 개념에 대한 니체의 비판을 살펴본 다음, (환경)정의의 개념을 자연주의적 기반에 올려놓고자 하는 그의 시도를 고찰하고자 한다.

그의 사상 전체가 서구 종교·형이상학·근대 철학·정치학에 대한 비판에서 도출되는 것처럼, 정의에 관한 니체의 논의도 정의에 관한 종교적·형이상학적 개념화와 응용에 대한 그의 비판과 관련된 것으로 이해된다. 니체의 견해에 의하면, 기독교 사상 내에서 이 세계의 삶이 고통스럽다는 사실은 삶 그 자체가 근본적으로 부정의함을 우선적으로 의미한다고 설파한다. 따라서 이 세계에서의 삶은 근본적 부정의에 대해 고통으로써 대가를 지불해야 하고 그 결과로 삶은 정당화될 수 있어야만, 즉, 그 부정의를 속죄하고 하느님에 의해 구원되어야만 하는 것으로 이해된다. 다시 말해 기독교 사상에 의하면 "우리 착한 인간 — 우리는 정의롭다 — 이들이 바라는 것, 이들이 요청하는 것은 보복이 아니라 '정의의 승리' …… 사악함에 대한 하느님, 정의로운 하느님의 승리"가 선언될 수 있다

(GM: 114). 기독교 사상에서 정의는 단지 하느님의 왕국에 속하며, 하느님만이 이 땅에 선과 정의를 관리한다(GM: III 18).

니체는 또한 법적, 정치적 의미에서 정의에 관한 어떠한 주장, 예로 "법의 제도에 따라 '정의로움'과 '부정의함'이 존재한다"는 주장도 거부한다. 그의 견해에 따르면 "정의로움과 부정의함을 논하는 것 자체가 아주 무의미하다. 물론 그 자체적으로 부정의하지 않은 모욕·폭행·착취·파괴란 있을 수 없지만, 삶은 근본적으로 모욕·폭행·착취·파괴를 통해서만 이루어지기 때문이다"(GM: II, 11). 전통적으로 플라톤 이후 철학자들은 합리적 판단능력이나 인간 본성, 본질에의 접근과 관련하여 정의의 이상을 추구했다. 이와 유사한 방식으로 정치이론가들 또한 인간의 합리적 본성이나 자연법으로부터 정의, 권리 또는 도덕적 의무와 같은 사고를 도출하고자 했다. 이들은 '보편적으로' 정의로운 사회질서의 모형을 만들거나 모든 정치적 통치를 평가할 수 있는 '객관적인' 원칙들을 찾음으로써 정의의 문제에 접근하고자 했다. 그러나 니체의 견해에 의하면 이러한 종류의 정의는 단지 자기극복에 대한 장애일 뿐이며, 기존의 정치질서를 정당화시키는 도구에 불과하다.

니체는 인간이 도덕성을 창조할 때 이에 등가적인 것도 설정했다는 것을 인정한다. "모든 것은 그 가치를 가진다, 즉, 모든 것은 대가가 지불되어야 한다"는 것은 "정의에 관하여 가장 오래되고 순진한 도덕적 법규이다 …… 초보적 수준에서의 정의는 거의 비슷한 힘을 가진 집단들이 서로 협상하기 위한, 타협 수단을 통해 '이해'에 도달하기 위한, 힘이 약한 집단이 타협에 도달하도록 하기 위한 선한 의지를 말한다"(GM: II, 8). 그러나 그는 정의에 관한 자유민주적 원칙들과는 선을 그었다. 왜냐하면 동일한 권리에 관한 자유민주적 원칙은 공동의 기준하에 질적으로 서로 다른 개인을 포함하기 때문이다. "평등이라는 교리! 어디에도 이보다 유독한 독은 없다. 왜냐하면 평등은 실제 정의의 종료

임에도 불구하고, 평등은 정의에 의해 기원되는 것처럼 보이기 때문이다. '평등한 것에는 평등하게, 불평등한 것에는 불평등하게'. 이것이 정의의 진실된 슬로건이다. 그리고 이에 따른 논리가 '불평등한 것을 결코 평등하게 만들지 말라'"(TI, Skirmishes of an untimely man: 48)이다. 동등한 형태의 이면에는 짐승의 도덕성인 불평등이 놓여 있다. 니체는 "'권리의 평등'은 위반 권리의 평등으로 너무 쉽게 변할 수 있음"을 두려워한다(BGE: 212).

정의에 대한 이러한 논의에 반대하여, 선과 악을 넘어서고자 하는 니체의 철학은 정의에 관한 새로운 개념화를 가져온다. "그들은 새로운 정의가 필요하다! 그리고 새로운 표어! 그리고 새로운 철학자들! 도덕적인 땅 역시 둥글다! 도덕적 땅 역시 대척점들(antipodes)을 가진다. 발견되어야 할 새로운 다른 세계가 존재한다! 그리고 하나 이상 존재한다!"(GS: 289). 정의에 관한 니체의 사고는 그의 자기-가정적 외형 속에서 작동하는 디오니소스의 교리이며, 순환 즉, 회귀의 고리에 관한 스승으로 중요한 역할을 담당한다(Ansell-Pearson, 1993). 정의에 관한 니체의 개념화는 특이하다. 이는 그 법적 맥락에 제한되지 않으며, 또한 그 도덕적 의미에 한정되지 않는다. 대신 정의에 관한 그의 사고는 세계에 관한 심미적 판단(그의 초기 저작에서), 또는 힘에의 의지와 초인(그의 후기 저작들에서)의 자연주의적 원칙을 구성한다.

니체의 초기 저작에 따르면, 생명과 그 활동은 단지 심미적 현상으로서만 정당화된다. 즉, "단지 심미적 현상으로서만이 존재와 세계는 영원히 정당화된다"(BT: 5, 24). 니체에 의하면, 『비극의 탄생』에 대한 1886년 서문에 기술한 바와 같이 "도덕성이 아니라 예술이 인간의 진정한 형이상학적인 활동으로 제시된다"(BT: 5). 즉, 생명은 도덕성이 아니라 단지 '예술의 형이상학'에 의해서만 정당화된다. 그러나 이 서문에서 니체는 '형이상학적 위안(comfort)의 예술'을 부인한다. 왜냐하면 그는 이것이 단지 기독교 사상의 반자연주의를 강화시킬 뿐이라고 생각했기 때문이다. 대신 니체는 그의 독자들에게 “아니! 당신은 이-세계적(this-worldly) 위안의 예술을 먼저 배워야 한다. …… 당신은 언젠가는 악마에 대한 모든 형이상학적 위안을 처치해야 한다”(BT: 7). 이와 같이, 존재의 정당화에 대한 관건은 아폴론과 디오니소스의 결합에 의해 유발된 ‘형이상학적 위안’에 놓여 있는 것이 아니라, 생명과 자연이 교환·타협하는 ‘이-세계적인’ 위안에 놓여 있다고 주장된다.15)

니체는 이러한 반형이상학적 방향에서 — 비록 제안한 ‘이-세계적 위안의 예술’이 자연주의의 긴장을 초래하지만 — 『자라투스트라』 이후 저작을 서술한다. 따라서 정의의 개념 역시 이-세계적 위안이라는 점에서 이해될 수 있다. 삶에 관한 이-세계적 관점에서 니체의 정의 개념을 이해하는 것은 선과 악에 관한 도덕적 평가를 넘어서는, 또한 하이데거가 정의에 관한 니체의 사고에서 이해하고자 했던 형이상학의 관점을 넘어서는(Heidegger, vol. 3: 137~150) 삶을 포괄하기 위한 것이다. 니체는 형이상학적 관점을 넘어설 수 없다고 주장될 수 있지만, 일단 니체가 삶을 존재들의 이상적 존재로의 실현과 완결이라는 형이상학적 측면에서 정당화한 것이 아니라, ‘실제 달성된 최고의 가능한 이상으로서 이 세계’(WP: 1019), 달리 말해 니체의 자연주의적 윤리, 즉, ‘자연에 따른 삶’의 이상이라는 점에서 정당화하고자 했음을 받아들이고자 한다.

자연에 따른 삶의 이상이란 무엇을 의미하는가? ‘자연에 따른’ 삶에 대한 스토아학파의 주장을 비판하면서(BGE: 9), 니체는 인간의 본질에

15) 이러한 의미에서 콘웨이(Conway, 1995: 34)는 “사실 우리는 『비극의 탄생』의 재발견으로서 1886년 서문에서 제시된 해석적 기획을 자연주의적 선언(naturalist manifest)로 특징지을 수 있을 것”임을 이해하고자 한다.

관한 이상 또는 완결성, 즉, 힘에의 의지라는 점에서 그 자신의 위상을 서술하고 있다. 니체는 삶의 터득에 영향을 미치는 도덕적 판단이나 도덕적 이상을 제기하지 않는다. 니체에게 힘에의 의지는 유일하게 가능한 '삶의 법칙'이며, 이 법칙은 초-도덕적이다. 힘에의 의지에 관한 니체의 사고는 한편으로 형이상학적 존재 또는 인간적 합리성에 기반하여 정당화되는 모든 규범 체계의 보편적 유효성에 대한 거부에서, 다른 한편으로는 삶 자체의 최고의 실현을 가져다주는 관점적 특성에서 절정을 이룬다. 따라서 정의에 관한 니체의 논의는 근대성에 관한 급진적인 비판적 프로젝트로 이해될 수 있지만, 이는 궁극적으로 어떠한 도덕적 개념의 정당성이나 비정당성을 긍정하는 것도 아니다. 오히려 이는 선과 악에 관한 형이상학적 도덕성을 넘어서는 것이다.

그러나 정의에 관한 니체의 개념화에서 문제는, 정의의 기본 원칙으로 간주될 수 있는 힘에의 의지에 관한 그의 사고가 여전히 형이상학적(특히 존재들의 존재를 의미하는 형이상학)이라는 점이다. 들뢰즈(Deleuze, 1983: 50)에 따르면 "힘에의 의지는 형이상학적 추상화에 빠지지 않고서는 권력(force)으로부터 분리될 수 없다".[16] 게다가 힘에의 의지에 관한 그의 철학은 모든 전통적 윤리 체계를 부인하지 않지만, 힘에의 의지에 따른 삶의 가장 고귀한 실현에 관한 그의 대안적 긍정은 '새로운 귀족정치(new aristocracy)'의 교리로 마무리된다.

"우리 모두는 부르주아로부터 그리고 보다 더 크게는 성스러운 도덕성의 사고로부터 해방되는 조건들을 찾고 있다"고 니체는 적고 있다(WP: 119). 그러나 힘에의 의지에 관한 니체의 사고는 다른 인간과 자연의

16) 그렇지만 들뢰즈는 "권력과 힘을 혼동하는 것은 보다 위험스럽다. …… 권력은 무엇을 할 수 있는 것이며, 힘에의 의지는 무엇이 될 것인가이다". 이러한 주장에서 보면, 힘에의 의지는 비록 생성(또는 '영원회귀')에서만 긍정될 수 있지만, 이는 형이상학적 존재의 한 견해라고 할 수 있다.

착취나 지배를 정당화시키는 것으로 쉽게 해석될 수 있는 논쟁적 이슈를 내포하고 있다. 이로 인해 예로 홀만(Hallman, 1991: 117)에 의하면, 니체의 심원한 생태적 호혜주의에 관한 윤리적 함의는 "그의 철학이 인간과 자연의 비착취적 관계를 위한 길을 열어놓고 있다"는 점이다. 그러나 아캄포라(Acampora, 1994: 189)의 견해에 의하면, "니체는 명시적으로 그리고 강력하게 삶을 '힘에의 의지'로, 그리고 힘에의 의지를 착취로 정의한다". 달리 말해 힘에의 의지에 관한 자라투스트라적 형이상학은 우리들을 '주인의 도덕성'에 기초한 정의의 개념화로 유도하며, 이는 '노예의 도덕성'을 위한 다른 대변자들, 특권계급들에 의한 빈민의 억압과 착취에 대항하는 사회적 정의의 예언자들에 의해 대립될 수 있다 (Zeitlin, 1994: 167).

5. 자연주의적 윤리에서 환경정의

1) 정의에 관한 니체의 자연주의적 개념화

이제 우리는 정의에 관한 니체의 사고에서 몇 가지 중요한 함의를 명확히 할 수 있다. 이러한 함의들 가운데 일부는 환경정의를 개념화하는 데 직접적으로 도움이 되는 사고들이다. 그러나 이 점은 니체가 자연에 대한 인간의 도덕적 태도, 또는 인간과 자연(또는 자연의 여타 구성원들)의 도덕적 관계로 흔히 정의될 수 있는 '환경정의'에 관하여 언급했음을 의미하는 것은 아니다. '삶 자체의 가장 고귀한 전형'으로서 정의라는 니체의 개념화는 자연에 따른 삶의 이상을 함의하며, 이는 환경정의의 이론화를 위한 어떤 유의성을 가진다. 게다가 정의에 관한 그의 또 다른 함의들은 환경정의이론에 적용될 수 있거나 이의 이론화를 위하여 오늘날 다른 어떤 생태철학자들보다도 더 심원한 통찰력 — 물론 한계를 가진다고 할지라도 — 을 제공한다. 이러한 배경하에 우리는 먼저 정의에 관한 니체의 사고에 내포된 일반적 함의들에 관하여 논의하고자 한다.

니체의 설명의 의하면 정의는 도덕성과 아무런 관계가 없으며, 오히려 이는 선과 악의 도덕성을 능가한다. 정의는 다른 모든 종류의 도덕성을 극복하며 윤리적 우월성 이상의 의미를 가진다. 이러한 정의에 관한 니체의 사고는 『인간적인 너무나 인간적인(Human All Too Human)』의 내용 가운데의 정의에 관한 예측적 규정에서 찾아볼 수 있다.

> 분명 아주 다른 범주의 자질, 즉, 정의라는 범주가 존재한다. …… 정의란 사물에 관한 우리의 판단을 마비시키고 혼란시키는 모든 것을 억센 분노로 피하기 위한 방법이다. 따라서 정의란 신념의 적(enemy of convictions)이다. 왜냐하면 정의는 각 사물 — 살았든 죽었든, 실제적이든 허구적이든 — 에 그 책임을 부여하고, 그렇게 하기 위하여 각 사물을 분명하게 이해해야만 하기 때문이다. 따라서 정의는 각 사물을 가장 밝은 곳에 두고, 주의 깊은 눈으로 이를 여러 관점에서 검토한다(HAH: I, 636).

이 문장에서 니체는 정의의 사고의 여러 가지 중요한 함의을 고찰하고 있다. 즉, ① 정의는 우리들로 하여금 사물에 관한 판단을 마비시키거나 혼란시키는 모든 것들을 억센 분노로 피하도록 해 주는 방법이다, ② 정의는 모든 신념, 모든 (법적) 엄정성의 적이다, ③ 정의는 각자(또는 각 사물)에게 그 책임을 부여한다, ④ 정의란 주의 깊은 눈으로 모든 것을 여러 관점에서 검토하는 것, 즉, 정의는 하나의 관점에 고정되는 것이 아니라 모든 견해를 관통한다.

정의에 관한 이와 같은 함의들은 환경정의의 개념화에 주요하게 반영될 수 있다. 첫째, (환경)정의란 우리들로 하여금 주변의 사물들에 관한 판단을 마비시키고 혼란시키는 것을 피할 수 있도록 한다는 점을 강조할 수 있다. 이러한 의미에서 우리는 니체가 정의를 매우 특정한 사고방식으로 설명하고 있음을 알 수 있다. 정의란 "건설적·배타적·제압적인 사고방식이며 삶 그 자체의 가장 고귀한 전형으로서, 평가를 벗어난 것이다"(WP: 881). 정의란 삶 그 자체를 부단한 자기극복으로 이해하는 관점이다. 따라서 가장 고귀한 (즉, '정의로운') 사람은 "존재의 정반대 성격을 영광과 유일한 정당화라고 매우 강력하게 드러내었던 사람"이다(WP: 881). 요컨대 정의는 삶 그 자체를 끊임없는 자기극복으로 간주하는 견해이며, 삶을 단순히 자기보전으로 간주하는 견해와는 반대된다. 그렇지만 정의는 삶의 가치만을 위한 것이 아니다. "삶은 독특한 사례이다. 삶만이 아니라 모든 존재를 정당화시킬 수 있어야 한다 — 정당화의 원리는 또한 삶을 설명하는 원리이다"(WP: 706).

둘째, 정의는 신이나 법이 아니다. 정의는 유죄를 선언하는 신으로 승화될 수 없으며, 엄격한 법에 의해 보장되는 것도 아니다. 이러한 정의는 절대적으로 부정의가 된다. 종교와 법률의 영역에서 가장 강력한 폭력 행위는 정의의 이름 — 그러나 진정한 정의와는 반대되게 — 으로 자행된다. 정의에 관한 니체의 사고는 종교적 신념과 법적 엄격성에 기초한 정의의 개념을 극복하고자 한다. "정의로 시작하면 모든 것은 수행가능하며 모든 것은 수행되어야만 한다. 이는 그들의 채무를 수행할 수 없는 사람들을 눈감아 주고 자유롭게 해줌으로써 끝을 맺는다. 이 땅의 모든 선한 것이 그러하듯이, 정의는 그 자신을 극복함으로서 끝을 맺는다. 이는 정의의 자기극복이다"(GM: 10). 게다가 니체에게 정의는 선과 악의 고정된 종교적·도덕적 범주에 관한 모든 믿음을 포기한다. 달리 말해 정의는 항구적인 변화를 통해 [종교적] 신비화와 [법적] 엄격화를 저지하는 데 그 본질이 있다.

셋째, 정의가 '각자에게 그 책임(또는 몫)을 부여한다'는 니체의 주장은 일반적인 정의의 개념과 관계를 가지는 것처럼 보인다. 예로 벤츠(Wenz, 1987: 23)가 제시한 것처럼, "사람들이 받을 가치가 있는 만큼 받을 때 정의가 이루어진다"고 할 수 있다. 그렇지만 우리는 이 주장을 '포괄적 힘의 기능으로서 정의'라는 그의 개념화와 관련시켜 이해할 수 있다(Stambaugh, 1987: 147~148). 즉, "니체는 그것과 반대되는 어떤 것과 관련시켜 정의를 사고한 것이 아니라, 정의를 모든 다른 것이 밝혀질 수 있는 기원으로 이해했다. …… [즉] 정의는 정의와 복수 (또는 부정의) 간 대립의 한 축이 아니라, 정의는 반대로서의 모든 반대를 담고 있다. 정의는 각자에게 그 몫을 부여한다. 즉, 정의는 그 반대를 부정하고자 하지 않으며, 이를 제압하여 전체 속에서 이를 함께 얽매어 두는 것이다". '각자에게 그 몫을 부여하는' 어떤 것으로서 정의라는 니체의 사고는 우리가 아래에서 논의할 것처럼 자연과의 관계에도 적용될 수 있다.

넷째, 니체는 물 그 자체, 절대적 진실, 절대적 가치에 관한 사고를 거부했으며, 절대적 정의라는 사고도 거부한다. 이러한 거부는 니체를 삶에 관한 관점주의와 정의에 관한 다원주의로 유도한다. 『비극의 탄생』 서문에서, 니체는 이 책이 감당해야 할 일단의 심상찮은 의문들에 새로운 의문을 하나 덧붙인다. "삶의 관점에서 보면, 도덕성의 유의성은 무엇인가?"(BT: 4). 니체는 후기 저작에서 이 의문에 대한 답을 명시적으로 추구한다. 즉, "관점적 평가와 외모에 바탕을 두지 않은 삶은 존재하지 않을 것이다"(BGE: 34). 니체에게는 "오직 관점적 이해하기, 오직 관점적 알기만이 존재한다"(GM: III, 12). 그리고 오직 관점적 정당화만 존재할 것이다. 이러한 점과 관련하여 앤드류가 명명한 것처럼, 정의에 관한 니체의 개념은 '관점적 정의(perspectival justice)'라고 불릴 수 있다. "많은 이웃을 이해하기, 많은 눈(eye)으로, 강렬한 개성적 눈으로. 이것이 정의이다"(Andrew, 1995: 161에서 재인용)라는 니체의 주장은 이러한 관점적 정의를 드러내는 사례라고 할 수 있다. 즉, 니체에게 정의는 관점들의 다원성을 기꺼이 받아들이고자 하는 것, 선과 악의 단일론적 원칙 또는 진리에 관한 단일적 표준을 거부하는 것이다.

정의에 관한 니체의 사고에 내포된 이러한 일반적 함의들은 분명 환경 정의의 개념화에 응용될 수 있겠지만, 우리는 명시적으로 생태적 유의성을 가지는 다른 함의들도 찾아볼 수 있다. 즉, 니체의 철학에서 중요한 자연주의적 성향은 우리들에게 자연에서의 삶 또는 자연을 따르는 삶에 관심을 가지도록 촉구하고 있다. 따라서 앞서 언급한 바와 같이 니체가 정의란 '각자에게 그 몫을 부여하는 것'이라고 서술했을 때 정의란 '자연에서의 삶 또는 자연을 따르는 삶'이라고 생각했을 것으로 추정된다. 즉, 니체의 서술에 의하면 "끝으로 당신은 자연 속에서처럼, 과거에는 두려워해야 했던 스펙터클 속에서 많은 사물에 대한 칭찬, 비난, 열광과 기쁨 없이 사람들 사이에서 그리고 당신 자신과 함께 살아갈 것이다. …… 당신이 단순히 자연이 아니었거나 당신이 자연 이상의 어떤 것이지 않았다고 꾸짖는 생각을 더 이상을 느끼지 않을 것이다"(HAH: I, 34). 이 문장에서, "칭찬, 비난, 열광과 기쁨 없이" 살아감은 "우리들로 하여금 사물에 대한 판단을 마비시키고 혼란시키는 것을 피할" 수 있도록 해주는 정의와 관련된 것으로 이해할 수 있다. 게다가 "자연에서처럼 사람들 사이에서 그리고 당신 자신과 함께 살아갈 것"이라는 표현에서, 우리는 (환경)정의의 개념화를 위해 추가적으로 두 가지의 중요한 함의를 찾아볼 수 있다. 하나는 "사람들 사이에서 그리고 당신 자신과 함께 살아갈 것"이라는 점은 정의에 관한 공동체적 또는 호혜적 함의를 가지며, "자연에서처럼 …… 살아갈 것"이라는 점은 정의에 관한 자연주의적 개념을 함의하고 있다.

니체가 호혜적 정의 개념을 옹호했는지의 여부는 매우 논쟁적이다. 니체에 관한 유명한 해석자들 가운데 한 사람인 하이데거가 니체의 철학이 주관주의적·개인주의적·인간중심주의적·귀족주의적인 형이상학적 사유의 정점을 이룬다고 주장했다는 점에서, 니체의 저작은 흔히 반(反)호혜적인 것으로 해석되고 비난되었다. 그러나 워런(Warren, 1988: 188, 247), 코놀리(Connolly, 1988: 171~172), 아바스(Havas, 1995: 2) 등과 같이 최근의 일부 니체연구자들은 그의 철학에서 개인주의적이라는 평가나 귀족주의적이라는 비난을 제거하고, 호혜적 가치를 부가하고 싶어 한다. 사실 니체는 "모든 통일체는 오직 조직과 협력으로서의 통일체 — 인간 공동체가 하나의 통일체인 것과 같이 — 이며, 통일체를 나타내지만 통일체가 아닌 지배의 한 유형으로서 원자적 무정부(anarchy)와는 반대된다"(WP: 561)고 명시적으로 말하고 있다. 니체의 관점이 호혜적인가, 개인주의적인가의 여부는 더 이상 고찰을 하지 않겠지만, 니체의 저작에는 개인과 공동체의 긴장이 존재한다고 할 수 있으며, 이러한 긴장을 계층적 또는 귀족적 질서에 의존하여 풀고자 하는 니체의 해법은 분명 문제가 된다고 할 수 있다.

앞의 인용문인 "자연에서처럼 …… 살아가기"에서 도출될 수 있는 또 다른 함의는, 니체의 자연주의적 정의 개념을 가장 중요하고 결정적으로 특징 짓는다고 할 수 있다. 여기서 이러한 함의를 밝히기 위한 의문이 제기될 수 있다. 즉, "자연에서처럼 살아가기"라는 사고는 무엇을 의미하는가? 우리는 자연에서(처럼) 살아감에서 세 가지 유형(또는 단계)를 찾아볼 수 있다. 이 세 가지 유형의 삶과 자연 그리고 이들의 관계는 니체의 개념화에서 상호 관련되어 있지만, 분석적으로 분리될 수 있다.

첫째, 자연에서의 삶은 "우리 속에 있는 자연을 긍정하는" 삶이다(WP: 916). 샤츠키(Schatzki, 1994: 152~157)에 의하면 "'우리 속에 있는 자연'은 여러 가지 내용들 가운데 본능과 기호, 신체, 성(sexuality), 성장의 전제조건으로서 엄격한 자기존중 등으로 구성된다". 이러한 의미에서 니체는 "도덕성을 가진 모든 자연주의 — 즉, 모든 건전한 도덕성 — 는 삶의 본능에 의해 지배된다. …… 반자연적 도덕성 — 즉, 현재에 이르기까지 교육되고 존중되며 설교된 거의 모든 도덕성 — 은 삶의 본능들을 반대로 돌려놓고 있다"(TI: Morality as Anti-Nature, 4). 이러한 점과 여타 특성들은 "인간 속에 있는 자연은 인간 속에 있는 동물이다"라는 사고로 요약될 수 있다. 따라서 이 수준에서 가치들이 삶을 고양시킬 것인가 또는 억압할 것인가에 따라 가치들(건강함, 허약함 등)을 측정하는 데, 니체는 생리적(bio-physiological) 표준을 채택한다. 그렇지만 생리적 가치 표준의 사용은 자연적 그리고 인간적 본질에 관한 보다 깊은 사고들에 기초한다.

둘째, 보다 높은 단계에서 자연에서(처럼) 살아가기는 인간을 자연화하는 요구를 전제로 하며, 이는 자연을 탈물신화하고 탈인간화하는 요구와도 상호 관련된다. 자연이 선과 악을 넘어서 위치 지어져 있고, 무도덕적(amoral)인 존재로 간주되는 것처럼, 인간은 선과 악을 넘어서 존재하며, 자신이 그 일부인 무도덕적 자연을 '도덕적 관습들'로 치장하는 것으로부터 가능한 한 멀리 있는 것으로 예증할 수 있어야 한다. "당연히 그러해야 하는 것과 같은 인간, 이는 '당연히 그러해야 하는 것과 같은 나무'와 같이 담백하게 들린다"(WP: 332). 이 단계에서 인간(즉, 하이어맨)은 행동을 심사숙고하고 사물의 상태를 평가할 때 자신을 '자연적 (또는 우주적) 맥락'에 놓고, 그 표준으로서 '큰 자연적 관계'를 택한다(Kaulbach, 1982: 462~466). 니체의 견해에서 이 맥락은 자연의 필연성을 인정하며 동시에 인간이 자연으로부터 자신을 자유롭게 하는 영원 회귀의 관점이다. 자라투스트라의 탁월한 관심들 가운데 하나는 우리가 이 땅 위에서 살아가는 것을 배워야 하고, 이 땅에서의 존재를 사랑하며, 자연으로부터 더 이상 도망치려고 하지 않아야 한다는 것이다.

셋째, 가장 높은 단계에서 자연에서(처럼) 살아감은 인간적 완전성의 이상, 즉, '삶의 가장 고귀한 전형'을 전제로 한다. 삶과 자연의 본질(즉, 힘에의 의지)에 따른 최고의 삶이라는 이상은 직접적으로 정의에 관한 니체의 사고를 반영한다. 니체에게 "정의는 …… 가치화라는 점에서 사유[그리고 삶]의 배타적·부정적 방식, 즉, 삶의 가장 고귀한 전형"으로 규정된다(Stambaugh, 1987: 151). 삶 그 자체 또는 인간적 완성의 가장 고귀한 실현은 정의에 의해서만 가능하며, 이는 힘에의 의지를 가장 잘 예증하는 방식으로 살아감을 의미한다. 이러한 방식으로 살아가는 사람을 위한 니체의 표현이 바로 초인이다. 궁극적으로 가장 높은 단계에서 초인적 삶은 니체가 제시한 어떤 기준, 즉, 살아감이 삶 자체의 가장 고귀한 전형으로 나아가는가 또는 지체하는가에 따라 자연 속에 살아감의 가치로 측정된다.

2) 니체의 자연주의적 정의 개념의 한계

니체의 자연주의적 윤리에서 정의는 궁극적으로 가장 높은 단계로 승화된다. 즉, 정의는 가장 높고 귀한 덕목들로 구성된다. 이들은 그 자체로서 가장 높고 귀하기 때문에, 이를 넘어선 어떤 것도 이들을 보장할 수 없다. 따라서 최고·최강의 인간은 이 땅의 존재에 대한 사랑이 정의에 대한 그들의 순수한 의지 — 즉, 오직 희귀한 사례들에서만 실제 정의로운 힘에 의해 동반되는 '자비(mercy)' — 에 기여하는 사람들이다(Lampert, 1993: 290). 니체에 의하면, "사람들은 [정의]가 그 자체에 부여하는 아름다운 이름을 알고 있다. 이는 자비이다. 자비는 가장 강한 사람의 특권으로 남는다는 점은 말할 필요가 없다"(GM: 10). 이러한 정의에 관한 니체의 개념화가 정의로움과 부정의함에 관한 기존의 의미들보다 새로운 관점을 가진다고 할지라도, 이에 내재된 문제는 니체 자신의 논리에 따르더라도 인간의 정의 그 자체는 인간 자신의 통찰력에 불가피하게 한정되고 부정의하게 된다는 점이다. 즉, 니체 자신은 "인간이 아무리 분투하든지 간에, 인간은 그의 통찰력의 인간적 한계에 따라 부정의하게 된다"고 서술하고 있다(SE: 4).

이러한 의미에서 니체에게 인간적 정의는 결국 근거를 상실하거나 근거가 존재하지 않는 것이 된다. 왜냐하면 인간은 신이나 초인이 아니기 때문이다. 인간은 윤리적 기준에 관한 명확한 지식으로 생각하거나 살아갈 수 없으며, 따라서 그의 정의가 어디에 근거해야 하는가를 알지 못한다. 물론 니체는 판단의 궁극적 근거, 즉, 삶과 자연의 본질로서 힘에의 의지에 관해 거듭 말한다.[17] 그러나 이와 같은 자연주의적 정의를 위한 니체의 기획은 사물들의 계층적 질서화 또는 인간의 사유로부터 구체적 환경론의 추상화라고 비판되었다(Andrew, 1995: 150). 자연주의적 윤리에서 이러한 문제성이나 한계는 니체의 저작 전반에 걸쳐 내재되어 있다. 그는 이러한 모순으로부터 벗어나고 싶어 하지만, 그렇게 하지 못한 것처럼 보인다. 우리는 그의 개념화 과정을 소급하여 추적해봄으로써, (환경)정의에 관한 니체적 자연주의 개념화의 한계를 설명할 수 있을 것이다.

그의 초기 저작에서부터 니체는 지식과 도덕성(또는 전통적 의미의 정의)의 초자연적 원칙들에 반대해왔다. 그렇게 하면서 그는 정의를 도덕성의 영역으로부터 세계의 '심미적' 속성으로 전환시킨다. 정의는 더 이상 도덕성에 속하는 것이 아니라 예술가와 철학자에 의해 이루어지는 것으로 간주된다. 즉, 그에 의하면 "도덕성이 아니라 예술"이 판단의 기준으로서 "인간의 진정한 형이상학적 활동으로 제시된다"(BT: 5). 그렇지만 이러한 전환을 정당화하기 위하여, 니체는 가치의 계층성을 어쩔 수 없이 인정하게 된다. 왜냐하면 예술가와 철학자는 그들 자신의 권위를

---

17) 이러한 점에서 니체의 자연관과 힘에의 의지에 관한 그의 집착이 이해될 수 있다. 즉, "자연은 역동적 힘들이 존재하려는 자발적 욕망으로 이미 존재하는 상태이며, 그들의 상호관계 및 투쟁이 일어나는 공간이다. 따라서 니체에게서 시간과 변화 속에서 일어나는 발생론적 모순은 무엇보다 '힘에의 의지' 개념을 통해 접근할 수 있다. 힘에의 의지는 존재 직전의 상태에서 존재를 산출해내는, 즉, 모든 존재와 사건의 발생을 가능하게 하는 에너지이다"(홍사현, 2008: 214).

유지해야 하기 때문이다. 그러나 이러한 권위는 근거가 없다. 물론 니체는 그들의 활동을 자연에 근거하고자 하지만 이는 아폴론적인 것과 디오니소스적인 것, 즉, 생명(또는 삶)과 자연의 모순에 봉착한다. "모순은 …… 자연의 바로 그 심장에서부터 터져 나온다"(BT: 4). 달리 말해 예술가와 철학자들은 자연에 도움을 청할 수 없다. 왜냐하면 "자연은 나쁜 경제인"이기 때문이다(SE: 7).

니체는 후기 저작에서 계속해서 정의로운 삶의 적절한, 즉, '이-세계적인' 근거를 찾고자 한다. 이를 위해 그는 심미적 정의—니체 자신이 낭만주의나 기독교 사상에 대한 형이상학적 순응에 기여하는 것으로 인정한 것처럼—에서 보다 자연주의적 정의(와 윤리)로 전환한다. 그렇게 하면서 니체 자신이 자연으로 보다 심각하게 돌아가고자 했던 것처럼, 그는 인간을 보다 명시적으로 자연으로 복귀시키고자 했다. 그러나 그의 자연주의적 윤리는 보다 추상적이게 되었을 뿐만 아니라 그의 독자들을 보다 혼란스럽게 만들게 되었다. 예로, 니체가 '자연에 따라' 살아야 한다고 제안한 스토아학파들에게 경고를 하면서, 그는 자연을 무한하고 무차별적이며 무도덕적인 것으로서 비판적으로 이해한 것처럼 보인다. 따라서 그는 자연에 따른 삶이라는 스토아학파들의 제안은 "[그들의] 도덕성, [그들의] 이상을 자연에 부여한 것"에 불과하다고 주장한다(BGE: 9). 그러나 다른 한편, 삶은 인류중심적 선호와 가치의 지평에 의해 여전히 제한된다. 니체적 서술에 따르면, 삶 자체는 우리들에게 선호를 마련하고 설계하고 등록하기를—즉, 대자연(Nature)으로부터 벗어나서 이러한 자연이 아닌 어떤 것이 되기를—요청한다.

여기서 우리는 자연과 삶의 긴장을 볼 수 있으며, 이는 니체의 후기 사상에서 여전히 남아서 더욱 심각해지고 있다. 우리는 자연 및 정의와 각각 관련된 아폴론적인 것과 디오니소스적인 것의 모순이라는 점에서 이러한 긴장을 이해할 수 있다. 즉, 니체가 처음에 디오니소스적인 충동과 관련시켰던 도덕성은 대자연에게 부여된다. 대자연에 따라 살아가는 것은 무한성과 무차별성을 수반하는 것처럼 보인다(Conway, 1995: 38). 그러나 그리스 세계에서 정의(dike)는 한계 또는 경계라는 점에서 이해되었다. "개별화와 정당한 경계의 신"(BT: 9)인 아폴론에 의해 정해진 분량이나 한계가 관찰될 수 있다면, 삶과 사물의 기존 질서가 정당화되고 유지되는 것으로 간주되었다(Keenan, 1995: 252). 니체의 저작에서 자연과 삶의 이러한 긴장은 여러 가지 점에서 환경정의에 관한 자연주의적 개념화에 한계를 동반한다.

첫째, 니체는 자연과 인간 본성에 부가되었던 형이상학적 또는 초자연적 원칙들을 제거함으로써 허무주의를 극복하고자 한다. 그러나 그는 자연에 어떤 의미나 가치를 부여하지 못한다. 왜냐하면 자연은 무도덕적이고 무차별적이기 때문이다. 따라서 자연은 예술가나 철학자의 판단을 위한 기준으로 기능하지만, 이 기능은 모든 초자연적 제약의 부재와 같이 단지 부정적으로만 작동한다. 따라서 인간을 자연으로 돌려보내고자 하는 니체의 노력은 삶에 대한 모든 형이상학적 또는 초자연적 해석에 대한 반대의 입장에서만 유의성을 가진다. 이러한 저항은 자연의 힘이나 가능성에 관하여 사전적으로 정해진 확신이나 설명에 의해 자연에 부여된 제약들로부터 자연을 자유롭게 한다. 그러나 제약들로부터 자유롭게 된 자연은 어떤 추상, 즉, 힘에의 의지 — 그 자신의 자발적 표현과 전개 속에서 그 자체를 규정하고 있는 것 — 가 없다면 작동하지 못한다.[18)]

둘째, 니체는 그가 돌아가기를 원하는 자연에 긍정적 특성을 부여하지

18) 콘웨이(Conway, 1995: 42)는 이러한 의미에서 "사실 우리가 그의 자연주의를 추구하면 할수록, 그의 딜레마가 보다 분명해진다: [도덕성을 대체한] 자연은 입법적 법률 제정(nomothetic legislations)의 기준이거나 또는 무차별적이고 무도덕적인 행위를 위한 기준으로 기여하겠지만, 그러나 이는 양 능력을 동시에 제공하지는 못한다"고 주장한다.

못하지만 암묵적으로 인간 본성이 자체적으로 그 본질, 즉, 힘에의 의지를 표현하는 것처럼 생각하는 경향이 있다. 그의 초기 저작에서 자연에의 회귀는 심미적 선호를 위한 유일한 권위나 정당화로서 예술가와 철학자를 다루는 과정에 함의되어 있다. 그의 후기 저작들에서 니체는 힘에의 의지로서 삶을 모든 개별 인간 행위자의 삶을 위한 작인으로 묘사한다. 게다가 삶(즉, 생명)은 힘에의 의지에 의해 매개되어 자연과 동일시된다. 바로 이 점에서 니체의 저작에서 자연과 인간의 전통적 분리가 사라지게 된다. 그러나 동시에 힘에의 의지에 대한 그의 호소는 삶 자체의 자기-준거, 자기-극복 또는 (니체 자신이 그렇게 지칭한 것처럼) '자기-실현'의 논리적 결과를 구성하게 된다. 이러한 맥락에서 하버마스(Habermas, 1987: 96)는 니체를 비판하면서, "니체는 취향(taste)을 …… 진리와 허위, 선과 악을 넘어서는 지식의 기관(器官)으로 임명한다. 그러나 그는 견지하고자 하는 심미적 판단의 기준을 정당화할 수 없다. 왜냐하면 그는 심미적 경험을 고풍적인 것으로 바꾸어 말하는 것에 불과하기 때문이다"라고 주장한다. 니체는 비록 주체-중심적 이성의 위기에 관한 이해를 북돋우는 데 크게 기여했지만, 니체 자신은 이러한 이성을 포기하기보다는 힘에의 의지라는 또 다른 이성을 숭배함으로써 합리성에 관한 그의 비판을 끝맺고 있다.

셋째, 비록 니체는 자연에 긍정적 내용이나 보편적 특성을 부여하지는 않지만, 그는 대신 자연에 독특한 인격적 특성을 제공한다. 즉, "나 역시 '자연으로의 회귀'를 말한다. [그러나] 이는 실제 되돌아가는 것이 아니며, 상승(ascent) — 높고, 자유롭고 심지어 무시무시한 대자연과 자연성으로 올라가는 것 — 이며, 여기서 위대한 과업들은 사람들이 수행해야 하는 중요한 일이다. 은유적으로 말하면, 내가 이 문구를 이해하고자 하는 것처럼 나폴레옹은 '자연으로의 회귀'의 한 단편이다"(TI: Skirmishes of an untimely man, 48). 상승에 관한 니체의 사고는 사실 자연적인 것에 대한 루소의 묘사나 다윈의 묘사를 특징짓는 '다수의 폭정'에 반대되는 것으로 간주된다. 게다가 니체는 그가 불신하고자 하는 '노예의 도덕성', 즉, 강자로부터 보호되기 위해 약자가 요구하는 도덕성 대신 그가 지칭한 '주인의 도덕성'에 의해 지지되는 귀족사회를 제안한다. 여기서 '다수의 폭정'에 대한 니체의 비판을 수용할 수도 있을 것이다. 그러나 이를 수용한다고 해서, 자연의 상승이 니체가 갈채를 보내는 자연적 귀족정치를 보장한다는 그의 주장을 인정하는 것은 아니다.[19] 만약 니체 자신이 서술하는 것처럼 "삶 자체는 본질적으로 소외되고 약한 것의 전용·위해·압도이다. 이는 그 자체적으로 억압, 고통, 부담, 합체 그리고 최소한 가장 온화한 착취이다"(BGE: 259)라고 한다면, 노예의 도덕성이 승리하는 것이 주인 도덕성의 승리보다도 더 자연적이고 고귀한 것으로 간주되어야 할 것이다.

요컨대 힘에의 의지와 여타 고귀한 것처럼 보이는 사고들로 도덕성의 탈인간화로서 자연주의적 윤리를 정형화하고자 한 니체의 시도는 결국 기독교 사상이 도덕성을 탈자연화하고자 한 것 — 니체는 이를 '절대적인 오해와 자기 기만'이라고 비판한다(WP: 215) — 과 비교될 수 있는 방식으로 전개된 것처럼 보인다. <표 8-1>은 이들 간을 대비한 것이다.

니체의 기준점은 힘을 원하는 주인의 강함이다. 첫 단계에서 니체는 자연으로부터 형이상학적 또는 초자연적 원칙을 제거하고자 한다. 그러나 그는 자연에 어떤 의미나 도덕적 가치를 부여하지는 않는다. 자연은 무도덕적이고 무차별적인 것으로 이해된다. 두 번째 단계에서, 니체는 그가 돌아가고자 하는 자연에 긍정적 특성을 부여하지는 않지만, 그는 인간 본성이 그 본질, 즉, 힘에의 의지 속에서 그 자신을 드러내는 것으로

19) 이러한 점에서 Zeitlin(1994: 171)은 "니체는 단순히 '주인의 도덕성'을 취향의 문제인 것처럼 선호하고 승인한다. 우리는 니체가 무엇에 반대했는가를 알고 있다. 그러나 그는 무엇을 긍정했는가? …… 니체는 우리를 그 자신의 특이한 선악을 넘어서는 심미주의에 버려두었다"고 주장한다.

<표 8-1> 기독교 사상에 대비되는 니체의 도덕성의 자연화

	도덕성의 탈자연화(인간화)로서의 기독교 사상	도덕성의 탈인간화(자연화)를 위한 니체 사상
기준점 (Datum)	억압된 것, 미천한 것, 힘을 원하는 많은 수의 노예들	강한 것, 고귀한 것, 힘을 원하는 소수의 주인들
첫 단계	이들은 그들 자신을 자유롭게 만든다.	이들은 자연을 무도덕적으로 만든다.
둘째 단계	이들은 인정, 평등한 권리, 정의를 요구한다.	이들은 인간 본질로서 힘에의 의지, 정의를 요구한다.
셋째 단계	이들은 특권을 요구한다.	이들은 자기-극복을 요구한다.
넷째 단계	이들은 '배타적' 힘을 요구한다.	이들은 '자연주의적' 귀족정치를 요구한다.

간주한다. 세 번째 단계에서, 힘에의 의지에 대한 니체의 호소는 삶 그 자체의 자기준거 또는 자기실현의 논리적 결과를 구성하게 된다. 마지막 단계에서, 니체는 비록 자연에 긍정적 내용이나 보편적 특성을 부여하지는 않지만 그는 대신 이에 독특한 인격적 성향, 즉, 노예의 도덕성은 거부되는 반면 주인의 도덕성에 의해 지지되는 '자연주의적 귀족정치'를 제시한다. 결국 니체적인 자연주의적 정의는 약자를 위한 정의가 아니라 강자를 위한 정의로 판명된다.

6. 결론

"유럽에서 도덕성은 소·돼지 떼와 같은 동물적 도덕성이다"라고 니체는 경멸적으로 말한다(BGE: 202). 서구적 도덕성 또는 니체가 허무주의라고 부른 것을 지지하는 이러한 동물적 도덕성의 특정 형태는 자연의 인간화 그리고 인간의 탈자연화를 포함한다. 근대성에 관한 니체의 이해는 근대적 의식에 의해 탈가치화된 인간과 자연의 질병을 서술하기 위한 허무주의에 대한 진단뿐만 아니라 새로운 철학과 윤리를 위한 기반을 준비하기 위한 허무주의의 극복을 위한 기획을 함의하고 있다. 특히 '자연으로의 회귀' 또는 자연의 탈인간화 그리고 인간의 (재)자연화에 관한 니체의 주장은 오늘날 인간 특히 서구적 근대성에 의해 지배되고 파괴·오염된 자연의 회복을 위한 비판적·대안적 생태학을 위한 심원한 통찰력을 제공한다.

니체의 사상에서 이러한 자연의 탈인간화와 인간의 재자연화에 기초한 자연주의적 정의 개념은 기독교 사상과 데카르트 이후 형성된 서구적 도덕성과 근대성에 반대되게 규정된다. 니체의 자연주의적 철학, 특히 자연주의적 정의를 위한 그의 주장은 생태학 일반 특히 환경정의의 개념화에 매우 유의한 함의를 제공한다. 그러나 그의 자연주의적 윤리는 또한 매우 논쟁적인 문제성을 포함하고 있으며, 이는 니체적 자연주의 윤리의 불가피한 한계로 이해될 수 있다. 그의 비판적 생태학은 근대 서구의 도덕성과 근대성에 반대하여 자연으로의 회귀를 전제로 하지만, 자연 그 자체는 아무런 의미를 가지지 않기 때문에 그의 자연주의적 정의는 '힘에의 의지'를 제외하고는 아무런 근거를 가지지 못하고, 결국 힘에의 의지를 실현시킬 수 있는 초인 또는 주인의 도덕성으로 간주된다.

만약 정의가 강자를 위해 개념화된다면, 약자는 무엇을 해야 하는가? 니체는 역설적으로 그 당시 인간을 '자연으로 돌아가지 말라'라고 단순화시키고자 했다. "왜냐하면 아직 어떠한 자연적 인간성도 존재하지 않기 때문이다 …… 인간은 단지 오랜 투쟁 이후에야 대자연에 도달한다"(WP: 120). 이러한 고려는 니체 자신의 투쟁에도 불구하고 현대 세계에서 여전히 또는 더욱 심각한 진실이라고 할 수 있다. 따라서 "삶이 번창하기 위하여 [니체를 포함하여] 철학자들은 오이디푸스의 죄를 물려받아야 한다"고 주장될 수 있다(Conway, 1995: 48). 우리는 자연에 대한 우리의 태도, 도덕성(특히 정의)에 대한 우리의 태도가 보다 자연적이기 위해서 얼마나 많은 니체와 같은 고귀한 인간이 이 땅에 태어나고 죽어야 할지를 알지 못한다.

참고문헌

권의섭. 2007. 「니체의 생명사상과 생명공학」. ≪니체연구≫, 12, pp.201~229.

김미기. 2004. 「감성과 자연의 명예회복 - 포이어바흐와 니체의 몸 개념을 중심으로」. ≪니체연구≫, 6, pp.89~114.

김정현. 2006. 『니체: 생명과 치유의 철학』, 책세상.

김주휘. 2008. 「『비극의 탄생』 읽기 - 니체 대 쇼펜하우어」. ≪철학사상≫, 29, pp.75~105.

박삼열. 2006. 「스피노자와 니체 비교 - 니체의 선구자로서의 스피노자」. ≪철학탐구≫, 20, pp.39~66.

양해림. 2001. 「니체와 노자의 생태학적 자연관」. ≪철학≫, 69, pp.281~306.

정동호. 1995. 「자연의 도덕화와 탈자연화」. ≪니체연구≫, 1, pp.193~217.

홍사현. 2008. 「자기 생산하는 삶, 자연, 세계 - 니체의 발생존재론 "세계는 자기 스스로를 탄생시키는 예술작품」. ≪니체연구≫, 13, pp.197~223.

홍일희. 2003. 「니체철학에서 생명의 자연성과 인위성 -도덕비판을 중심으로」. ≪범한철학≫, 30, pp.129~152.

_____. 2004. 「니체와 에코페미니즘」. ≪범한철학≫, 33, pp.105~127.

Acampora, R. 1994. "Using and abusing Nietzsche for environmental ethics" *Environmental Ethics*. 16. pp.187~194.

Andrew, E. G. 1995. *The Genealogy of Values: The Aesthetic Economy of Nietzsche and Proust*. Rowman & Littlefield Publishers. Maryland.

Ansell-Pearson, K. 1993. "Toward the comedy of existence: on Nietzsche's new justice", in K. Ansell-Pearson and H. Caygill(eds). *The Fate of the New Nietzsche*. Avebury. Aldershot. pp.265~281

Berkowitz, P. 1995. Nietzsche: *The Ethics of an Immoralist*. Harvard University Press. Cambridge. Massachusetts.

Contely, V. A. 1997. *Ecopolitics: The Environment in Poststructuralist Thought*. Routledge. London.

Connolly, W. 1988. *Political Theory and Modernity*. Blackwell. Oxford.

Conway, D. 1995. "Returning to nature: Nietzsche's Götterdämmerung", in P. R. Sedgwick(ed). *Nietzsche: A Critical Reader*. Blackwell. London. pp. 30~52

_____. 1997. *Nietzsche and the Political*. Routledge. London.

Dallmayr, F. 1997. "The discourse of modernity: Hegel, Nietzsche, Heidegger, and Habermas". in M. P. d'Entreves, S. Benhabib(eds.). *Habermas and the Unfinished Project of Modernity*. The MIT Press. Cambridge. Massachusetts. pp.59~96

Deleuze, G. 1983. *Nietzsche and Philosophy*(trans. by H. Tomlinson). Columbia University Press. New York.

Gare, A. E. 1995. *Postmodernism and the Environmental Crisis*. Routledge. London.

Habermas, J. 1987. *The Philosophical Discourse of Modernity*(trans. by F.G. Lawrence). The MIT Press. Cambridge. Massachusetts.

Hallman, M. O. 1991. "Nietzsche's environmental ethics". *Environmental Ethics*. 13. pp.99~125.

Haraway, D. 1991. *Simians, Cyborgs, and Women: The Reinvention of Nature*. Routledge. London.

Harvey, D. 1989. *The Condition of Postmodernity*. Blackwell. London.

_____. 1996. *Justice, Nature and the Geography of Difference*. Blackwell. London.

Havas, R. 1995. *Nietzsche's Genealogy: Nihilism and the Will to Knowledge*. Cornell University Press. Ithaca and London.

Heidegger, M. 1979~1984. *Nietzsche* 4 vols(trans. by D.F. Krell). Harper and Row. New York.

Kaufmann, W. 1950. *Nietzsche: Philosopher, Psychologist, Antichrist*. Princeton University Press. Princeton.

Kaulbach, F. 1982. "Nietzsche interpretation der Nature". *Nietzsche-Studien*. 10/11. pp.442~464.

Keenan, D. K. 1993. "Moving at the margin of justice: Nietzsche's reading of Aeschylus' *Prometheus Bound*" in K. Ansell-Pearson and H. Caygill(eds.). *The Fate of the New Nietzsche*. Avebury. Aldershot. pp.251~263.

Lampert, L. 1993. *Nietzsche and Modern Times: A Study of Bacon, Descartes and Nietzsche*. Yale University Press. New Haven.

Leiss, W. 1994(2nd edn.). *The Domination of Nature*. McGill-Queen's University Press. Montreal & Kingston.

Leopold, A. 1949. *A Sand County Almanac*. Oxford University Press. New York.

Luke, T. W. 1984. "On nature and society: Rousseau versus the enlightenment". *History of Political Thought*. 5. pp.211~241.

Moles, A. 1990. *Nietzsche's Philosophy of Nature and Cosmology*. P. Lang. New York.

Naess, A. 1977. "Spinoza and ecology". *Philosophia*. 7. pp.45~54.

______. 1989. *Ecology, Community and Lifestyle*. Cambridge University Press. Cambridge.

Nietzsche, F. 1968. *The Will to Power*(trans. edited by W Kaufman). Vintage Books. New York.

______. 1974. *The Gay Science*(trans by W. Kaufman). Vintage Books. New York.

______. 1983. *Schopenhauer as Educator, in Untimely Meditations*(trans. by R. J. Hollingdale). Cambridge University Press. Cambridge.

______. 1984. *Human, All Too Human*(trans. by M. Faber). University of Nebraska Press. Lincoln and London.

______. 1992. *Basic Writings of Nietzsche*(trans. edited by W. Kaufmann). The Modern Library. New York.

______. 1954. *The Portable Nietzsche*(selected. trans. by W Kaufmann). Penguin Books. Harmondsworth.

Schacht, R. 1995. *Making Sense of Nietzsche: Reflections Timely and Untimely*. University of Illinois Press. Urbana and Chicago.

Schatzki, T. R. 1994. "Ancient and naturalistic themes in Nietzsche's ethics". *Nietzsche Studien*. 23. pp.146~167.

Schrift, A. D. 1995. "Putting Nietzsche to work: the case of Gilles Deleuze", in P. R. Sedgwick(ed.). *Nietzsche: A Critical Reader*. Blackwell. London. pp. 250~275.

Sedgwick, P. R(ed.). 1995. *Nietzsche: A Critical Reader*. Blackwell. London.

Spencer M. E. N. 1931. "Spinoza and Nietzsche - a comparison". *The Monist*. 41. pp.67~90.

Stambaugh, J. 1987. *The Problem of Time in Nietzsche*(trans. by J. F. Humphrey). Associated University Press. London and Toronto.

Walzer, M. 1983. *Spheres of Justice*. New York. Basic.

Warren, M. 1988. *Nietzsche and Political Thought*. MIT Press. Cambridge.
Young, I. M. 1990. *Justice and the Politics of Difference*. Princeton University Press. Princeton.
Yovel, Y. 1986. "Nietzsche and Spinoza: *amor fati and amor dei*", in Y. Yovel(ed.). *Nietzsche as Affirmative Thinker*. Dordrecht. Nijhoff. pp.183~203.

9장

포스트모던 생태학과 환경정의[1)]

> 리좀을 만들기, 탈영토화에 의해 그 영토를 넓히기, 탈주선을 일관성의 구도 전체를 포괄하는 추상기계가 되는 지점으로까지 확장하기. 일단 첫 번째 식물로 가서, 그 점에서 시작된 물의 흐름이 어떻게 흘러가는가를 조심스럽게 관찰하라. 비가 씨앗들을 멀리 날라주었으리라. 물이 새긴 수로를 따라 당신은 물의 흐름을 알게 되리라. 이 방향을 따라가서 당신의 식물로부터 가장 멀리 떨어져 있는 식물을 찾으라. 그 두 식물 사이에서 자라고 있는 모든 것은 당신의 것이다. 훗날 나중의 것이 자신의 씨를 뿌리게 될 때, 당신은 이 각각의 식물들에서 발원하는 물의 흐름을 따라 당신의 영토를 넓혀갈 수 있으리라.
>
> — 들뢰즈와 가타리(1987)

1. 서론: 탈근대적 모험으로서의 생태(철)학

현대사회가 처해 있는 생태위기는 흔히 주체/객체, 인간/자연의 이분법 속에서 인류중심주의적으로 발달한 근대성(modernity)의 산물로 인식된다. 즉, 오늘날 우리가 안고 있는 심각한 자원고갈과 환경오염의 문제는,

1) 이 글은 ≪대한지리학회지≫, 36(3)(2001년), 292~312쪽에 실린 글을 수정한 것이다.

미신과 기아의 탈피를 위해 계몽과 진보의 이름으로 추진된 산업혁명과 이의 원동력을 제공했던 과학기술이 자연을 대상화하고 정복한 결과라고 할 수 있다. 이러한 생태위기를 극복하기 위한 생태(철)학은 인간중심적 이성에 기초하여 자연을 도구화한 근대성과 이의 주요 조건들에 대해 재성찰하고 이들을 해결하려는 시도라는 점에서, 하나의 '탈근대적 모험 또는 도전'이라고 할 수 있다. 이러한 점에서, "포스트모던 패러다임은 탈근대적 윤리로서 '생태철학(ecosophy)'을 하나의 처방으로 제시하면서, 생태철학 또는 지구에 대한 철학적 예지가 탈근대적 조건을 밝혀줄 것으로 기대한다. 즉, 탈근대적 도전으로서 생태철학은 지구를 단지 인간이 이용해주기를 기다리는 단순한 자원저장소 정도로 여겨 정복하고 소유하려는 기도를 저지하고자 한다. 생태철학은 자연과 문화, 자아와 타자, 정신과 육체 간 안이하고 근거가 박약한 이원성을 극복하고 나아가 인간 삶과 자연 또는 지구와의 관계를 조화시키고자 한다"(정화열, 1996).

이러한 포스트모던 패러다임은 오늘날 우리 사회가 처해 있는 생태위기에 도전하여 이를 해결하기 위한 비판적 생태(철)학으로 이해될 수 있다. 그러나 그렇게 되기 위해서는, 우선 '포스트모더니즘'이라는 개념의 의미가 보다 분명해져야 할 것이다. 사실 최근의 철학 및 사회이론 그리고 예술의 영역에서 흔히 사용되고 있는 '포스트모더니즘'이라는 용어는 다양한 의미를 가지며 때로 매우 모호하게 정의된다. 특히 이 용어가 포괄하고 있는 의미는 첫째, 근대적 합리화의 시대를 지나 도래한 어떤 시대, 둘째, 근대적 합리성에 대한 문화적 반작용, 셋째, 모더니즘의 철학적 위상에 대한 비판적 성찰 등으로 크게 구분될 수 있다(최병두, 2000). 그러나 포스트모더니즘의 다양한 그리고 때로 서로 반대되는 의미들에도 불구하고, 이들은 어떤 공통점이 있기 때문에 하나의 용어에 포괄된다고 할 수 있다. 즉, 이들은 지난 300여 년 동안 서구사회의 의식과 현실을 지배해온 근대성에 대해 강력히 비판하고 이를 극복하고자 한다는 점에서 공통점을 가진다.

물론 포스트모던 패러다임 또는 담론으로 분류될 수 있는 생태학 역시 근대성에 대한 반대 입장 및 원인 치유에 대한 다양한 주장과 이론을 포함하며, 이 가운데 심층생태학, 사회생태학, 생태페미니즘, 그리고 탈구조주의적 생태학 등이 많은 관심을 끌고 있다. 앞의 세 가지 유형의 주장은 오늘날과 같이 생태위기를 초래한 근대성에 대해 반대할 뿐만 아니라, 인간과 자연의 관계에 대해 명확한 생태학적 입장에 기초하여 사회의 '근본적' 변화를 추구한다는 점에서 함께 '근본 생태학(radical ecology)'이라고 불리기도 한다. 반면 탈구조주의적 생태론은 1960년대 프랑스 구조주의 이후 등장한 일군의 저명한 포스트모던 철학자 또는 사회이론가의 저술 속에서 찾아볼 수 있는 생태론적 함의를 지칭하며, 따라서 이들은 생태론으로 체계화된 단일한 주장이라기보다는 복잡하고 난해하며 때로 비유적인 서술 속에 산재해 있는 생태적 통찰력을 의미한다. 이들은 반(反)근대성이라는 점에서 공통점을 가진다고 할지라도 각기 서로 다른 주장과 세부적으로 상이한 측면을 강조한다. 이 장에서는 포스트모던 생태학 가운데에서도 특히 탈구조주의적 생태론을 중심으로 그 구체적 내용과 환경정의를 위한 함의들을 검토하고자 한다.

사실 어떤 점에서, "포스트모던 조건에 관한 성찰과 환경정의에 관한 성찰은 많은 공통성을 가진다"(Gare, 1995: 1). 이들 양자는 근대 서구 문명이 어떻게 현재 상태에 달하게 되었는가에 대해 이해하고자 한다. 환경위기의 근원과 현실을 이해하고자 하는 시도들과 같이, 포스트모던 조건을 이해하고자 하는 시도들의 대부분은 서구 문명을 억압적인 것으로 이해하고, 새로운 사고 및 생활의 방식을 창출하기 위해 분투한다. 환경정의의 입장에서 보면 탈구조주의자들은 근대성과 관련된 전체주의를 거부하면서 정치적 다원성과 문화적 차이를 강조한다. "불확실성·모호성·차이·타자성을 인정하지 않는 전체주의적 이데올로기로서의 근대성에 대한 포스트모더니스트의 비판은 한편으로 그 중요성이 인정되지만, 다른 한편으로 근대성에 내재한 해방적 목적이나 정의와 윤리의 가치 자체를 완전히 부정하기는 어렵다. 포스트모던 생태학은 자유롭고 탈중심화되며 이질적인 사람들이 소규모 생물지역적이고 민주적이며 생태적으로 건전한 공동체에서 살아가는 것을 꿈꾼다"(Zimmerman, 1994: 6~7). 포스트모던 생태학이 추구하는 이러한 전망은 근대성이 추구한 것과 다르다고 할지라도, 분명 새로운 진보적 윤리로서 생태적 정의와 해방을 목적으로 전제하고 있다.

이러한 점에서 이 장은, 포스트모던 패러다임 특히 탈구조주의자들의 주장이나 이론 속에 명시적 또는 암묵적으로 함의되어 있는 생태학적 논의들을 검토하고, 나아가 이러한 포스트모던 생태학에 근거한 환경정의론의 가능성을 모색하고자 한다. 이를 위해 이 장은 우선 탈구조주의 일반에 함의되어 있는 생태학적 논의와 환경윤리에 대한 입장을 검토하고, 다음으로 탈구조주의자들 가운데 가장 명시적으로 생태학적 논의를 담고 있는 들뢰즈의 철학에서 '행동학(ethology)'과 '리좀적 자연주의'에 초점을 두고 그의 생태학적 통찰력을 고찰하며, 끝으로 탈구조주의적 관점에서 '차이'의 생물지역주의적 이론화 그리고 들뢰즈의 생태학에서 핵심을 이루고 있는 공생과 차이를 환경정의의 입장에서 해석하고자 한다.

2. 탈구조주의의 생태학과 환경윤리

1) 탈구조주의의 생태학적 함의

1970년대 이후 프랑스에서 본격화되어 전 세계적으로, 그리고 인문사회과학 전반에 걸쳐 지대한 관심을 끌고 있는 탈구조주의적 사상은 흔히 좁은 의미로 포스트모더니즘이라고 불린다. 이 글에서는 앞서 언급한 바와 같이 포스트모던 생태학에 포함될 수 있는 다른 유파의 생태학들과 구분하기 위하여 이를 '탈구조주의'라고 칭하고자 한다. 탈구조주의는 구조주의가 수립한 성과에 관한 학문적 및 사회정치적 토대로부터 성장한 사상의 한 흐름이며, 특히 한편으로 레비스트로스(C. Levi-Strauss), 다른 한편으로 스피노자·니체·하이데거로 소급되는 자연주의적 사상의 전통과 일반적으로 관련된다. 물론 프랑스의 탈구조주의자들은 생태·환경운동을 포함한 새로운 사회운동을 지지하긴 하지만, 들뢰즈를 제외하고는 생태계나 환경문제에 대해 집중적인 관심을 가지지는 않았다. 그러나 콘리(Conley, 1997: 1, 7)의 주장처럼, 대부분의 탈구조주의자들은 1968년 프랑스 혁명에 직접 참여하거나 또는 경험한 사람들로서, "그들이 세계를 생각하는 방식에서 — 또는 우리가 오늘날 생명·공간·서식지의 구체적 조건을 연구함에서 — 주요한 변화는 생태적 의식에 많은 영향을 받은 것이라고 할 수 있다". 따라서 "탈구조주의적 사고의 추동력은 생태학과 불가분의 관계를 가지고 있다"고 주장될 수 있다.

우선 탈구조주의자들은 근대 서구사상의 반자연주의에 대한 니체의 공격이나 서구 문명의 관료주의적 성향에 대한 하이데거의 공격을 이어받아 근대성을 비판하면서, 그들의 저술 속에 명시적 또는 암묵적으로 생태적 함의들을 담고 있는 주장들을 제시한다. 즉, 데리다, 푸코, 리오타르, 그리고 들뢰즈와 같은 프랑스의 탈구조주의적 사상가들은 '근대성의 전제와 가정들에 대한 가차 없는 비평'을 제시하면서, 예로 심층생태학자들이 주장하는 바와 같이, 지구 생태계의 파괴는 기본적으로 서구 철학의 이분법적이고 인류중심적이며 소외된 세계관에 기인한다는 점을 강조한다. 또한 이들은 비슷하게, 만약 환경을 변화시키고자 한다면, 환경을 생각하고 표현하는 방식을 바꿀 필요가 있다고 주장한다(Quigley, 1992). 나아가 탈구조주의자들은 서구 사상에 담긴 권력과 지배에 대한 충동을 폭로하고, 이를 통해 실증적 과학뿐만 아니라 마르크스주의에 기초한 지배적 담론들에 의해 억압된 담론들을 부활시켜 정당화하고자 한다. 이들에 의하면, 그동안 억압되었던 담론들은 세계의 지배를 지향하지 않으며, 사물들이 존재하는 그대로 유지하고자 하는 환경 속에서의 '거주 방식'(하이데거의 의미에서)에 더 순응하고자 한다(Gare, 1995: 87).

이러한 탈구조주의자들의 주장은 직접적으로 생태적 담론에 개입하거나 이를 위한 함의들을 제시하고 있다. 생태적 담론에 대한 직접 참여의 사례로서, 리오타르(Lyotard, 1989)의 한 논문을 들 수 있다. 그는 2차 세계대전 이후 시작한 포스트모던 시대는 인간과 자연 간, 그리고 북반구와 남반구 간에 더 큰 갈등을 목격했다고 주장하고, 생태학은 빈자에 대한 부자, 또는 제3세계 자연에 대한 제1세계의 억압과 착취에 대한 비판과 관련된다고 역설한다. 리오타르에게 생태학은 격리의 (정신적·물질적) 장소, 즉, 파괴적 질서 또는 전략적 편성에 의해 의한 체계적 통제로부터 벗어난 사상의 오이코스(oikos) 또는 '거주가능지'를 위한 투쟁을 포함한다.

들뢰즈와 가타리(F. Guattari)는 이들 사상의 전반에 걸쳐 보다 명시적이고 직접적으로 생태적 이론과 주장들을 제시했다. 들뢰즈의 '생물철학(biophilosophy)' 및 '지(地)철학(geo-philosophy)'에 관한 사고(예로, Deleuze and Guattari, 1991: 4장 참조)는 철학적 사고를 생태계, 나아가 지구환경과 관련짓기 위한 것이다. 특히 들뢰즈가 스피노자의 철학으로부터 도출한 행동학과 이 글에서 '리좀적 자연주의(rhizomatic naturalism)'라 부르고자 하는 것은, 차이와 공생적 관련성에 근거를 둔 심오한 생태윤리를 발전시켰다(Hayden, 1997). 가타리 역시 들뢰즈와 공동으로 또는 독립적으로 생태적 논의들을 명시적으로 제공했다. 특히 그는 생태학을 사회생태학·환경생태학·정신생태학의 세 가지로 범주화하고, 이들 간에 상호연계된 생태학의 맥락 내에 위치 지어진 일련의 비판적이고 창조적인 '생태적 실천들'을 제시한다(Guattari, 1989). 이와 같은 점에서 콘리(Conley, 1997: 7)는 대부분의 탈구조주의적 사상가들의 주장이 생태적 에토스의 일부로 명시적으로 재평가될 수 있다고 주장한다. 우리는 다음 절에서 이와 같은 들뢰즈와 가타리의 생태학 및 이와 관련된 윤리적 함의를 논의하고자 한다.

반면 구조주의에서 탈구조주의로의 전환에 대해 상당한 책임이 있는 데리다는 특별히 생태학적 관심을 보이지는 않았다. 사실, 1970년대 및 1980년대의 그의 저서들은 니힐리즘, 자기준거성, 나르시시즘 또는 이런 유의 다른 거대 서사이론들을 해체하는 데에 중점을 두었다. 그러나 데리다의 해체주의는 생태담론에 중요한 의미를 가진다. 그의 주장에 따른다면, 생태적 문제는 생태중심주의 특히 심층생태학처럼 자연 또는 생태계를 형이상학적 절대자로 전환시킨다고 해결될 수는 없다. 왜냐하면 그렇게 하는 것은 사회적 억압에 대한 그들의 책임성을 포함하여 모든 '중심' 주의들을 활성화시키는 동일한 통제-추동에 의해 동기화되는 것이기 때문이다. 그는 우리가 자연 그 자체 또는 전체로서의 자연과 결코 만날 수 없다고 주장한다. 대신 자연은 사회적 현상으로, 그 의미는 항상 특정하고 국지적인 담론들에 의해 각축하게 된다. 즉, 그에 의하면 '자연은 사회적 산물'로 이해된다(Zimmerman, 1994: 138). 그뿐만 아니라 데리다는 최근 좀 더 정치화된 저서(Derrida, 1994)에서 정치이론에 출몰하는 마르크스의 '유령'에 관해 분석하면서 '생태적 인지'의 유령을 고취시키고 있다. 예로, 국제자본의 메시아적 요소에 관한 그의 분석이 생태정치에 중요하다는 콘리(Conley, 1997: 13)의 주장과 같이 데리다의 독해에서 실제 생태학이 명시적으로 전면에 나타나지는 않지만, 우리는 생태학의 묵시적 출현을 목격할 수 있다.

탈구조주의는 이와 같이 직간접적으로 생태학적 시사점을 제시할 뿐만 아니라, 다른 한편 생태적 담론, 특히 생태·환경윤리와 관련된 담론 및 이와 연관된 권력분석이 필수적임을 보여주고 있다. 에스코버(Escober, 1996)에 의하면 탈구조주의적 (정치)생태학은 첫째, 자연은 사회적으로 구축된 것이라는 믿음과, 둘째, 자연에 관한 지식은 담론적으로 분석되어야 한다는 주장으로 요약된다. 첫째, 믿음과 관련하여 탈구조주의는 언어를 단지 '실체'의 반영으로서가 아니라 실체를 구성하는 요소로서 이해한다. 즉, 담론은 사회적 실체가 불가피하게 존재하게 되는 과정이라는 것이다. 또한 둘째, 주장과 관련하여 "자연의 생성과 진화, 그리고 자연이 역사적으로 생산되고 인지되는 담론 및 실천의 생성과 진화 간의 연계"가 강조된다(Escober, 1996: 46). 이러한 특성들에 추가하여, 탈구조주의는 셋째, 모든 담론은 권력의 생성 및 유지와 내재적 관계를 가지고 있다는 믿음과, 넷째, 따라서 모든 이론적·윤리적 거대서사들은 부정되고 해체되어야 한다는 주장과 관련된다. 즉 푸코가 주장하는 바와 같이, 모든 지식은 권력관계로부터 자유로울 수 없으며, 따라서 담론에서 나타나는 '진리의 게임'과 '권력 관계'의 내재적 공존은 '지식/권력' 관계로 이해된다(최병두, 1988). 그러므로 이러한 지식/권력의 내재적 관계를 탈피하기 위하여, 기존의 거대이론이나 윤리적 규범이 안고 있는 위험성을 폭로하고 이를 해체할 수 있어야 한다는 것이 탈구조주의자들의 주장이다.

이러한 탈구조주의자들의 주장에 대해 많은 논평가들은 긍정적인 비평을 제시한다. 예로, 치머만은 한편으로 근대성이 추구하는 총체적 통제 및 이를 합리화시키는 생태적 지식/권력의 비판에 대한 탈구조주의적 입장에 동의하면서도, "사회·생태적 문제를 유발하는 조건들에 대한 일반적 비판을 포기하기 때문에, 포스트모던 이론은 신보수주의적이 될 수 있다"고 경고한다(Zimmerman, 1994: 6~7). 사실 탈구조주의자들의 담론적 주장들을 현실 문제와 관련시켜보면, 다음과 같은 의문이 제기될 수 있다(Havrey, 1996; Peet and Watts, 1996 참조). 자본에 관한 고찰 없이 오늘날 생태위기를 이해할 수 있는가? 즉, 자본주의가 세계화와 정보화 과정을 촉진하면서 전 지구를 하나의 생산단위로 만들고 있는 상황에서, 포스트모더니즘이 세계적 거대담론을 거부하고 파편화된 세계를 '텍스트'로 이해하라고 주장하는 것은 분명 한계를 가진다. 게르(Gare)는 여러 탈구조주의자들의 통찰력을 살펴보면서 매우 공감적인 관점에서 이들이 환경적 이슈들에 기여한 바를 고찰하지만, 결국 이들에게서 다음과 같은 부족함을 발견한다. "텍스트를 능가한 초텍스트, 그리고 다른 텍스트를 종합하는 텍스트에 대한 이들의 반대[에도 문제성이 있지만], 탈구조주의자들은 환경론자들에게 세계적 위기가 있다는 믿음을 방어하고 [나아가] 이 위기에 대응하기 위해 필요한 모종의 대응을 만들어 낼 방안을 전혀 남겨놓지 않았다"(Gare, 1995: 98~99).

탈구조주의적 사상가들은 근대성에 내재된 데카르트적 이원론과 반자연적 세계관의 해체를 강조하고 그동안 이러한 전통 속에서 억압되었던 주변적(즉, 자연주의적) 담론에 더 많은 관심을 가질 것을 요구하지만, 실제 대부분의 탈구조주의자들의 주장은 오늘날 생태위기가 발생하게 된 사회적 원인들에 대한 과학적 추론이나 이론을 제공하지 않았다고 비판될 수 있다. 그러나 이러한 탈구조주의의 문제성은 재평가될 수 있다. 우선 많은 비평가들이 주장하는 것처럼, 탈구조주의는 자본주의가 어떻게 생태위기 또는 보다 포괄적으로 근대성의 위기를 유발하면서 탈근대성라고 불리는 문화적 변화를 추동하고 있는가를 이해할 필요가 있다. 즉, 탈구조주의자들이 안고 있는 문제성은 이들이 일반적으로 담론적 표현과 '현실'의 관계를 설정하는 방식과 관련된다. 절대적 진리를 부정하고 '거대 서사'를 근대성의 이데올로기로 간주하는 탈구조주의자들은 자신들의 주장을 문학적 가공 또는 예술적 고안으로 간주하고, 이들의 유의성은 독립적으로 존재하는 '현실'과의 '상응성'에 의해 이루어지는 것이 아니라 그 효과 또는 지속성에 의해 측정된다고 주장한다(Lyotard, 1984 참조). 즉, 탈구조주의자들의 입장에서 이해하면 그들의 주장이 비록 현실의 정치·경제적 상황 자체를 분석하지 않았다고 할지라도, 생태적 담론 분석의 필요성 주장과 실제 분석을 통해 제시한 풍부한 함의들은 생태학적으로 매우 유의하다고 할 수 있다.

2) 탈구조주의적 환경윤리

다른 한편 탈구조주의자들은 사회를 이해하는 절대적 진리를 부정할 뿐만 아니라 보편적 윤리의 가능성을 전적으로 거부하는 것처럼 보인다. 그러나 아래에서 논의할 바와 같이, 예를 들어 푸코의 저작들은 보편적 윤리를 부정하고 있지만, 다른 한편으로는 환경윤리를 위한 많은 통찰력을 제공하고 있다. 또한 들뢰즈는 라이프니츠, 스피노자, 니체 등의 자연주의적 철학의 독해뿐만 아니라, 현대 자연과학 및 생물학의 이해를 통해 차이(difference)와 공생(symbiosis)의 개념 등을 강조하는 환경윤리(그리고 생태정치)를 정립한다. 이러한 점에서 리오타르의 주장 또한 재평가해 볼 수 있다. 그는 어떤 수준에서의 합의의 필요성에 관한 하버마스의 '모던적' 주장을 비판하면서, "합의는 진부하고 의심스러운 가치가 되었다. 그러나 하나의 가치로서 정의는 진부하지 않을 뿐만 아니라 의심스러운 것도 아니다. 따라서 우리는 합의와 연계되지 않는 정의의 사고와 실천에 도달해야만 한다"고 주장한다(Lyotard, 1984: 66).[2] 우리는 이러한 주장을 '부분적으로' 긍정하면서, 환경윤리적 측면에서 푸코의 저작에 내포된 통찰력을 재검토해볼 수 있다.

푸코에 의하면, 실체 또는 진리에 관한 과학적 지식의 채택은 점점

---

2) 그러나 게르(Gare, 1995)에 의하면, 리오타르는 정의가 오늘날과 같이 파편화되고 세계화된 세계에서 어떻게 재평가될 수 있는지에 대해 아무런 통찰력도 제공하지 않는다고 비판된다.

무의미하거나 부적절하게 되었다. 그가 주장하는 지식의 고고학 및 지식/권력의 관점에 의하면, 근대 과학은 '진리를 향한 의지'에 민감하게 반응하고 또한 그 결과라고 할 수 있지만, 사실 '진리'는 맥락-특정적인 것으로 특정한 세계관(즉, 담론) 또는 특정한 패러다임적 공동체로부터 도출된 것이다. 그뿐만 아니라 이러한 패러다임적 지식 또는 이와 관련된 윤리는 기존의 권력관계로부터 자유로울 수 없다. 왜냐하면 어떤 권력관계의 존재는 항상 특정한 도덕률의 접합을 가능하게 하기 때문이다(Foucault, 1980; 최병두, 1988). 이러한 점에서 본다면, 푸코는 자연주의적 정당화에 기초한 현대 '환경윤리'에 대해 매우 비판적이었을 것이다. 그에 의하면, 생태학은 자연의 위험성 또는 역으로 그 순수성을 강조함으로써 인간을 규율하고자 하는 '지(地)권력(geo-power)'과 내적으로 연계되어 있다고 할 수 있다(Luke, 1999; Quigley, 1999).

관례적인 환경윤리 또는 이론들은 결국 '자연세계'란 인간이 순응해야만 하는 초월적 규범이나 목적론적 원천이라는 믿음에 그 정당성을 두고 있다. 이러한 환경윤리에 의하면, 절대적 신과 과학적 진리에 대한 믿음과 마찬가지로 '자연'은 인간의 행동과 가치를 평가하는 규범적 척도가 된다. 예로, 자연법사상처럼 '자연의 법'이 보편적으로 적용될 수 있는 것으로 인식됨에 따라, 이로부터 도출된 규범과 해법 역시 특정한 문화와 역사를 초월하여 보편적이라고 주장되는 경향이 있다. 그러나 다른 한편 절대적 자연에 의존하는 이러한 윤리는 '자연주의적 오류(naturalistic fallacy)'를 범하고 있다는 점에서 비판을 받게 된다. 즉, 롤스턴(Rolston, 1992: 135)이 주장하는 바와 같이 "윤리가 다윈의 세기에 근대적이게 됨에 따라, 윤리가들은 어떤 결론, 즉, 도덕은 자연적인 것과 아무런 관계가 없다는 결론에 안주하게 되었다. 과학은 자연의 역사와 법칙을 서술하고 [반면] 윤리는 인간의 행동과 도덕적 법을 제시한다. 이 둘을 혼동하는 것은 범주의 오류를 범하는 것이며 자연주의적 오류에 빠지는 것이다".

그러나 과학과 윤리의 이러한 분리는 사실 자연/인간 사이를 분리하는 데카르트적 이원론으로 되돌아가는 것이 된다.

푸코는 때로 직접적으로 생태적 문제를 다루거나 또는 이를 위한 시사점을 제공한다. 예로, 그는 전략적 진리게임, 권력/지식, 저항 등 사이의 복잡성을 예시하기 위하여 생태운동을 사례로 들었다. 그에 의하면 생태운동은 "자연과 생명체의 [생태적] 과정의 평형상태 등에 관한 지식을 명분"으로 한다(Foucault, 1988: 15). 그러나 이러한 생태지식(eco-knowledge)은 일반적으로 지배권력의 담론을 정당화하기 위해 규율적으로 접합되며, 나아가 '지권력'의 체계를 만들어내며 '녹색 통치성(green governmentality)'을 구축하기 위한 노력이라고 해석될 수 있다(Luke, 1995; 1999). 이와 같이, 규율적 생태지식이 만들어낸 지식/권력은 궁극적으로 현대사회의 생태위기를 유도하면서 모든 것을 생태적으로 위험한 것으로 변화시킨다. 따라서 푸코에 의하면, 현재 상황에서 모든 것이 위험하기 때문에 이에 대한 저항이 필수적이다. 그러나 저항은 어떠한 도덕적 가치나 이상적 규범에 준거하는 것이 아니라, 단지 이러한 (생태적) 위험으로부터의 탈주, 즉, 자유를 얻기 위한 것이다. 저항은 물론 힘의 관계 또는 힘의 장 속에서 이루어진다. 따라서 모든 권력 관계는 전적으로 부정적인 것이 아니며, 어떤 경우 개인이나 집단에게 정체성을 부여한다는 점에서 '긍정적'이다. 푸코의 입장에서 보면 생태운동은 현대사회의 생태적 위험 속에서 자연과의 새로운 정체성을 구축하기 위한 저항운동이라고 할 수 있다.

이러한 맥락에서 다음과 같은 의문이 제기된다. 푸코에게 '윤리'는 필요한가? 만약 필요하다면 '어떤' 윤리가 필요한가'? 분명 푸코에게 윤리는 완전히 부정되지 않는다. 대신 기존의 '윤리'라는 단어는 완전히 폐기하는 것이 좋을 것 같은 용법을 가지고 있기 때문에, 푸코와 같은 학자들은 '자유의 실천' 또는 '존재의 미학(aesthetic of existence)'과 같은 용어들을 더 선호한다. 탈구조주의자들은 초역사적·보편적 인간 본질의 존재를 믿지 않으며, 따라서 윤리를 정당화시키는 인간주의적, 본질론적 또는 정초주의적(foundationalist) 프로젝트를 강하게 부정한다. 그러면 어떤 비정초주의적 윤리의 가능성은 인정될 수 있는가? 푸코는 인간 본질이라는 사고는 부정하지만, 저항, 자유, 정체성 등의 개념은 유지한다. 그에 의하면, 저항은 존재론적 또는 절대적 자유를 의미하는 것이 아니라 주어진 맥락에 근거하여 한계를 극복하고자 하는 실천적 자유이며, 이러한 자유는 권력 관계를 통해서, 그리고 권력 관계로 인해 가능하게 된다(Foucault, 1988). 이러한 자유를 통해 형성되는 정체성은 사회문화적 환경으로부터 등장하는 경계들 내, 또는 라캉(J. Lacan)이 '구조의 빈 장소'라고 부른 것에 위치하는 것으로 이해되어야 한다.

그의 후기 저작에서 푸코의 윤리는 '존재의 미학' 또는 '존재의 예술'로서 등장한다. 이는 인간 자신의 행위 법칙을 설정하고 그들 자신을 전환시키면서 그들의 생활이 심미적 가치를 가지도록 하는 의도적·자발적 행위를 의미한다(Foucault, 1984: 10~11). 푸코는 그리스시대 이후 윤리의 상이한 측면을 다음과 같이 유형화했다(Davidson, 1986; Darier, 1999). 첫째, 도덕률(moral code)로서의 도덕성. 푸코의 맥락에서 도덕성은 개인들이 규범화되는 메커니즘을 의미한다. 여기서 도덕성은 가족, 교육기관, 교회 등과 같이 다양한 처방적 기관들을 통해 개인들에게 권해진 일단의 가치와 행위 규칙을 지칭한다. 둘째, 행태(behavior)의 도덕성. 이는 권유된 규칙이나 가치와 관련하여 개인들의 실제 행태에 함의된 도덕성을 의미한다. 여기서 도덕성은 개인들이 행위의 표준으로 받아들이는 방식, 또는 이들이 외적인 도덕률에 대해 순응하거나 또는 저항하는 방식을 뜻한다. 셋째, 수행(conduct)의 도덕성. 이는 자신을 어떻게 수행해야 하는가에 관한 반성적 노력으로서의 도덕성을 말한다. 이 세 번째 도덕성 때문에 앞의 두 가지 도덕성은 무시해도 좋음을 의미하는 것이 아니라, 이들은 수행의 도덕성(즉, 반성적 존재)을 위한 조건을 제공한다.

우리는 윤리에 관한 푸코의 이러한 인식에 근거하여 푸코적 환경윤리를 유추해볼 수 있다. 먼저 어떤 행동이 환경적으로 윤리적이기 위해서는, 어떤 환경적 규칙이나 가치에 따라야 한다. 그러나 이러한 순응은 한 개인을 윤리적 주체로 만들기에 충분하지 않다. 달리 말해서 개인은 윤리적 주체로서 '자아 형성'을 이루기 위한 자각(self-awareness)이 필수적이다. 자연세계에 관한 고도의 자각에 기초한 환경윤리에 따르는 것이 중요하다. 즉, 여기서 환경윤리는 "환경 및 이와 관련된 개인의 수행을 구성하는 기존의 한계에 대한 자기 성찰·자기 지식·자기 고찰"을 의미한다(Darier, 1999: 227).[3] 이러한 생태적 자각은 생태적 저항으로 이어진다. 생태적 저항은 단순히 자연의 파괴에 반대하는 잠재적 도구로서가 아니라, 궁극적으로 인간의 자유를 위한 행위이며 '존재의 미학'을 위한 것이다. 저항은 자연과의 관계 속에서 다르게 사고할 수 있는 가능성을 실현시키고 다르게 생활할 수 있는 양식을 구축하는 것이다. 요컨대 푸코적 저항에 기초한 환경윤리는, 인간이 맺고 있는 자연과의 관계를 그렇게 이해하도록 하는 광범위한 조건에 대한 항구적 근본적 의문을 제기하고 현재와는 다르게 생각하고 실천하는 저항에 근거한 존재의 미학으로 이해될 수 있다.

이러한 푸코적 환경윤리는 심층생태학과는 달리 자연과의 새로운 정체성 형성을 추구하면서, 생태윤리적 주체의 형성과 이를 위한 생태적 자각을 강조한다. 또한 이에 기초한 생태적 저항은 오늘날 위기적 상황에 처해 있는 생태적 위험을 폭로하고 이를 극복하기 위한 생태운동을 정당

---

3) 이러한 자각은 생태적 자아의 개념으로 나아갈 수 있다. 특히 푸코의 이러한 주장은 심층생태학에서 자연과의 일체화를 통한 자아실현에 내재된 문제점(즉, '내재적 가치'를 가지는 자연과 인간이 어떻게 정체성을 느낄 수 있는가에 관한 의문)을 해결할 수 있도록 한다(3장 참조).

화시킨다. 생태적 저항은 생태적 위험으로부터의 자유를 확보하도록 하며, 궁극적으로 자연과 더불어 살아가는 사고 및 생활양식에서 차이를 인정하도록 하는 것이다. 그러나 푸코적 환경윤리에서 여전히 남는 문제들은 데카르트적 (즉, 절대적) 주체성의 문제성에 빠지지 않고 어떻게 생태적 자아를 형성할 수 있는가? 절대적 또는 외적 준거의 범주가 존재하지 않는 상황에서 어떤 저항이 어떻게 '생태적으로 긍정적'이라고 할 수 있는가? 푸코의 지식/권력의 개념에 의하면 한 행위가 생태적으로 친화적인가를 평가하는 것은 불가능하다. 왜냐하면 어제의 진정한 생태적 저항이 오늘 이에 반하는 지배적인 환경적 실행을 정당화시키는 것이 될 수도 있기 때문이다. 반면 푸코의 입장에서 보면, 생태적 친화성에 대한 평가의 준거는 결국 저항이 이루어지는 '맥락'이라고 할 수 있다. 즉, 어떤 저항이 생태적으로 긍정적인가의 여부는 단지 구체적인 맥락 속에서만 평가될 수 있다.

3. 들뢰즈의 행동학과 리좀적 자연주의

탈구조주의자들 가운데 들뢰즈는 가장 명시적으로 생태학적 주장들을 제시한다. 그의 저작들 전체는 기본적으로 생태학적 통찰력으로 이해될 수 있다. 1968년 『차이와 반복(Différence et répétition)』에서 정점을 이루는 그의 초기 연구에서부터, 자본주의와 정신분열증에 관한 저술로서 1972년에 출간된 제1권 『앙티오이디푸스(Anti-Oedipus)』와 1980년에 출간된 제2권 『천 개의 고원(Mille Plateaux)』에 관한 가타리와의 공동연구를 거쳐, 1991년 가타리와 공저한 『철학이란 무엇인가(Qu'est-ce que la philosohpie?)』에 관한 그의 마지막 저작에 이르기까지, 들뢰즈는 자연주의적 생명철학과 직간접적으로 관련된 다양한 개념이나 용어를 구사하며 자신의 입장을 정립·발전시켜 나갔다.[4] 이러한 점에서 "최근 여러 비판적 연구들이 결론적으로 제시하는 바와 같이, 생물학적 연구와 이론은 들뢰즈의 철학에서 중심적 준거점을 이룬다"고 할 수 있다(Hansen, 1999). 물론 들뢰즈의 철학은 이와 같은 생태학적 논의 속에서도, 매우 세련되고 독특한 철학적 향기를 남기고 있다.

들뢰즈는 왜 이러한 자연주의적 철학을 택했는가? 그 자신의 답변에 의하면, 자신의 저서에 등장하는 "자연주의의 기본적 이점 가운데 하나는 자연세계의 다원성을 물질적 차이의 실질적 조건 및 생성(becoming)의 과정과 결합시킨다는 점이다"(Deleuze, 1990: 261~263). 즉, 그는 "지구상에 상호연계된 삶의 차이들에 대한 인식을 고취시키고 이를 존중하는 한편 자연 속에서 인간의 장소를 강조하는 생태적 관심"을 고조시킴으로써, "생태적 다원성의 번창이라는 점에서 사회정치적 전환을 지지하는 사고와 감성의 새로운 방식을 창출"하고자 한다(Hayden, 1997: 185). 이와 같이, 한편으로 들뢰즈의 철학은 생태학적 함의들로 가득 차 있지만 다른 한편으로 이 함의들은 복잡하고 난해하게 연결되어 있기 때문에, 그의 저술들 전반에 걸쳐 나타나는 생태학적 통찰력을 완전히 제시하는 것은 극히 어려운 작업일 것이다. 따라서 이 글에서는 들뢰즈와 가타리의 생태학적 주장들을 간략히 살펴보고, 나아가 들뢰즈가 스피노자의 철학을 재구성하면서 강조한 '행동학'과 『천 개의 고원』에서 집중적으로 다루고 있는 '리좀적 자연주의'의 의의를 제시하고, 환경정의론의 관점에서 그 유의성을 드러내고자 한다.

기본적으로 들뢰즈의 생태학은 생명의 인간적 양태와 비인간적 양태의 다양한 상호연계를 조명하는 스피노자적 자연주의를 촉구하면서,[5] 윤리

---

4) 들뢰즈의 철학에 관한 개관으로는 이정우(1996), 전태원(2000), Bogue(1989) 참조.

5) 스피노자의 철학에서 자연 및 환경윤리에 관한 연구로 Lloyd(1980; 1994) 및 Collins (1984) 등 참조.

적·정치적 고려와 생태적 관심을 결합시킬 수 있는 철학적 근거를 제공하고자 한다(7장 참조).[6] 이러한 그의 생태학은, 예로 심층생태학자들이 추구하는 바와 같이 절대적·정적·형이상학적인 가치로 자연을 전환시키고자 하는 환원주의적 성향과는 정반대된다. 들뢰즈는 인간적인 것과 비인간적인 것의 상호작용을 강조하기 위하여 스피노자의 '내재성의 평면(plan d'immanence)'이라는 개념을 도입하여 이들 간의 차이와 관련성에 대한 논의를 전개하는 한편, 보다 직접적으로 환경과 관련된 주제들을 다루고 있다. 예로 그는 '지(地)철학(geo-philosophy)'을 도입하면서(Deleuze and Gauattari, 1991: 4장 참조), 그리스어인 'oikos'(거주공간)와 관련된 의미들 가운데 하나인 'milieu'(환경)라는 용어를 사용한다. 여기서 환경은 지구(자연 또는 생태계)를 구성하는 요인·성분·에너지원·유기체의 상호작용에 포함되어 있는 모든 것과 관련된 단어로 이해된다. 생명체와 그 환경의 상호연관성을 고려하기 위해 생태학을 취함으로써, 환경은 위치, 서식지 또는 생태적 상호작용과 만남의 매체가 된다. 완전한 환경은 여러 세부환경(기후, 지리, 인구, 토양, 미생물 등)의 관련적 상호작용으로 구성되며, 절대적이라기보다는 상대적인 균형상태를 유지한다. 왜냐하면 환경은 유연한 경계와 변경가능한 관련성에 기초하여, 그 결과로 세부환경이 영향을 받을 수 있는 전환에 개방적이기 때문이다(Hayden, 1997: 186). 이러한 들뢰즈의 생태학은 스피노자의 철학에서 도입한 '행동학' 그리고 현대 생물학의 이해를 통해 제시된 '리좀적 자연주의' 등을 통해 매우 복잡하지만 구체적인 내용을 갖추게 된다.

가타리도 기본적으로 들뢰즈와 공통된 생태학적 사고를 하지만, 그는

---

6) 또한 들뢰즈는 자연을 신성한 목적성, 정적 본질, 초월적인 도덕적 이상의 자리로 해석하는 것을 배제하는 자연의 탈신격화를 요청하는 니체를 따른다. 니체의 환경윤리 및 환경정의론적 관점에서의 이해를 위해 Hallman(1991) 참조.

1989년 독자적으로 『세 가지 생태학(Les trois ecologies)』이라는 소책자를 발간할 정도로 생태학에 관심을 가졌다. 그는 세 가지로 구분되는 그러나 상호 연계된 생태학의 맥락 내에 위치 지어진 일련의 비판적이고 창조적인 '생태적 실천들'을 제시한다. 여기서 세 가지 생태학이란 사회생태학, 환경생태학, 정신생태학(mental ecology)을 말하며, 이 세가지는 각각 사회적 관계, 자연환경, 인간 주관성의 '생태적 기록부(register)'에 상응한다. 환경은 여러 가지 중첩되는 정신적, 사회적, 생태적 기록부의 바깥에서는 생각될 수 없다. 그리고 이들을 동시에 취하게 되면 세 가지 기록부는 환경적 탈평형상태, 사회적 존재의 점진적 퇴락, 생각과 행태의 경직된 표준화에 결합된 효과에 의해 지구상의 생명에게 노출된 위험들을 논의할 수 있는 '윤리적-정치적 접합'을 요청하게 된다(Guattari, 1989: 11~12). 가타리는 문화와 자연이 서로 분리될 수 없다는 관점을 가지고, 자연과 문화에 관한 우리의 구성 틀을 형성하는 정신적 생태학을 강조하기도 한다. 이러한 점에서 가타리는 새로운 생태적 주체성의 통찰력을 보여주고 있다. 그는 내재적이고 항상적으로 생성의 상태에 있는 생태-주체성을 고안한다. 생태-주체성은 영토 속에서, 즉, 시간과 공간의 주체적 경험 속에서 전개되며, 이에 의한 탈영토화와 재영토화는 세 가지 기록부로 구성되는 일반적 생태철학의 노선을 따라 가능해진다. 요컨대 가타리의 생태학은 "거주의 예술, 정신적·물리적 공간의 점유의 예술, 영토의 지도그리기의 예술"로 정의된다(Hayden, 1997: 202).

이러한 들뢰즈와 가타리의 생태학적 사고가 구체적으로 표현되는 다양한 논제 가운데 대표적인 것으로 '행동학'과 '리좀적 자연주의'를 들 수 있다. 행동학은 "들뢰즈의 철학에서 가장 독창적인 기여 가운데 하나로 꼽히는" 주제로서, 원래 동물의 행동을 고찰하고 기술하는 동물학의 일부였다(전태원, 2000). 들뢰즈는 윤리학과 (동물)행동학이 모두 에토스(ethos)라는 그리스어 어원에서 유래한다는 점에 착안하여 동물행동학을 인간의 행동과 동물의 행동, 나아가 존재자 일반의 활동을 대상으로 하는 일반 행동학으로 확장시키고, 이에 기초하여 윤리의 문제들을 새롭게 제기한다. 들뢰즈가 이와 같이 행동학에 관심을 가지는 것은 초월성의 철학, 특히 데카르트적 이원론을 극복하고 '일의성의 존재론'을 정립하기 위한 노력의 결과라고 할 수 있다. 즉, 행동학은 일의성(univocite)의 존재론적 특징으로, 첫째, 모든 존재자의 존재론적·형식적 동등성, 둘째, 모든 존재자의 내재적 역량을 통한 독자적 실존을 함의한다. 이러한 내재적 '존재 역량'은 인간과 동물, 생물과 무생물, 주체와 객체, 내부와 외부 사이에 설정되어 있는 범주적 간극을 무효화하거나 적어도 부차적인 것으로 격하시킨다.

이와 같은 들뢰즈의 행동학을 위한 기반을 제공하는 것은 스피노자의 철학이다. 스피노자의 사상에서, 자연은 신의 등가자로서 힘의 무한한 전체이면서 또한 표현적이며 비목적론적인 '차이의 평등(equality of difference)'으로 이해된다(Hayden, 1997). 특히 『스피노자의 철학(Spinoza Philosophie Pratique)』(Deleuza, 박기순 역, 1999, 이하 SPP로 표기함)에서 들뢰즈의 해석에 의하면, 스피노자의 철학에서 인간을 포함한 모든 자연적 존재는 두 가지 측면, 즉, 관계의 측면과 역량의 측면에 따라 구성된다.[7] 즉, "행동학, 이것은 무엇보다도 각 사물을 특징짓는 빠름과 느림의 관계들과, 변용시키고 변용하는 능력들에 대한 연구이다"(SPP: 186). 한편으로 관계적 측면에서, 모든 존재자는 운동과 정지, 빠름과 느림의 특정한 관계를 통해 자연세계 속에서 하나의 개체로 구성되며, 이 관계가 유지되는 한 하나의 개체는 계속해서 그 개체로 존재할 수 있다. 다른

7) 들뢰즈는 빠름과 느림의 관계, 변용과 정서의 관계 각각을 동학적(cinétique) 측면과 역학적(dynamique) 측면이라고 부르기도 하고, 지리학의 용어를 빌려서 경도와 위도 (또는 세로와 가로)라고 부르기도 한다(SPP: 189).

한편으로 역량의 측면에서, 모든 존재자는 실체의 무한한 역량을 분점함으로써 자신의 내재적 역량을 가지고, 이 역량은 다른 존재자들에 의해 변용되고 또한 다른 존재자들을 변용시킬 수 있는 능력 속에서 표현된다. 이러한 점에서, 스피노자의 행동학을 해석하며 들뢰즈는 다음과 같은 예를 제시한다.

> 예를 들면, 한 동물이 주어질 때, 이 동물은 무한한 세계 속에서 어떤 것에 무관한지, 어떤 것에는 긍정적으로 또는 부정적으로 반응하는지, 어떤 것들이 그것의 영양물들인지, 어떤 것들이 그것에 독이 되는지, 그것은 그의 세계 속에서 무엇을 취하는 과정에서의 관계들과 능력들에 의해서 결정된다. 모든 점은 그 대칭점을 갖는다: 식물과 비, 거미와 파리, 따라서 한 동물, 한 사물은 그것이 세계와 맺는 관계들과 분리될 수 없다(SPP: 186).

이와 같이 스피노자와 들뢰즈의 행동학에서 자연 속의 이러저러한 개체들은 신진대사의 빠름과 느림(또한 작용과 반작용의 느림과 빠름) 그리고 상호 변용되고 변용하는 능력에 의해 구성된다. 이러한 행동학은 한 개체와 환경의 관계를 내적·외적 관계의 선택과 투사로 이해한다. "내부는 단지 선택된 외부일 뿐이며, 외부는 투사된 내부일 뿐이다"(SPP: 186). 또한 행동학은 상이한 사물들 사이에서 일어나는 관계와 능력의 결합, 즉, 존재자들의 '공생성'을 연구한다(SPP: 187). 즉, 모든 존재자는 자신에게 이로운 존재자와 마주칠 수도 있고, 자신에게 해로운 존재자와 마주칠 수도 있다. 자신에게 이로운 존재자에 의해 변용될 경우 각 존재자는 긍정적으로 존재 역량의 증대를 획득하고 나아가 개체로서 자신의 본성을 발전시킬 수 있게 된다. 그러나 후자의 경우, 각 존재자는 부정적으로 존재 역량의 감소를 경험하고 심할 경우 자신의 본성이 파괴되어 그 존재가 해체될 수도 있다. 이와 같이 들뢰즈는 "인간적·비인간적 생명체들의 비이원론적 연속성과 그들의 복합적인 공생적 상호관련성을 강조하기 위하여" 스피노자의 행동학을 독창적으로 해석한다(Hayden, 1997: 194).

들뢰즈가 스피노자의 철학으로부터 창출한 이러한 행동학은 전통적인 생물학적 범주 구분을 해체하면서 (생태)윤리학에 새로운 개념, 즉, 내적 차이에 근거한 '내재성의 윤리'를 도입한다는 점에서 매우 중요한 의미를 가진다. 행동학의 관점에서 보면 각 개체들은 단순히 형태적·기관적 차이가 아니라 내적·구조적 차이를 표현한다. 따라서 생물학적 기관이나 발생론적 계통을 기준으로 하는 전통적 분류는 존재자의 분류와 평가에 중요하지 않게 된다. 예로 행동학의 관점에서 보면, 수레를 끄는 말은 경주용 말보다는 수레를 끄는 소와 더 가까운 것으로 간주된다(SPP: 184). 왜냐하면 들뢰즈에게 중요한 것은 각 존재자의 기관의 기능이나 이의 조직방식이 아니라, 각 존재자의 존재 역량 그리고 존재자 상호 간에 미치는 변용능력이기 때문이다. 또한 들뢰즈의 행동학은 윤리의 관점에서 선·악이라는 도덕적 가치나 더 나아가 일체의 초월(론)적인 도덕적 판단기준에 대한 문제를 무효화한다. 즉, 들뢰즈는 스피노자와 니체에 따라 도덕적 가치의 문제를 좋음과 나쁨이라는 내재적 역량의 문제로 전환시킨다. 특히 내재성의 윤리는 존재역량을 강화시키는 정서(예를 들어 슬픔보다는 기쁨)를 더 가치 있고 좋은 것으로 평가한다. 나아가 내재성의 윤리는 새로운 실존 양식을 어떻게 창출할 수 있는가의 문제에 관심을 가지며, 사회적 조건의 변혁과 새로운 존재양식의 창출을 위한 정치적 실천과 긴밀하게 연계된다.

이와 같은 행동학은 들뢰즈와 가타리가 공저한 대표적 역작, 『천개의 고원』(A Thousand Plateaus, 1987: 이하 TP로 표기함)에서 '리좀적 자연주의'로 확대·발전한다. 그들은 리좀적 자연주의에 대한 보다 구체적이고 비유적인 생태학적 용어들을 구사하면서, 특히 내재성의 윤리에 기초한 사회적 조건의 변혁을 위한 정치적 실천의 구체적 양식을 보여주고 있다. 들뢰즈와 가타리에 의하면, 기존 이분법의 이항적 논리를 극복하고자 했던 노력들은 어떤 통일성을 찾기 위하여 노력했지만, "다양성을 파악하는 데에 주축적(pivotante) 뿌리가 이분법적 뿌리보다 더 낫다고 할 수 없는" 것처럼 이들의 노력도 "결코 다양성을 이해하지 못했다"(TP: 5). 들뢰즈는 이러한 노력과는 다른 관점에서 이항적 논리에 기초한 수목모형(arbolic model)을 극복하기 위하여, 그리고 오늘날 "세계는 중심축을 잃어버렸고, 주체는 더 이상 이분법을 만들 수조차 없는 상황에서"(TP: 6) 끊임없이 증식되고 있는 상황을 표현하기 위하여 리좀 모형(rhizome model)을 제시한다. 리좀이란 원래 식물학 용어로 줄기가 변태하여 생긴 땅속줄기[根莖]를 의미한다. 수목조직은 중심줄기가 점차 작은 가지로 분기하여 뻗는 계통적 구조를 지니는 반면, 리좀조직은 중심을 갖지 않는 이질적인 선들이 상호교차하고 다양한 흐름과 다양한 방향으로 복수의 선분을 만들면서 사방팔방으로 뻗쳐 나가며 망사구조를 이룬다.

들뢰즈에 의하면 이러한 리좀적 형태가 가지는 특징적 원리는 다음과 같다. 첫 번째 원리는 접속(connection)이며, 두 번째 원리는 이질성(heterogeneity)이다. 점과 질서를 고정시키는 나무나 뿌리와 달리, "리좀 내 어떤 점도 다른 점과 접속될 수 있으며, 접속되어야 한다"(TP: 6). 이질적인 코드화 양식에 따라 집합적으로 끊임없이 이루어지는 접속은 "권위주의적 통일이 아니라 욕망기계들의 무한한 꿈틀거림"이다. 달리 말해, 리좀은 "부분 운동들을 정리하거나 총체화하는 문제가 아니라, 이것들을 함께 하나의 구도로 접속시키는 문제"(TP: 6)이다. 세 번째 원리는 다양성(또는 복수성, multiplicity)이다. 수목형의 사이비 다양성과는 달리, 리좀의 다양성은 이른바 '신경섬유의 다양성'으로, 그 차원은 "그 위에 수립되는 접속의 수에 따라 증가"한다. "다양체(복수성)는 그들이 모든 차원을 차지하고 채우는 한 평면적"이라는 점에서, '일의성의 평면'이다(TP: 9). 일의성의 평면에서 다양성이 다른 것들과 접속함으로써 그 성질을 변화시키며, 따라서 리좀은 '탈주의 선(line of flight)' 내지 탈영토화의 선에 의해 정의된다.

네 번째 원리는 비기표적 단절(asignified rupture)이다. 이는 "리좀은 어떤 지점에서 깨지고 부서질 수 있지만"(단절의 발생), "이러저러한 선들을 따라 또 다른 선들을 따라 재생"함을 의미한다(TP: 9). 예로, 개미떼는 "끊임없이 재생되면서만 그 다수가 파괴되는 동물적 리좀을 형성하기 때문에" 근절되지 않는다. 들뢰즈가 제시한 또 다른 잘 알려진 사례로, 말벌과 오르키데(orchidée, 난초의 일종)는 공생적 관계를 통해 리좀을 만든다. 다섯째와 여섯째의 원리는 지도제작술(cartographie)과 복사술(複寫術, décalcomanie)이다. 수목모형에서 발생적 축이나 심층구조를 통해 무한히 재생되는 것은 위계구조의 논리와 모상(模像, tracing, calque)의 원리에 따른 것이다. 리좀은 "모상이 아닌 지도(map, carte)다. …… 지도는 그 자체로 리좀의 부분이다. 지도는 열려 있고 모든 차원들과 접속될 수 있으며, 분해할 수 있고 거꾸로 뒤집을 수도 있으며, 끊임없는 변용의 수용에 민감할 수 있다"(TP: 12).[8] 예로, 오르키데는 말벌의 모상을 재생산하는 것이 아니라, 리좀의 한가운데서 말벌과 함께 지도를 만든다. 모상이 언제나 같은 것(통일적·동일적·위계적·중심적인 것)으로 다시 돌아오는 반면, 지도는 '다수의 입구'로 들어가는 실험을 향해 있다.

푸코가 '언젠가는 들뢰즈의 세기가 올 것'이라고 천명한 바와 같이, 이러한 들뢰즈의 행동학과 리좀적 자연주의는 강력한 이론적·현실적 함의를 가진다. 우선 이론적 함의로서, 스피노자적 행동학과 리좀적 자연

8) 하비(Harvey, 2000)가 제시한 '지도적 정체성(cartographical identity)'은 이 원칙과 어떤 의미에서 상응하는 것처럼 보인다.

주의를 통해 들뢰즈는 서구 사상에서 데카르트 이후 초월주의 전통뿐만 아니라 헤겔 이후의 변증법적 전통을 극복할 수 있는 사유 방식을 제공하고 있다.[9] 들뢰즈의 행동학은 형이상학적인 정초주의의 기반 또는 정적인 이분법적 대립 없이 인간적인 것과 비인간적인 것의 상호관계를 설정하고자 한다. 그뿐만 아니라 그의 리좀적 자연주의는 이분법적 대립항으로 설정되는 전통적 서구 철학의 내재적 한계를 벗어나, 이질성의 접속을 통한 복수성과 공생에 관한 사고를 할 수 있도록 한다. 이러한 들뢰즈의 자연주의는 이항적 결합에 의한 재생산을 강조하는 '변증법적 자연주의'를 반대하고 차이를 통한 자기증식으로서의 생성(becoming)을 강조하도록 한다(Jones, 1999; Joff, 1999).

실천적 함의로서 들뢰즈의 행동학과 리좀적 자연주의는, 인간을 포함하여 모든 생명체의 존재역량을 감소시키는 사회적 조건에 대해 능동적으로 대처하여 이를 변화시키고, 새로운 실존양식의 창출을 추구하도록 한다. 그의 행동학에 의하면 모든 존재자는 자신의 존재역량이 증대되는 원인이나 조건을 적합하게 인식하고 이를 스스로 통제함으로써 초월적 권력의 목적과 이해관계에 따라 개체의 역량이 좌우되는 일을 막을 수 있다. 들뢰즈에 의하면 이러한 존재역량의 증대를 위한 구체적 방안은 리좀조직을 통한 저항으로 제시된다. 그가 제시한 바와 같이 리좀조직에서 접속은 이질적인 벡터들의 결합을 통한 '집단적 단수화' 과정이며, 이러한 이질적 접속의 기획은 저항의 새로운 국면을 설정할 수 있게 한다. 리좀은 "기호적인 고리와 권력의 조직 및 상황 등을 예술, 과학, 사회적 투쟁들과의 관계

9) 들뢰즈에 의하면, 서구 사상에서 초월성의 철학은 데카르트와 그 이전의 플라톤의 동일성의 철학, 그리고 헤겔의 부정성의 철학에 공통적으로 내재되어 있다. 이 두 가지 사조는 실제 그가 초월성의 구도(plan de transcendance)라고 부르는 하나의 뿌리에 연유한 것으로 간주된다. 초월성의 구도란 근거와 근거 지어지는 것들의 존재론적 분리를 상정한다(전태원, 2000).

속에서 끊임없이 접속"시키는 정치적 저항을 가능하게 한다(TP: 7).

이와 같은 들뢰즈의 행동학과 리좀적 자연주의는 예로 심층생태학, 특히 생물평등주의 및 자아실현을 강조하는 네스의 생태철학과 상당한 유사성을 가지지만, 동시에 더 많은 상이성을 가진다(Hayden, 1997). 특히 이들은 자신의 자연주의적 사고를 위한 준거로서 스피노자의 철학을 공유하고 있다(Naess, 1977). 즉, 스피노자적 전통 속에서 네스가 '다양성과 공생'의 원칙과 '복잡성'의 원칙 등을 제시하면서, 이들이 자연의 근원적인 '잠재력'이며 이러한 잠재력의 실현은 다원적이며, 이는 질적으로 상이해야 한다고 주장할 때(Naess, 1973; 1989), 그는 들뢰즈와 매우 유사한 언어를 사용한다. 그러나 네스는 이러한 다양성·공생·복잡성은 그 자체로서 의미를 가지기보다는 포괄적인 자연과의 일체화, 즉 자아실현을 통해서만 그 유용성이 인정된다고 주장한다(Naess, 1989: 200~202). 이러한 네스의 주장은 '대우주를 반영하는 소우주', 즉, 자아실현을 통해 '최상의 전체'를 반영하는 각 자연적 개체라는 사고에 근거를 둔다(3장 참조). 이 사고는 스피노자로부터 물려받은 것이지만 일의성의 평면에서 추구되는 '내재성의 윤리'라는 들뢰즈의 개념과는 상이하다. 네스의 이러한 사고는 차이에 대한 부적절한 이해로 이어진다.

네스는 만약 일체화의 강력한 (즉, 영성적인) 계기가 주어지지 않을 경우, 단지 부정적 무차별성만 남는다는 의미에서 '무차이(indifference)'를 가정한다(Naess, 1989: 174). 다른 한편 네스는 자아실현을 통해 개인적 자아와 자연의 대자아는 동일성의 거울에서 서로를 반영하는 것으로 이해하고 차이를 부정하기도 한다. 달리 말해서, 네스는 탈구조주의자들이 강력히 강조하는 구조적 '차이'의 개념을 적절히 이해하지 못하고, '차이'가 단지 생물중심적 평등에 관한 인지를 방해할 수 있다고 생각한다. 다양성, 공생, 복잡성, 차이 등에 관한 네스의 개념화가 안고 있는 이러한 문제점들 때문에, 심층생태학은 자연을 대자아로 절대화시키고

자연과의 일체화를 강조하게 됨에 따라 자연의 내재적 가치, 나아가 '자연으로의 회귀'를 강조하는 자연 정초주의 또는 자연 신비주의에 공개적으로 집착하게 되는 한계를 드러낸다. 들뢰즈 또는 보다 포괄적으로 탈구조주의의 관점에서 보면, 이러한 심층생태학의 위험스러운 주장들은 대안적 담론과 실천의 창출을 제한할 가능성이 있는 것으로 우려된다. 끝으로 심층생태학은 이러한 자연 신비주의에 호소하면서, 인류중심주의를 부정하면 할수록 생태위기를 유발하는 현실 사회에 대한 비판과 현실 참여 정치를 위한 함의들로부터 점점 더 멀어지게 된다.

4. 차이와 공생으로서의 환경정의

앞의 주장에서 함의된 바와 같이, 심층생태학의 네스와 탈구조주의의 들뢰즈는 수많은 철학적 준거들 가운데에서도 공통되게 스피노자로부터 상당한 영향을 받았으며, 이에 따라 다원성과 공생, 복수성 등에 관한 원칙 등은 양자 모두의 이론에서 핵심적 위치를 차지하게 되었다. 그러나 심층생태학은 '차이'의 의미를 무시함으로써 대자아(Self) 또는 대자연(Nature)을 가정하고 때로 자연을 초월적 존재로 신비화시키면서 자연과의 일체성은 자아실현과 동일하다고 주장하는 한편, 논리적·정치적으로 현실 사회의 생태운동으로부터 점차 멀어지게 되었다. 반면 들뢰즈의 행동학과 리좀적 자연주의는 이질성, 다원성(복수성), 공생 등의 개념을 차이와 연관시켜 이해함으로써 초월성의 철학을 극복할 뿐만 아니라 자본주의의 정신분열적 문화를 비판하고 리좀적 전략에 기초한 생태정치를 강조할 수 있었다.

만약 이러한 해석이 옳다면, '차이'의 개념을 좀 더 면밀히 살펴볼 필요가 있다. 달리 말해서 우리는 들뢰즈의 자연주의 철학처럼, 차이와 공생을 통한 끝없는 생성적 과정으로서의 자연에 대한 존재론적 탐구에 기초함으로써, 생태학을 심층생태학처럼 자연을 신비화하거나 또는 인간을 '탈정치화'시키지 않고, 생태·환경윤리 또는 보다 좁게는 환경정의의 관점에서 생태위기를 극복하고 생태적으로 존재역량을 극대화시킬 수 있는 사회로 나아갈 전망을 모색해보아야 할 것이다.

물론 정의의 개념 또는 이의 변형이라고 할 수 있는 '환경정의'의 개념은 어떤 의미에서 서구 사회의 근대성에 기초하여 형성된 것이며, 보편적 윤리를 지향하거나 그 자체로서 보편적 도덕성을 강조하기 위한 것이라고 할 수 있다. 특히 환경정의 또는 보다 일반적으로 '정의'의 개념은 다양한 철학적 전통 속에서 각기 다른 내용들로 구성되어 있으며, 현실의 상황을 판단하는 데 각자 다른 기준이나 원칙을 제시하고 있다(Harvey, 1996; 최병두, 1998). 이러한 점에서 (환경)정의, 나아가 보편적 생태윤리의 추구는 반근대성의 관점에 있는 탈구조주의자들에 의해 비판되거나 부정될 수 있다. 특히 탈구조주의자들은 모든 담론적 지식이 권력과 연계되어 있으며, 보편적 윤리를 주장하는 도덕성은 그 자체로서 권력의 구조라고 비판한다. 그러나 문제는 생태담론 또는 환경윤리에 대한 분석에서 어떤 종류의 기준이나 원칙 없이는 그러한 비판이 이루어질 수 없다는 점이다.

이러한 점에서 우리는 '차이'의 개념이 푸코나 들뢰즈와 같은 탈구조주의자들의 비평 기준이 된다는 점을 이해할 수 있다. 즉, 로와 그리슨(Low and Gleeson, 1998: 38)이 주장한 바와 같이, "그들이 암묵적으로 또는 보다 명시적으로 제시하는 가치의 준거들 가운데 하나는 '차이'이다. 차이의 인정은 초월성의 끝 또는 사회적 무기력화로 나아가는 것이 아니라, 갈등의 해소와 행위의 규제를 위하여 우리 인간성에 대한 적절한 규칙을 더 훌륭하게 탐구하도록 하는 것이다. 상이한 문화적 규범의 다원성의 인정은 실제 보편적 원칙으로 되돌아가는 길을 제공하는 문화들 사이의 대화를 촉진한다. 특이성과 판단의 맥락의 중요성에 대한 재평가는 보편성 및 [환경]정의의 중요성의 축소로 이어질 필요가 없다".

이러한 주장의 연장선상에서, 우리는 차이의 개념과 더불어 공생의 개념으로 포스트모던 환경정의론, 나아가 환경정의론 일반을 정립할 수 있는 통찰력을 얻고자 한다. 앞서 언급한 바와 같이, 들뢰즈를 제외한 다른 대표적 탈구조주의자들은 생태학 또는 보다 좁게 환경정의에 관해 직접 논의하지 않았다고 할지라도, 이를 위해 많은 시사점을 제공하고 있다. 또한 실제 탈구조주의 또는 보다 포괄적으로 포스트모던 입장, 특히 생태담론의 분석을 통해 생태학에 적용될 수 있는 정의론이 제시되기도 했다. 우리는 포스트모던 입장에서 '생물지역적' 맥락으로 '차이'를 이론화하고자 한 체니(Cheney, 1989, 1990, 1994)와 이에 대한 비평가들(Frodeman, 1992; Smith, 1993)의 논쟁을 살펴본 후, 들뢰즈의 저작들에서 제시된 공생과 차이의 개념을 환경정의의 관점에서 재해석하고자 한다.

1) 포스트모던 환경정의와 생물지역주의

체니(J. Cheny)의 연구는 포스트모던 입장(특히 데리다와 푸코의 입장)에서 자연에 관한 담론을 유형화하고 또한 맥락적 차이를 강조하고자 하는 시도로 요약된다. 체니는 포스트모던 및 페미니스트 관점에서 근본환경론, 특히 심층생태학을 고찰한다. 그는 근본환경론에 대해 기본적으로 공감하지만, 심층생태학이 타자성의 극복에 관한 논의에서 '형이상학적 틀'에 의존한다고 비판한다. 즉, 차이의 존중(대안적 관점과 생활양식의 상이성에 관한 승인)에 기초하는 페미니스트들의 주장과는 달리(Cheney, 1990, 1994), 심층생태학은 다양성과 복수성을 인정하지만 이에 함의된 차이를 적절히 이론화하지 못함으로써 총체화의 담론에 빠지게 되었다는 것이다. 체니에 의하면 총체화(totalizing) 담론이란 특정한 장소 및 맥락에서 괴리되어 추상화된 이론의 형태를 취하고, 보편화되어 비맥락적이며, 내적으로 자율적인 논리와 문법을 보유한다. 오늘날 환경위기는 이러한 총체화 담론 및 이를 발달시킨 사회와 밀접하게 관련된다(Cheney, 1989: 122). 보다 일반적으로 총체화 담론은 차이를 인지한다고 할지라도, 이 차이(또는 불평등)는 어떤 보편적 또는 추상적 기준이나 원칙에 호소함으로써 해결될 수 있다고 주장한다. 체니는 심층생태학이 실패한(또는 단지 부분적으로 달성한) '차이의 이론화'를 위하여 비(非)총체화 또는 반(反)총체화 담론이 필요하다고 주장한다.

체니는 이러한 총체화 담론에 반대하여 신화적 담론 및 이에 부수되는 몇 가지 개념들을 제시한다. 그에 의하면, 신화적 서사들은 추상적 이론에 대해 '우선적'인 대안이 된다. 왜냐하면 이들은 특정한 맥락을 반영하며 이와 연계되어 있기 때문이다. 즉, 어떤 생태윤리적 가치의 결정은 맥락 또는 '장소'라는 기준에 의해 결정된다. 이러한 기준이 적용될 수 있는 사례로서, 근대사회의 식민지 문화에서 외래의 지배언어(총체화 담론)와 이것이 명령하는 실천은 원주민과 그 자연환경의 미묘한 균형을 파괴했다는 사실을 들 수 있다. 이러한 점에서 역외에서 도입되어 특정 장소에 뿌리를 내리지 못하는 총체화 담론과는 달리, 신화적 담론은 장소 또는 특정한 자연적 지역에 근거를 둔다. 즉, "우리의 위상, 우리의 입지는 우리 삶의 지리에 근거하기를 통해 달성된 비근본적 서사와의 관계에서 이해"되며, 이러한 점에서 그는 "생물지역(bioregion)은 서사를 근거짓는 한 방법을 제공한다"고 주장한다(Cheney, 1989: 126, 128).[10] 이러한 신화적 담론의 근거가 되는 장소 또는 생물지역은 차이에 대한 존중으로 연계된다. 오늘날의 문화와 자연에 만연한 '지배의 논리'는 '타자로의 타자(the other as Other)'에 관한 관심의 부족을 드러낸다(Cheney, 1990: 6). 체니는 정당한 필요와 주장의 억압 또는 타협에 대한 어떤 압박 없이

10) 생물지역주의에 관하여는 문순홍(1999), McTaggart(1993) 참조.

차이가 존재할 수 있도록 타자성을 존중할 필요를 강조한다.

이러한 체니의 주장들은 총체화 담론을 부정하고 현실의 맥락에서 차이를 이론화하고자 한다는 점에서 의의를 가진다. 체니(Cheney, 1989: 120)는 심층생태학을 포함하여 근본환경론이 오늘날 생태위기라는 "새로운 상황을 '적시하는 데' 기여하기, 즉, 이 상황에 경험적·도덕적으로 일관성을 부여하기보다는, '현재적' 억압의 메커니즘으로 작동할 수 있는 위험"을 안고 있다고 지적한다. 물론 이러한 지적에 반대하여, 어떤 이론이 억압적 또는 비억압적 틀에 기초하는가를 구분하는 문제는 인식론적이라기보다는 정치적이라고 주장할 수 있다(Frodeman, 1992). 그러나 특정 담론은 정치적 함의를 가진 기준에 따라 억압적(즉, 비생태적)인가 또는 비억압적(즉, 생태적)인가를 구분할 수 있을 것이다 이러한 점에서, 억압적인 개념의 틀과 비억압적인 개념의 틀을 구분한 워런(Warren, 1990, 1994)의 주장을 원용하여, 심층생태학적 환경정의론의 한계를 지적할 수 있다.[11] 즉, 워런은 억압적인 개념의 틀을 성격짓는 세 가지 양상들로서, ① 위에 있는 것이 아래에 있는 것 보다 더 높은 가치를 가진다는 '가치-계층적 사고', ② 보완적이고 내포적이 아니라 대립적이고 배타적인 '가치 이원론', ③ 종속의 정당화를 유도하는 주장의 구조를 가진 '지배의 논리' 등을 제시한다. 심층생태학이 비록 명시적으로 종속을 정당화시키는 지배의 논리는 아니라고 할지라도, 분명 인류중심주의에 대립하는 생태중심주의라는 점에서 '가치이원론'이며, 소자아에 비해 대자아(자연)에 더 높은 가치를 부여하는 '가치-계층적 사고'에 빠져 있다고 할 수 있다.

11) 일반적으로 포스트모더니즘은 정의의 개념을 부정하지만, 특정하게 억압(예로, 가부장적 억압)의 극복을 위하여 차이를 강조하는 포스트모던 정의이론으로는 Young(1990) 참조. 또한 Patton(1995) 참조.

또한 체니는 차이와 타자성에 대한 존중을 강조할 뿐만 아니라, 이의 윤리적 준거로서 장소 또는 맥락성이라는 기준을 제시한다. 그의 견해에 의하면, 각 집단의 역사와 세계의 각 장소는 독특하며, 그들의 관점은 모든 타자와 동일하게 측정될 수 없다. 따라서 우리는 타협에 대한 어떠한 압력 없이 차이가 존재하도록 함으로써, 각 실체는 그 자신의 개별적 존재를 가장 잘 표현하는 방법을 개발하도록 완전한 여지를 부여받게 된다.12) 나아가 체니는 환경윤리를 위한 기초로서 생물지역적 서사를 강조하면서, 환경정의는 자연적 지역으로서 장소와 관련된다는 점을 강조한다. 그에 따르면, "생물지역은 자아의 사고를 본질화시키지 않더라도 서사를 근거지을 수 있는 방법을 제공한다. … 생물지역주의는 가부장적 문화의 다양한 '근거 지음'에 전형적인 본질화와 총체화 없이 자아와 공동체의 구축을 근거 지을 수 있다"(Cheney, 1989: 132~134). 이러한 생물지역적 서사의 발달은 들뢰즈의 리좀적 자연주의만큼 풍부한 함의를 가진다고 할 수는 없지만, 포스트모던 세계의 파편화 문제에 대한 한 해법으로 이해될 수 있다.

그러나 이러한 체니의 주장들에서 몇 가지 주요한 문제가 지적될 수 있다. 첫째, '차이'를 존중하고 '모든 형태의 억압을 종결짓기' 위해 반총체성 담론으로서의 신화적 담론이 제안된다. 이러한 신화적 담론은 탈맥락화(들뢰즈의 용어로는 탈영토화)되어 추상화된 담론을 재맥락화(재영토화)시킨다는 점에서 의의를 가지지만, 맥락성으로의 회귀에 관한 유토피아적 견해와 관련된다는 비판도 존재한다. 즉, "이 견해는 원시적 감정

12) 이러한 견해는 다문화주의론자들과 일정한 연관성을 가진다. 즉 후자에 의하면, 상이한 문화와 관점은 평등한 유의성을 가지며, 타자의 문화와 관점에서 상호 승인함으로써 자유롭게 된다. 이러한 다문화주의는 흔히 상대주의를 의미한다는 점에서 비판되기도 하지만, 문화와 지식의 맥락적 접근을 강조한다는 점에서 그 의의를 가진다.

에의 순응이 [근대성에 의해] 합리적으로 부여된 구조에 대한 해독제라는 의미에서 낭만주의적 관점을 공유한다"고 비판될 수 있다(Smith, 1993: 9). 맥락성(또는 장소성)으로의 회귀는 또 다른 의미에서 자연(원시성, 즉 순수성)으로의 회귀이다. 다른 한편 신화적 서사에 관한 체니(Cheney, 1989)의 옹호는 '시원적(primordial)' 언어와 '타락한(fallen)' 언어를 구분한 하이데거에 의존하지만, '존재의 기원(또는 집)'으로서 언어라는 하이데거의 개념화는 언어의 순수성 또는 근본성에 대한 지나친 기대라는 점에서 비판될 수 있다.

둘째, 환경정의를 위한 기준으로 맥락과 장소가 강조되고, 나아가 진정한 생태적 담론으로서 생물지역적 서사가 제시된다. 장소에 근거한 경험과 이에 기초한 생물지역적 서사는 담론구성의 인식론적 관점에서는 정당성을 가진다. 참된 생태적 담론은 "[장소적] 경험에서 성장하여 이를 접합시킬 수 있는 언어, 즉, 자아와 세계를 중재하면서 그들의 상호 교입, 양자의 지식 — 평가와 예시로 충만한 지식 — 을 담지하는 언어"로 이루어진다(Cheney, 1989: 132). 그러나 현실적으로 (또는 정치적으로) 문제는 어떤 담론의 진정성 또는 위험성은 총체성 (또는 추상성) 담론인가의 여부보다는 이의 비맥락적 응용에 있다고 할 수 있다. 체니도 사실 이 점을 인정한다. "총체화 담론의 가능성은 개념과 이론이 그들의 패러다임 배경으로부터 추상화되어 다른 곳에 응용될 수 있다는 사실에서 발생한다"(Cheney, 1989: 126). 즉, 생물지역적으로 장소에 뿌리를 둔 언어가 생태적으로 더 유의하다고 주장하기 위해서는 지역주민들과 그 지역 생태계의 공생적 관계 속에서 이루어진 경험과 합의가 전제된다. 달리 말해서, 환경정의의 기준이 되는 것은 맥락적 장소 자체가 아니라, 그 장소에서 이루어지는 자연과의 공생적 경험과 이에 기초한 생물지역적 합의라고 할 수 있다.

셋째, 생물지역화에 기초한 체니의 개념화는 '자연적' 맥락의 중요성에 큰 비중을 두지만, 인문사회적 맥락에 대해서는 거의 관심을 두지 않는다. 자연으로부터 소외된 삶과 이를 반영한 탈맥락적 담론의 한계를 극복하기 위하여 생물지역적 맥락의 중요성은 강조될 수 있다. 그러나 이 점은 생물지역적 (또는 신화적) 담론들의 가치가 평가절하되었던 그 맥락에 관한 연구를 무시해도 좋다는 의미는 아니다. 그뿐만 아니라, 순수한 장소에의 준거 또는 원시적 생물지역으로의 회귀는 그 순수성이나 원시성이 파괴된 지역에서 살아가는 사람들, 즉, 오늘날 도시에서 살아가는 대다수의 사람들과 그들의 환경에 대해서는 시사점을 가지기 어렵다. 도시 환경은 생태적 본능에 따라 회귀하는 연어가 살고 있는 그런 곳이 아니며, 보행자에 대한 운전자, 빈자에 대한 부자의 억압적 생태학으로 이루어져 있다(Smith, 1993). 따라서 인식론적 관점에서 담론의 진정성과 현실의 절박한 상황에 대한 적실성의 접합, 그리고 재맥락화(재영토화)를 추구하기 위한 생물지역적 맥락과 탈맥락화(탈영토화)를 유발한 현대 도시사회적 맥락의 연계를 이해하는 것이 중요하다. 이러한 점에서 생태담론, 특히 환경정의론은 '차이를 만드는 차이'에 대해서도 민감할 필요가 있다고 주장될 수 있다(Frodeman, 1992: 307).

2) 들뢰즈의 자연주의에서 환경정의

탈구조주의적 철학은 이러한 체니의 주장, 또는 생물지역주의가 강조하는 차이의 개념을 위한 거대한 담론적 근원을 이룬다. 특히 들뢰즈의 행동학과 리좀적 자연주의는 이와 같이 차이와 맥락에 초점을 둔 생물지역주의적 주장들에 비해 훨씬 더 정교하고 풍부한 사유들을 가지고 있다. 사실 탈구조주의의 철학에서 차이는 그 중심을 형성한다. 데리다, 푸코, 들뢰즈 등의 탈구조주의자들이 강조하는 차이는 물론 단순한 외적·양적 차이가 아니라 질적·내적 차이이다. 이러한 차이는 역동적·구성적·생성적이며 이들의 철학은 존재를 차이로, 직선적인 시간을 차이를 만드는 반복으로, 확장으로서의 공간을 차이를 만드는 힘의 장(場)으로 이해하는 해체(데리다) 또는 생성(들뢰즈)의 철학이라고 할 수 있다. 이들은 서구 철학의 이분법적 구분을 반대할 뿐만 아니라 구분 자체의 의미마저 부인한다. 푸코에 의하면, '차이는 무범주적 사유의 발명을 통해서만 해방될 수 있다'. 특히 들뢰즈의 철학 일반은 차이(그리고 공생)의 존재론이라고 할 수 있다. 들뢰즈는 생의 철학을 강조하는 『베르그송주의』(1966)에서부터 『철학이란 무엇인가』에 이르기까지 차이 및 이와 관련된 개념들의 존재론적 설명을 제시한다. 그의 행동학과 리좀적 자연주의는 이러한 내적 차이와 리좀적 공생을 설명한 틀이라고 할 수 있다.

탈구조주의, 특히 들뢰즈의 차이와 공생의 개념이 환경정의의 요소 또는 이를 위한 기준이 될 수 있는가? 만약 들뢰즈가 강조하는 차이와 공생을 존재론적으로 인식하게 된다면, 이들은 당연히 사회·생태적 존재의 해방을 위한 환경정의의 요소로 인정되어야 할 것이며, 그렇지 않다면 환경정의의 개념 자체를 변화시킬 필요가 있다. 이를 위해 우선 들뢰즈의 사유에서 제시된 차이의 개념이 최소한 다음과 같은 세 가지 사항들을 포함한다는 점을 이해할 필요가 있다. 첫째, 차이는 단순히 외적·양적 차이가 아니라 질적·내적 차이로 이해된다. 이러한 차이는 두 사물 사이에 있다기보다는, 강도의 유동적 연속 또는 반복이라는 측면에서 설명된다. 즉, 차이는 계열의 개별적 항들로 소급되는 것이 아니라, 반복된 심급들(instances)의 계열 내에서 변화 또는 강도 내의 변이(variation)로 이해된다. 이러한 차이의 개념은, 행동학에서 일하는 말은 경주용 말보다는 일하는 소와 더 가까운 것이라는 예로써 이해할 수 있다.

둘째, 차이는 반(反)초월적 개념으로, 차이를 인지하는 것은 초월의 깊은 환상을 표층으로 드러내는 것이다. 이러한 차이의 개념은, 예를 들어 신, 즉, 자연이라는 실체의 일의성에 관한 스피노자의 개념 등에서 도출된다. 다시 말해 자연의 모든 양태는 단일한 실체의 표현이며, 실체가 양태로 표현되는 한 각각의 양태의 차이가 바로 실체이다. 실체로서 자연은 개별 생명체의 차이를 배분하고 인도하는 총체가 아니라, 상이한 생명체를 존재하도록 하는 차이 자체로서 모든 존재를 포괄하는 내재성의 장으로 이해된다.

셋째, 이러한 내적 차이 또는 일의성의 차이는 생명의 진화과정과 창조적 고안의 근원으로서 시간(그리고 공간)의 긍정적 힘을 설명할 수 있도록 한다. 차이는 공간적으로 내재성의 평면에서 관계들의 형성과 변이의 배치 (또는 공생적 상호되기) 그리고 시간적으로 반복의 양상 속에서 변이와 생성의 새로운 창조적 탈주를 의미한다. 이러한 차이의 개념은 니체의 철학에서 공간적으로 권력의 장 또는 의지, 그리고 시간적으로 영원회귀의 개념에 조응한다. 니체와 들뢰즈에게는 긍정적 차이를 갖는 것만이 회귀한다고 할 때, 이러한 회귀란 어떤 것의 긍정적 생성 내지 생산의 반복을 통한 자연의 진화를 의미한다.

공생(symbiosis)은 이러한 차이의 공간적 (물론 시간과 결합된) 생성으로 이해된다. 들뢰즈의 철학에서 공생의 개념은 차이의 개념만큼이나 난해하다. 우선 이해되어야 할 점은, 들뢰즈의 공생 개념은 비환원적·비목적론적으로, 심층생태학의 자아실현 개념에 함의된 대자연과의 일체화로서의 '초월적' 공생과는 상이하다. 차이와 반복에 기초한 들뢰즈의 진화론은 기원으로의 회귀나 초월적 목표로의 발전을 부정한다는 점에서 비환원적·비목적론적이다. 이러한 진화는 들뢰즈와 가타리가 다양한 환경과 유기체들 간의 '공생적 연대' 또는 '공생적 진화'라고 지칭한 것을 포함한다 (Hayden, 1997: 193). 즉, 들뢰즈와 가타리에 의하면 "만약 진화가 어떤 진정한 생성을 포함한다면, 이는 전적으로 상이한 규모와 범위의 존재들을 활동시키는 공생의 영역 내에서 이루어진다"(TP: 10). 수목의 이미지에 따른 인간과 자연의 구분, 그리고 생물과 비생물(인간과 기계의 관계를 포함하여)의 구분은 리좀의 이미지에 따른 공생의 개념으로 대체된다. 예로, 오늘날 인간의 광물 이용은 지구상에서 30억 년에 걸쳐 내적 범위들(compasses)을 위한 박테리아의 자철광 이용을 따른 것이다. 또한 이러한 사실은 생명가능체의 경계에서 생물과 비생물의 공생이 이루어짐을 의미한다. 이와 같이 "기술의 역사에서 공생이 담당한 중요한 역할은 폭넓게 인정되고 있다. 생물학에서 공생은 주체의 인류중심적 결정 그리고 오염에 대한 영장류적 두려움에 관한 많은 것을 드러내는, 이상하고 어색한 역사를 가지고 있다. 공생은 유기체의 경계에 도전하기 때문에서 생물학에서 파괴적 역할을 했으며 지금도 계속되고 있다"(Pearson, 1997: 187).

그러나 들뢰즈의 내적 차이와 공생의 개념에 의하면 "단지 퇴화된 것만이 진화"한다(Deleuze, 1994[1968]: 118). 예로, 태생학은 단지 배아(embryo)만이 유지될 수 있고 성인으로 분화할 수 있는 생명적 운동과 비틀림(torsion)이 존재함을 예시한다(Hansen, 1999). 이 점은 생명가능체(the livable)의 경계에서만 경험될 수 있는 '공간-시간적 역동성'이 존재함을 의미한다. 생명가능체의 경계 허물기라는 점에서, 공생은 상호 되기를 의미한다. 공생은 흔히 상호 수혜적이고 협력적인 호혜적 관계에 있는 두 개 이상의 상이한 유기체들의 공기능화(co-functioning)이다. 들뢰즈의 리좀적 자연주의에서 공생의 개념은 여기서 더 나아가 유기체들 간의 상호되기(co-becoming)를 전제로 한다. 들뢰즈는 그 예로서 말벌과 난초의 상호작용을 제시한다. "난초는 말벌-이미지를 형성하는 것처럼 보이지만, 사실 난초의 말벌되기(wasp-becoming of the orchid) 그리고 말벌의 난초되기, 즉, 이중적 포획이 존재한다. …… 말벌은 난초의 재생산적 장치의 일부가 되고, 동시에 난초는 말벌의 성적 기관이 된다"(TP: 10). 공생의 개념은 종들의 경계가 항상적으로 이행하고 유동하며 삼투적이라는 점을 이해하도록 한다. 이의 개념은 "관념적 사상의 서양적 전통 전체에 대한 진정한 도전을 제기하며, 리좀적 실천(rhizomatic praxis)을 채택하는 역설을 제안한다"(Pearson, 1997: 182).

이러한 리좀적 실천의 개념은 들뢰즈의 철학에서 영토화-탈영토화 그리고 유목주의로 나아간다. 들뢰즈에 의하면, 환경과 유기체의 경계가 점차 분명해짐에 따라 '한계'의 측면이 아니라 개체 내로의 전이와 개체 밖으로의 전이의 측면에서 영토를 정의하는 두 개의 과정이 발생한다. 이 두 과정은 영토화(territorialization)와 탈영토화(deterritorialization)로 불린다. 이 과정은 어떻게 한 생명체가 어떤 것을 자신의 정체성과 연관시키고, 그 정체성이 변용과 생성들에 의해 점유되고 왜곡되는가를 보여준다. 예로, 새가 나뭇잎의 패턴을 사용해서 둥지를 지을 때 그 패턴은 새가 그 자신과 자신의 환경 사이의 구분을 끌어내는 방식을 표현하지만, 그 패턴은 또한 적대적 환경에 대한 새의 의존을 표현한다. 리좀구조는 "다양성이 다른 것과 접속함으로써 그 성질을 변화시킴에서 추상적인 선에 의해, 탈주선 내지 탈영토화의 선에 의해 정의"되며(TP: 9), 리좀적 공생관계는 이러한 탈영토화와 재영토화 과정을 의미한다.[13] 들뢰즈에 의하면, "탈주의 선 또는 탈영토화의 선, 늑대-되기(devenir-loup, becoming-wolf), 비인간-되기(becoming-inhuman), 탈영토화의 강도들"(TP: 32) 등은 미시정치의 목표이며 전략이 된다.

> 리좀을 만들기, 탈영토화에 의해 그 영토를 넓히기, 탈주선을 일관성의 구도 전체를 포괄하는 추상기계가 되는 지점으로까지 확장하기. 일단

13) 즉, "오르키데는 말벌의 모사(calque)인 이미지를 형성함으로써 탈영토화되지만 말벌은 이 이미지 위에서 재영토화된다. 말벌은 오르키데의 재생산 장치 속에서 일부가 됨으로써 스스로 탈영토화된다. 그러나 다시 말벌은 오르키데의 꽃가루를 옮김으로써 그것을 재영토화한다. …… 오르키데의 말벌-되기, 말벌의 오르키데-되기 …… 여기서 한 항의 탈영토화는 다른 하나의 재영토화를 보장하며, 두 개의 생성/되기는 서로 연결"된다(Deleuze and Guattari, 1987: 10).

> 첫 번째 식물로 가서, 그 점에서 시작된 물의 흐름이 어떻게 흘러가는가를 조심스럽게 관찰하라. 비가 씨앗들을 멀리 날라주었으리라. 물이 새긴 수로를 따라 당신은 물의 흐름을 알게 되리라. 이 방향을 따라가서 당신의 식물로부터 가장 멀리 떨어져 있는 식물을 찾으라. 그 두 식물 사이에서 자라고 있는 모든 것은 당신의 것이다. 훗날 나중의 것이 자신의 씨를 뿌리게 될 때, 당신은 이 각각의 식물들에서 발원하는 물의 흐름을 따라 당신의 영토를 넓혀갈 수 있으리라(TP: 11).

이와 같이 리좀적 실천으로서의 미시정치는 이렇게 가장 멀리 떨어져 있는, 낯선 (즉, 차이를 가진) 영토를 찾아 끊임없이 이동하는 것, 즉, 들뢰즈가 '유목주의'라고 한 것을 전제로 한다. "유목은 다른 삶의 영토를 찾아, 다른 삶 자체를 찾아, 다른 사유, 다른 가치를 찾아 끊임없이 이동하는 것이고, 그에 필요한 한 어디로든 샐 수 있고 빠져나갈 수 있는 것이다. 그것은 지금 앉아 있는 자리에서조차 '자유의 새로운 공간'을 찾아 끊임없이 탈영토화하는 삶 그 자체다"(이진경, 2001). 이와 같이 들뢰즈의 미시정치는 차이와 공생에 함의된 환경정의를 찾아서 끊임없이 노력하는 유목인이 되기를 요구한다.

5. 결론

우리는 오늘날 심각한 역사-지리적 조건하에 있다. 우리가 처해 있는 사회-환경적 위기는 특정 원인에 대한 부분적 교정이 아니라 근대 문명 전체에 대해 비판적 태도와 이의 극복을 위한 실천을 요구하고 있으며, 이러한 요구는 19세기 자본주의에 대한 마르크스의 주장보다도 더 절실하다고 할 수 있다. 달리 말해, 생태위기는 인류를 치명적 조건으로 몰고

가고 또한 동시에 부단히 새로운 양상으로 문제를 제기하도록 '윤리적 도전'을 제기하고 있다. 이제 생태위기에 관한 분석이나 담론은 한편으로 오늘날 우리가 당면하고 있는 환경위기의 배경이 되었던 근대성에 대한 비판과, 다른 한편으로 새로운 윤리를 추구하는 포스트모던 사상에 관한 연구와 직접 관련되었다.

이러한 상황에서 우리에게 주어진 과제는 근대성과 탈근대성의 조건에 관한 분석을 통해 '비판적' 생태학을 정립해야 한다는 점이다. 그뿐만 아니라 근대성에 기초한 과학기술적 문명화는 국지적으로 생물지역적 조건들을 파괴하면서, 나아가 초국가적·초인종적·초문화적인 생태윤리의 문제를 제기하고 있다. 따라서 오늘의 위기에 대해 우리가 물어야 하는 마지막 질문은, 초월적인 형이상학이나 문화종속적인 신앙을 전제하지 않고서도 공동의 보편적 정의원칙에 근거한 생태적 윤리를 제시하고 실천할 수 있는가라는 의문이다. 이러한 질문은 우리에게 억압적인 권력으로 작용하지 않는 보편적 환경정의의 이론화를 요구하고 있다.

비판적 생태학과 새로운 환경정의가 절대적으로 요구되는 상황에서, 이 장에서 우리는 탈구조주의자들의 주장이나 저술에 내포된 포스트모던 생태학과 환경정의론을 고찰하고자 했다. 이들은 공통적으로 주체/객체, 인간/자연의 데카르트적 이분법을 함의한 근대성에 저항하는 자연주의적 철학의 전통에 서고자 한다. 이들이 강조하는 차이는 바로 이러한 이분법을 극복하기 위한 시도의 핵심을 이룬다. 특히 들뢰즈의 철학은 새로운 비판적 생태학을 위한 풍부한 자원이 될 수 있다. 차이와 공생의 개념에 초점을 두고 환경정의적 관점에서 이해한다면, 들뢰즈의 행동학과 리좀적 자연주의는 자연과의 일체성을 통한 자아실현을 강조하는 심층생태학이나, 차이를 근거짓기 위하여 맥락성, 즉, 장소성을 강조하는 생물지역주의에 기초한 환경정의의 문제점 또는 한계를 극복할 수 있도록 해준다.

나아가 그의 철학에 함의된 환경정의론은 단순히 수동적인 윤리로서가 아니라 보다 능동적인 정치로서 작용하게 된다. 이러한 점에서 들뢰즈에 따라 진보적 시민운동, 특히 생태·환경운동이 충분히 실현되기 위해서는 "자연-타자와의 공생적이며 상생적인 '공명'을 가능케 하며, 차이들을 활성화시키면서도 무정부적으로 파편화되는 대신 리좀적인 연결망을 쉴 새 없이 생성시키는 새로운 방법들이 창안되지 않으면 안 된다"고 주장될 수 있다(심광현, 1999: 488~489). 역사지리적 유물론의 관점에서 포스트모더니즘을 부정하는 하비도 이러한 주장을 사실상 승인하고 있다. 즉, "'축적을 위한 축적'의 과정이 줄어들지 않는 세계에서 '차이의 장소들'의 생산은 계속된다. …… 역사-지리적 차이의 생산을 재독해할 수 있는 새로운 능력은 미래 장소의 구축을 위한 가능성을 해방시키는 중요하고 기본적인 단계이다. 그리고 물질적·상징적·형이상학적으로 해방적 장소는 모든 진보적 사회-생태정치의 불가피한 일부이다"(Harvey, 1996: 323).

환경정의를 위한 사회-생태정치는 인간들 간, 인간과 자연 간, 자연의 모든 구성물 간의 차이와 공생을 위한 리좀적 연결망을 끊임없이 생성하면서 그 지평을 시·공간적으로 확대해 나가는 과정이다. 물론 이러한 사회·생태 정치는 인간과 자연 간 그리고 인간들 간 관계에 내재된 차이와 공생의 함의를 파괴하고 왜곡시킨 서구 사회의 근대성과 이의 실현과정으로 자본주의적 근대화에 대한 철저한 비판을 전제로 한다.

참고문헌

구승회. 1999.「자연의 탈마법화와 휴머니즘의 재마법화: 현대 생태사사의 자연-신비주의 비판」. 안동대학교 국제학술대회(1999.1) 발표원고.

문순홍. 1999.「시간, 공간 그리고 생물지역론」, 문순홍.『생태학의 담론: 담론의 생태학』. 솔, pp.290~331.

심광현. 1999.「들뢰즈와 창조성의 정치학」. ≪문예미학≫, 6, pp.469~490.

이정우, 1996.「질 들뢰즈, '철학자들 중의 철학자'」. ≪철학과 현실≫, 28, pp.138~148.

이진경. 2001.「유목주의란 무엇이고, 무엇이 아닌가 ?」. ≪미술세계≫, 195(2월호).

전태원. 2000.「들뢰즈」, 사회비평, 24, pp.117~129.

정화열. 1996.「생태철학과 보살핌의 윤리: 다시 거주할 만한 지구를 위하여」. ≪녹색평론≫, 29(7~8월호).

최병두. 1988.「역사·권력·공간: 미셸 푸코와 역사지리학」. ≪지리학 논총≫, 14, pp.119~140.

______. 1998b.「생태학과 환경정의」. ≪대한지리학회지≫, 33(4), pp.499~523.

______. 2000.「포스트모더니즘과 도시·지역연구」. 한국공간환경학회 편,『공간의 정치경제학』, 아카넷, pp.149~172.

Bogue, R. 1989. *Deleuze and Guattari*. Routledge. New York; 이정우 역. 1995.『들뢰즈와 가타리』. 새길.

Cheney, J. 1989. "Postmodern environmental ethics: ethics as bioregional narrative". *Environmental Ethics*. 11. pp.117~134.

______. 1990. "Nature and the theorizing of difference". *Contemporary Philosophy*. 13. pp.1~14.

______. 1994. "Nature/theory/difference: Ecofeminism and the reconstruction of envirionmental ethics", in Warren, K.J. editor. *Ecological Feminism*. London and New York. Routledge. pp.158~178.

______. 1984. *Spinoza on Nature*. Southern Illinois University Press. Carbondale and Edwardsville.

Conley, V. A. 1997. *Ecopolitics: The Environment in Poststructuralist Thought*. Routledge. New York.

Darier, E. 1999. Foucault against environmental ethics, in E. Darier(ed). *Discourses of the Environment*. Blackwell. London.

Davidson, A. 1986. Archeology, genealogy, ethics, in D.C. Hoy(ed). *Foucault: A*

Critical Reader. Blackwell. Oxford. pp.221~233.

Deleuze, G. 1968. *Différence et répétition*, PUF. Paris; trans. P. Patton. 1994. *Difference and Repetition*. Columbia UP. New York:.

_____. 1970. *Spinoza Philosophie pratique*. PUF. Paris; 박기순 역. 1999. 『스피노자의 철학』. 민음사.

_____. 1966. *Le Bergsonisme*. PUF. Paris; 김재인 역. 1996. 『베르그송주의』. 문학과 지성사.

_____. 1981. *Francis Bacon: Logique de la sensation*. La Différence. Paris; 하태환 역. 1995. 『감각의 논리』. 민음사.

Deleuze, G., and F. Guattari. 1991. Ue'est-ce que la philosophie? Minuit. Paris; 이정임·윤정임 역. 1995. 『철학이란 무엇인가』. 현대미학사.

_____. 1980. *Mille Plateaux, Minuit*, Paris; trans. B. Massumi. 1987. *A Thousand Plateaus: Capitalism and Schizphprenia*. Univ. of Minnesota Press. Minneapolis.

Derrida, J. 1994. *Specters of Marx*. Routledge. London.

Escober, A. 1996. Constructing nature: elements for a poststructural political ecology, in R. Peet and M. Watts(eds). *Liberation Ecologies: Environment, Development, Social Movements*. Routledge. London. pp.46~68.

Foucault, M. 1980. Power/Knowledge: *Selected Interviews and Other Writings*. 1972~1977. Pantheon Books. New York.

_____. 1985. *The Use of Pleasure*. Pantheon Books. New York.

_____. 1988. The ethic of care for the self as a practice of freedom, in J. Bernauer and D. Rasmussen(eds). *The Final Foucault*. MIT Press. Cambridge Mass. pp.11~20.

Frodeman, R. 1992. "Radical environmentalism and the political roots of postmodernism: differences that make a difference". *Environmental Ethics*. 14. pp.307~19.

Gare, A. E. 1995. *Postmodernism and the Environmental Crisis*. London and New York. Routledge.

Guattari, F. 1989. The three ecologies. *New Formations*. 8(Summer). pp.131~147.

Hallman, M. O. 1991. Nietzsche's environmental ethics. *Environmental Ethics*. 13. pp.99~125.

Hansen, M. 2000. Becoming as creative involution?: contextualizing Deleuze and Guattari's biophilosophy. *Postmodern Culture: An Electronic Journal of Interdisciplinary Criticism*.

11(1). (http://www.iath.virginia.edu/pmc/text-only/issue.900/11.1contents.html)

Harvey, D. 2000. Geographical knowledge and political power, paper presented at the 29th International Geographical Congress(14~18, Aug. 2000, Seoul).

______. 1996. *Justice, Nature and the Geography of Difference*. Blackwell. London.

Hayden, P. 1997. Gilles Deleuze and naturalism: a convergence with ecological theory and politics. *Environmental Ethics*. 19(2). pp.185~204.

Joff, 1999. The possibility of an antihumanist eco-anarchism, paper displayed at the electronic forum at http://melior.univ-montp3.fr/ra_forum/en/joff/antihum.html

Jones, A. 1999. dialectics and difference: against Harvey's dialectical 'post-Marxism, *Progress in Human Geography*, 23(4), pp.529~555.

Lloyd, G. 1980. Spinoza's environmental ethics. *Inquiry*. 23. pp.293~311.

______. 1994. *Part of Nature: Self-Knowledge in Spinoza's Ethics*. Cornell University Press. Ithaca and London.

Low, N. and B. Gleeson. 1998. *Justice, Society and Nature: an Exploration of Political Ecology*. Routledge. London.

Luke, T. W. 1995. On environmentality: geo-power and eco-knowledge in discourses of contemporary environmentalism. *Cultural Critique*. 31. pp.57~81.

______. 1999. Environmentality as green governmentality, in E. Darier(ed). *Discourses of the Environment*. Blackwell. London. pp.121~151.

Lyotard, J. 1984, *The Postmodern Condition*. Manchester Univ. Press.

______. 1989. *Oikos, in Political Writings*. Minneapolis. University of Minnesota Press.

McTaggart, W. D. 1993. Bioregionalism and regional geography: place, people, and networks. *The Candian Geographer*. 37(4). pp.307~19.

Naess, A. 1973. The shallow and the deep, Long-range ecology movement: a summary. *Inquiry*. 16.

______. 1977. Spinoza and ecology. *Philosophia*. 7(1). pp.45~54.

______. 1989. *Ecology, Community and Lifestyle*. Cambridge University Press. Cambirdge.

Patton, P. 1995. Post-structuralism and the Mabo debate: difference, society and justice. in M. Wilson and A. Yeatman(eds.). *Justice and Identity: Antipodean Practices*. Allen and Unwin. St. Leonards.

Pearson, K.A. 1997. Viroid life: on machines, technics and evolution, in K.A.

Pearson(ed). *Delueze and Philosophy: the Difference Engineer*. Routledge. London. pp.180～210.

Peet, R. and M. Watts(eds). 1996. *Liberation Ecologies: Environment, Development, Social Movements*. Routledge. London,

Quigley, P. 1992. Rethinking resistance: environmentalism, literature, and poststructural theory, *Environmental Ethics*. 14(4). pp.291～306.

_____. 1999. Nature as dangerous space, in E. Darier(ed). *Discourses of the Environment*. Blackwell. London. pp.181～202.

Rolston, H. 1992. Challenges in environmental ethics, in D.E. Cooper and J.A. Palmer(eds). *The Environment in Questions: Ethics and Global Issues*. Routledge. London. pp.135～146.

Smith, M. 1993. "Cheney and the myth of postmodernism". *Environmental Ethics*. 15(1). pp.3～17.

Warren, K.J. 1990. The power and the promise of ecological feminism. *Environmental Ethics*. 12(2). pp.121～146

Young, I. M. 1990. *Justice and the Politics of Difference*. Princeton. Princeton Univ. Press.

_____. 1994. Toward an ecofeminist peace politics, in K.J.Warren(ed). *Ecological Feminism*. Routledge. London; 이소영 역. 2000. 「에코페미니스트 평화정치학」, 이소영 외 역. 『자연·여성·환경』. 한신문화사. pp.207～236.

Zimmerman, M. 1994. *Contesting Earth's Future*. University of California Press. Berkeley.

찾아보기

용어

- ㄱ -

– ㄹ –

– ㅁ –

– ㅇ –

– ㅈ –

– ㅊ –

– ㅋ –

- ㅌ -

- ㅍ -

인명

지은이 **최병두**

서울대학교 지리학과를 졸업했고 같은 학교 대학원에서 석사 학위를, 영국 리즈 대학교 지리학부에서 박사학위를 받았다. 미국 존스홉킨스 대학교 교환교수였으며, 현재 대구대학교 사범대학 사회교육학부 지리교육전공 교수로 있다. 자본주의 사회에 발생하는 도시사회문화, 환경문제 등에 관심을 가지고 연구하고 있다. 『도시 공간의 미로 속에서』, 『도시 속의 환경 열두 달 — 봄·여름 편 / 가을·겨울 편』, 『근대적 공간의 한계』, 『현대사회지리학』, 『환경갈등과 불평등』, 『녹색사회를 위한 비평』, 『환경사회이론과 국제환경문제』, 『한국의 공간과 환경』 등을 썼고, 『사회정의와 도시』, 『자본의 한계』, 『정보도시』, 『신제국주의』, 『신자유주의』, 『희망의 공간』(공역), 『환경정의』(공역) 등을 옮겼다.

한울아카데미 1225

비판적 생태학과 환경정의

지은이 | 최병두
펴낸이 | 김종수
펴낸곳 | 도서출판 한울

편집책임 | 이교혜
편집 | 임정수

초판 1쇄 인쇄 | 2010년 1월 25일
초판 1쇄 발행 | 2010년 2월 10일

주소 | 413-832 파주시 교하읍 문발리 507-2(본사)
121-801 서울시 마포구 공덕동 105-90 서울빌딩 3층(서울 사무소)
전화 | 영업 02-326-0095, 편집 02-336-6183
팩스 | 02-333-7543
홈페이지 | www.hanulbooks.co.kr
등록 | 1980년 3월 13일, 제406-2003-051호

Printed in Korea.
ISBN 978-89-460-5225-3 93300(양장)
ISBN 978-89-460-4229-2 93300(학생판)

* 책값은 겉표지에 있습니다.
* 이 도서는 강의를 위한 학생판교재를 따로 준비했습니다.
강의 교재로 사용하실 때에는 본사로 연락해 주십시오.